위대한 수학문제들

The Great Mathematical Problems

이언 스튜어트 지음 | 안재권 옮김 | 김민형 추천

골드바흐 추측에서 질량간극 가설까지, 한 권으로 읽는 최강의 수학난제

위대한 수학문제들

반니

우리는 알아야 합니다. 우리는 알 것입니다.

—다비드 힐베르트 David Hilbert

1930년, 쾨니히스베르크 명예시민권을 받는 자리에서
수학 문제에 대해 연설하면서.[1]

많은 사람이 수학의 실천을 '문제를 해결' 하는 일이라고 오해합니다. 이 책《위대한 수학 문제들The Great Mathematical Problems》역시 그런 인상을 심화시켜줄 수 있습니다. 드물기는 하지만 수학자가 대중적 관심을 받는 경우를 보면, 보통 유명한 문제와 관련해서입니다. 그리고 그 문제가 제기된 이후 해결되기까지 얼마나 많은 시간이 걸렸는가에 따라 성과가 평가되곤 합니다.

수학에서 문제 해결은 분명 중요합니다. 그러나 다른 학문, 이를테면 이론 물리학에서도 문제 해결은 큰 비중을 차지합니다. 수학적 본질을 가진 문제가 우리 일상에서 수없이 일어나고 있기에 실제 수를 다루는 일, 즉 계산에 관한 복잡한 문제를 해결하는 데는 물리학자가 수학자보다 훨씬 더 능숙할 수도 있습니다. 그럼에도 불구하고 노벨물리학상이 수여될 때면, 언론은 당연하게도 '해결된 문제'가 아니라 **새로운 발견**에 관심을 모읍니다. 수학 역시 발견, 그것도 수학적 세계의 모양과 구성, 그리고 이것이 우리가 사는 물질적 세계와 상호작용하는 복잡한 방식에 대한 발견이 주류를 이루는 학문이라는 사실이, 아직은 일반인들에게 인식되지 못하고 있는 게 아닌가 하는 생각이 듭니다.

수학적 발견이 곧 수학의 목표라는 주장을 하게 되면, 그 속에서 위대한 문제의 역할은 무엇인가라는 의문이 생깁니다. 위대한 문제란 **탐험에 필요한 에너지를 효율적으로 생성하는 도구**라고 답할 수 있습니다. 수학자에게 어려운 문제에 대한 집중은 지적 에너지를 모으는 작업에 큰 도움을 줍니다. 그 에너지는 결국 광대한 수학적 지형에 대한 우리의 이해를 넓히고 강화하는 강력한 이론으로 모습을 드러냅니다. 이런 식의 방법론은 적어도 아르키메데스 시대까지 거슬러 올라가는 오래된 전통입니다. 아르키메데스의 광범위한 이론적 발견은 역학으로부터 나오는 구체적인 문제와 연관되어 있는 경우가 많았습니다. 명확한 목적을 위해서 만들어진 구체적인 장치가 '보편적 기계론universal machine'의 훌륭한 원천이라는 것이 엔지니어들에게는 상당히 잘 알려져 있습니다. 단순한 산술 연산을 수행하도록 설계된 찰스 배비지의 '해석기관analytical engine'을 만능 컴퓨터의 원조로 여기는 것만 봐도 그렇습니다. '필요는 발명의 어머니'라는 오래된 격언처럼, 적절하고 구체적인 필요가 실은 보편적인 해법을 만들어내는 데 매우 탁월하다는 것은 너무도 뻔한 말일까요?

우리 시대에 해결된 가장 유명한 수학 난제로는 '페르마의 마지막 정리'를 꼽습니다. 그러나 이 문제가 수백 년 전 처음 제기되면서부터 가지고 있던 의미의 핵심은 그 정리가 서술하는 기본적인 명제보다도, 수학계에 영원히 쓸모 있는 광범위한 개념적 방법체계를 낳았다는, 조금은 우연한 사실입니다. 이를 나타내는 가장 중요한 예는 에른스트 쿠머의 업적입니다. 페르마의 마지막 정리에 대한 그의 연구는 **대수적 수론**의 발견으로 이어져서 지금은 수학의 가장 중요한 이론의 하나가 되었습니다. 1995년 완성된 앤드루 와일스의 증명은 그 작업을 위해 개발된 '갈루아 표현의 변형론deformation theory'이 **랭글란즈 프로그램**이라고 알려진 원대한 이론적 구상과 관련되어서 지난 15여 년 동안 정수론이 이룩한 수많은 진전의 추진력을 제공했습니다. 와일스가 어린 시절 꿈꾸었던 페르마의 마지막 정리에 대해서 깊이 생각하기를 오랫동안 주저한 까닭이 바로 여기에 있습니다. 그는 페르마의 마지막 정리가 그 자체로는 결국 고립된 결과로 끝날 것이라고 예측했기 때문에 직업 수학자가 된 이후로 페르마의 문제를 어느 정도 잊고 지냈습니다. 그러던 중 1980년대 게르하르트 프레이, 케네스 리베트 등의 노력으로 이 문제가 정립된 중요성을 갖춘 수학(즉 랭글란즈 프로그램)과 연결된 사건을 계기로 와일스는 수학연구 방향을 어린 시절의 탐구로 되돌릴 마음을 굳혔습니다. 그러니까 랭글란즈 프로그램과의 연결점이, 부분적인 노력이라도 무언가 전체적인 목표에 이바지할 수 있으리라는 자신감을 준 후에야 비로소 이 문제를 진정으로 깊이 생각해볼 여유를 갖게 된 것입니다. 결과적으로 와일스의 증명 이후의 역사는 수학적 중요성에 대한 그의 직관을 정확하게 입증해주었습니다.

이러한 관점에서 제가 제일 좋아하는 예는 19세기 프랑스의 수학자이자 혁명가인 에바리스트 갈루아의 연구입니다. 사회적 변혁 이외에 그가 가졌던 주 관심사는 $x^5 + x - 1 = 0$과 같은 대수 방정식의 근을 표현하는 문제였습니다. 이 작은 목표를 염두에 두고 그는 **군**group이라는 수학적 체계를 개발했습니다. 이렇게 열악한 환경에서 만들어진 군론이 상대성 이론과 양자 역학에 통합되어 물질과 에너지, 그리고 공간 그 자체의 궁극적인 구성요소일 수도 있는 소립자 분류의 기초를 형성한 것은 20세기의 일입니다.

《위대한 수학문제들The Great Mathematical Problems》이라는 제목에도 불구하고 이 책 역시 본질적으로 수학 문제 자체가 주제는 아니라는 생각을 독자들에게 밝히고 싶습니다. 수천 년에 걸쳐서 탐험가들에게 박차를 가했고 미래에도 계속해서 그런 역할을 해줄 날카로운 문제들에 대한 구체적인 이야기이면서도, 이 책은 수학적 발견에 대한 계몽적인 개관입니다.

수학 문제의 최종적인 해결은 보통 **정리**로 서술됩니다. 이 책에서 저자는 파국 이론catastrophe theory의 창시자인 영국의 수학자 크리스토퍼 지먼의 말을 인용했습니다. "수학적 정리는 지적인 휴식처이다. 멈춰서서 숨을 고르고 어딘가 명확한 곳에 다다랐음을 느낄 수 있다."

지먼의 비유는 인류의 수학적 여정에서 차지하는 문제의 역할에 대한 역사적 시각을 잘 나타냅니다. 위대한 문제란 많은 수학자들에게 뚜렷한 단기 목표를 제공해주는 빼어난 길잡이이면서 끝없는 순례의 길에서 잠시 쉬어갈 수 있는 특별한 안식처를 제공해주는 것이기도 하니까요.

현대 수학의 중요한 문제들에 대한 흥미로운 개관을, 유능한 안내원인 이언 스튜어트의 친절한 도움으로 읽어가며 수학 탐험의 역사를 구체적으로, 그리고 진정으로 즐길 수 있기를 바랍니다. 혹여 매혹적인 부분을 읽다가 거기에 고무되어 독자 스스로 수학 역사의 흐름에 뛰어들게 된다면 더 바랄 나위가 없겠습니다.

김민형(옥스퍼드대학교 수학과 교수)

반니에서 《위대한 수학문제들》 한국어판을 출간한 것을 기쁘게 생각하며, 한국 독자들에게 인사와 안부를 전합니다.

대중매체에서 새로운 수학적 발견을 만나는 일은 아주 드뭅니다. 사실 현대 수학은 창조성의 온상으로 새롭고 중요한 아이디어들이 끊임없이 생겨나고 있습니다. 오늘날의 수학자들은 창의적이어서 과거의 위대한 문제 대부분을 신선한 통찰의 맹공으로 허물었습니다. 그러나 애를 태우는 수수께끼가 여전히 남아있습니다. 아마도 도전할 만한 수학 문제가 고갈될 일은 없을 것입니다.

수학은 국제적인 학문으로 전 세계 수학자들의 협력을 통해 발전합니다. 한국 역시 과학과 수학에 많은 관심을 가지고 있으며, 전 세계 유수의 수학자들이 4년에 한 번씩 모이는 세계수학자대회가 2014년 서울에서 열릴 예정인 것으로 압니다.

이 책을 쓴 목적은 지금까지 제기된 매우 위대한 수학 문제들을 선별해 이해하기 쉽게 설명하고, 끊임없이 성장하는 현대 수학의 힘과 창의성을 보여주는 것입니다. 위대한 수학 문제는 위대한 수학적 정신이 작용하는 것을 들여다볼 수 있는 대단히 흥미로운 창을 열어줍니다.

이 책이 아직 답을 찾지 못한 중요한 수학적 의문에 대한 시각을 제시하고 위대한 문제가 최근에 어떻게 해결되었는지를 보여주는 데 도움이 되기를 바랍니다. 또 스스로 수학자가 되어 새로운 발견을 해내는 독자가 있었으면 하는 마음입니다. 이 책을 읽은 모든 이가 오늘날 수학의 중요성과 수천 년간 축적된 놀라운 인류의 창의성을 제대로 이해하게 되기를 바랍니다.

2013년 5월 이언 스튜어트

수학은 광대하고 끊임없이 성장하며 변화하는 분야입니다. 수학자들이 묻고 또 대개는 답하는 수없이 많은 의문 중에는 두드러지는 것들이 있습니다. 나지막한 언덕들 위로 우뚝 선 봉우리와도 같이 정말로 중요한 의문들, 수학자라면 누구나 풀 수만 있다면 오른팔이라도 내놓을 만큼 어렵고도 도전적인 문제들입니다. 수십 년, 수 세기 동안 답을 구하지 못한 문제가 있는가 하면 수천 년 동안 풀리지 않은 문제도 몇 개 있습니다. 여전히 정복해야 할 문제들도 있습니다. 페르마의 마지막 정리는 앤드루 와일스Andrew Wiles가 7년에 걸쳐 풀 때까지 350년간 수수께끼로 남아있었습니다. 푸앵카레 추측은 100여 년간 해결되지 않다가 괴짜 천재 그리고리 페렐만Grigori Perelman이 풀었는데 그는 자신의 연구에 대한 학문적 영예도, 100만 달러의 상금도 모두 거부했습니다. 리만 가설은 150년 동안 여전히 세계 수학자들을 좌절시키는 난공불락으로 남아있습니다.

이 책에서는 수학의 방향을 근본적으로 바꾼 정말 중요한 문제들을 선별했습니다. 그러한 문제들의 기원을 묘사하고 중요한 이유를 설명하며 수학과 과학 전체에서 그 문제들이 차지하는 위치를 밝히고자 합니다. 수학이 발전해온 2,000여 년에 걸쳐 해결된 것들뿐만 아니라 해결되지 않은 것들까지 포함하고 있으나 오늘날까지 풀리지 않은 문제와 지난 50년 내에 풀린 문제에 주로 초점을 맞추었습니다.

수학의 기본적인 목표는 겉보기에는 복잡한 것 같은 의문에 잠재된 단순성을 밝혀내는 것입니다. 그러나 이러한 일이 늘 명백하지는 않을 수 있습니다. 수학자의 '단순'하다는 개념은 수많은 전문적이고 어려운 개념들에 기대고 있기 때문입니다. 이 책의 중요한 특징은 심오한 단순성을 강조하면서 복잡함을 피하고 적어도 쉬운 말로 설명한다는 점입니다.

수학은 상상하는 것보다 새롭고 다양합니다. 대략 추산해보면 세계 수학자는 10만 명 정도 되며 그들은 매년 **200만** 쪽 이상의 새로운 수학을 생산해냅니다. '새로운 수'를 생산해내는 것은 아닙니다. 사실 수학은 그런 것과 무관합니다. '새로운 계산'을 해내는 것도 아닙니다. 물론 상당히 큰 계산을 하는 것은 사실입니다. 최근 25명 정도의 수학자들이 팀을 이루어 수행해낸 대수를 '맨해튼 크기 계산'이라고 칭했습니다. 이 명칭은 지나치게 보수적인 표현입니다. **답**이 맨해튼의 크기만 하기는 했고 계산은 그보다 훨씬 더 대규모였습니다. 양도 대단했지만 질은 더 우수했습니다. 양자 물리학에서 중요한 것으로 여겨지며 수학에서도 단연코 중요한 '대칭군'에 대한 소중한 기본적 정보를 제공하기 때문에 중요한 가치가 있습니다. 훌륭한 수학은 문제가 요구하는 바에 따라서 한 줄을 차지할 수도, 백과사전 한 권을 차지할 수도 있습니다.

수학을 생각해보면 기호와 공식이 빽빽이 들어찬 책장冊張이 끝없이 이어지는 것이 떠오릅니다. 그러나 조금 전에 말한 200만 쪽에는 보통 기호보다는 단어가 더 많이 들어있습니다. 단어는 문제의 배경, 증명의 흐름, 계산의 의미 그리고 이 모든 것이 수학이라는, 끊임없이 성장하는 체계에 어떻게 들어맞는지를 설명하기 위해 존재합니다. 1800년경 위대한 카를 프리드리히 가우스Carl Friedrich Gauss가 언급했듯 수학의 정수는 '개념이지 기호가 아닙니다.' 그렇다 하더라도 수학적 개념을 표현하는 데 흔히 사용되는 언어는 기호입니다. 발표된 연구논문의 상당수에는 단어보다 기호가 더 많이 들어있습니다. 단어는 공식만큼 엄밀하지 않기는 합니다.

그러나 공식을 거의 배제하면서도 개념을 설명하는 것이 가능한 경우도 많습니다. 이 책은 이러한 점을 지침으로 삼습니다. 수학자들이 무엇을 하는지, 그들은 어떻게 생각하는지, 수학이 왜 흥미롭고 중요한지 밝힙니다. 의미심장하게, 과거의 위대한 수수께끼들이 현재의 강력한 기법에 무릎을 꿇으며 미래의 수학과 과학을 바꿔나가는 가운데 수학자들은 선배들이 내놓은 도전에 대처하는 방식을 보여줍니다. 수학은 인류의 가장 위대한 업적 중 하나로서 자리를 차지하고 있고, 그 위대한 문제들은 해결된 것이든 해결되지 않은 것이든 과거 1,000년 동안 우리를 이끌고 자극해왔고 앞으로 다가올 1,000년 동안도 그러할 것입니다.

2012년 6월 코번트리에서 이언 스튜어트

차례

01

위대한 수학문제들

수학을 다루는 텔레비전 프로그램은 흔치 않은 데다가 좋은 프로그램은 더더욱 찾아보기 어렵다. 시청자를 끌어들이면서 흥미로울 뿐만 아니라 내용도 충실하다는 점에서 〈페르마의 마지막 정리Fermat's last theorem〉는 최고로 꼽을 만하다. 이 프로그램은 1996년 BBC의 대표적인 인기 과학 시리즈 〈호라이즌Horizon〉의 한 편으로 존 린치John Lynch가 제작했다. 제작에 참여했던 사이먼 싱Simon Singh은 이 프로그램을 극적인 베스트셀러 책으로 바꿔놓았다.[2] 그는 이 프로그램이 엄청난 성공을 거둔 것은 놀라운 일이었다고 웹사이트에서 회고했다.

그 프로그램은 50분 동안 수학자들이 수학 이야기를 하는 것이어서 블록버스터의 뻔한 이야기가 아닌 대중의 상상력을 사로잡는 프로그램이라는 평단의 찬사를 받았다. 이 프로그램은 영국 영화 및 텔레비전 예술상인 최고 다큐멘터리상, 국제 이탈리아 텔레비전 라디오 웹사이트상, 그

외 국제적인 상들을 받았고 에미상 후보에도 올랐다. 이는 수학이 지구
상의 그 어떤 분야 못지않게 감동적이고 시선을 사로잡을 수 있다는 것
을 증명한다.

이 텔레비전 프로그램과 책이 모두 성공한 데는 몇 가지 이유가 있
는 것 같다. 그리고 그 이유들은 여기서 이야기하고자 하는 것과도 관
련 있다. 논의를 집중하기 위해 텔레비전 다큐멘터리 프로그램에 초점
을 맞추겠다.

페르마의 마지막 정리는 진정한 위대한 수학 문제로 17세기 유수
의 수학자 피에르 드 페르마Pierre de Fermat가 권위 있는 어느 교과서의
여백에 쓴, 얼핏 보기에는 별 뜻 없어 보이는 메모에서 시작되었다. 이
문제는 여백에 적어놓은 말이 주장하는 바를 누구도 증명할 수 없었
기 때문에 악명이 높아졌고 뛰어난 수학자들도 300년 동안 풀지 못
했다. 그래서 1995년 영국의 수학자 앤드루 와일스Andrew wiles가 마침
내 이 문제를 해결했을 때 그가 이룬 성과가 대단하다는 것은 누가 봐
도 명백했다. 그가 문제를 어떻게 풀었는지, 심지어 그 문제가 무엇인지
조차 몰라도 상관없었다. 이는 마치 에베레스트산을 최초로 오른 것과
같은 일이었다.

와일스가 문제를 푼 것은 수학적으로 의의가 있음은 물론이거니와
독자에게 무척 흥미로울 만한 엄청난 이야깃거리도 담고 있다. 그는 겨
우 열 살 때 이 문제에 강렬한 흥미를 느꼈고 미래에 수학자가 되어 이
문제를 풀겠다고 결심했다고 한다. 계획대로 그는 대학교에서 정수론
을 전공했다. 정수론number theory은 페르마의 마지막 정리가 속하는 개

괄적 분야이다. 그러나 진짜 수학을 배우면 배울수록 이 목표가 불가능한 것처럼 여겨졌다. 페르마의 마지막 정리는 이해할 수 없을 정도로 진기하면서도 정수론 학자라면 누구든 설득력 있는 증거 없이도 생각해낼 수 있는 그렇고 그런 고립된 의문이었다. 어떠한 강력한 일련의 기법에도 들어맞지 않았다. 위대한 가우스는 하인리히 올베르스Heinrich Olbers에게 보낸 편지에서 이 문제를 일축하면서 '아무런 관심도 없는 까닭은 증명할 수도 논박할 수도 없는 그런 명제들은 손쉽게 수없이 만들어낼 수 있기 때문'[3]이라고 했다. 와일스는 어릴 적 자신이 꾸었던 꿈이 비현실적이라고 판단하고 페르마의 문제를 잠시 잊었다. 그러나 그때 기적처럼 다른 수학자들이 갑자기 이 문제를 정수론의 핵심적인 주제와 연결 짓는 돌파구를 마련했고, 와일스는 이미 그 분야의 전문가였다. 가우스는 가우스 답지 않게 문제의 중요성을 과소평가해, 겉보기에는 무관하지만 심오한 수학의 영역과 연결될 수 있다는 점을 인식하지 못했다.

이러한 연관성이 규명되면서 와일스는 이제 페르마의 수수께끼를 해결하는 일에 매달리는 **동시에** 현대 정수론 분야에서 받아들여질 만한 연구를 할 수 있게 되었다. 게다가 페르마의 수수께끼를 풀지 못하더라도 이를 증명하려는 과정에서 발견한 의미 있는 것은 무엇이든 그 자체로서 발표할 만한 내용이었다. 그리하여 그는 제쳐두었던 페르마의 문제를 본격적으로 생각하기 시작했다. 그는 경계심 때문에 홀로 비밀리에 7년 동안 연구에 매달렸다. 이런 경우는 수학계에서 드문 일이다. 그러던 끝에 그는 해법을 찾아냈다는 것을 확신하게 되었다. 어느 유명한 정수론 학회에서 일련의 강연을 했는데, 모호한 제목을 내걸었지만 거기에 속은 사람은 없었다.[4] 학계뿐만 아니라 언론에도 페르마의 마지막 정리가 증명되었다는 가슴 설레는 소식이 전해졌다.

증명은 인상적이고 우아하며 훌륭한 아이디어로 가득했다. 유감스럽게도 전문가들은 곧 그 논리에서 심각한 결함을 발견했다. 수학의 위대한 미해결 문제를 무너뜨리려고 할 때 이런 식의 전개는 맥이 풀릴 정도로 흔하며, 이는 대개 돌이킬 수 없는 것으로 드러난다. 그러나 이번만큼은 운명의 여신이 친절했다. 그의 제자였던 리처드 테일러Richard Taylor의 도움을 받아 와일스는 이 결함을 힘겹게 메우고 증명을 바로잡아 해법을 완성했다. 이 과정에서 그가 느낀 심적 부담이 텔레비전 프로그램에서 선명하고 생생하게 드러났다. 수학자가 마음고생 끝에 승리한 것을 회상하는 것만으로도 울음을 터뜨린 일은 이때밖에 없었을 게 분명하다.

아직까지 이 책에서 페르마의 마지막 정리가 **어떠한 것인지** 말하지 않았다는 것을 눈치챘는가? 사실 의도적이다. 적절한 때 다시 다루는 것으로 하고, 텔레비전 프로그램이 성공을 거둔 사실만을 가지고 말하자면, 실은 그런 건 상관없다. 사실 수학자들은 페르마가 여백에 휘갈겨놓은 정리가 참이건 거짓이건 그다지 신경 쓰지 않는다. 답에 따라 좌우되는 문제는 아니기 때문이다. 그런데 왜 그렇게 난리였을까? 왜냐하면 그 답을 **찾지** 못하는 수학계의 무능함이 어마어마하게 큰 것이었기 때문이다. 자존심에 대한 타격만은 아니었다. 기존의 수학 이론에 무언가 필수적인 것이 빠져 있다는 의미였던 것이다. 게다가 이 정리는 서술하기 아주 쉽다. 그 때문에 더욱 불가사의하다. 이토록 간단해 보이는 것이 어쩌면 그렇게 어려운 것으로 드러날 수 있단 말인가?

수학자들은 그 답에는 별로 신경 쓰지 않았지만 그 답이 무엇인지 알지 못한다는 점에는 대단히 신경 썼다. 그리고 그걸 푸는 방법을 찾는 일에는 더더욱 신경 썼다. 그 방법이 페르마의 의문뿐만 아니라 수많은 다른 문제도 해명해줄 게 분명했기 때문이다. 위대한 수학 문제에서는 이런 일이 잦다. 가장 중요한 것은 결과 그 자체보다는 그걸 해결하는 데 사용하는 방법이다. 물론 실제 결과가 중요한 경우도 있다. 그건 그 귀결에 따라 다르다.

와일스의 해법은 방송물로 방영하기에는 너무도 복잡하고 전문적이다. 사실 세세한 내용은 전공자만 이해할 수 있다.[5] 뒤에서 살펴보겠지만 그의 증명은 멋진 수학 이야기를 담고 있다. 하지만 방송에서 그걸 설명하려 했다가는 곧바로 시청률이 떨어졌을 것이다. 현명하게도 그 프로그램은 '역사적인 응어리가 엄청난, 어렵기로 악명 높은 수학 문제에 도전한다는 건 어떤 기분입니까?'와도 같은 개인적인 질문에 초점을 맞췄다. 몇몇 헌신적인 수학자들이 전 세계에 흩어져서 자신의 연구 영역에 깊은 관심을 갖고 서로 대화하며 서로의 연구에 주목하고 수학 지식을 발전시키기 위해 자신의 삶의 상당 부분을 바치고 있음을 보여주었다. 그들이 감정을 쏟고 사회적으로 상호작용하는 모습이 생생하게 드러났다. 수학자는 똑똑한 로봇이 아니라 자신의 학문에 여념이 없는 진짜 사람이다. 그것이 메시지였다.

프로그램이 그토록 큰 성공을 거둔 이유는 크게 세 가지였는데 중요한 문제, 멋진 휴먼스토리를 갖춘 영웅, 정서적으로 이끌린 사람들의 조연이었다. 네 번째 이유를 꼽으라면, 수학자가 아닌 대부분의 사람들이 이 분야에서 새롭게 일어나는 발전에 대해 들을 기회가 거의 없었다는 점인 것 같다. 여기에는 완벽하게 이해할 만한 다양한 이유가 있다. 수학자가 아닌 사람들은 어차피 그다지 관심이 없다. 신문에서도 수학에 대한 건 무엇이든 거의 다루는 법이 없다. 다뤄봤자 익살스럽거나 하찮은 것인 경우가 많다. 게다가 일상생활에는 수학자들이 무슨 일을 하든 그 영향을 받는 게 별로 없어 보인다. 학교에서는 모든 질문에 답이 있는, 이미 모든 것이 해결된 과목으로서 수학을 소개하는 것이 다반사다. 학생들은 어쩌면 새로운 수학이란 암탉의 이빨처럼 드문 것이라고 상상하게 되었는지 모른다.

이런 관점에서 큰 뉴스는 페르마의 마지막 정리가 증명되었다는 것이 아니었다. 마침내 **누군가가 무슨 새로운 수학을 해냈다는 것**이 큰 뉴스였다. 수학자들이 해법을 찾는 데 300년이 걸렸다고 하니, 수많은 시청자는 자연스럽게 300년 만에 처음으로 새롭게 발견된 중요한 수학은 새로운 돌파구라고 결론 내렸다. **명시적으로** 그렇게 생각했다고 하는 것은 아니다. '정부가 대학교 수학과에 상당한 돈을 지출하는 이유가 뭘까요?' 하는 것과 같은 뻔한 질문을 좀 해보면 그런 입장은 곧 바뀐다. 하지만 잠재의식에서는 이러한 억측을 묻지도 따지지도 않고 그냥 받아들이는 경우가 흔하다. 그래서 와일스의 성과가 더더욱 중요하게 여겨지는 것이다.

이 책의 목표 중 하나는 수학 연구가 새로운 발견이 늘 이루어지는 가운데 번성하고 있음을 보여주는 것이다. 이러한 활동에 대해서 들을 기회가 별로 없는 까닭은 대부분이 전공하지 않은 사람에게는 지나치게 전문적인 것인 데다가 매체들이 대개는 〈X 팩터 X Factor〉(한국의 〈슈퍼스타 K〉와 유사한 영국의 텔레비전 시리즈—옮긴이)보다 더 지식을 요구하는 건 무엇이든 다루기를 두려워하고 사람들이 불안해할까 봐 수학의 응용을 의도적으로 숨긴다는 것이다. 이를테면 '뭐? 내 아이폰이 고급 수학에 의존하고 있다고? 수학 시험에서 낙제했는데 페이스북에 어떻게 로그인하지?'라고 생각할까 봐.

역사적으로 새로운 수학은 다른 분야에서의 발견에 기인하는 경우가 많다. 아이작 뉴턴Issac Newton이 행성의 운동을 기술하는 운동 법칙과 중력 법칙을 알아내면서 태양계를 이해하는 문제를 완전히 해결한 것은 아니었다. 반대로 수학자들은 전혀 새로운 영역의 의문들과 씨름해야 했다. '그래, 그 법칙은 아는데, 그 의미가 뭐지?' 뉴턴은 이러한 질문에 답하기 위해 미적분을 창안했지만 이러한 새로운 방법에는 한계도 있었다. 대답을 제시하는 대신 질문을 바꿔 말할 뿐인 경우가 많았다. 미적분은 문제를 미분 방정식이라는 새로운 종류의 공식으로 바꿔 내는데, 그 **해**가 바로 답이 된다. 그래도 방정식을 풀기는 해야 한다. 그렇지만 미적분은 훌륭한 출발이었다. 답이 가능하다는 것을 보여주었고 답을 찾는 효과적인 방법 하나를 제공했으며 이 방법은 이후 300여 년 동안 계속해서 중요한 통찰력을 제공했다.

인류의 집단적 수학 지식이 늘어나면서 영감의 또 다른 원천이 더욱 많은 창조물을 만들었다. 수학 자체의 내적 요구가 그것이다. 예를 들어 1차, 2차, 3차, 4차 대수 방정식을 푸는 방법을 안다면 별다른 상상력 없이도 5차 방정식에 대해 묻게 된다. (차수는 기본적으로 복잡성의 척도이지만 그게 무엇인지 모르더라도 이 뻔한 질문은 던질 수 있다.) 해가 찾기 어려운 것으로 밝혀진다면—실제로 그랬다.—그 사실**만으로** 수학자들은 그 결과에 유용한 응용성이 있거나 말거나 답을 찾으려고 안달복달했다.

응용성이 상관없다는 게 아니다. 그러나 특정한 한 부분의 수학이 파동 ―태양의 파도, 진동, 소리, 빛― 에 관한 물리학에서의 의문에 계속 등장한다면 문제의 도구는 그 자체로 조사해야 한다. 새로운 아이디어가 정확히 어떻게 사용될 것인지 미리 알아야 할 필요는 없다. 파동이라는 주제는 중요한 영역에서 공통적으로 너무도 많이 등장하는 것이라서 의미 있는 새로운 통찰은 무언가에 유용할 것이 틀림없다.

이 경우에는 그 무언가라고 하는 것에 라디오, 텔레비전, 레이더가 포함된다.[6] 누군가 열 흐름을 이해하는 새로운 방법을 생각해내어 훌륭하고 새로운 기법을 찾아냈지만 유감스럽게도 적절한 수학적 근거가 없다면 그 전체를 **수학의 한 부분으로** 정리하는 것이 이치에 맞다. 열이 흐르는 방식에 대하여 한마디도 내놓지 않는다 하더라도 그 결과는 당연히 다른 분야에 응용될 수 있다. 푸리에 분석 Fourier analysis은 바로 이러한 연구방향에서 드러난 것으로 지금까지 발견된 단일한 수학적 아이디어로는 가장 유용한 것이라고 할 수 있다. 이는 현대 전기통신의 근거가 되고 디지털카메라를 가능하게 하며 오래된 영화와 녹음을 깔끔하게 만드는 데 도움이 되고 현대적으로 확장된 형태는 FBI가 지문 기록을 보존하는 데 이용된다.[7]

수천 년간 수학의 외적 용도와 내적 구조는 이렇게 영향을 주고받았고, 이 두 측면은 서로 밀접하게 뒤얽혀서 떼어놓는 것이 거의 불가능해졌다. 관련된 심리적 태도는 그래도 그보다는 쉽게 구분할 수 있어서 수학을 넓게 순수 수학과 응용 수학이라는 두 종류로 분류할 수 있다. 이는 지적인 지형에서 수학적 아이디어가 차지하는 위치를 대강 밝히는 방법으로 옹호할 수 있지만 수학 그 자체에 대한 대단히 면밀한 서술은 아니다. 기껏해야 수학의 스타일을 이루는 연속적인 스펙트럼의 양쪽 끝을 구분해줄 뿐이다. 이런 구분은 최악의 경우에는 수학의 어떤 부분이 유용한지, 아이디어가 어디에서 나온 것인지를 오도한다. 과학의 어느 분야나 마찬가지로 수학의 힘은 추상적인 추론과 외부 세계로부터의 영감의 **결합**에서 나오며, 이 둘은 서로에게서 정보를 얻어낸다. 두 요소를 구분하는 것은 불가능할 뿐만 아니라 무의미하다.

정말로 중요한 수학적 문제들, 이 책의 소재가 되는 위대한 문제들은 대개 일종의 지적인 내성內省을 통해 수학 안에서 발생했다. 이유는 간단하다. **수학** 문제이기 때문이다. 수학은 대수, 기하, 삼각법, 해석학, 조합론, 확률론과 같이 각기 특유의 기법을 갖춘 고립된 영역의 집합체처럼 보이는 경우가 많다. 그런 식으로 가르치는 경향이 있는데, 거기에는 훌륭한 이유가 있다. 각각의 독립된 주제를 하나의 명확한 영역에 위치시키면 학생들이 마음속으로 자료를 체계화하는 데 도움이 된다. 이는 수학의 구조에 대한 합리적인 최초의 근삿값이다. 확립된 지 오래된 수학의 경우에는 더욱 그러하다. 그러나 연구의 최전선에서는 이러한 깔끔한 서술이 허물어지는 일이 많다. 그저 수학의 주요한 영역 간의 경계선이 흐려지기 때문만은 아니다. 실은 그런 경계선이 존재하지 않기 때문이다.

수학자들은 누구든 언제 어느 때나, 갑자기, 그리고 예측할 수 없게 자신이 연구하고 있는 문제가 겉보기에는 무관한 영역의 아이디어들을 필요로 할 수 있다는 것을 안다. 실로 새로운 연구가 영역들을 결합하는 경우가 많다. 예를 들어 나는 대개 역학계에서의 패턴 형성에 초점을 맞추어 연구하는데, 역학계는 구체적인 규칙에 의거해서 시간에 따라 변화하는 계이다. 전형적인 예는 동물들이 움직이는 방식이다. 빠른 속도로 걷는 말은 같은 순서로 다리를 움직이는 일을 반복하고 또 반복하는데 여기에는 명확한 패턴이 있다. 대각선으로 마주한 다리가 함께 땅에 닿는다. 그러니까 먼저 왼쪽 앞다리와 오른쪽 뒷다리가 땅에 닿고 그다음에는 나머지 두 다리가 땅에 닿는다. 이것은 패턴에 대한 문제일까? 그렇다면 적절한 방법은 대칭의 대수인 군론^{群論, group theory}에서 나온다. 아니면 역학에 대한 문제일까? 그렇다면 적절한 영역은 뉴턴식 미분 방정식이다.

그 답은 당연히 둘 다여야 한다는 것이다. 두 분야가 공유하고 있는 요소, 그 교집합은 아니다. 기본적으로 그런 건 없다. 그 대신 수학의 전통적인 두 부분 사이에 걸쳐진 새로운 '영역'이다. 두 나라를 갈라놓는 강에 걸쳐진 다리와도 같다. 이 다리는 두 나라를 연결해주기는 하지만 어느 쪽에도 속하지 않는다. 그렇다고 가느다란 도로는 아니다. 크기로는 두 나라에 비길 만하다. 훨씬 더 중요한 것은 관련된 방법이 이 두 영역에 제한되지 않는다는 것이다. 실은, 내가 공부해본 수학의 사실상 모든 과목이 연구 어느 부분에서든 나름의 역할을 해왔다. 케임브리지대학교 학부과정에서 배웠던 갈루아 이론은 5차 대수 방정식을 푸는 방법(더 정확히 말해 풀 수 없는 이유)에 관한 것이었다. 그래프 이론 강의는 선으로 연결된 점들의 네트워크에 대한 것이었다. 대수학으로 박사학위를 취득했기에 역학계에 대한 강의는 들은 적이 한 번도 없었지만 세월이 지나면서 안정된 상태에서 카오스로 변화한다는 그 기초를 익히게 되었다. 갈루아 이론, 그래프 이론, 역학계, 이 3가지는 별

개의 영역이다. 아니, 2011년까지만 그렇게 생각했다는 것이다. 그 후로 나는 역학계의 네트워크에서 카오스적인 역학 관계를 감지해내는 법을 이해하고자 했고, 그에 필요한 중요한 단계는 45년 전 갈루아 이론 강의에서 배웠던 내용에 의지하고 있었다.

그러니까 수학은 각각의 나라가 명확한 경계로 깔끔하게 둘러싸이고 분홍색, 초록색, 담청색으로 칠해져서 이웃 나라와 깨끗하게 구분되는 세계지도와는 다르다. 어디서 계곡이 끝나고 작은 언덕이 시작되는지, 어디서 숲이 삼림지대, 관목 덤불, 초원으로 이어지는지, 어디서 호수가 다른 온갖 종류의 지형으로 습지대를 밀어넣는지, 어디서 강이 산의 눈 덮인 비탈을 멀리 낮게 펼쳐진 바다로 연결하는지 결코 제대로 구분해낼 수 없는 자연적인 풍경에 더 가깝다. 하지만 이렇게 끊임없이 변화하는 수학의 풍경은 바위, 물, 식물이 아니라 개념들로 이루어진다. 지형이 아니라 논리로 묶인다. 그리고 역동적인 풍경이어서 새로운 개념이나 방법이 발견되거나 창안되면서 변화한다. 폭넓은 의미를 지닌 중요한 개념들은 산봉우리와도 같고 용도가 많은 기법들은 비옥한 평야를 가로질러 여행자들을 실어나르는 넓은 강과도 같다. 풍경을 명확하게 정의할수록 원치 않는 장애가 되는 측량되지 않은 봉우리, 탐험되지 않은 지역을 찾아내기가 쉬워진다. 세월이 흐르면서 봉우리와 장애물 중에는 아이콘의 지위를 얻게 되는 것들이 있다. 이것이 바로 위대한 문제들이다.

위대한 수학적 문제가 위대한 이유는 무엇일까? 지적인 깊이가 있으면서 단순하고 우아하다는 것이다. 그리고 **어렵기** 때문이다. 작은 언덕은 누구나 오를 수 있다. 그러나 에베레스트산이라면 상황이 다르다. 위대한 문제는 보통 서술하기는 간단하지만 거기에 필요한 용어는 기초적일 수도, 매우 전문적일 수도 있다. 페르마의 마지막 정리와 4색 문제의 명제는 학교에서 배운 수학만으로도 누구나 곧바로 이해할 수 있다. 그와는 대조적으로 호지 추측Hodge conjecture이나 질량 간극 가설 mass gap hypothesis은 연구의 최전선에서 사용하는 심오한 개념을 들먹이지 않고는 서술하는 것조차 불가능하다. 질량 간극 가설은 어쨌든 양자장 이론quantum field theory에서 나온 것이니까 말이다. 그러나 그러한 분야에 정통한 사람에게는 문제의 의문에 대한 명제가 간단하고 자연스럽다. 빽빽하고 불가해한 본문이 끝도 없이 이어질 필요는 없다. 물론 세부적인 사항까지 빠짐없이 이해하려면 학부 수준의 수학을 알고 있어야 한다. 그러나 흥미를 가진 사람이라면 누구나 그 문제의 연원이 무엇인지, 중요한 이유가 무엇인지, 해법을 얻는다면 무엇을 할 수 있는지와 같은 핵심은 대략 감잡을 수 있고 내가 독자들에게 전하고자 하는 것도 이것이다. 이런 점에서 호지 추측이 만만치 않다는 점은 인정한다. 매우 전문적이고 또한 대단히 추상적이기 때문이다. 그렇지만 이 추측은 클레이연구소가 내놓은 새 천 년의 7가지 수학 문제의 하나로 100만 달러의 상금이 걸려있으며, 반드시 포함되어야 할 문제이기도 하다.

위대한 문제들은 창조적이다. 새로운 수학을 탄생시키는 데 도움이 된다. 1900년 다비드 힐베르트는 파리에서 열린 국제수학학술대회에서 연설을 통해 수학에서 가장 중요한 23가지 문제를 열거했다. 페르마의 마지막 정리는 포함시키지 않았지만 서두에서 언급했다. 유명한 수학자가 위대한 문제에 속한다고 생각하는 문제들을 열거하면 다른 수학자들은 거기에 주목한다. 중요하고도 어려운 문제가 아니라면 그런 문제는 목록에 오르지 않았을 것이다. 그런 도전에 응해 답을 하려고 하는 것은 당연하다. 그 뒤로 힐베르트의 문제를 해결하는 것은 수학적인 자극을 얻는 좋은 방법이 되어왔다. 힐베르트의 문제를 여기에 포함하기에는 지나치게 전문적인 것이 많고, 구체적인 문제라기보다는 정해진 답이 없는 것도 여럿이지만, 몇몇 문제는 당연히 이 책의 뒷부분에 모습을 드러낸다. 그래도 언급하는 것이 마땅하기 때문에 미주에 간단하게 요약해두었다.[8]

이것이 위대한 문제가 위대한 이유이다. 대부분 답을 몰라서 풀기 어려운 것은 아니다. 사실상 모든 위대한 문제들에 대해 수학자들은 답이 어떤 것일지 아주 명확한 생각을 가지고 있다. 이미 해법이 알려진 경우에는 더욱 그러하다. 사실, 문제의 서술에는 기대되는 답이 포함되는 경우가 많다. 추측conjecture이라는 건 다 그렇다. 다양한 증거에 근거한 그럴 듯한 짐작이다. 연구가 잘 이루어진 추측들은 대개 마침내는 옳은 것으로 판명되지만 다 그런 것은 아니다. 가설hypothesis과 같은 예전의 용어들도 같은 의미를 지니고 있고, 페르마의 경우에는 '정리theorem'라는 말을 (정확히 말해) 남용했다. 정리에는 증명이 필요하지만 와일스가 등장할 때까지는 바로 그 증명이 빠져 있었기 때문이다.

사실 증명이라는 요건이 위대한 문제를 어렵게 만든다. 적당한 능력이 있는 사람이라면 누구든 몇 개의 계산을 하고 명백한 패턴을 찾아내고 그 정수를 뽑아내어 간결하고 함축적인 명제로 만들어낼 수 있다. 수학자들은 그 이상의 증거를 요구한다. 완전하고 논리적으로 흠

잡을 데 없는 증명을 고집한다. 답이 부정적인 것으로 판명되는 경우 반증을 고집한다. 수학에서 증명이 지닌 필수적인 역할을 올바르게 인식하지 않고 위대한 문제의 유혹적인 매력을 음미하는 것은 사실 불가능하다. 경험에서 우러난 추측은 누구나 할 수 있다. 그러나 그게 옳다는 걸, 혹은 그르다는 걸 증명하는 게 어렵다.

수학적 증명이라는 개념은 역사 속에서 바뀌어왔는데 그 가운데 일반적으로 논리적인 요건이 더욱 엄격해졌다. 증명의 본질에 대해서는 심오한 철학적 논의가 많이 있었고 몇 가지 중요한 논점도 제기되었다. '증명'에 대한 엄밀하게 논리적인 정의가 제안되고 사용되었다. 학부생에게 가르치는 정의는 '증명이란, 공리라는 한 무리의 명시적인 가정들에서 시작된다.'는 것이다. 공리라는 것은 말하자면 게임의 규칙이다. 다른 공리들도 가능하지만 그건 다른 게임으로 이어진다. 수학에 이러한 접근법을 도입한 것은 고대 그리스의 기하학자 에우클레이데스 Euclid(흔히 '유클리드'라고 부르지만 표기 원칙에 따랐다. 다만 일반적인 학술용어로 정착된 경우에는 계속 '유클리드'로 표기하겠다.—옮긴이)로, 이는 지금까지도 유효하다. 공리에 합의하고 나면 어떤 명제의 증명은 일련의 단계들로서 각 단계는 공리나 이미 증명한 명제, 혹은 둘 다의 논리적 결과이다. 사실상 수학자들은 논리적 미로를 탐험하고 있으며, 이 미로의 교차로는 명제이고 길은 타당한 연역이다. 증명은 미로를 가로지르는 길로, 공리에서 출발한다. 그러한 끝에 명제가 증명된다.

그러나 이런 개념으로 증명을 다 설명하기는 어렵다. 심지어 제일 중요한 이야기는 아직 나오지 않았다. 이건 마치 교향곡을 화음 규칙에 따르는 일련의 음표라고 하는 것과 마찬가지이다. 창조성이 완전히 빠졌다. 증명을 어떻게 찾아내야 하는지, 심지어는 다른 사람의 증명을 어떻게 확인할 것인지도 알려주지 않는다. 미로의 어떤 부분이 유의미한지도 알려주지 않았다. 어떤 길이 우아하고 어떤 길이 추한지, 어떤 것이 중요하고 어떤 것이 무관한지도 알려주지 않는다. 증명이란 어떤 과정에 대한 형식적이고 기계적인 묘사이다. 그런 과정에는 수많은 다른 측면들이 있는데, 그중에도 인간적인 면이 주목할 만하다. 증명은 인간이 발견하는 것이고, 수학 연구는 그저 단계적인 논리의 문제로 그치지 않는다.

증명에 대한 형식적인 정의를 곧이곧대로 받아들이면 사실상 읽을 수 없는 증명으로 이어질 수 있는데, 결과가 이미 눈앞에 있는 상황에서 논리적으로 세부적인 부분에 신경을 쓰느라 대부분의 시간을 쓰게 되기 때문이다. 그래서 현역 수학자들은 바로 본론으로 들어가고 기계적인 것이나 뻔한 것은 내버려둔다. '다음을 확인하기는 쉽다.'거나 '기계적인 계산이 암시하듯' 같은 진부한 문구로 비약이 있다는 것을 명확히 한다. 수학자들이, 적어도 의식적으로는 하지 않는 것은 논리적인 난점을 슬쩍 지나친다거나 그런 문제가 없는 것처럼 가장해보려는 것이다. 사실 유능한 수학자라면 특히 논증에서 논리적으로 취약한 부분을 정확히 지적하려고 노력하고 이러한 부분을 충분히 튼튼하게 만드는 방법을 설명하는 데 대부분의 시간을 바치게 마련이다. 요지는 증명이란 실제로는 나름의 서사적 흐름이 있는 수학적 이야기라는 것이다. 발단이 있고 중간이 있고 결말이 있다. 주요한 줄거리에서 자라나고 나름의 해결도 갖춘 부차적인 줄거리가 있는 경우도 많다. 영국의 수학자 크리스토퍼 지먼Christopher Zeeman은 '정리란 지적인 휴식처'라고 언급한 적이 있다. 멈춰 서서 호흡을 가다듬고 어딘가 확고한 곳까지 왔다는 느낌을 가질 수 있다. 부차적인 줄거리가 주요한 줄거리의 미진한 부분을 매듭지어준다. 증명은 다른 면들에서도 이야기를 닮았다. 하나 이상의 주요인물—물론 인물이라기보다는 개념—이 등장해 그 복잡한 상호관계가 최후의 폭로로 이어진다는 것도 그렇다.

학부 과정에서 제시되는 정의가 보여주듯 증명은 명확하게 서술된 몇 개의 가정에서 출발해 일관성 있고 구조적인 방식으로 논리적인 결과들을 끌어내다가 증명하고자 하는 것이 무엇이든 그것으로 끝이 난다. 그러나 증명은 그저 연역의 목록인 것은 아니고 논리가 유일한 기준도 아니다. 증명은 이야기로, 그런 이야기를 읽고 실수나 모순을 찾아내는 법을 익히느라 일생의 상당 부분을 바친 사람들에게 들려지고 또 그들의 세밀한 조사를 받게 된다. 그런 사람들의 주된 목표는 이야기꾼이 **틀렸다**는 것을 증명하는 것이고, 그들은 약점을 찾아내어 그런 약점이 먼지를 뭉게뭉게 뿜어내며 무너질 때까지 집요하게 공격하는 무시무시한 재주를 지니고 있다. 어떤 수학자가 위대한 것이거나 위대할 정도는 아니지만 가치가 있는 유의미한 문제를 해결했다고 주장하면, 전문가들의 반사작용은 '만세!' 하고 외치며 샴페인을 벌컥벌컥 마시는 것이 아니라 그걸 맹렬하게 비판해보려고 하는 것이다.

부정적으로 들릴지도 모르겠지만 증명은 수학자들이 자신이 하는 말이 옳다는 것을 확인할 때 유일하게 의존할 수 있는 도구이다. 이러한 반응을 예측하기에 연구자들은 자기 자신의 개념과 증명을 철저하게 비판해보려는 일에 상당한 노력을 들인다. 그렇게 하는 편이 덜 부끄럽다. 이야기가 이런 비판적인 평가에서 살아남으면 여론은 재빨리 그게 옳다고 동의하는 편으로 돌아서고 그 시점에서 증명을 창안해낸 사람은 적절한 찬사와 인정, 보상을 받는다. 어쨌든 보통은 그렇게 풀려가지만, 관련된 사람들이 늘 그런 식으로 느끼지는 않을 수도 있다. 사건과 밀접한 사람이 벌어지는 상황에 대해 지니는 이미지는 상대적으로 초연한 관찰자가 느끼는 이미지와는 다를 수 있다.

수학자들은 어떻게 문제를 해결할까? 이러한 의문에 대하여 철저하고 과학적으로 연구한 예는 드물다. 인지과학에 근거한 현대의 교육학적 연구는 대체로 고등학교 수준까지의 교육에 초점을 맞춘다. 학부 수학 교육을 다룬 연구도 있지만 상대적으로 드물다. 기존의 수학을 배우고 가르치는 것과 새로운 수학을 만들어내는 것 사이에는 상당한 차이가 있다. 악기를 연주할 줄 아는 사람은 많지만 콘체르토(협주곡)는 물론이거니와 대중가요를 작곡할 수 있는 사람의 수는 그보다 훨씬 적다.

최고급의 창조성을 논하자면 우리가 아는 것, 혹은 알고 있다고 생각하는 것의 상당 부분은 자기성찰에서 비롯된다. 수학자들에게 사고과정을 설명해달라고 부탁해 일반적인 법칙을 찾아보자. 수학자들의 생각하는 방식을 알아내고자 하는 최초의 진지한 시도 중 하나는 자크 아다마르Jacques Hadamard의 《수학 분야에서의 창안의 심리학The Psychology of Invention in the Mathematical Field》으로, 1945년 처음 출판되었다.[9] 아다마르는 당시의 유수한 수학자와 과학자들을 인터뷰하면서 어려운 문제를 연구할 때 어떻게 생각하는지를 묘사해달라고 요청했다. 확실하게 드러난 것은, 직관intuition이 필수적인 역할을 한다는 것이었다. 직관을 대신할 더 좋은 용어가 없어서 직관이라고 하겠다. 무의식적인 마음의 어떤 특성이 그들의 생각을 인도했다. 가장 창조적인 통찰은 한 단계 한 단계 밟아나가는 논리가 아니라 갑작스럽고 엉뚱한 비약에서 생겨났다.

19세기 말~20세기 초 프랑스의 거물 수학자 앙리 푸앵카레Henri Poincaré는 논리적인 의문에 대한 이 비논리적으로 보이는 접근에 관해 매우 상세히 묘사했다. 푸앵카레는 수학의 대부분을 망라했고 몇 가지 새로운 영역을 만들어냈으며 그 외에도 많은 부분을 근본적으로 바꿔놓았다. 이후 몇몇 분야에서 그는 두드러진 역할을 했고, 대중 과학서를 저술하기도 했다. 이렇게 폭넓은 경험은 그가 자신의 사고과정을 보다 심오하게 이해하는 데 도움이 되었을 수 있다. 어쨌건 푸앵카레는 의식적인 논리는 창조적인 과정의 일부에 지나지 않는다고 단호하게 주장했다. 물론 논리를 빠뜨릴 수 없는 시점이 있기는 하다. 문제가 무엇인지를 판단하고 그 답을 체계적으로 검증하는 때가 그렇다. 그러나 그 사이에 자신의 뇌가 자기도 모르는 사이에 그로서는 가늠조차 할 수 없는 방식으로 문제를 연구하고 있는 경우가 많다고 푸앵카레는 느꼈다.

그는 창조적 과정을 핵심적 3단계로 구분했다. 준비, 배양, 깨달음이다. 준비는 문제를 정확하게 이해하고 엄밀하게 만들어 전통적인 방법으로 공략하기 위한 의식적이고 논리적인 노력으로 이루어진다. 푸앵카레는 이 단계가 필수적인 것이라고 보았다. 무의식을 자극하고 무의식이 다룰 재료를 공급해주는 것이다. 배양은 문제에 대한 생각을 멈추고 내버려둔 채 다른 일을 할 때 이루어진다. 이제 무의식은 개념들, 많은 경우 아주 엉뚱한 개념들을 결합하기 시작하고, 그러다 보면 서광이 비치기 시작한다. 운이 좋다면 이는 깨달음으로 이어진다. 무의식이 어깨를 툭툭 치며 갑자기 모든 것이 확연하게 드러난다.

이러한 창조성은 줄타기 곡예와도 같다. 한편, 어려운 문제는 그것이 속한 것으로 보이는 영역에 익숙해지지 않고는 풀 수 없다. 게다가 관계가 있는지 없는지는 몰라도 혹시 관계가 있을 수도 있기에 다른 수많은 영역에도 익숙해져야 한다. 다른 한편, 이미 다른 사람이 시도했다가 성과를 얻지 못한 일반적인 사고방식에 빠져 있기만 하면 심리적인 틀에 갇혀서 새로운 것을 전혀 찾아내지 못하게 된다. 그러므로 많은 것을 알아내어 의식적으로 통합시키고 몇 주 동안 머리를 굴리다가…… 의문을 제쳐놓는 것이 요령이다. 그러면 마음의 직관적인 부분이 일을 시작해 개념들을 마주 문질러 불꽃이 튀는지 보고 무엇인가를 찾아내면 알려준다. 언제라도 이런 일이 일어날 수 있다. 푸앵카레는 버스에서 내리다 말고 몇 달 동안 자신을 괴롭히던 문제를 푸는 방법을 갑자기 알아차렸다. 독학으로 공부한 인도인 수학자 스리니바사 라마누잔Srinivasa Ramanujan은 놀라운 공식들을 만드는 재능이 있었는데 꿈속에서 아이디어를 얻는 일이 많았다. 아르키메데스Archimedes가 목욕을 하다가 왕관이 순금인지 알아내는 방법을 생각해낸 것은 유명한 일이다.

푸앵카레는 준비라는 초기 단계 없이는 진척을 이뤄낼 가능성이 적다는 점을 간곡히 지적했다. 무의식은 생각할 거리를 많이 필요로 하는데 그렇지 못하면 마침내 해법으로 이어질 우연한 개념의 조합이 형성될 수 없다고 주장했다. 준비는 영감을 만들어낸다. 그는 이러한 간단한 3단계 과정이 단번에 이루어지는 일은 드물다는 것도 알았음이 분명하다. 창조적인 수학자라면 누구나 알고 있는 것이기 때문이다. 문제를 해결하려면 단 하나의 돌파구로는 부족한 경우가 많다. 하나의 아이디어를 배양하는 단계는 그 아이디어가 역할을 하도록 하는 데 필요한 것을 얻어내기 위한 부차적인 준비, 배양, 깨달음의 과정으로 인해 중단될 수 있다. 위대하든 아니든 값어치가 있는 문제라면 그에 대한 해법은 그와 같은 수많은 일련의 과정들을 수반하는 것이 일반적이고 이러한 과정들은 브누아 망델브로Benoît Mandelbrot의 복잡한 프랙털처럼 서로를 감싸안고 있다. 문제는 하위 문제들로 분해하여 해결한다. 이 하위 문제들을 풀 수 있다면 그 결과를 조합해 전체를 해결할 수 있다고 확신한다. 그러고는 하위 문제들을 연구한다. 하위 문제 하나를 해결할 때도 있다. 해결하지 못하면 재고한다. 하위 문제가 새로운 조각들로 분해되는 경우도 있다. 계획을 계속 파악하고 있는 것만으로도 상당한 일이다.

　　나는 무의식의 작용을 '직관intuition'이라고 불렀다. 이 말은 '직감instinct'같이 매력적인 단어이기 때문에 실질적인 의미는 전혀 없는데도 널리 사용된다. 우리가 그 존재는 깨닫고 있지만 이해는 하지 못하는 어떤 것에 붙이는 이름이다. 수학적 직관은 형식과 구조를 감지하고 의식적으로는 인지하지 못하는 패턴을 발견하는 마음의 능력이다. 직관은 의식적인 논리와 같은 명료함은 없지만 그 대신 의식적으로는 절대 고려하지 않았을 것들에 관심을 끄는 역할을 한다. 신경과학자들은 뇌가 그보다도 훨씬 간단한 임무를 수행하는 방식조차 겨우 이해하기 시작했다. 하지만 직관이 어떻게 작동하건, 그것은 뇌의 구조와 뇌가 외부 세계와 벌이는 상호작용의 결과임에는 분명하다.

직관이 핵심적으로 공헌하는 바는 문제의 약점을 인식하게 해주고 공격에 취약할 수도 있는 부분을 알려주는 것인 경우가 많다. 수학적 증명은 전투와 같다. 호전적인 비유가 마음에 들지 않는다면 체스라고 하자. 잠재적인 약점이 확인되면 수학적 수단을 전문적으로 이해하고 있는 수학자는 이러한 수단을 이용할 수 있게 된다. 지구를 움직일 수 있을 만큼 버틸 수 있는 튼튼한 '장소(공간)'를 원했던 아르키메데스처럼 수학자에게는 문제를 지렛대로 움직이는 어떤 방법이 필요하다. 한 가지 핵심적인 아이디어가 이를 가능하게 하여 일반적인 방법으로 공략할 수 있게 해줄 수 있다. 그러고 나면 기법만이 문제가 될 뿐이다.

내가 좋아하는 지렛대의 예로, 본질적으로 수학적인 중요성은 전혀 없지만 중요한 메시지를 이해할 수 있게 해주는 수수께끼를 소개하겠다. 체스판에는 64개의 칸이 있다. 체스판의 인접한 2개의 칸을 덮을 만한 크기의 도미노 패들이 있다고 가정해보자. 그렇다면 32개의 도미노 패로 체스판 전체를 덮는 것은 쉬운 일이다. 하지만 이제 그림 1처럼 체스판에서 대각선으로 마주 보는 2개의 귀퉁이를 잘라냈다고 가정해보자. 31개의 도미노 패를 사용해서 남은 62개의 칸을 덮을 수 있을까? 실험해보면 어떻게 해봐도 되지 않을 것 같다. 반면, 이게 불가능한 명백한 이유도 보이지 않는다. 도미노 패를 어떻게 배열하건 각각의 패가 1개의 검은 칸과 1개의 흰 칸을 덮어야 한다는 것을 깨닫기 전까지는 말이다. 이것이 지렛대이다. 이제 해야 할 일은 그 지렛대를 써먹는 것

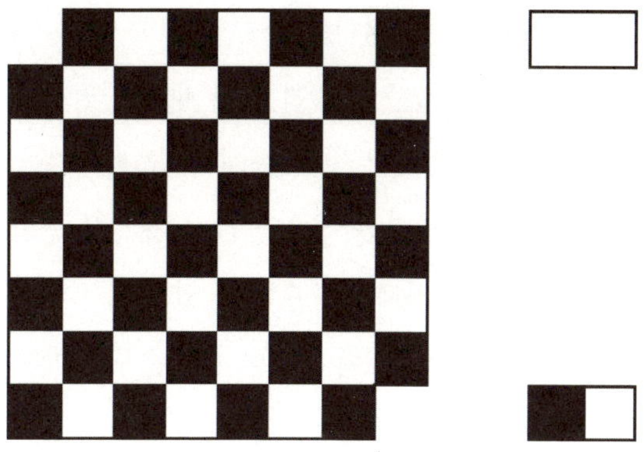

그림 1 잘라낸 체스판을 각각 2개의 칸을 덮는 도미노 패(오른쪽 위)로 덮을 수 있을까? 오른쪽 아래와 같이 도미노패에 칠을 하고 검은 칸과 흰 칸이 몇 개 있는지 세어보면 답은 명확하다.

뿐이다. 이는 도미노 패로 덮인 영역은 모두 거기에 속한 검은 칸과 흰 칸의 수가 같다는 것을 의미한다. 그런데 대각선으로 마주 보는 칸들은 같은 색이니까 2개(이 경우 흰색)를 떼어내면 흰 칸보다 검은 칸이 2개 더 많은 모양이 된다. 그런데 이런 모양은 어떤 것이든 덮을 수가 없다. **어떤** 도미노 패든 덮게 되는 색깔의 조합에 대한 관찰이 이 수수께끼의 약점이다. 이로써 논리적인 지렛대를 이용할 수 있다. 중세의 남작이 성을 공격해야 한다면 바로 이것이 성벽에 있는 약점이 된다. 투석기의 화력을 집중하거나 굴을 파서 지반을 약하게 만들어야 할 곳인 것이다.

수학 연구는 한 가지 중요한 점에서 전투와 다르다. 한번 점령한 영토는 어디든 영원히 나의 것으로 남는다는 점이다. 다른 곳에 노력을 집중할 수도 있지만 어떤 정리든 일단 증명하고 나면 다시 사라지지 않는다. 그래서 수학자들은 어떤 문제를 해결하지 못하더라도 그 문제에 진척을 이뤄내게 된다. 새로운 사실을 규명하면 다른 누구든, 어떤 맥락에서든 그것을 이용할 수 있다. 해묵은 문제에 대한 새로운 공격을 감행할 도약대는 온갖 사실들이 볼품없이 쌓인 틈에 반쯤 묻혀있던, 예전에는 눈치채지 못한 보석에서 드러나는 경우가 많다. 새로운 수학이 당장은 용도가 불분명하더라도 그 자체로 중요할 수 있는 이유가 바로 그것이다. 새로이 점령한 영토요, 무기고에 새로이 들어온 무기이다. 아직 때를 만나지는 못했을지 모른다. 그러나 '쓸모없는' 것으로 간주되어 잊히거나 누구도 그 **용도**를 알아채지 못해서 생겨날 기회조차 얻지 못한다면 그런 때는 결코 오지 않는다.

02

소수의 영토

골드바흐 추측

위대한 문제 중에는 수학 교과서에 일찌감치 등장하지만 우리가 눈치채지 못하는 것들이 있다. 우리는 곱셈을 배우자마자 소수素數, prime number라는 개념을 만나게 된다. 어떤 수는 2개의 더 작은 수를 곱해 얻을 수 있다. 예를 들어 $6 = 2 \times 3$이다. 그렇지 않은 수, 이를테면 5는 이런 식으로 분해할 수 없다. 기껏해야 우리가 할 수 있는 건 $5 = 5 \times 1$인데, 여기에는 2개의 **더 작은** 수가 수반되지 않는다. 분해할 수 있는 수는 합성수라고 한다. 분해할 수 없는 수는 소수라고 한다. 소수는 그처럼 간단한 것 같다. 범자연수whole number('정수'라고 번역하기도 하지만 자연수에 0을 포함한 것을 의미하기도 한다. 여기서는 후자의 의미이다.—옮긴이)를 곱할 수 있게 되자마자 소수가 어떤 것인지 이해할 수 있다. 소수는 범자연수의 기본적인 구성요소로 수학 어디에나 등장한다. 또한 대단히 불가사의해서 거의 무작위로 흩어져 있는 것처럼 보인다. 소수가 수수께끼라는 건 의심할 여지가 없다. 어쩌면 그건 그 정의의 결과인지도 모른다. 무엇이라기보다는 무엇이 아니라는 게 정의이다. 다른 한편, 소수는 수학의 기본이어서, 두려움에 무작정 손을 들고 포기해버릴 수는 없다. 소수와 타협하면서 그 가장 깊숙한 곳에 숨은 비밀을 찾아내야만 한다.

몇 가지 특징은 명백하다. 가장 작은 소수인 2를 제외하면 모든 소수는 홀수이다. 3을 제외하면 각 자리의 수의 합은 3의 배수일 수 없다. 5를 제외하면 끝자리가 5일 수 없다. 이런 규칙들과 좀 더 미묘한 몇 개의 규칙을 빼면 어떤 수를 보자마자 그게 소수인지 아닌지를 알 수 없다. 소수를 찾는 공식들이 있는 건 사실이지만 대부분은 편법이다. 소수에 대한 유용하고 새로운 정보를 제공하지 않으며 '소수'의 정의를 공식으로 표현하는 영리한 방법에 지나지 않는다. 소수는 개성 있는 사람들 같아서 일반적인 규칙에 따르지 않는다.

1,000년이 넘는 동안 수학자들은 점차 소수에 대한 이해를 넓혀왔고 가끔은 소수에 대한 커다란 문제를 해결하기도 했다. 그렇지만 수많은 의문이 아직 답을 얻지 못한 채 남아있다. 기본적이고 서술하기도 쉬운 것이 있는가 하면 난해한 것도 있다. 이번 장은 이 성가시면서도 기본적인 수에 대해 우리가 아는 것과 알지 못하는 것을 논의하겠다. 몇 가지 기본적인 개념을 확립하는 것으로 이야기를 시작한다. 여기에는 특히 소인수분해, 즉 주어진 수를 소수들을 한데 곱해서 표현하는 방법이 포함된다. 이처럼 익숙한 과정조차도 어떤 수의 소인수를 찾아내는 진정으로 효율적인 방법을 묻기 시작하자마자 우리를 깊은 수렁으로 끌어들인다. 어떤 수를 조사해 소수인지 아닌지 알아내는 것은 상대적으로 쉬워 보이지만 그 수가 합성수일 때 그 소인수를 찾아내는

일은 훨씬 더 어려운 경우가 많다는 것도 놀라운 일이다.

먼저 기본적인 사항을 정리하고 소수에 대한 가장 유명한 미해결 문제인 250년 된 골드바흐 추측Goldbach conjecture을 알아보겠다. 이 의문에 대한 최근의 진전은 극적이기는 했지만 아직 결정적인 것은 아니다. 그 외에도 몇 가지 다른 문제들이, 비옥하지만 다루기 힘든 이 영역에서 여전히 발견되어야 할 것들의 간략한 실례를 제시해준다.

학교에서 산수를 배웠기 때문에 소수와 인수분해는 꽤나 익숙하겠지만, 소수의 흥미로운 특징들은 대부분 산수 수준에서는 가르치지 않고 증명까지 하는 일은 전혀 없다. 거기에는 그럴듯한 이유가 있다. 겉보기에는 뻔한 성질들조차도 증명하는 것은 놀라울 만큼 어렵다. 그 대신 학생들은 소수를 다루는 간단한 방법 몇 가지를 배우고 상대적으로 작은 수들에 대한 계산에 중점을 둔다. 그 결과 소수에 대한 우리의 초기 경험은 약간은 오도된다.

고대 그리스인들은 소수의 기본적인 성질 몇 가지를 알았고 그걸 증명하는 방법도 알았다. 소수와 인수는 에우클레이데스의 위대한 기하학 고전인 《기하학 원론Elements》VII권의 주제였다. 이 책에는 산수의 나눗셈과 곱셈에 대한 기하학적 표현이 담겨 있다. 그리스인들은 수를 그 자체로 다루기보다는 선을 다루는 편을 좋아했지만 그들이 얻은 결과를 수의 언어로 바꿔서 표현하는 것은 쉽다. 에우클레이데스는 뻔해 보일 수도 있는 명제들을 조심스럽게 증명한다. 예를 들어 VII권의 16번 정리는 2개의 수를 곱했을 때 그 결과는 곱하는 순서와는 무관하다는 것을 증명한다. 그러니까 $ab = ba$라는 것인데, 이는 대수의 기본적인 법칙이다.

　학교에서 배우는 산수에서는 소인수를 두 수의 최대공약수(가장 큰 공통인수)를 찾는 데 이용한다. 예를 들어 135와 630의 최대공약수를 찾기 위해서는 두 수를 소수로 인수분해한다.

$$135 = 3^3 \times 5$$

$$630 = 2 \times 3^2 \times 5 \times 7$$

　그런 다음 각각의 소수에 대해서 양쪽 인수분해에 등장하는 가장 큰 곱을 취해 $3^2 \times 5$를 얻는다. 이를 곱하면 45가 된다. 이것이 최대공약수이다. 이러한 과정은 소인수분해가 최대공약수를 찾는 데 필요하다는 인상을 준다. 사실 논리적인 관계는 그 반대이다.《기하학 원론》의 VII권 2번 정리는 2개의 범자연수의 최대공약수를 인수분해하지 않고 찾는 방법을 제시한다. 큰 수에서 작은 수를 반복적으로 뺀 다음 그 결과로 나온 나머지와 작은 수에 비슷한 방법을 적용해 나머지가 없을 때까지 반복한다. 작은 수를 사용하는 전형적인 예인 135와 630의 경우, 다음과 같이 진행된다. 630에서 135를 반복적으로 뺀다.

$$630 - 135 = 495$$

$$495 - 135 = 360$$

$$360 - 135 = 225$$

$$225 - 135 = 90$$

90은 135보다 작으므로 90과 135로 계산한다.

$$135 - 90 = 45$$

45는 90보다 작으므로 45와 90으로 계산한다.

$$90 - 45 = 45$$
$$45 - 45 = 0$$

그러므로 135와 630의 최대공약수는 45이다.

이러한 계산이 가능한 이유는 각 단계에서 원래의 한 쌍의 수를 같은 최대공약수를 가진 좀 더 간단한 쌍(한쪽 수가 작아진 쌍)으로 대치하기 때문이다. 마침내 한쪽 수가 다른 수를 정확히 나누게 되면 그 단계에서 중단한다. 주어진 문제에 대한 답을 반드시 찾아내는 확고한 계산 방법을 오늘날에는 '알고리즘'이라고 부른다. 그래서 에우클레이데스의 절차를 지금은 유클리드(에우클레이데스) 알고리즘(이를 흔히 '유클리드 호제법'이라고 부른다.—옮긴이)이라고 한다. 이는 논리적으로 소인수 분해에 우선한다. 사실 에우클레이데스는 자신의 알고리즘을 소수에 대한 기본적인 성질들을 증명하는 데 사용했으며 오늘날 대학교 수학 강의에서도 이 알고리즘을 이용한다.

에우클레이데스의 30번 정리는 이 기획 전체에 필수적이다. 현대적인 용어로 설명하면 이 정리는 두 수의 곱이 어떤 소수로 나뉜다면 두 수 중 하나는 반드시 그 소수로 나뉜다는 것을 보여준다. 32번 정리는 어떤 수든 소수가 아니라면 소인수를 가짐을 보여준다. 이 둘을 합쳐보면 모든 수는 소인수들의 곱이며 이러한 표현은 인수를 쓰는 순서를 떼놓고 보면 유일하다는 것을 쉽게 추론할 수 있다. 예를 들어

$$60 = 2 \times 2 \times 3 \times 5 = 2 \times 3 \times 2 \times 5 = 5 \times 3 \times 2 \times 2$$

등으로 표현할 수 있지만 60을 얻는 유일한 방법은 처음 나오는 인수분해를 재배열하는 것뿐이다. 이를테면 $60 = 7 \times$ **어쩌고** 같은 모양의 인수분해는 없다. 인수분해의 존재는 32번 정리에서 나온다. 해당 수가 소수면 거기서 멈춘다. 그렇지 않다면 소인수를 하나 찾아서 이것으로 나누어 더 작은 수를 얻고, 이러한 과정을 반복한다. 유일성은 30번 정리에서 나온다. 예를 들어 $60 = 7 \times$ **어쩌고** 와 같은 인수분해가 있다면, 7은 2, 3, 5 중 하나의 수로 나뉘어야 하는데 그렇지 않다.

이 시점에서 사소하면서도 중요한 점을 확실히 해두어야 한다. 1이라는 수의 예외적인 지위에 관한 것이다. 지금까지 밝힌 정의에 따르면 1은 분명 소수이다. 분해해보려 해도 기껏해야 $1 \times 1 = 1$이 나올 뿐이고, 여기에는 더 작은 수가 등장하지 않는다. 그러나 이러한 해석은 이후 이 이론에 문제를 일으키기 때문에 지난 한두 세기 동안 수학자들이 추가적인 제한을 붙였다. 1이라는 수는 특별해서 소수로도, 합성수로도 간주하면 안 된다. 대신 제3의 단위unit이다. 1을 진정한 소수가 아닌 특별한 경우로 다루는 한 가지 이유는 1을 소수라고 하면 유일성이 무너지기 때문이다. 사실 $1 \times 1 = 1$만으로도 그러함이 드러나고, $1 \times 1 \times 1 \times 1 \times 1 \times 1 \times 1 \times 1 = 1$ 정도 되면 그런 사실을 재삼재사 확

인하게 된다. 유일성이란 '추가적인 1들을 제외하고 유일하다.'는 의미라고 수정할 수도 있지만 그건 1이 특별하다는 것을 인정하는 다른 방식일 뿐이다.

한참 뒤인 IX권의 20번 정리에서 에우클레이데스는 또 다른 중요한 사실을 증명한다. '소수는 지정된 어떠한 수효의 소수보다도 많다.' 즉 소수의 개수는 무한하다는 뜻이다. 멋진 정리에 영리한 증명이지만 엄청난 문제를 일으켰다. 소수가 끝없이 계속되면서도 아무런 패턴이 없는 것 같다면 소수를 어떻게 정의할 수 있을까?

소수를 무시할 수는 없기 때문에 이러한 문제는 받아들여야만 한다. 소수는 수학에서 필수적인 부분이다. 정수론에서는 유난히 흔하면서도 유용하다. 정수론은 범자연수의 성질을 연구한다. 약간은 기초적인 것처럼 들릴지 모르겠지만 사실 정수론은 수학에서 가장 심오하고 또 가장 어려운 분야다. 이러한 점에 대해서는 이후에 수많은 증거를 보게 될 것이다. 1801년 당대 유수의 정수론 학자이자 역대에 손꼽히는 수학자 중 한 명, 심지어 어쩌면 그중에서 최고라고도 할 수 있는 수학자인 가우스는 정수론에 대한 고급 교과서인 《산술연구Disquisitiones Arithmeticae》를 썼다. 높은 수준의 주제 중에서 그는 대단히 기본적인 2가지 문제를 망각하면 안 된다고 지적했다. '소수를 합성수와 구분하는 문제와 합성수를 소인수로 분해하는 문제는 산술에서 가장 중요하고 유용한 것에 속한다.'

학교에서는 보통 어떤 수의 소인수를 찾아내는 방법을 딱 한 가지만 배운다. 정확히 들어맞는 것을 찾을 때까지 가능한 모든 인수를 차례대로 시험해본다. 원래 수의 제곱근, 더 정확히 말하자면 그 제곱근 이하인 가장 큰 범자연수에 이를 때까지 인수를 찾지 못하면 그 수는 소수이다. 인수를 찾으면 그걸로 나누기를 하고 이런 과정을 반복한다. 소인수로만 시도해보는 것보다 이쪽이 더 효율적인데, 소인수만 골라 내려면 소수 목록이 필요하다. 제곱근에서 멈추는 것은 어떤 합성수건 가장 작은 인수는 그 제곱근보다 크지 않기 때문이다. 그러나 이러한 절차는 수가 커지면 절망적일 정도로 비효율적이다. 예를 들어

$$1{,}080{,}813{,}321{,}843{,}836{,}712{,}253$$

을 소인수분해하면

$$13{,}929{,}010{,}429 \times 77{,}594{,}408{,}257$$

이 되는데 맨 앞부터 624,401,249개의 소수를 차례로 시험해봐야 두 인수 중 작은 것을 찾게 된다. 물론 컴퓨터를 사용하면 상당히 쉬운 일이지만 100자리 수로 시작했는데 그 수가 우연히도 2개의 50자리 수의 곱이고 연이은 소수들을 체계적으로 조사하는 방법을 사용하면 컴퓨터가 답을 찾기도 전에 우주가 종말할지도 모른다.

　사실 오늘날의 컴퓨터는 보통 100자리 수를 인수분해할 수 있다. 내 컴퓨터는 $10^{99}+1$의 소인수를 찾는 데 1초도 채 걸리지 않는데, 이 수는 1000…001과 같은 모양으로 0이 98개 들어간다. 이 수는 13개의 소수(그중 하나는 두 번 등장한다.)의 곱으로, 제일 작은 소인수는 7이

고 제일 큰 것은

$$141,122,524,877,886,182,282,233,539,317,796,144,938,305,111,168,717$$

이다. 그러나 200자리인 $10^{199}+1$을 인수분해하라고 컴퓨터에 지시를 내리면 부지하세월로 돌아가면서도 결과를 내지 못한다. 그렇다 하더라도 100자리 계산은 대단하다. 비밀이 뭘까? 가능성이 있는 소인수를 모두 차례로 시험해보는 것보다 더 효과적인 방법을 찾은 것이다.

이제 우리는 가우스가 말한 문제의 앞부분(소수성의 확인)에 대해 그보다 훨씬 더 많은 것을 알고 있고 뒷부분(인수분해)에 대해서는 우리가 원하는 것보다 아는 것이 훨씬 적다. 통설에 따르면 소수인가 아닌가를 확인하는 것이 인수분해보다 훨씬 간단하다. 학교에서 인수분해와 같은 방법, 그러니까 가능한 모든 약수를 시도해보는 방법으로 소수성을 확인하는 것을 배운, 수학자가 아닌 사람들은 보통 이러한 점을 놀랍게 생각한다. 그렇게 하지 않고도 어떤 수가 소수라는 것을 보일 교묘한 방법들이 있다는 것이 드러난다. 그런 방법으로는 인수를 전혀 찾지 않고도 어떤 수가 합성수라는 것도 보일 수 있다. 소수성 시험을 통과하지 못하는 것만 보이면 된다.

근대적인 모든 소수성 시험의 증조부쯤에 해당하는 것이 페르마의 정리인데, 7장에 나오는 유명한 페르마의 마지막 정리와 혼동하지는 말아야 한다. 이 정리는 모듈 산수에 근거하고 있는데, 모듈 산수는 시계산clock arithmetic, 時計算이라는 이름으로도 알려졌다. 수들이 시계 문자판에 있는 숫자들처럼 둥글게 말려있기 때문이다. 수를 하나 선택한다. 12시간을 표시하는 아날로그 시계라면 이 수는 12가 된다. 이것을 법modulus으로 한다. 범자연수를 다루는 모든 산술 계산에서 이제 12의 배수는 모두 0으로 바꾸기로 한다. 예를 들어 $5 \times 5 = 25$이지만, 24는 12의 2배이므로 24를 빼서 법 12에 대해 $5 \times 5 = 1$을 얻는다. 모듈 산수가 아주 좋은 것은 산술의 평범한 규칙이 거의 다 여전히 통하기 때문이다. 제일 중요한 차이는 어떤 수가 0이 아니라고 해도 그 수로 다른 수를 늘 나눌 수 있는 것은 아니라는 점이다. 모듈 산수는 유용하기도 한데 가분성可分性에 대한 의문을 처리하는 깔끔한 방법을 제공해주기 때문이다. 선택한 법으로 나눌 수 있는 수는 어떤 것이며 나눌 수 없다면 그 나머지는 얼마가 될까? 가우스는《산술연구》에서 모듈 산수를 도입했고 오늘날에는 수학뿐만 아니라 컴퓨터 과학, 물리학, 공학에서도 널리 사용된다.

페르마의 정리는 소수인 법 p를 택하고 p의 배수가 아닌 임의의 수 a를 취하면 a의 $(p-1)$제곱은 법 p에 대한 산술에서 1과 동등하다는 것을 보인다. 예를 들어 $p = 17$이고 $a = 3$이라고 해보자. 그러면 정리는 우리가 3^{16}을 17로 나누었을 때 그 나머지가 1과 동등할 거라고 예측한다. 확인해보면

$$3^{16} = 43{,}046{,}721 = 2{,}532{,}160 \times 17 + 1$$

이다. 정상적인 사람이라면 예를 들어 100자리 소수에 대해 이런 식의 계산을 하려 하지는 않을 것이다. 다행스럽게도 이런 종류의 계산을 영리하고 재빠르게 할 방법이 있다. 핵심은 답이 1과 동등하지 않다면 처

음에 정한 법은 합성수라는 것이다. 그러므로 페르마의 정리는 어떤 수가 소수라는 필요조건을 제공하는 효과적인 시험 방법의 기초가 된다.

유감스럽게도 이런 시험 방법은 충분하지 않다. 카마이클Carmichale 수라고 알려진 수많은 합성수들은 이러한 시험을 통과한다. 제일 작은 카마이클 수는 561이고 2003년 레드 알퍼드Red Alford, 앤드루 그랜빌Andrew Granville, 칼 포머런스Carl Pomerance가 그런 수는 무한히 많다는 것을 증명해 모두를 놀라게 했다. 이렇게 놀란 까닭은 그들이 증명을 발견해냈기 때문이다. 실제 결과는 놀랄 만한 일은 아니었다. 사실 그들이 보인 것은 x가 충분히 큰 수일 때 x 이하인 카마이클 수가 적어도 $x^{2/7}$개 있다는 것이었다.

그러나 페르마의 정리를 정교하게 변형하면 소수성에 대한 진정한 시험으로 바꿀 수 있다. 개리 밀러Gary Miller가 1976년 발표한 게 그런 예다. 그러나 밀러의 시험이 타당하다는 증명은 해결되지 않은 위대한 문제, 즉 9장에 나오는 일반화된 리만 가설에 달렸다. 1980년 마이클 라빈Michael Rabin은 밀러의 시험 방법을 확률론적인 것으로 바꿔놓았다. 이 시험 방법은 가끔 잘못된 답을 내놓을 수도 있다. 예외가 존재한다 해도 매우 드물겠지만, 완전히 배제할 수는 없다. 지금까지 가장 효율적인 확정적(옳다는 것이 보장되는) 시험 방법은 레너드 에이들먼Leonard Adleman, 칼 포머런스, 로버트 럼리Robert Rumely의 이름을 딴 에이들먼–포머런스–럼리 시험이다. 페르마의 정리보다 정교한 정수론의 아이디어들을 사용하지만 의도는 비슷하다.

기대에 부푼 어느 아마추어가 보낸 편지가 여전히 생생하게 기억난다. 그는 나눠보기trial division 방법의 변형 하나를 제안했다. 가능한 모든 약수를 시도해보되 제곱근에서 시작해 **밑으로** 내려가는 방법이었다. 이 방법은 통상적인 순서로 하는 것보다 더 빨리 답을 찾아내는 경우가 있기는 하지만 수가 커지면 보통 방법과 다를 바 없는 문제에 부딪힌다. 앞서 예로 들었던 1,080,813,321,843,836,712,253에 이 방법을 써보면 그 제곱근은 대략 32,875,725,419쯤 된다. 들어맞는 소인수를 찾으려면 794,582,971번을 시도해보아야 한다. 통상적인 방법으로 찾는 것보다 **좋지 않다**.

1956년 저명한 논리학자 쿠르트 괴델Kurt Gödel이 요한 폰 노이만John von Neumann에게 쓴 편지에도 가우스의 소망이 그대로 반영되어 있다. 그는 나눠보기 방법이 개선될 수 있는지, 개선될 수 있다면 얼마나 개선될 수 있는지 물었다. 폰 노이만은 그러한 의문을 끈질기게 연구하지는 않았지만 오랜 세월에 걸쳐 다른 수학자들이 100자리, 때로는 그 이상의 소수를 찾아내는 실용적인 방법을 발견해 괴델의 의문에 답했다. 이러한 방법들은 1980년경부터 알려졌는데, 제일 유명한 것은 2차 선별법quadratic sieve이라는 것이다. 그러나 거의 다 확률적인 것이거나 다음과 같은 의미에서 비효율적이다.

입력 크기가 증가하면 컴퓨터 알고리즘의 작동시간은 어떻게 될까? 소수성 시험에서 입력 크기는 문제의 수가 아니라 그 수의 자릿수가 얼마나 되는가 하는 것이다. 그러한 문제에서는 핵심적으로 P와 not-P라는 두 종류의 알고리즘을 구분한다. 입력 크기의 어떤 고정된 거듭제곱과 비슷하게 작동시간이 늘어나면 이 알고리즘은 P 클래스이다. 그렇지 않으면 not-P이다. 대략 P 클래스 알고리즘은 유용한 반면 not-P

알고리즘은 실행이 불가능하지만 그 사이에는 다른 고려사항이 개입되는 중간지대가 펼쳐져 있다. 여기서 P는 '다항 시간polynominal time'을 의미하는데 이는 거듭제곱을 멋들어지게 표현하는 방식이다. 효율적인 알고리즘이라는 주제에 대해서는 11장에서 다시 살펴보겠다.

P 클래스 기준에 따르면 나눠보기 방법은 효율이 아주 형편없다. 두세 자리 수를 다루는 교실에서는 괜찮지만 100자리 수에는 아예 가망이 없다. 나눠보기 방법은 분명하게 not-P 클래스이다. 사실 n자리 수에 대한 작동시간은 $10^{n/2}$이고, 이는 n에 대한 어떤 고정된 거듭제곱에 비해서도 빠르게 늘어난다. 기하급수적이라고 하는 이러한 증가는 **정말로** 끔찍한 것으로 계산에서는 공상의 세계에 속한다.

1980년대까지 소수성 시험에 사용되는 알려진 모든 알고리즘은 확률적인 것이나 타당성이 증명되지 않은 것을 제외하면 기하급수적인 증가속도를 가졌다. 그러나 1983년 P 영역에 인접한 중간지대에 감질나게 놓여있는 알고리즘이 발견되었다. 앞서 말한 에이들먼-포머런스-럼리 시험 방법이다. 앙리 코헨Henri Cohen과 헨드리크 렌스트라Hendrik Lenstra가 개선한 형태는 작동시간이 n의 log log n제곱인데, 여기서 log는 대수對數를 표시한 것이다.(여기서 로그라고 하는 것은 e를 밑으로 하는 자연로그를 말하는 것으로, 자연로그는 흔히 ln으로 표시하지만 여기서는 원서의 표기를 따라 log로 표시한다.—옮긴이) 엄밀히 말하자면 log log n은 원하는 만큼 커질 수 있어서 이 알고리즘은 P 클래스에 속하지 않는다. 그러나 그렇다고 실용적이지 말라는 법은 없다. n이 구골플렉스googolplex, 즉 1 뒤에 0이 10^{100}개 붙는 수라면 log log n은 230쯤 된다. 오래된 농담이 있다. "log log n이 무한성을 지니는 경향이 있다는 것은 증명되었지만 실제로 무한한 모습을 보이는 것이 관찰된 적은 없다.”

P 클래스에 속하는 최초의 소수성 시험은 2002년 마닌드라 아그라왈Manindra Agrawal과 그의 제자 니라즈 카얄Neeraj Kayal이 발견했다. 당시 카얄은 학부생이었다.[10] 그들은 자신들의 알고리즘의 작동시간이 기껏해야 n^{12}에 비례한다는 것을 증명했다. 이는 재빨리 $n^{7.5}$까지 개선되었다. 그러나 그들의 알고리즘은 P 클래스여서 '효율적'으로 분류되기는 하지만 수 n이 아주 커지기 전까지는 그 장점이 드러나지 않는다. n의 **자릿수**가 대략 10^{1000}은 되어야 에이들먼-포머런스-럼리 시험 방법을 능가할 것이다. 컴퓨터 메모리는 물론이거니와 알려진 우주를 다 끌어온다 해도 그렇게 큰 수가 들어갈 공간은 없다. 그러나 소수성 시험을 위한 P 클래스 알고리즘이 존재한다는 것을 **알게** 되었으니 더 나은 알고리즘을 찾아볼 만한 가치는 있게 되었다. 렌스트라와 포머런스는 이 거듭제곱을 7.5에서 6까지 줄여냈다. 소수에 대한 다양한 다른 추측이 참이라면 이 거듭제곱은 3까지 줄어들 수 있는데 그만하면 실용적으로 보이기 시작한다.

그렇지만 아그라왈-카얄-삭세나 알고리즘에서 가장 흥미진진한 점은 그 결과가 아니라 방법이다. 이 방법은 간단하고—어쨌거나 수학자에게는— 독창적이다. 근본적인 아이디어는 페르마의 정리를 변형한 것이지만 수를 다루는 대신 아그라왈의 팀은 다항식을 이용했다. 다항식이란 $5x^3 + 4x - 1$처럼 변수 x의 여러 거듭제곱을 결합해놓은 것이다. 다항식은 더하고, 빼고, 곱할 수 있으며 통상적인 대수 법칙도 여전히 유효하다. 다항식에 대해서는 3장에서 더 자세하게 다룬다.

참으로 사랑스러운 아이디어이다. 논의의 분야를 확장해 문제를 새로운 영역으로 옮겨놓았다. 워낙 간단해서 천재나 되어야 발견할 수 있는 그런 아이디어에 속한다. 이 방법은 1999년 아그라왈과 그의 박사과정 지도교수인 소메나스 비스와스Somenath Biswas가 페르마의 정리의 다항식 세계라고 할 만한 것에 근거한 확률적인 소수성 시험 방법을 제시한 논문에서 발전된 것이다. 아그라왈은 확률적인 요소가 제거될 수 있을 거라고 생각했다. 2001년 그의 제자들이 결정적이면서도 상당히 전문적인 관찰 결과를 찾아냈다. 이러한 추적은 이 팀을 정수론의 깊은 수렁으로 끌고 들어갔지만 마침내 모든 것이 단 하나의 장애로 정리되었다. $p-1$이 충분히 큰 소인수를 갖는 소수 p의 존재 여부가 그것이다. 주변에 물어보기도 하고 인터넷도 조사해보니 1985년 에티엔 푸브리Etienne Fouvry가 심오하고 전문적인 방법으로 증명한 정리가 있었다. 자신들의 알고리즘이 통한다는 것을 증명하는 데 필요했던 바로 그 정리여서 조각그림 맞추기 퍼즐의 마지막 조각이 제자리에 깔끔하게 들어갔다.

정수론이 그 나름의 작은 상아탑에 안전하게 들어앉아있던 시절에 바깥 세상은 정수론에 전혀 관심을 가지지 않았다. 하지만 지난 20년에 걸쳐 소수는 암호학에서 중요한 자리를 차지하게 되었다. 암호는 군용으로만 중요한 게 아니다. 기업에도 비밀이 있다. 지금 인터넷 시대에 사는 우리 모두는 비밀이 있다. 범죄자들이 우리 은행계좌, 신용카드 번호에 접근하는 것도, 그리고 신원 도용이 늘어나다보니 내 고양이의 이름을 알아내는 것도 원치 않는다. 하지만 인터넷은 요금을 내고 자동차 보험을 들고 휴가 예약을 하기에 참으로 편리한 방법이라서 우리의 민감하고 사적인 정보가 엉뚱한 사람에게 흘러들 위험도 어느 정도는 감수해야 한다.

컴퓨터 제조업체와 인터넷 서비스 제공회사들은 다양한 암호화 시스템을 사용할 수 있게 함으로써 이러한 위험을 줄이려고 한다. 컴퓨터가 끼어들면서 암호학과 암호를 깨는 비기인 암호해독학 둘 다 변화했다. 독창적인 암호들이 많이 고안되었는데 가장 유명한 것 중에는 1978년 테드 리베스트Ted Rivest, 아디 샤미르Adi Shamir, 레너드 에이들먼이 고안한, 소수를 이용하는 방법도 있다. 100자리 정도의 큰 소수들을 사용한다. 리베스트-샤미르-에이들먼 체계는 수많은 컴퓨터 운영체계에 사용되며 보안 인터넷통신의 주요 프로토콜에 내장되어 있고 정부, 기업, 대학에서 널리 쓰인다. 그렇다고 소수에 대한 새로운 결과가 모두 인터넷 은행계좌의 보안에 특별한 의미가 있다는 것은 아니지만, 소수를 전산과 연결하는 모든 발견에 흥분과 전율이 더해지는 것은 분명하다. 아그라왈-카얄-삭세나 시험 방법이 그 좋은 예이다. 수학적으로는 우아하고 중요하지만 직접적인 실용적 의미는 없다.

그러나 리베스트-샤미르-에이들먼 암호학의 일반적인 주제에 새롭고 조금은 충격적인 새로운 시각을 던져주는 것도 사실이다. 가우스의 두 번째 문제, 즉 인수분해를 해결하는 P 클래스 알고리즘은 여전히 없다. 전문가들은 대개 그런 게 존재하지 않는다고 생각하지만, 전처럼 확신하지는 못한다. 아그라왈-카얄-삭세나 시험 방법 같은 새로운 발견이 페르마 정리의 다항식 세계와 같은 간단한 아이디어에 근거해 예상치도 못하게 숨어있을 수도 있기 때문에 소인수분해에 근거한 암호 체계는 우리가 어리석게 상상하는 것만큼 안전하지 못할 가능성도 있

범위	소수의 개수
1~1,000	168
1,001~2,000	135
2,001~3,000	127
3,001~4,000	119
4,001~5,000	118
5,001~6,000	114
6,001~7,000	117
7,001~8,000	106
8,001~9,000	110
9,001~10,000	111

표 1 1,000개씩 연속적인 범위에 존재하는 소수의 개수.

다. 아직은 고양이의 이름을 인터넷에 공개하지 말자.

소수에 대한 기본적인 수학조차도 재빨리 더욱 진보된 개념으로 이어진다. 더욱 미묘한 의문에 답을 하면 수수께끼는 더더욱 심오해진다. 에우클레이테스가 소수가 끝없이 이어진다는 것을 증명했으니 소수를 모두 열거하고 끝내는 것은 불가능하다. 그렇다고 x^2이 제곱을 나타내듯 연속적인 소수를 찾아내는 간단하고 유용한 대수식을 제시할 수도 없다. (간단한 공식들이 존재하는 것은 사실이지만 소수들을 변형된 공식에 짜넣어 '속일' 뿐이지 새로운 정보는 전혀 주지 않는다.[11]) 이렇게 규정하기 어렵고 괴상한 수의 본질을 이해하기 위해 실험을 하고, 그 구조에 대한 사소하지만 유용한 정보를 찾고, 이러한 외견상의 패턴이 소수가 아무리 커지더라도 유지된다는 것을 증명하려고 노력해볼 수 있다. 예를 들어

소수가 범자연수 전체에 어떻게 분포되어 있는지 물어볼 수 있다. 소수표는 커질수록 소수의 농도가 옅어지는 경향이 있다는 것을 강력하게 암시한다. 표 1은 연속적인 1,000개의 수에 대해 다양한 범위에 소수가 몇 개나 있는지 보여준다.

표 1의 오른쪽에 있는 수(소수의 개수)는 대개 밑으로 내려갈수록 줄어들지만 잠깐씩 늘어나는 경우도 있다. 예를 들어 114 다음에 117이 나온다. 이것은 소수의 불규칙성을 보여주는 조짐이지만 그렇다고 해도 소수는 그 크기가 커질수록 드물어지는 일반적인 경향이 있음은 분명하다. 그 이유는 쉽게 알 수 있다. 수가 커질수록 인수가 될 가능성이 있는 수도 늘어나기 때문이다. 소수는 모든 인수들을 피해야 한다. 그물로 소수가 아닌 수들을 잡는 거나 마찬가지이다. 그물의 눈이 가늘어질수록 빠져나가는 소수도 줄어든다.

‘그물’에는 이름도 있다. ‘에라토스테네스의 체 the seive of Eratosthenes’라는 것이다. 키레네의 에라스토테네스는 기원전 250년경에 살았던 고대 그리스의 수학자이다. 그는 운동선수이기도 했고 시, 지리, 천문, 음악에도 관심을 뒀다. 그는 알렉산드리아와 시에네(오늘날의 아스완)라는 서로 다른 두 곳에서 정오에 태양의 위치를 관찰해 최초로 지구의 크기를 합리적으로 추정했다. 정오에 시에네에서는 태양이 바로 머리 위에 있었지만 알렉산드리아에서는 수직에서 7도 정도 벗어났다. 이 각도는 원의 1/50에 해당하므로 지구의 둘레는 알렉산드리아와 시에네 사이의 거리의 50배가 되는 게 틀림없다. 에라토스테네스는 그 거리를 직접 잴 수는 없어서 상인들에게 낙타로 여행하는 데 얼마나 걸리는지 물어보고 낙타가 보통 하루에 얼마나 가는지 추산했다. 그는 **스타디움**

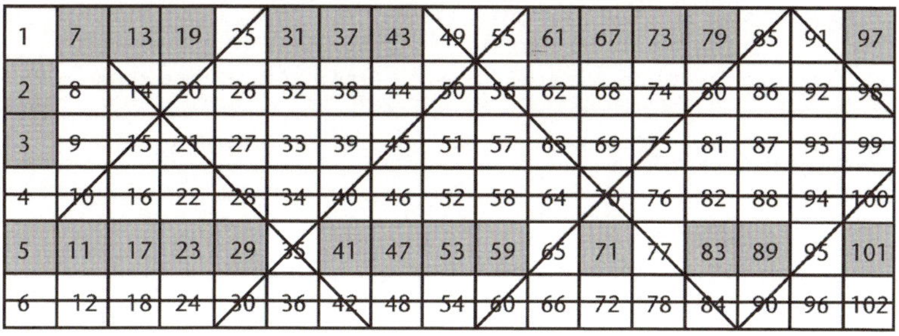

그림 2 에라토스테네스의 체.

stadium이라는 단위로 명확한 수치를 밝혔지만 그 단위가 어느 정도의 길이인지 우리는 모른다. 역사학자들은 보통 에라토스테네스가 추정한 값이 상당히 정확한 것이었으리라 생각한다.

그의 체는 이미 소수임이 알려진 수들의 모든 배수를 연속적으로 제거해 소수를 모두 찾아내는 알고리즘이다. 그림 2는 제거 과정을 쉽게 이해할 수 있도록 배열된 102까지의 수에 대한 방법을 보여준다. 어떻게 되는지 알기 위해서 직접 도표를 그려보기를 권한다. 처음에는 수들을 지운 선들을 뺀 격자에서 시작한다. 그런 다음 하나하나 선들을 더해갈 수 있다. 1은 단위니까 제외한다. 다음 수는 2니까 소수이다. 2의 배수를 모두 지운다. 이들은 4, 6, 8로 시작되는 수평선에 놓여 있다. 지워지지 않은 다음 수는 3이니까 소수이다. 3의 배수를 모두 지운다. 이들은 이미 지워진 6으로 시작되는 수평선들과 9로 시작되는 수평선에 놓여있다. 지워지지 않은 다음 수는 5니까 소수이다. 5의 배수를 모두 지운다. 이들은 10으로 시작되는 우상향의 대각선들에 놓여있다. 지워지지 않은 다음 수는 7이니까 소수이다. 7의 배수를 모두 지운다. 이들은 14로 시작되는 우하향의 대각선들에 놓여있다. 지워지지 않은 다음 수는 11이니까 소수이다. 더 작은 약수가 있어서 이미 지워지지 않고 남은 11의 첫 번째 배수는 121인데 이 수는 범위를 넘어서니까 거기서 멈춘다. 음영으로 표시한 남은 수들이 소수이다.

에라토스테네스의 체가 그저 역사적인 호기심거리만은 아니다. 대규모의 소수 목록을 작성하는 것으로 알려진 방법 중에서는 매우 효율적인 편이다. 게다가 관련된 방법들은 아마도 소수에 관한 위대한 미해결 문제 중에 가장 유명한 것이라고 할 만한 골드바흐 추측에 대한 상당한 진보로 이어졌다. 독일의 아마추어 수학자 크리스티안 골드바흐Christian Goldbach는 당대의 수많은 유명인사와 서신을 주고받았다. 1742년 그는 레온하르트 오일러Leonhard Euler에게 보낸 편지에 소수와 관련된 여러 개의 특이한 추측을 적었다. 후일 역사학자들은 르네 데카르트René Descartes가 그보다 몇 년 전에 똑같은 이야기를 했다는 것을 알아차렸다. 골드바흐의 첫 번째 주장은 다음과 같다. '2개의 소수의 합으로 쓸 수 있는 모든 정수는 모든 항이 1이 될 때까지 원하는 만큼 많은 수의 소수의 합으로도 쓸 수 있다.' 편지 여백에 덧붙여진 두 번째 주장은 이랬다. '2보다 큰 모든 정수는 3개의 소수의 합으로 쓸 수 있다.' '소수'에 대한 오늘날의 정의에 따르면 이러한 주장들에는 명백한 예외가 있다. 예를 들어 4는 3개의 소수의 합이 아닌데, 가장 작은 소수는 2이므로 3개의 소수의 합은 적어도 6이 되어야 하기 때문이다. 그러나 골드바흐 당시 1은 소수로 간주되었다. 오늘날의 관례로 그의 추측들을 고쳐 쓰는 건 간단하다.

답장에서 오일러는 골드바흐와 예전에 나누었던 대화를 다시 언급했는데, 그때 골드바흐는 자신의 첫 번째 추측이 더 간단한 세 번째 추측의 당연한 결과임을 지적했다. 세 번째 추측은 다음과 같다. '모든 짝수는 2개의 소수의 합이다.' 1이 소수라는 당시의 일반적인 관례에 따르자면 이러한 주장은 두 번째 추측을 함의하기도 하는데, 어떤 수든 n이 짝수일 때 $n+1$이나 $n+2$로 쓸 수 있기 때문이다. n이 두 소수의 합이라면 원래의 수는 3개의 소수의 합이다. 세 번째 추측에 대한 오일러의 견해는 분명했다. '전적으로 확실한 정리라고 생각하지만, 저는 증명할 수 없습니다.' 현재의 상황도 그와 같다고 할 수 있다.

현대의 관례에서는 1이 소수가 아니므로 골드바흐 추측들은 서로 다른 2개의 추측으로 나뉜다. 짝수 골드바흐 추측은 다음과 같다.

2보다 큰 모든 짝수는 2개의 소수의 합이다.

홀수 골드바흐 추측은 이렇다.

5보다 큰 모든 홀수는 3개의 소수의 합이다.

짝수 추측은 홀수 추측을 포함하지만, 그 반대는 아니다.[12] 두 추측을 별도로 생각하는 것이 유용한데, 둘 중 어느 하나도 참인지 아직 모르기 때문이다. 홀수 추측은 더 많은 진척이 이루어져서 짝수 추측보다는 조금 쉬운 것 같다.

즉석에서 계산을 몇 번 해보면 짝수 골드바흐 추측은 작은 수에 대해 검증이 된다.

$$4 = 2 + 2$$

$$6 = 3 + 3$$

$$8 = 5 + 3$$

$$10 = 7 + 3 = 5 + 5$$

$$12 = 7 + 5$$

$$14 = 11 + 3 = 7 + 7$$

$$16 = 13 + 3 = 11 + 5$$

$$18 = 13 + 5 = 11 + 7$$

$$20 = 17 + 3 = 13 + 7$$

이를테면 1,000 정도까지는 손으로도 쉽게 계산할 수 있다. 끈질기다면 그보다는 더 계산해볼 수도 있다. 예를 들어 $1,000 = 3 + 997$이고 $1,000,000 = 17 + 999,983$이다. 1938년 닐스 피핑Nils Pipping은 100,000까지의 모든 짝수에 대한 짝수 골드바흐 추측을 검증했다.

수가 커질수록 소수들의 합으로 쓰는 방법이 점점 더 늘어나는 경향이 있다는 것도 명백해졌다. 그럴듯하다. 큰 짝수를 택해 차례로 소수들을 뺀다면 그 결과가 **모두** 합성수가 될 가능성은 얼마나 될까? 그 결과로 나온 차差들의 목록에 소수가 하나만 나와도 이 수에 대해서는 추측이 검증된다. 소수의 통계적 특성들을 이용해 그러한 결과가 나올 확률을 가늠할 수 있다. 해석학자인 고드프리 해럴드 하디Godfrey Harold Hardy와 존 리틀우드John Littlewood가 1923년 계산을 통해 주어진 짝수 n을 2개의 소수의 합으로 표현하는 서로 다른 방법의 수를 계산하는, 그럴듯하지만 철저하지는 않은 공식을 얻어냈다. $n/[2(\log n)^2]$에 가깝다는 것이다. 이 수는 n이 커질수록 증가하며 수치적인 증거와도 들어맞는다. 하지만 이러한 계산을 정밀하게 할 수 있다 하더라도 가끔 드물게 예외가 있을 수 있기 때문에 크게 도움이 되지는 않는다.

골드바흐 추측을 증명하는 데 있어 주요한 걸림돌은 이 추측이 2개의 매우 다른 성질을 결합해놓았다는 점이다. 소수는 곱셈을 가지고 정의되는데, 이 추측들은 덧셈에 관한 것이다. 그러므로 원하는 결론을 소수의 합당한 특성들과 연결하기가 유별나게 어렵다. 지렛대를 집어넣을 곳이 없어 보인다. 이러한 점이 파버 앤 파버Faber & Faber 출판사의 귀에는 음악처럼 들렸던 게 분명한 모양으로 2000년 이 출판사는 아포스톨로스 독시아디스Apostolos Doxiadis의 소설《페트로스 아저씨와 골드바흐 추측Uncle Petros and Goldbach's Conjecture》(국내에서는《사람들이 미쳤다고 말한 외로운 수학 천재 이야기》라는 이름으로 출간되었다.—옮긴이)을 홍보하기 위해 이 추측의 증명에 100만 달러의 상금을 걸었다. 시한은 촉박했다. 2002년 4월 이전까지 해법을 제출해야 했던 것이다. 이 상금을 청구하는 데 성공한 사람은 아무도 없었는데, 이 문제를 250여 년간 풀지 못했다는 걸 생각해보면 놀랄 일도 아니다.

골드바흐 추측은 정수의 집합들을 더하는 문제로 바꿔서 표현하는 경우가 많다. 짝수 골드바흐 추측은 이러한 사고방식의 가장 단순한 예인데, **두 개의** 정수 집합만 더하는 것이기 때문이다. 이렇게 하기 위해서는 첫 번째 집합에서 임의의 수를 취하고 두 번째 집합의 임의의 수와 더해 이러한 모든 합의 집합을 취한다. 예를 들어 {1, 2, 3}과 {4, 5}의 합에는 $1+4, 2+4, 3+4, 1+5, 2+5, 3+5$가 포함되고, 이는 {5, 6, 7, 8}이 된다. 어떤 수들은 $6 = 2 + 4 = 1 + 5$처럼 두 번 이상 등장한다. 이런 반복을 '중복 overlap'이라고 부르기로 한다.

이제 짝수 골드바흐 추측을 고쳐 쓸 수 있다. 소수의 집합을 그 자신과 더하면 그 결과에는 2보다 큰 모든 짝수가 포함된다는 것이다. 이렇게 고쳐서 표현하면 조금은 진부해 보일 수 있고, 사실 진부하기도 하지만, 이를 통해 문제는 강력한 보편적 정리들이 있는 영역으로 옮겨진다. 2는 약간 성가시지만 쉽게 처리할 수 있다. 짝수인 유일한 소수니까 다른 임의의 소수를 더하면 그 결과는 홀수이다. 그러므로 짝수 골드바흐 추측에 관한 한 2는 잊어도 된다. 그러나 4를 표현하려면 $2 + 2$가 필요하니까 또한 6 이상의 짝수로 관심을 제한해야 한다.

간단한 실험으로 30 이하의 짝수를 살펴보자. 홀수인 소수가 9개 있다. {3, 5, 7, 11, 13, 17, 19, 23, 29} 이 수들을 더하면 그림 3이 나온다. 30 이하인 합(29까지의 소수를 모두 계산에 넣은 짝수의 범위)은 굵게 표시했다. 2가지 간단한 패턴이 드러난다. 표 전체는 주대각선에 대해 대칭인데, $a + b = b + a$이기 때문이다. 굵게 표시한 수들은 대략 두꺼운 (대각)선의 위, 즉 표의 왼쪽 윗부분 절반을 차지한다. 오히려 가운데에서는 그 선을 넘어서는 경향이 있다. 튀어나온 가외의 영역은 오른쪽 맨 위와 왼쪽 맨 아래에 있는 2개의 32를 포함한다.

이제 대충 추정을 해보자. 좀 더 정밀하게 할 수도 있었지만 이만하면 충분하다. 표에 있는 칸은 $9 \times 9 = 81$개다. 이들 칸에 있는 절반가량의 수는 좌측 위쪽의 삼각형에 들어있다. 대칭 때문에 이들은 대각선을 제외하고는 짝을 이루어 나타나므로 연관되지 않은 칸의 수는 대충 81/4, 약 20개이다. 6에서 30까지 범위에서 짝수는 13개 있다. 그러니

	3	5	7	11	13	17	19	23	29
3	6	8	10	14	16	20	22	26	32
5	8	10	12	16	18	22	24	28	34
7	10	12	14	18	20	24	26	30	36
11	14	16	18	22	24	28	30	34	40
13	16	18	20	24	26	30	32	36	42
17	20	22	24	28	30	34	36	40	46
19	22	24	26	30	32	36	38	42	48
23	26	28	30	34	36	40	42	46	52
29	32	34	36	40	42	46	48	52	58

그림 3 쌍을 이룬 30까지의 소수의 합. 30 이하의 합은 굵게 표시했다. 굵은 선은 대각선이다. 음영을 넣은 영역은 대칭적으로 연관된 쌍들을 지운 것이며 큰 정사각형의 1/4을 조금 넘는다.

까 20 이상의 굵은 글씨로 표시된 합은 기껏해야 13개의 짝수 중 하나이다. 오른쪽 영역에는 30보다 큰 수들이 많이 있다. 유원지에서 13개의 코코넛을 향해 20개의 공을 던지는 거나 마찬가지이다. 코코넛을 많이 맞힐 가능성이 제법 된다. 그렇다고는 하지만 몇 개의 코코넛은 놓칠 수 있다. 몇 개의 짝수가 여전히 빠졌을 수 있다.

이 경우에는 빠진 짝수가 없지만, 이런 식의 계산식 추론으로는 그럴 가능성을 배제할 수 없다. 그래도 굵게 표시한 동일한 수가 표의 관련 사분면에 몇 차례 등장하는 중복이 상당히 많을 게 분명하다는 점은 알려준다. 이유는? 20개의 원소가 13개뿐인 집합과 일치해야 하기 때문이다. 그래서 굵게 표시한 각각의 수는 평균 1.5차례 등장한다.(실제 합의 수는 27이므로 더 정밀하게 추정해보면 굵게 표시한 각각의 수는 2차례 등장한다.) 짝수가 하나라도 빠지면 중복은 더욱 커질 게 분명하다.

더 큰 상한上限, 예를 들어 100만의 경우도 마찬가지로 다룰 수 있다. 9장에 나오는 소수 정리라는 공식은 임의의 주어진 크기 x까지의 소수의 개수에 대한 간단한 추정치를 제공해준다. 이 공식은 $x/\log x$ 이다. 여기서 추정치는 약 72,380이다.(정확한 수는 78,497이다.) 음영으로 표시되는 해당 영역은 대략 표의 1개 사분면을 차지하니까 $n^2/4 = 2500$억 개 정도의 굵게 표시한 수가 생겨난다. 이 범위에 있는 2개의 소수의 합들의 수가 그렇다는 것이다. 이러한 수는 이 범위에 있는 짝수의 수, 즉 50만 개에 비해 훨씬 더 크다. 이제 중복의 수는 어마어마할 것이 분명해서 각각의 합은 평균 500,000차례 등장한다. 그래서 임의의 특정한 짝수가 빠져나갈 가능성은 엄청나게 줄어든다.

좀 더 노력해보면 이러한 접근 방법을 소수가 무작위적으로, 그리고 소수정리가 제시하는 대로 임의의 주어진 x 미만에 대략 $x/\log x$개 정도의 빈도로 분포되어 있다는 가정하에 주어진 범위의 어떤 짝수가 2개의 소수의 합이 아닐 확률에 대한 추정으로 바꿔놓을 수 있다. 하디와 리틀우드가 한 일이 바로 이것이다. 그들은 자신들의 방법이 철저하지 않다는 것을 알았다. 소수는 구체적인 과정으로 정의되는 데다가 실제로는 무작위적이지 않기 때문이다. 그래도 실제의 결과가 이 확률적인 모형과 일치할 거라고 기대하는 것이 합리적이다. 소수를 정의하는 성질이 소수 2개를 더했을 때 일어나는 일과는 거의 무관해 보이기 때문이다.

이 영역의 몇 가지 표준적인 방법은 이와 유사한 관점을 취하면서도 논증을 철저하게 하는 데 특별한 주의를 기울인다. 에라토스테네스의 체에 기반한 체 방법들이 그 예이다. 2개의 집합의 합에서의 수의 밀도, 즉 집합이 매우 커지면서 발생하는 수들의 비율에 대한 일반적인 정리들은 다른 유용한 도구들을 제공해준다.

어떤 수학적 추측이 마침내 옳은 것으로 밝혀지게 되면 그 역사는 표준적인 패턴을 따르는 경우가 많다. 일정한 기간 다양한 사람이 이 추측이 특별한 제한을 더했을 때 참이라는 것을 증명한다. 그런 각각의 결과는 제한을 어느 정도 완화함으로써 이전의 결과를 넘어서지만 결국 이러한 과정은 활력이 없어진다. 마침내 새롭고 훨씬 더 영리한 아이디어가 증명을 완성한다.

예를 들어 모든 양의 정수는 6개의 특별한 수(소수, 제곱수, 세제곱수 등)를 이용해 어떤 방법으로 표현될 수 있다는 추측이 정수론에서 나올 수 있다. 여기서 핵심적인 특징은 **모든** 양의 정수와 **6개**의 특별한 수이다. 초기의 진전은 훨씬 약한 결론으로 이어지지만, 과정에서 이어지는 단계들은 천천히 이러한 결론을 개선해낸다.

첫 번째 단계는 다음과 같은 식의 증명인 경우가 많다. 3이나 11로 나뉘지 않는 모든 양의 정수는 일정한 유한한 수의 예외를 제외하고는 어마어마한 수효, 이를테면 10^{666}개의 특별한 수들로 표현할 수 있다. 이러한 정리는 보통 얼마나 많은 예외가 존재하는지는 명시하지 않아서 결과를 임의의 특정한 정수에 직접 적용할 수 없다. 다음 단계는 경계를 실질적으로 만드는 것이다. 즉 $10^{10^{42}}$보다 큰 모든 정수는 이렇게 표현될 수 있다는 것을 증명하는 것이다. 그러면 3으로 나뉘는 것에 대한 제한은 제거되고 11에 대해서도 비슷한 진전이 이어진다. 그다음으로 뒤를 잇는 연구자들이 10^{666}이나 $10^{10^{42}}$ 중 하나를 줄이는데, 둘 다

줄이게 되는 경우가 많다. 전형적으로는, 이를테면 5.8×10^{17} 이상의 모든 정수는 기껏해야 4,298개의 특별한 수를 이용하면 표현될 수 있다는 식의 개선이 이루어질 수 있다.

한편 다른 연구자들은 작은 수로부터 올라가는 연구를 진행하는데, 많은 경우 컴퓨터의 도움을 받는다. 이를테면 10^{12} 이하의 모든 수는 기껏해야 6개의 특별한 수를 이용해 표현될 수 있다는 것을 증명하는 것이다. 1년 내에 여러 연구자나 연구 집단이 다섯 단계를 거쳐 10^{12}를 11.0337×10^{29}까지 개선한다. 이러한 개선은 틀에 박히거나 쉬운 게 아니고 이를 이뤄낸 방식에는 더 일반적인 접근법에 대해서 어떠한 힌트도 주지 않는 복잡하고 특별한 방법들이 동원되며, 이어지는 각각의 기여는 점점 더 복잡하고 길어진다. 이런 식으로 똑같은 아이디어이기는 하지만 더욱 강력한 컴퓨터를 가지고 새로운 수정을 가하며 몇 년에 걸쳐 서서히 개선한 결과 이 수는 10^{43}까지 올라간다. 하지만 이러한 방법은 서서히 힘을 잃고 아무리 수정을 해봤자 완전한 추측에는 결코 이르지 못할 것이라는 점에 모두가 동의한다.

이 시점에서 추측은 시야에서 사라진다. 누구도 더는 연구하지 않기 때문이다. 가끔 진전은 멈춰버린 거나 마찬가지가 된다. 새로운 것을 전혀 얻지 못한 채 20년이 흐를 때도 있다. 그러다가 겉보기에는 갑자기 불쑥, 이수일과 심순애가 복소 메타 에르고드 유사 흙더미를 이용해 추측을 고쳐 쓰고 고구려 배신자 이론을 적용해 완전한 증명을 얻어냈다고 발표한다. 몇 년 동안 논리의 세세한 부분들에 대해 논쟁을 벌이고 몇 개의 비약을 메운 다음 수학계는 이 증명이 옳다는 것을 받아들이면서 곧바로 같은 결과를 얻어내거나 한층 발전시킬 더 나은 방도가 없는지 묻는다.

이후의 장들에서 이런 패턴이 펼쳐지는 것을 여러 차례 보게 될 것이다. 이런 설명은 지루해지기 때문에 갑돌이와 갑순이가 성춘향–이몽룡의 추측에 나오는 지수부를 1.773에서 임의의 양수 ε에 대해 $1.771 + \varepsilon$까지 개선한 일을 아무리 자랑스러워하더라도 나는 대표적인 공헌 몇 가지만 설명하고 나머지는 빼놓겠다. 갑돌이와 갑순이가 한 일의 중요성을 부정하려는 것은 아니다. 그들이 한 일은 이수일–심순애의 위대한 돌파구로 나아가는 길을 닦아준 것일 수도 있다. 하지만 발전되어온 역사를 이해하는 전문가들이나 숨을 죽이며 그다음으로 이루어질 사소한 개선을 기다릴 게 분명하다.

앞으로는 상세한 내용은 줄일 생각이지만 골드바흐의 경우에는 어떻게 되었는지 보기로 하자.

골드바흐 추측을 증명하는 데 어느 정도 도움이 되는 정리들은 증명되었다. 커다란 돌파구가 처음으로 등장한 것은 1923년 하디와 리틀우드가 해석학 기법을 사용해 홀수 골드바흐 추측을 충분히 큰 모든 홀수에 대하여 증명하면서이다. 그렇지만 그들의 증명은 9장에서 다룰, 일반화된 리만 가설이라는 또 다른 중요한 추측에 의존한 것이었다. 이 문제는 여전히 미해결 상태라서 그들의 접근법에는 커다란 결함이 있었다. 1930년 레프 시니렐만Lev Schnirelmann은 체 방법에 근거해 하디와 리틀우드의 추론의 복잡한 한 형태를 이용해 이 결함을 메웠다. 그는 2개의 소수의 합으로 표현될 수 있는 수가 모든 수에서 차지하는 비율이 0이 아님을 증명했다. 이러한 결과를 수열들을 더하는 것과 관련된 몇 가지 일반론과 결합하여 어떤 수 C가 존재해 1을 초과하는 모든 정수는 많아야 C개의 소수의 합이라는 것을 증명했다. 이 수는 시니렐만의 상수라고 알려지게 되었다. 이반 마트베예비치 비노그라도프Ivan Matveyevich Vinogradov도 1937년 비슷한 결과를 얻어냈지만 그의 방법 역시 '상당히 크다.'는 게 얼마나 크다는 건지 명확히 하지는 않았다. 1939년 K. 보로즈딘K. Borozdin은 이 수가 $3^{14,348,907}$보다 작다는 걸 증명했다. 2002년에 이르러서는 랴오밍저廖明哲와 왕톈쩌王天泽가 이 '상한'을 $e^{3,100}$까지 낮춰놓았는데 이 수는 대략 $2 \times 10^{1,346}$이다. 훨씬 작은 수이기는 하지만 컴퓨터로 확인할 만한 중간 크기의 수라기에는 여전히 너무 크다.

1969년 N. I. 클리모프N. I. Klimov는 시니렐만의 상수에 대해 최초로 구체적인 추정치를 구했다. 기껏해야 60억이라는 것이었다. 다른 수학자들이 이 수를 상당히 줄여놓았고 1982년에 이르러서는 한스 리셀Hans Riesel과 로버트 본Robert Vaughan이 이를 19까지 낮췄다. 19라면 60억보다는 훨씬 작지만 증거에 따르면 시니렐만의 상수가 겨우 3인 것으로 나타났다. 1995년 레셰크 카니에키Leszek Kaniecki는 상한을 6까지 줄였고 임의의 홀수에 대해서는 5개의 소수면 되는 것을 보였지만 리만 가설이 참인 것으로 가정해야 했다. 그의 결과는 외르크 리히슈타인Jörg Richstein이 리만 가설을 4×10^{14}까지 계산으로 검증해놓은 것과 묶어보면 시니렐만 상수가 기껏해야 4라는 것을 증명하는 것이 될 것이지만 역시 리만 가설을 전제로 한 것이다. 1997년 장 마르크 데위예Jean-Marc Deshouillers와 고브 에핑어Gove Effinger, 헤르만 테 릴레Herman te Riele, 드미트리 지노비예프Dmitrii Zinoviev는 일반화된 리만 가설(9장)이 홀수 골드바흐 추측을 함의함을 보였다. 그러니까 1, 3, 5를 제외한 모든 홀수는 3개의 소수의 합이라는 것이다.

리만 가설은 현재 증명되지 않았으므로 이러한 가정을 제거해볼 만하다. 1995년 프랑스의 수학자 올리비에 라마레Olivier Ramar 는 리만 가설을 사용하지 않고 홀수 표현의 상한 추정치를 7로 줄였다. 사실 그는 좀 더 강력한 것을 증명했다. 모든 짝수는 기껏해야 6개의 소수의 합이라는 것이다. (홀수를 처리하기 위해서는 3을 뺀다. 그 결과는 짝수이므로 6개 이하의 소수의 합이 된다. 원래의 수는 이러한 합에 소수 3을 더한 것이므로 7개 이하의 소수가 필요하다.) 중요한 돌파구는 명시된 범위에서 2개의 소수의 합인 수들의 비율에 대한 기존의 추정을 개선했다는 것이다. 라마레의 핵심적인 결과는 e^{67}(약 1.25×10^{29})을 초과하는 임의의 수 n에 대하여 n과 $2n$ 사이에 있는 수의 최소한 1/5이 2개의 소수의 합이라는 것이다. 체 방법을 데위예가 정교화한 수열의 합에 대한 한스-하인리히 오스트만Hans-Heinrich Ostmann의 정리와 함께 사용하면 10^{30}보다 큰 모든 짝수는 최대 6개의 소수의 합임이 증명된다.

이제 남은 난관은 외르크 리히슈타인이 컴퓨터로 정리를 확인한 4×10^{14}과 10^{30} 사이의 틈을 처리하는 것이다. 흔히 그렇듯 이 수들은 직접 컴퓨터로 조사하기에는 너무 커서 라마레는 작은 간격들로 나누어 소수의 수에 대한 일련의 특수화된 정리들을 증명했다. 이들 정리는 명시된 한계까지는 리만 가설이 참이라는 것에 의존하는데, 이것은 컴퓨터로 검증할 수 있다. 그러니까 증명은 주로 개념을 가지고 연필과 종이로 하는 연역으로 이루어져 있고 이 특정한 점에 대해서는 컴퓨터의 도움을 받고 있다. 라마레는 원칙적으로 이와 유사한 접근법으로 소수의 개수를 7에서 5로 줄일 수 있을 것이라는 점을 지적하면서 논문을 끝맺었다. 그러나 현실적으로는 어마어마한 장애들이 존재했고 그는 그런 증명은 '오늘날의 컴퓨터로는 도달할 수 없다.'고 기록했다.

2012년 테런스 타오Terence Tao는 새롭고 매우 색다른 아이디어들로 이러한 난점들을 극복했다. 그는 인터넷에 논문을 게재했고 이 책을 집필하고 있는 현재 이 논문은 발표를 위한 검토를 거치고 있다. 핵심이 되는 정리는 다음과 같다. 모든 홀수는 많아야 5개의 소수의 합이라는 것이다. 이로써 시니렐만 상수는 6으로 줄어들었다. 타오는 수학의 여러 영역에서 어려운 문제들을 해결하는 능력으로 유명하다. 그의 증명은 이 문제에 몇 가지 강력한 기법을 동원했고 컴퓨터의 도움이 필요하다. 타오 정리의 5가 3으로 줄어들 수 있다면 홀수 골드바흐 추측은 증명될 것이고 시니렐만 상수의 경계도 4로 줄어들게 된다. 타오는 이것이 반드시 가능할 것이라고 여기지만 또 다른 새로운 아이디어들이 필요하다.

짝수 골드바흐 추측은 훨씬 더 어려운 것 같다. 1998년 데위예와 사우테Saouter, 테 릴레가 10^{14}까지의 모든 짝수에 대해 이 추측을 검증했다. 2007년에 이르러서는 토마스 올리베이라 에 실바Tomás Oliveira e Silva가 이를 10^{18}까지 향상시켰고, 그의 계산은 계속되고 있다. 우리는 모든 짝수가 많아야 6개의 소수의 합이라는 것을 안다. 1995년 라마레가 이를 증명했던 것이다. 1973년 첸징룬陈景润은 충분히 큰 모든 짝수는 소수 하나와 반소semiprime(소수이거나 두 소수의 곱인 수) 하나의 합이라는 것을 증명했다. 가까이 다가가기는 했지만 성공이라고는 할 수 없다. 타오는 짝수 골드바흐 추측은 자신의 사용하는 방법으로는 해결할 수 없다고 한다. 3개의 소수를 더하면 짝수 골드바흐 추측에 필요한 2개의 소수보다 그 결과에—그림 3과 관련해 논의한 의미에서—중복이 훨씬 더 많이 생겨나고, 타오와 라마레의 방법은 이러한 특성을 반복적으로 이용한다.

그렇다면 몇 년 내에 홀수 골드바흐 추측에 대한 완전한 증명을 얻을 수도 있을 테고, 이는 특히 모든 짝수가 많아야 4개의 소수의 합이라는 것을 의미한다. 그럼에도 아마 짝수 골드바흐 추측은 오일러와 골드바흐에게 그랬듯 이해할 수 없는 것으로 남아있을 것이다.

에우클레이데스가 소수에 대한 몇 가지 기본적인 정리를 증명한 후 2300년간 우리는 이 이해하기 어려우면서도 지극히 중요한 수에 대해 훨씬 더 많은 것을 알게 되었다. 그렇지만 우리가 지금 아는 것 때문에 우리가 알지 못하는 것의 기나긴 목록이 황량하도록 드넓게 드러난다.

예를 들어 우리는 $4k+1$과 $4k+3$이라는 형태의 소수가 무한히 많다는 것, 보다 일반적으로 말하자면 일정한 a와 b에 대해서 a와 b에 공약수가 없다면 $ak+b$의 형태를 띠는 임의의 등차수열[13]에는 무한히 많은 소수가 포함된다는 것을 안다. 예를 들어 $a=18$이라고 가정해보자. 그러면 $b=1, 5, 7, 11, 13$ 또는 17이다. 그러므로 $18k+1$, $18k+5$, $18k+7$, $18k+11$, $18k+13$, $18k+17$의 각 형태를 띠는 소수는 무한히 존재한다. 예를 들어 $18k+6$의 경우는 그렇지 않은데 이 수가 6의 배수이기 때문이다. **소수만** 포함하는 등차수열은 없지만 최근의 주요한 돌파구인 그린-타오 정리는 소수의 집합에 임의의 길이의 등차수열이 포함된다는 것을 보여준다. 2004년 벤 그린Ben Green과 타오가 얻어낸 이 증명은 심오하고 어렵다. 이 정리는 우리에게 희망을 준다. 어려운 미해결 문제가 제아무리 불가해한 것처럼 보이더라도 답을 얻어낼 수 있는 경우가 있다는 것이다.

대수학자의 입장에 서면 곧바로 k가 포함되는 더욱 정교한 공식들이 궁금해진다. k^2의 형태를 띤 소수는 없고, 3을 제외하면 k^2-1의 형태를 띤 소수도 없는데 이들 표현이 인수분해가 되기 때문이다. 그러나 k^2+1이라는 표현에는 명백한 인수가 없고 여기에서 수많은 소수를 찾아낼 수 있다.

$$2=1^2+1 \quad 5=2^2+1 \quad 17=4^2+1 \quad 37=6^2+1$$

등등. 특별히 중요한 것은 아니지만 더 큰 수의 예로 이런 것이 있다.

$$18{,}672{,}907{,}718{,}657=(4{,}321{,}216)^2+1$$

그러한 소수는 무한히 많이 존재할 것으로 추측되지만 1차를 초과하는 k의 거듭제곱이 등장하는 어떤 특정한 다항식에 대해서도 이러한 명제가 증명된 적은 없다. 1857년 V. 부냐코프스키^{V. Bouniakowsky}가 아주 그럴듯한 추측을 내놓았다. 명백한 인수가 없는 k의 임의의 다항식은 무한히 많은 소수를 표현한다는 것이다. 여기서 약분 가능한 다항식뿐만 아니라 대수적 인수가 없음에도 언제나 2로 나눌 수 있는 k^2+k+2와 같은 것들도 예외에 포함된다.

어떤 다항식에는 특별한 성질이 있는 것 같다. 대표적인 예는

$k^2 + k + 41$로 $k = 0, 1, 2, \cdots, 40$일 때 소수이고, 또한 $k = -1, -2, \cdots,$ -40일 때에도 소수이다. k가 연속적인 값을 취할 때 소수가 길게 이어지는 경우는 드물고, 이에 대해서는 일정 정도 알려진 바가 있다. 그러나 전체 영역으로 보면 참으로 불가사의하다.

골드바흐 추측에 버금갈 정도로 유명하고 또 그만큼 어려워 보이는 것이 쌍둥이 소수 추측이다. 차가 2인 소수의 쌍이 무한히 많다는 것이다. 그 예로는

$$3, 5 \qquad 5, 7 \qquad 11, 13 \qquad 17, 19$$

가 있다. 알려진 가장 큰 쌍둥이 소수(2012년 1월 현재)는

$$3{,}756{,}801{,}695{,}685 \times 2^{666{,}669} \pm 1$$

로 무려 200,700자리에 달하는 수다. 이 쌍은 2011년 프라임그리드 PrimeGrid 분산 컴퓨팅 프로젝트를 통해 발견되었다. 1915년, 비고 브룬 Viggo Brun 은 에라토스테네스의 체의 변형을 이용해 모든 쌍둥이 소수의 역수의 합은 모든 소수의 역수의 합과는 달리 수렴한다는 것을 증명했다. 그러니까 이러한 점에서 쌍둥이 소수는 상대적으로 드물다. 그는 비슷한 방법으로 n과 $n + 2$가 기껏해야 9개의 소인수를 갖는 정수 n이 무한히 많다는 것도 증명했다. 하디와 리틀우드는 자신들의 발견적인 방법heuristic methods 을 이용해 n 미만의 쌍둥이 소수의 개수는

$$2a\frac{n}{(\log n)^2}$$

에 점근할 것이라고 주장했다. 여기서 a는 상수로 그 값은 0.660161 정도 된다. 기초가 되는 아이디어는 이런 목적에서 소수들은 x까지의 소수의 수가 거의 $x/\log x$와 같을 정도의 비율로 무작위적으로 나타난다고 가정할 수 있다는 것이다. 유사한 추측들과 발견적인 공식들은 많지만 역시 철저한 증명은 없다.

사실 소수에 대한 미해결 문제는 수백 가지가 있다. 호기심을 끄는 정도인 게 있는가 하면 심오하고 중요한 것도 있다. 후자의 경우는 9장에서 몇 가지를 보게 된다. 지난 2,500년 동안 수학자들이 이뤄놓은 진보에도 불구하고 변변찮은 소수는 그 매력도, 그 수수께끼도 전혀 잃지 않았다.

03

파이의 수수께끼

원적 문제

소수도 오래된 개념이지만 원은 그보다 훨씬 더 오래되었다. 원은 해결하는 데 2,000년 이상이 걸린 위대한 문제를 낳았다. 고대로부터 전해져 내려온, 연관된 몇몇 기하학 문제의 하나이다. 이 이야기의 주연은 π(그리스 문자 '파이')로 학교에서 원과 구를 배울 때 만나는 수이다. 숫자로 표현하면 3.14159가 조금 넘는다. 종종 근삿값인 22/7를 사용한다. π를 숫자로 표현하면 끝이 없고 똑같은 일련의 연속적인 숫자가 재삼재사 반복되는 일도 결코 없다. π를 숫자로 계산한 현재의 기록은 2011년 알렉산더 이Alexander Yee와 곤도 시게루近藤茂가 달성한 10조 자리이다.[14] 이런 계산은 빠른 컴퓨터를 시험하거나 π를 계산하는 새로운 방법에 영감을 주고 이를 시험하는 방법으로는 의미가 있지만 수치적인 결과에 목맬 일은 거의 없다. π에 흥미를 느끼는 이유는 원주를 계산하는 데 있지 않다. 바로 이 기이한 수가 원이나 구와 관련된 공식뿐만 아니라 수학 전반에 모습을 드러내면서 아주 골치 아픈 상황이 벌어지기 때문이다. 그래도 학교에서 배우는 공식들은 중요하고, 이 공식들은 그리스 기하학에서의 π의 기원을 반영하고 있다.

당시 위대한 문제에는 원적 문제 squaring the circle 라는 미해결 과제가 있었다. 원적 문제라는 말은 둥근 구멍에 사각 못을 끼워 넣으려고 하는 것처럼 어떤 일에 잘못된 생각으로 접근하는 것을 가리킬 때 자주 이용된다. 과학에서 끌어낸 상투적인 문구 중에는 오랜 세월이 흐르면서 의미가 바뀐 것들이 많은데 이 말도 그렇다.[15] 그리스 시대에는 원과 면적이 같은 사각형을 작도한다는 것이 완벽하게 합리적인 생각이었다. 두 도형의 차이—곧은지 구부러졌는지—는 전혀 무관하다. 비슷한 문제들에는 타당한 해법들이 있다.[16] 그러나 이 문제만큼은 결국 명시된 방법으로는 해결할 수 없는 것으로 밝혀졌다. 증명은 기발하고 전문적이지만 일반적인 본질은 이해할 만하다.

수학에서 원적 문제는 에우클레이데스의 전통적인 방법으로 주어진 원과 똑같은 면적을 가진 정사각형을 작도하는 것을 말한다. 그리스 기하학은 사실 다른 방법들도 허용하므로 이 문제의 한 측면은 어떤 방법을 사용할 것인가를 정확하게 밝히는 것이다. 그렇다면 이 문제의 해결 불가능성은 이러한 방법들에 대한 제한에 관한 명제가 된다. 원의 면적을 계산할 수 없다는 이야기는 아니다. 다른 접근법을 찾아야 한다는 것일 뿐이다. 불가능성 증명은 그리스 기하학자들과 그 계승자들이 요구되는 종류의 작도 방법을 찾아낼 수 없었던 이유를 설명한다. 그런 방법이 없다는 것이 그 이유이다. 돌이켜보면 그들이 더욱 난해한 방법들을 도입해야만 했던 이유도 설명이 된다. 그래서 이 해법은 비록 부정적인 것이기는 하지만 커다란 역사적 수수께끼가 될 뻔한 것을 해결해주었다. 사람들이 존재하지도 않는 작도법을 계속해서 찾느라 시간낭비를 하는 것도 막아주었다. 아무리 신중하게 설명해주어도 유감스럽게 이해하지 못하는 것 같은 무모한 사람 몇은 예외로 하더라도.[17]

에우클레이데스의 《기하학 원론》에서 기하학 도형을 작도하는 전통적인 방법은 2개의 수학 도구, 즉 이상화된 형태의 자와 컴퍼스이다. 굳이 따지자면 컴퍼스들compasses이라고 해야 하는데, 종이를 자를 때 쓰는 건 가위들scissors이지 가위scissor가 아닌 것과 마찬가지 이유이다.(이는 2개의 부분으로 나뉘는 물건을 복수로 지칭하기도 하는 영어의 관습일 뿐이다.—옮긴이) 그러나 흔한 어법에 따라 복수를 사용하는 건 피하겠다. 이 도구들은 관념적인 종이인 유클리드 평면에 도형을 '그릴' 때 사용한다.

그 형태가 그릴 수 있는 것을 결정한다. 컴퍼스는 경첩으로 연결된 2개의 휘지 않는 막대로 이루어진다. 하나는 끝이 뾰족하고 다른 하나에는 뾰족한 연필이 달렸다. 이 도구는 명확한 중심과 명확한 반지름을 가진 원이나 원의 일부를 그릴 때 사용된다. 자는 더 단순하다. 곧은 날이 달려서 직선을 그릴 때 사용한다. 문방구에서 사는 자와는 달리 에우클레이데스의 자에는 눈금이 없다. 이 점은 이 자로 만들어낼 수 있는 것에 대한 수학적 해석에 중요한 제약이 된다.

기하학자의 자와 컴퍼스가 이상화된 것이라는 의미는 간단하다. 무한히 가는 선을 그릴 수 있다고 가정한다는 것이다. 게다가 직선은 틀림없이 곧고 원은 완벽하게 둥글다. 종이는 완벽하게 평평하고 고르다. 에우클레이데스의 기하학에서 핵심적인 위치를 차지하는 또 다른 구성요소는 역시 이상적인 '점'이라는 개념이다. 점은 종이 위의 작고 둥근 모양이지만 물리적으로는 불가능한 존재이다. 크기가 없기 때문이다. 에우클레이데스는《기하학 원론》첫 문장에서 '점이란 부분이 없는 것이다.'라고 했다. 원자, 혹은 현대 물리학을 좀 안다면 아원자입자와 조금은 비슷한 것으로 들리지만, 기하학의 점과 비교하자면 그런 것들은 어마어마하게 크다. 그러나 일상적인 인간적 관점에서는 에우클레이데스의 이상적인 점이나 원자, 종이 위에 연필로 찍은 점은 모두 기하학이라는 목적에 비춰봤을 때 충분히 비슷하다.

이러한 이상적 존재들은 실제 세계에서는 아무리 도구를 세심하게 만들고 연필을 날카롭게 깎아도, 종이를 아무리 매끄럽게 만들어도 얻을 수 없다. 하지만 이상화가 미덕이 될 수 있는 것은 이러한 요건 덕에 수학이 훨씬 단순해지기 때문이다. 예를 들어 연필로 그은 2개의 선은 평행사변형 같은 모양의 작고 애매한 영역에서 교차하지만 수학의 선들은 한 점에서 만난다. 이상적인 원과 선에서 얻은 통찰은 현실적이고 불완전한 것으로 옮길 수 있는 경우가 많다. 수학은 이렇게 마법을 부린다.

2개의 점은 하나의 (직)선을 결정하는데 이것이 두 점을 지나는 유일한 선이다. 선을 작도하려면 이상적인 자를 2개의 점을 통과하도록 놓고 이상적인 연필을 자를 따라 움직인다. 2개의 점은 원도 결정한다. 하나는 중심으로 선택해 컴퍼스의 뾰족한 끝을 거기에 놓는다. 그리고 컴퍼스를 조정해 연필 끝이 다른 쪽 점에 놓이게 한다. 이제 중심점을 고정한 채로 호를 그리며 연필을 돌리면 된다.

2개의 선은 평행을 그리며 만나지 않는 게 아닌 한 만나는 곳에서 유일한 점을 결정하지만 논리적인 문제들이 든 판도라의 상자가 넓게 입을 벌리고 있다. 하나의 선과 하나의 원이 교차하면 2개의 점을 결정한다. 선이 원과 접하면 1개의 점을 결정한다. 원이 너무 작아 선과 만나지 않으면 결정되는 점은 없다. 이와 비슷하게 2개의 원은 2개의 점에서, 혹은 1개의 점에서 만나거나 만나지 않는다.

거리는 유클리드 기하학을 현대적으로 다룰 때 기초가 되는 개념이다. 임의의 두 점의 거리는 이 두 점을 이어주는 선을 따라 측정된다. 에우클레이데스는 길이 자체는 정의하지 않은 채 두 선분이 **같은** 길이를 가지고 있다고 하는 방법을 찾아 거리라는 명시적인 개념 없이 어떻게든 자신의 기하학을 꾸려나갔다. 사실 쉬운 일이다. 하나의 선분의 양 끝으로 컴퍼스를 벌리고 컴퍼스를 두 번째 선분으로 옮겨 끝이 맞아떨어지는지 확인하면 되는 것이다. 맞아떨어지면 길이는 동등하다. 맞아떨어지지 않으면 동등하지 않은 것이다. 실제 길이를 측정하는 단계는 없다.

이런 기본적인 구성요소들로부터 기하학자들은 더욱 흥미로운 도형과 배치를 창조해낼 수 있다. 3개의 점은 모두 같은 선 위에 있지 않은 한 하나의 삼각형을 결정한다. 2개의 선이 교차하면 각을 형성한다. 직각은 특별히 유의미하다. 직선은 2개의 직각을 합쳐놓은 것에 해당한다. 기타 등등. 13권으로 이루어진 에우클레이데스의《기하학 원론》은 이렇게 단순한 출발점의 결과를 끊임없이 파고들며 조사한다.

《기하학 원론》의 대부분은 기하학의 타당한 특성들, 즉 정리들이다. 그러나 에우클레이데스는 자와 컴퍼스에 근거한 '작도'를 이용해 기하학 문제들을 푸는 방법도 설명한다. 선분으로 연결된 2개의 점이 주어졌을 때 그 중점을 작도하기, 혹은 선분을 3등분하기(선분의 정확히 3분의 1 지점을 작도하기), 각이 주어졌을 때 이를 크기가 절반이 되도록 2등분하기 등이 있다. 그러나 간단한 작도인데도 하기 어려운 것으로 드러나는 것들도 있었다. 각이 주어졌을 때 크기가 3분의 1이 되도록 3등분하기. 선분은 3등분할 수 있는데 각을 3등분하는 법은 아무도 찾아낼 수 없었다. 원하는 만큼 비슷하게 할 수는 있다. 눈금이 없는 자와 컴퍼스만 가지고 정확한 작도를 하지는 못한다. 그래도 정말로 각을 정확히 3등분해야 하는 사람은 없으니까 이 점은 별다른 문제를 일으키지 않았다.

그러나 원이 주어졌을 때 같은 면적을 가진 정사각형을 작도하기는 풀어야 할 숙제였다. 이것이 원적 문제이다. 그리스인의 관점에서 이 문제를 해결하지 못하면 원에 면적이 **있다**고 주장할 수 없었다. 원이 명확한 공간을 둘러싸고 있는 게 눈에 보이고 직관적으로 면적은 그 공간이 **얼마나 되는가** 하는 것이라도 말이다. 그래서 에우클레이데스와 그 계승자들, 특히 아르키메데스는 실용적인 해법에 만족했다. 원에는 면적이 있다고 가정하되 같은 면적을 가진 정사각형을 작도할 수 있다고는 기대하지 않기로 한 것이다. 그래도 많은 이야기를 할 수 있다. 예를 들어 논리적으로 부족함 없이 철저하게 원의 면적은 그 반지름의 제곱에 비례한다는 것을 증명할 수 있다. 원과 같은 면적의 정사각형을 작도하지 못한다는 것은 그 비례상수(π)를 길이로 하는 선을 작도할 수 없다는 것과 같다.

그리스인들은 자와 컴퍼스만으로 원과 같은 면적의 정사각형을 작도하지 못하자 다른 방법들을 도입했다. 그중 하나는 원적 곡선

quadratrix[18]이라는 것을 이용했다. 자와 컴퍼스만을 사용하는 것을 그렇게까지 중시했다는 것은 후대의 주석자들이 과장한 것으로, 그리스인들이 원적 문제를 필수적인 것으로 보았는지조차 불분명하다. 그러나 19세기에 이르러 이 문제는 중대한 골칫거리가 되었다. 수학이 그처럼 단순한 문제에 답하지 못한다는 것은 일류 요리사가 달걀 삶는 법도 모르는 거나 마찬가지였다.

원적 문제는 기하학 문제인 것처럼 보인다. 기하학의 문제니까 그렇다. 하지만 그 해법은 결국 기하학이 아니라 대수학에 있다는 점이 밝혀졌다. 겉보기에는 무관한 수학 분야들을 예상치 못하게 연결하는 일은 위대한 문제를 해결하는 핵심이 되는 경우가 많다. 이번과 같은 연결은 아예 전례가 없는 것은 아니었지만 이러한 연결을 원적 문제와 관련지은 것은 처음에는 인정을 받지 못했다. 인정을 받았을 때도 기술적인 난점이 있었고 이에 대처하려면 또 다른 영역의 수학이 필요했다. 미적분학의 엄밀한 형태인 해석학이 그것이었다. 역설적이게도 최초의 돌파구는 제4의 영역에서 나왔다. 정수론이었다. 그리고 이것으로 그리스인들이 꿈에도 해법이 있을 것이라고 여기지도 않았을 것이고 우리가 아는 한 생각도 해보지 않았을 기하학 문제가 해결되었다. 자와 컴퍼스로 정17각형을 작도하는 법이었다.

미친 소리 같이 들린다. 더구나 3, 4, 5, 6, 8, 10, 12각형에 대해서는 그런 작도법이 존재하지만 7, 9, 11, 13, 14각형에 대해서는 존재하지 않는다는 점을 덧붙인다면 말이다. 그러나 이러한 광기 뒤에는 방법이 있고 이 방법이 수학을 살찌웠다.

그림 4 왼쪽부터 정삼각형, 정사각형, 정오각형, 정육각형, 정칠각형, 정팔각형.

첫째, 정다각형이란 무엇일까? 다각형은 직선들로 경계 지어진 도형이다. 이 선들의 길이가 같고 같은 각도로 만나면 정다각형이다. 가장 익숙한 예는 정사각형이다. 4개의 변이 모두 길이가 같고 4개의 각이 모두 직각이다. 정사각형이 아니더라도 4개의 동등한 변을 지니거나 4개의 동등한 각을 지닌 도형은 있다. 각각 마름모와 직사각형이다. 그러나 정사각형만이 2개의 특징을 모두 지니고 있다. 변이 3개인 정다각형은 정삼각형, 변이 5개인 정다각형은 정오각형이 된다. 그림 4를 참고하라. 에우클레이데스는 자와 컴퍼스로 변이 3, 4, 5개인 정다각형을 작도하는 법을 제시했다. 그리스인들은 변의 수를 반복적으로 2배로 만드는 법도 알아서 6, 8, 10, 12, 16, 20각형 등등도 내놓았다. 정삼각형과 정오각형의 작도법을 결합해서 정15각형도 얻어낼 수 있었다. 그러나 거기서 그들의 지식은 멈췄다. 그리고 2,000여 년간 그 상태였다. 그 외의 수가 실행 가능하리라고는 그 누구도 상상하지 않았다. 더 이상은 아무것도 할 수 없으리라는 게 분명해 보여서 아예 묻지도 않았다.

생각할 수 없는 것을 생각해내고 물을 수 없는 걸 물어서 참으로 놀라운 답을 발견해내는 뛰어난 수학자가 등장했다. 가우스였다. 가우스는 독일 브라운슈바이크Braunschweig시의 가난한 노동계급 가정에서 태어났다. 그의 어머니 도로테아Dorothea는 읽지도 쓰지도 못해서 그의 생일을 적어두지도 않았지만 1777년 그리스도 승천 축제 8일 전인 수요일이라는 것은 기억했다. 가우스는 나중에 부활절 날짜를 알아내려고 고안한 수학공식으로 정확한 날짜를 계산했다. 그의 아버지 겝하르트Gebhard는 농부 집안 출신이지만 정원사, 운하 노동자, 노점 푸주한, 장의사 경리 등 지위가 낮은 일들로 생계를 꾸렸다. 가우스는 영재여서 세 살 때 아버지의 계산이 틀린 곳을 고쳐주었다고 하며 그의 능력은 수학뿐만 아니라 언어에까지 뻗쳐서 브라운슈바이크공이 카롤리눔대학Collegium Carolinum에서 공부할 수 있도록 재정지원을 받았다. 학부시절에 가우스는 독자적으로 오일러와 같은 걸출한 인물들이 증명했던 중요한 몇 개의 수학 정리를 재발견했다. 그러나 정17각형에 대한 그의 정리는 마른하늘의 날벼락처럼 뜻밖의 것이었다.

그때에는 이미 기하학과 대수학의 긴밀한 연관이 이해된 지 140년이 흘렀다. 르네 데카르트는《방법서설Discours de la Méthode》부록에서 얼마 동안 발전되지 못한 형태로 떠돌던 개념을 정식화했다. 좌표계라는 개념이었다. 이것은 에우클레이데스의 황량한 평면, 빈 종잇장을 정사각형 모양으로 괘선을 그린 종이로 바꿔놓았다. 이를 공학자들과 과학자들은 모눈종이라고 부른다. 2개의 직선을 종이 위에 그리되, 하나는 수평으로, 하나는 수직으로 그린다. 이들을 축이라고 한다. 이제 평면 위의 임의의 점은 그게 수평축 방향으로 얼마나 떨어져 있는지, 수직축 방향으로는 얼마나 올라가있는지 물으면 그 위치를 정확하게 밝힐 수 있다. 그림 5(왼쪽)를 참고하라. 양수일 수도 있고 음수일 수도 있는 두 수를 완벽한 점으로 표시할 수 있으며, 이것을 좌표라고 한다.

점, 선, 원 등의 모든 기하학적 성질은 대응하는 좌표에 대한 대수

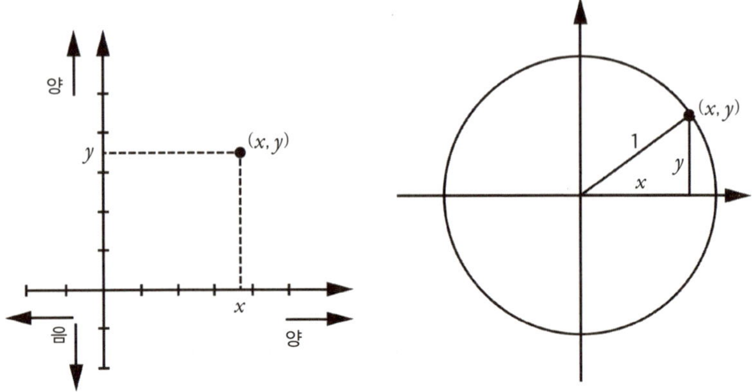

그림 5 왼쪽: 평면에서의 좌표. 오른쪽: 단위원의 방정식을 도출하는 방법.

적 설명으로 번역될 수 있다. 실제로 대수를 사용하지 않고 이러한 연관을 이야기하는 것은 '골'이라는 단어를 입에 담지 않고 이해할 수 있게 축구 이야기를 하는 것이나 마찬가지로 아주 어렵다. 그래서 앞으로 펼쳐지는 몇 쪽에는 공식들이 조금 포함되어 있다. 연극의 주연배우들에게 이름이 있고 그들 사이의 관계가 명확하다는 것을 확실히 하기 위해 넣어두는 것이다. '로미오'라고 하는 편이 '이탈리아의 어느 가문의 아들로 아버지의 불구대천의 원수의 아름다운 딸과 사랑에 빠진 자'라고 하는 것보다 훨씬 더 이해하기가 간단하다. 우리의 로미오는 x라는 평범한 이름을 가지게 되고 그의 줄리엣은 y가 된다.

기하학이 대수학으로 바뀌는 예로 그림 5(오른쪽)는 단위 반지름을 이용해 두 축이 교차하는 원점에 중심을 둔 원의 방정식을 찾는 방법을 보여준다. 표시된 점의 좌표는 (x, y)로 그림에 나온 직각삼각형은 밑변의 길이가 x이고 높이가 y이다. 이 직각삼각형에서 길이가 가장 긴 변은 원의 반지름으로, 그 길이는 1이다. 피타고라스 정리에 따르면 두 좌표의 제곱의 합은 1이다. 기호로 표시하면 좌표가 x와 y인 점은 $x^2+y^2=1$이라는 조건을 만족할 때 (그리고 그럴 때에만) 원 위에 놓인다. 원에 대한 기호를 이용한 이러한 묘사는 간단하고 정확하며 우리가 정말로 대수 이야기를 하고 있다는 것을 보여준다. 역으로 쌍을 이룬 수들의 임의의 대수적 성질, x와 y를 포함하는 임의의 방정식은 점, 선, 원, 혹은 그보다 더 정교한 곡선들에 대한 서술로 번역할 수 있다.[19]

대수의 기본적인 방정식에는 미지의 수 x의 거듭제곱이 포함되며 각각의 거듭제곱에는 어떤 수가 곱해지는데 이 수를 계수라고 한다. x의 가장 큰 지수가 다항식의 차수이다. 예를 들어

$$x^4-3x^3-3x^2+15x-10=0$$

에는 x^4로 시작되는 다항식이 들어있으니까 그 차수는 4이다. 계수는 1, -3, -3, 15, -10이다. 4개의 서로 다른 해가 있다. $x=1, 2, \sqrt{5}, -\sqrt{5}$이다. 이 수들에 대해 방정식의 좌변은 0, 즉 우변과 같다. $7x+2$와 같은 1차 다항식은 선형적이라고 하고 여기에는 미지수의 1차항만 포함된다. x^2-3x+2와 같은 2차 다항식에는 2차항이 포함된다. 원의 방정식에는 두 번째 변수 y가 포함된다. 그러나 예를 들어 어떤 직선을 정의하는 방정식과 같은 x와 y를 연결하는 또 하나의 방정식을 안다면 x로 y를 풀 수 있고 원의 방정식을 x만 포함된 것으로 변형할 수 있다. 이 새로운 방정식은 선이 어디서 원과 만나는지 알려준다. 이 경우에 새로운

방정식은 2차 방정식이며 해가 2개 있다. 대수학은 이렇게 기하학을 반영해 하나의 선이 2개의 구분되는 점에서 원과 만난다는 것을 보여준다.

대수의 이러한 특징은 자와 컴퍼스로 하는 작도에 중요한 의미를 지니고 있다. 그런 작도는 아무리 복잡하더라도 일련의 간단한 단계들로 분해된다. 각각의 단계는 2개의 선, 2개의 원, 혹은 1개의 선과 1개의 원이 만나는 곳에서 새로운 점을 만들어낸다. 그런 선과 원들은 이전에 작도했던 점들로 결정된다. 기하학을 대수학으로 번역함으로써 2개의 선이 교차하는 것에 대응하는 대수 방정식은 반드시 선형적인 반면 하나의 선과 하나의 원, 혹은 두 원에 대한 방정식은 2차라는 것을 증명할 수 있다. 궁극적으로 이러한 일이 벌어지는 까닭은 원의 방정식에는 x^2이 포함되지만 그보다 높은 x의 거듭제곱은 없기 때문이다. 따라서 작도의 각각의 단계는 모두 오로지 1차 또는 2차 방정식을 푸는 것에 대응한다.

더욱 복잡한 작도는 이러한 기본적인 연산들이 차례로 이어지는 것이고, 일정량의 대수 기법 덕에 자와 컴퍼스로 작도할 수 있는 임의의 점의 각 좌표는 계수가 정수이고 차수가 2의 거듭제곱인 다항 방정식의 해라는 것을 추론할 수 있다. 즉 차수는 1, 2, 4, 8, 16 등의 수 중 하나여야 한다.[20] 이는 작도법이 존재하는 데 필수적인 조건이지만 이를 보강해 어떤 정다각형이 작도 가능한가 하는 특성에 대한 정확한 묘사로 바꿔낼 수 있다. 갑자기 아주 정연한 대수적 조건이 복잡한 기하학의 혼돈에서 모습을 드러낸다. 게다가 이는 **어떤 작도법에도** 적용된다. 작도법이 어떤 것인지 알 필요조차 없다. 다만 자와 컴퍼스만을 사용하는 방법이라는 것만 알면 된다.

가우스는 이 우아한 아이디어를 알고 있었다. 그는 어떤 정다각형이 자와 컴퍼스로 작도될 수 있는가 하는 문제는 다각형의 변의 수가 소수인 특별한 경우로 압축될 수 있다는 것도 알았다.(실은 유능한 수학자라면 누구나 금방 깨달을 것이다.) 그 이유를 알기 위해 $15 = 3 \times 5$와 같은 합성수를 생각해보자. 정15각형의 가설적인 작도법은 모두 자동적으로 변이 3개인 다각형(꼭짓점을 4개씩 걸를 때)과 변이 5개인 다각형(꼭짓점을 2개씩 걸를 때)을 만든다. 그림 6을 참고하라. 조금 더 애를 쓰면 3각형과 5각형의 작도법을 결합해 15각형의 작도법을 얻어낼 수 있다.[21] 그래서 가우스는 변의 수가 소수인 다각형에 집중하며 관련된 방정식이 어떤 모양일지 탐구했다. 답은 놀라울 정도로 깔끔했다. 예를 들어 변이 5개인 정다각형을 작도하는 것은 방정식 $x^5 - 1 = 0$을 푸는 것과 동등하다. 5를 다른 임의의 소수를 바꾸면 거기에 대응하는 명제는 참이다.

이 다항식의 차수는 5로 이는 내가 나열했던 2의 거듭제곱에 속하지 **않는다**. 그렇지만 작도법은 존재한다. 가우스는 재빨리 그 이유를 이해했다. 이 방정식은 차수가 1인 부분과 차수가 4인 부분으로 나뉜다. 1과 4는 모두 2의 거듭제곱이고, 4차 방정식이 결정적인 것이라는 점이 드러난다. 그 이유를 알기 위해서는 방정식을 기하학과 연관시켜야 한다. 이것은 새로운 종류의 수와 관련이 있는데, 학교에서 배우는 수학에서는 대체로 무시하지만 그 수준을 넘어서는 모든 것에는 필수적인 수이다. 이 수는 복소수라고 하며 이를 정의하는 특징은 복소수계에서는 -1에 제곱근이 존재한다는 것이다.[22]

보통의 '실수'는 양수이거나 음수이고, 어느 쪽이든 그 제곱은 양

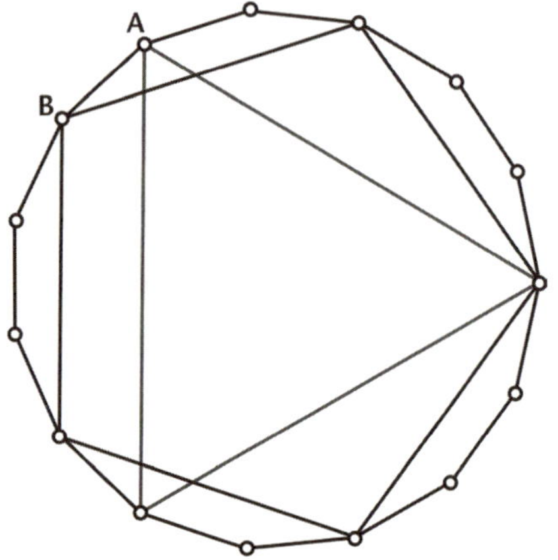

그림 6 정15각형으로 정삼각형과 정오각형 작도하기. A와 B가 정15각형에서 인접해 있는 점이라는 것에 주목하자.

수이므로 −1은 어떤 실수에 대해서도 그 제곱근이 될 수 없다. 이것은 상당한 골칫거리여서 수학자들은 제곱근이 −1인 새로운 종류의 '허수'를 창안해냈다. 거기에 쓸 새로운 기호가 필요해서 이를 i('가상적인 imaginary'에서 따왔다.)라고 불렀다. 덧셈, 뺄셈, 곱셈, 나눗셈과 같은 대수의 일반적인 연산은 $3 + 2i$와 같이 실수와 허수의 결합으로 이어진다. 이를 복소수complex라고 하는데 이는 '복잡하다.'는 의미가 아니라 두 부분으로 형성되었다는 뜻이다.('complex'에는 '복잡하다.'와 '복합적이다.'라는 의미가 있다.—옮긴이) 실수는 자에 적힌 숫자들처럼 잘 알려진 수직선 위에 놓인다. 복소수는 수평면에 놓이고 여기서는 허수부의 자가 실수부의 자에 직각으로 배치되어 둘이 함께 하나의 좌표계를 이룬다. 그림 7을 참고하라.

지난 200년 동안 수학자들은 복소수가 수학의 기초라고 생각해왔

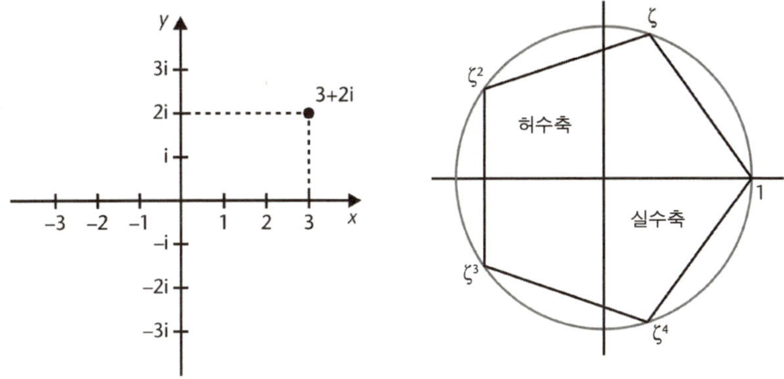

그림 7 왼쪽: 복소 평면. 오른쪽: 단위원의 복소 다섯제곱근.

다. 이제 우리는 논리적으로 복소수가 더 익숙한 '실수'와 대등하다는 것을 깨닫는다. 수학적 체계가 다 그렇듯 실수도 추상적인 개념이지 실재하는 물질적인 것은 아니다. 복소수는 가우스 시대 이전에도 널리 사용되었지만 그 지위는 수수께끼로 남아있었는데 가우스를 비롯한 몇몇 수학자가 그 신비성을 벗겨냈다. 복소수의 매력은 역설적이라는 점이었다. 수수께끼 같은 복소수는 실수보다 훨씬 더 편하게 굴었다. 실수에는 빠지고 없는 요소를 제공했다. 대수 방정식의 완전한 해를 빠짐없이 내놓았던 것이다.

2차 방정식이 가장 간단한 예이다. 2차 방정식 중에는 2개의 실수해를 가지는 것이 있는가 하면 실수해가 없는 것도 있다. 예를 들어 $x^2 - 1 = 0$에는 해 1과 -1이 있지만 $x^2 + 1 = 0$에는 해가 없다. 그 사이에는 $x^2 = 0$이라는, 해가 0밖에 없는 방정식도 있는데, 이는 말하자면 같은 해가 '두 차례 반복된' 것으로 볼 수도 있다.[23] 그러나 복소해를 허용하면 $x^2 + 1 = 0$에도 2개의 해가 있다. i와 $-i$이다. 가우스는 복소수를 사용하는 것을 전혀 꺼리지 않았다. 사실 그의 박사논문은 기하학의 기본적인 정리에 대한 논리적으로 흠이 없는 최초의 증명을 제시했다. 임의의 다항 방정식의 복소해의 수는 (중복을 정확하게 계산했을 때) 방정식의 차수와 같다는 것이다. 따라서 2차 방정식에는 반드시 2개의 복소해가 있고 3차 방정식에는 반드시 3개의 복소해가 있다는 식이다.

정오각형을 정의한다고 한 방정식 $x^5 - 1 = 0$은 차수가 5이다. 따라서 5개의 복소해가 있다. 실수해는 $x = 1$ 하나밖에 없다. 나머지 4개는 어떨까? 그들은 복소 평면상의 완벽한 정오각형의 4개의 꼭짓점을 제공하고, $x = 1$이 5번째 꼭짓점이 된다. 그림 7을 참고하라. 이러한 대응은 수학적인 아름다움의 일례이다. 우아한 기하학 도형이 우아한 방정식이 된 것이다.

자, 해가 이들 5개의 점인 방정식의 차수는 5이고, 이는 2의 거듭제곱이 아니다. 그렇지만 앞서 말했듯이 5차 방정식은 차수가 1인 부분과 차수가 4인 부분으로 나뉘는데 이들을 원래의 방정식의 '기약인수'라고 한다.

$$x^5 - 1 = (x-1)(x^4 + x^3 + x^2 + x + 1)$$

('기약'이라는 것은 소수와 마찬가지로 더 이상 나눌 인수가 존재하지 않는다는 의미이다.) 첫 번째 인수는 실수해 $x = 1$을 만든다. 나머지 인수는 4개의 복소해, 즉 오각형의 나머지 네 꼭짓점을 만든다. 그래서 복소수를 사용하면 모든 것이 훨씬 더 이해하기 쉽고 훨씬 더 우아하다.

과거의 수학자들이 어떻게 새로운 발견에 도달하게 되었는지 재구성하는 일은 쉽지 않은 경우가 많다. 그 길을 가면서 잘못 밟았던 수많은 발걸음은 빼고 자신들이 고심한 최종적인 결과만을 제시하는 버릇이 있었기 때문이다. 이러한 문제는 복합적인 경우가 많은데, 과거 시대의 자연스러운 사고 패턴은 오늘날의 것과는 달랐기 때문이다. 특히 가우스는 자신의 자취를 은폐하고 갈고 닦은 최종적인 분석만 발표하는 것으로 악명이 높았다. 하지만 17각형에 대한 가우스의 분석에 대해서만큼은 상당히 안전한 근거가 우리에게 있다. 그가 결국 발표한 분석은 몇 가지 유용한 단서를 제공한다.

그의 출발점은 새로운 것이 아니었다. 앞선 몇 명의 수학자들은 정다각형에 대한 위의 분석이 완벽하게 보편적으로 통한다는 것을 잘 알고 있었다. 변의 수가 임의의 수 n인 다각형을 작도하는 것은 복소수에서 $x^n - 1 = 0$이라는 방정식을 푸는 것과 동등하다. 게다가 이러한 다항식은 다음과 같이 인수분해된다.

$$(x-1)(x^{n-1} + x^{n-2} + \cdots + x^2 + x + 1)$$

여기서도 첫 번째 인수는 실수해 $x = 1$을 내놓고 나머지 $n-1$개의 해는 두 번째 인수에서 나온다. n이 홀수이면 모두 복소수이다. n이 짝수면 그중 하나는 두 번째 실수해인 $x = -1$이다.

가우스는 눈치챘지만 다른 모든 수학자가 놓친 것은 두 번째 인수가 일련의 2차 방정식을 이용해 표현될 수 있는 경우도 있다는 것이었다. 보다 간단한 인수들의 곱으로 표현되는 것은 불가능하므로 그 계수가 다른 방정식들의 해가 되는 방정식들을 이용하는 것이다. 여기서 핵심적인 사실, 즉 이 문제의 약점은 이런 식으로 차례로 몇 개의 대수 방정식을 풀 때 나타나는 대수 방정식의 우아한 성질이다. 계산은 늘 하나의 방정식을 푸는 것과 동등하지만 보통 차수는 더 커진다. 따라서 방정식의 수를 줄이려면 차수가 높아지는 대가를 치르게 된다. 골치 아플 수도 있지만 예측할 수 있는 한 가지 특성이 있다. 차수가 얼마나 커질 것인가 하는 것이다. 연속하는 다항식들의 차수를 모두 곱하면 된다.

모두 2차 다항식이라면 결과는 $2 \times 2 \times \cdots \times 2$, 즉 2의 거듭제곱이다. 따라서 작도법이 존재한다면 $n-1$은 2의 거듭제곱이어야 한다. 그러나 이러한 조건이 늘 충분한 것은 아니다. $n=9$이면 $n-1=8$로 2의 거듭제곱이다. 그러나 가우스는 정9각형에는 작도법이 존재하지 않는다는 것을 발견했다. 이유는 9가 소수가 아니라는 것이다.[24] 그럼 4개의 2차 방정식을 푸는 다음의 경우는 어떨까? 대응하는 단일한 방정식의 차수 $n-1$은 $2 \times 2 \times 2 \times 2 = 16$이다. 따라서 $n=17$이고 이 수는 소수이다.

이 시점에 이르면 가우스도 무엇인가 대단한 걸 발견해낼 것 같다는 점을 알았을 게 분명하지만 여기에는 기술적인 문제가 뒤따르는데 이 문제는 치명적인 것일 가능성도 있었다. 가우스는 변의 수가 소수인 정오각형의 작도법이 있으려면 이 소수는 반드시 2의 거듭제곱에 1을 더한 것이어야 한다고 확신했었다. 따라서 이 조건은 작도법이 존재하는 필요조건이다. 이 조건에 들어맞지 않으면 그런 작도법은 없다. 그러나 이 조건으로 충분하지 않을 수도 있었다. 사실 차수가 16이면서도 4개의 2차 방정식으로 풀리지 않는 방정식이 많다.

그러나 낙관할 만한 이유가 있었다. 그리스 작도법이었다. 그리스 작도법에는 어떤 소수들이 등장했을까? 2, 3, 5, 이렇게 셋뿐이다. 이들은 모두 2의 거듭제곱보다 1씩 더 많다. 즉 $2^0+1, 2^1+1, 2^2+1$이라는 것이다. 오각형과 관련된 대수는 더 많은 단서를 제공한다. 이를 모두 충분히 생각한 가우스는 실은 17각형과 관련된 16차 다항식을 일련의 2차 방정식들로 바꿀 수 있다는 것을 증명했다. 따라서 자와 컴퍼스를 사용하는 작도법이 있을 게 분명하다. 비슷한 방법으로 변의 수가 2의 거듭제곱보다 1이 큰 소수라면 언제나 같은 내용이 참이라는 것도 증명했다. 이러한 아이디어들은 가우스가 수학적 패턴을 이해하는 능력을 입증한다. 그 중심에는 정수론의 일반적 정리들이 있지만 여기서는 다루지 않겠다. 요는 그 어떤 것도 우연이 아니었다는 것이다. 이게 통하는 데에는 확실한 구조적 이유들이 있었다. 가우스가 아니고서는 그걸 알아차리지 못할 뿐이었다.

가우스는 명시적인 작도법을 제시하지는 않았지만 정말로 원한다면 그런 작도법으로 바꿀 수 있는 16차 방정식의 해를 구하는 공식을 내놓았다.[25] 《산술연구》에 자신의 아이디어를 적어내려 가면서 그는 상당량의 세부사항을 생략했지만 자신이 완전한 증명을 알고 있다는 점만은 분명히 주장했다. 어마어마한 발견으로 그는 언어가 아닌 수학에 삶을 바쳐야겠다고 생각하게 되었다. 브라운슈바이크공은 가우스에게 계속 재정지원을 해줬지만 가우스는 좀 더 항구적이고 믿을 만한 것을 원했다. 천문학자 주세페 피아치Giuseppe Piazzi가 케레스Ceres라는 이름의 첫 번째 소행성을 발견했을 때 이 새로운 행성은 겨우 몇 차례 관찰하자마자 눈부신 햇살 때문에 보이지 않게 되었다. 천문학자들은 이 소행성을 다시 찾을 수 있을지 걱정했다. 궤도를 계산하는 새로운 기법과 관련된 **절묘한 솜씨**로 가우스는 이 소행성이 어디서 다시 모습을 드러낼지 예측했고, 그의 예측은 옳았다. 그 덕에 천문학 교수이자 괴팅겐 천문대의 천문대장으로 임명되어 죽을 때까지 이 자리를 지켰다.

17이 이런 종류의 새로운 수로 유일하지는 않다는 것이 드러났다. 2개가 더 알려졌다. $2^8 + 1 = 257$과 $2^{16} + 1 = 65{,}537$이 그것이다. (대수를 조금 동원해보면 등장하는 2의 지수도 2의 거듭제곱이어야 한다는 것이 증명된다. 그렇지 않으면 이 수는 소수일 수 없다.) 그러나 패턴은 이 시점에서 멈추는데, $2^{32} + 1 = 4{,}294{,}967{,}297$은 $641 \times 6{,}700{,}417$과 같아서 소수가 아니다. 소위 '페르마 수'라고 하는 $2^{2^n} + 1$은 $n = 5, 6, 7, \cdots, 32$까지 소수가 아닌 것으로 알려졌다. 그보다 더 큰 페르마 수 중에도 소수가 아닌 것으로 알려진 것들이 많다. 소수인 페르마 수는 더는 발견되지 않았지만 그렇다고 존재하는 게 불가능한 것은 결코 아니다.[26] 257각형의 작도법은 알려졌다. 어떤 수학자가 65,537각형에 오랜 세월을 바쳤는데 약간은 무의미한 일이기도 하거니와 어쨌든 그의 결과에는 오류가 있었다.[27]

가우스가 분석한 결과는 정다각형은 변의 수가 2의 어떤 거듭제곱과 특정한 소수 페르마 수의 곱인 경우에, 그리고 그런 경우에만 자와 컴퍼스로 작도할 수 있다는 것이다. 특히 정9각형은 이런 식으로 작도할 수 없다. 이는 곧바로 적어도 하나의 각은 3등분할 수 없다는 것을 의미한다. 정삼각형의 각은 60도인데, 그 3분의 1은 20도이기 때문이다. 이 각이 주어진다면 정9각형을 작도하기는 쉽다. 이게 불가능하기 때문에 자와 컴퍼스를 사용해 각을 3등분하는 일반적인 작도 법은 존재하지 않는다.

가우스는 자신의 결과를 적으면서 증명의 상세한 사항을 상당히 생략해서 수학자들은 그의 말을 곧이곧대로 받아들일 수가 없었다. 1837년 프랑스의 수학자 피에르 방첼Pierre Wantzel은 작도 가능한 정다 각형에 관한 가우스의 특성 부여에 대한 완전한 증명을 발표하고 자와 컴퍼스를 이용한 작도로 일반적인 각을 3등분하는 것이 불가능하다고 추론했다. 또한 '정육면체를 2배 만들기duplicating the cube'라고 알려진 또 하나의 고대 그리스 문제인, 부피가 주어진 정육면체의 2배인 정육 면체를 작도하는 것이 불가능하다는 것도 증명했다.

각의 3등분이나 정육면체의 부피를 2배로 만드는 것 둘 다 이와 관 련된 길이가 기약 **3차 방정식**의 해이기 때문에 불가능한 것으로 밝혀 졌다. 3은 2의 거듭제곱이 아니라서 이 문제는 깨어지고 만다. 그러나 이 방법은 원적 문제에는 통하지 않는 것 같은데, 그 이유가 흥미롭다. 단위 반지름을 가지는 원의 면적은 π이고 그러한 면적을 가지는 정사 각형의 변의 길이는 $\sqrt{\pi}$이다. 제곱근을 기하학적으로 작도하는 법은 존재하고 정사각형의 작도법도 존재하니까 원적 문제는 길이 1인 선을 가지고 길이가 π인 선을 작도하는 방법으로 압축된다. 우연히도 π가 기약 3차 방정식, 혹은 차수가 2의 거듭제곱이 아닌 어떤 기약 방정식 의 해라면 방첼의 방법으로 원과 같은 면적을 가지는 정사각형을 작도 하는 것은 불가능하다는 것이 증명될 것이다.

그러나 차수가 2의 거듭제곱이냐 하는 건 둘째치고 정확히 π를 해 로 가지는 대수 방정식은 하나도 알려지지 않았다. 학교에서 배우는 π

값인 22/7는 $7x-22=0$를 만족하지만 이 값은 π의 어림값일 뿐이라서 아주 조금이지만 더 크기 때문에 도움이 되지 않는다. 그런 방정식이 존재하지 않는다는 걸 증명할 수 있다면 원적이 불가능하다는 결론이 나올 것이다. 사실 그런 방정식이 있다면 벌써 발견되었으리라는 것을 근거로 그렇게 생각하는 사람들도 많았다. 유감스럽게도 그런 방정식이 존재하지 않는다는 것은 누구도 증명하지 못했다. 대수에서 π의 지위는 불확실했다. 최종적인 해법이 이용한 방법들은 기하학뿐 아니라 대수까지 넘어섰다.

여기서 중심이 되는 문제를 제대로 이해하려면 더 간단한 아이디어부터 살펴봐야 한다. 수학에서는 p와 q가 범자연수일 때 분수 p/q로 정확하게 표현될 수 있는 수와 그렇지 않은 수를 구분하는 것이 중요하다. 전자는 유리수rational(이 수가 범자연수의 비율ratio이므로)라고 하고 후자는 무리수라고 한다. 예를 들어 π의 어림값인 22/7은 유리수이다. 이보다 더 나은 어림값들도 있고 그중 유명한 것이 355/113으로 소수 이하 여섯째 자리까지 일치한다. 그러나 π를 정확하게 표현하는 분수는 존재하지 않는 것으로 알려졌다. 무리수인 것이다. 오랫동안 의심을 받은 이러한 성질을 1768년 스위스의 수학자 요한 하인리히 람베르트 Johann Heinrich Lambert가 처음으로 증명했다. 그의 증명은 삼각법의 탄젠트 함수에 대한 교묘한 공식에 근거한다. 이 공식은 연분수로 표현된다. 연분수란 평범한 분수들이 무한히 쌓인 것을 말한다.[28] 1873년 샤를 에르미트Charles Hermite는 미적분의 공식들에 근거해 더 간단한 증명을 발견했는데, 그 내용은 더 진전되었다. π^2이 무리수라는 것을 증명한 것이다. 따라서 π는 유리수의 제곱근도 아니다.

람베르트는 무엇인가 더욱 강력한 것이 있으리라 추측했다. π가 무리수라는 것을 증명한 논문에서 그는 π가 초월수일 것으로 추측했다. 즉 π가 정수 계수를 갖는 그 어떠한 다항 방정식의 해도 아니라는 것이다. π는 대수식을 초월한다. 이후의 발견들로 그의 생각이 옳았음이 증명되었다. 돌파구는 두 단계로 등장했다. 무리수임을 증명하는 에르미트의 새로운 방법은 미적분, 더 정확하게 말하자면 미적분학의 엄밀한 형태인 해석학이 유용한 전략일 수 있다는 것을 암시함으로써 그 분위기를 조성했다. 에르미트는 이러한 아이디어를 밀고 나가서 수학에서 기이하게 여기는 또 하나의 유명한 수, 즉 자연로그의 밑인 e가 초월수라는 멋진 증명을 찾아냈다. 숫자로 표현하자면 e는 대략 2.71828인데 실은 π보다도 훨씬 더 중요하다. 에르미트가 초월성을 보인 증명은 해석학이라는 모자에서 화려하게 토끼를 꺼내는 마술과도 같다. 토끼는 e를 해로 가지는 것으로 가정되는 가설적인 대수 방정식과 관련된 복잡한 공식이다. 대수를 이용해 에르미트는 이 공식이 어떤 0이 아닌 정수와 같다는 것을 증명했다. 또한 해석학을 이용해 그는 이 수가 $-\frac{1}{2}$과 $\frac{1}{2}$ 사이에 있어야 한다는 것을 증명했다. 이 범위에 있는 정수는 0이 유일하므로 두 결과는 모순이다. 따라서 e가 어떤 대수 방정식의 해가 된다는 가정은 거짓임이 분명하므로 e는 초월수이다.

1882년 페르디난트 린데만Ferdinand Lindemann은 에르미트의 방법에 몇 가지를 덧붙여서 0이 아닌 수가 어떤 대수 방정식의 해라면 e를 그 수만큼 거듭제곱한 수는 대수 방정식의 해가 되지 않는다는 것을 증명했다. 그리고는 π, e, 허수 i와 관련된, 오일러가 알고 있던 관계를 이용했다. 이 유명한 공식은 $e^{i\pi} = -1$이다. π가 어떤 대수 방정식의 해가 된다고 가정하자. 그렇다면 $i\pi$도 마찬가지이고, 따라서 린데만의 정리에 따르면 -1은 대수 방정식의 해가 되지 않는다. 그러나 대수 방정식의 해가 된다는 것은 분명하다. $x+1=0$의 해인 것이다. 이와 같은 논리적 모순에서 벗어나는 유일한 길은 π가 대수 방정식의 해가 되지 않는다는 것이다. 즉 초월수이다. 그리고 이것은 원과 같은 면적의 정사각형을 작도할 수 없다는 것을 의미한다.

에우클레이데스의 기하학에서 린데만의 증명에 이르는 길은 길고도 간접적인 데다 2,000년 이상이 걸렸지만 수학자들은 마침내 거기까지 도달했다. 이 이야기는 원과 같은 면적의 정사각형을 작도할 수 없다는 것만 알려주지는 않는다. 위대한 수학 문제들이 어떻게 해결되는지를 보여주는 실례이다. 수학자들은 '기하학적 작도'라는 게 어떤 의미인지 세심하게 정식화해야 했다. 자신들이 달성할 수 있는 한계를 그어줄 수도 있는, 그러한 작도법의 일반적인 특징을 정확히 밝혀야 했다. 그러한 특징을 찾아내기 위해 수학의 다른 영역인 대수와 연관을 지어야 했다. 정다각형의 작도와 같이 보다 간단한 사례들이라 하더라도 대수 문제를 풀기 위해서는 정수론까지 끌어들이게 된다. π라는 어려운 사례를 다루기 위해서는 한층 더 혁신해야 했고 문제는 또 다른 수학의 영역인 해석학으로 옮겨져야 했다.

어느 한 단계도 간단하거나 명백하지 않았다. 주요 개념들이 자리를 잡았음에도 이 증명을 완성하는 데는 1세기 정도가 걸렸다. 이러한 작업에 참여한 수학자들은 당대 최고에 속했고 적어도 한 명은 전무후무한 사람이었다. 위대한 문제를 해결하려면 수학에 대한 깊은 이

해뿐만 아니라 끈기와 창의력까지 필요하다. 몇 년에 걸쳐 노력을 집중하지만 그 세월 대부분은 성과가 없어 보일 수도 있다. 그렇지만 끈기의 보답으로 여러 세기 동안 나 이외의 전 인류를 당혹스럽게 한 그 어떤 것을 완벽하게 밝혀냈을 때 어떤 기분일지 상상해보라. 1962년 달 착륙계획을 발표하며 미국 대통령 존 F. 케네디John F. Kennedy가 '우리가 (이)……일을 하기로…… 한 것은 쉬워서가 아니라 힘들어서입니다.'라고 말했듯이.

수학의 이야기들은 끝나는 일이 없다시피 하고, π도 예외는 아니다. 가끔 π에 대한 놀랍고 새로운 발견들이 모습을 드러낸다. 1997년 파브리스 벨라르Fabrice Bellard는 2진법으로 표기했을 때 π의 1조 번째 자리가 1이라고 발표했다.[29] 이러한 이야기가 주목할 만한 했던 이유는 그 답이 아니었다. 놀라운 특징은 그가 그보다 앞자리의 수를 전혀 계산하지 않았다는 것이다. 불쑥 특정한 자리를 뽑아낸 것이다.

이러한 계산이 가능해진 것은 1996년 데이비드 베일리David Bailey, 피터 보윈Peter Borwein, 사이먼 플러프Simon Plouffe가 발견한, π를 구하는 특이한 공식 덕분이었다. 조금은 복잡해 보일지 모르겠지만, 어쨌건 한 번 보기로 하자.

$$\pi = \sum_{n=0}^{\infty} \frac{1}{2^{4n}} \left(\frac{4}{8n+1} - \frac{2}{8n+4} - \frac{1}{8n+5} - \frac{1}{8n+6} \right)$$

커다란 Σ는 명시된 범위에서 '합한다.'는 의미이다. 여기서 n은 0에서 무한대(∞)까지 변한다. 벨라르는 사실 비슷한 방법들을 이용해 자신이 도출한 공식을 사용했는데 계산이 미미하지만 더 빠르다.

$$\pi = \frac{1}{64} \sum_{n=0}^{\infty} \frac{(-1)^n}{2^{10n}} \left(-\frac{32}{4n+1} - \frac{1}{4n+3} + \frac{256}{10n+1} - \frac{64}{10n+3} \right.$$
$$\left. - \frac{4}{10n+5} - \frac{4}{10n+7} + \frac{1}{10n+9} \right)$$

요점은 여기에 등장하는 많은 수, 즉 1, 4, 32, 64, 256, 그리고 2^{4n}과 2^{10n}이 2의 거듭제곱이라는 것이고, 이는 물론 컴퓨터의 내부작업에 사용되는 2진법 체계에서는 매우 간단하다. 이러한 발견은 π와 더불어 흥미로운 몇 개의 다른 수를 구하는 새로운 공식들이 쏟아져나오게 하는 자극제 역할을 했다. 2진법으로 표현한 π의 한 자리에 해당하는 수를 찾는 기록은 꾸준히 깨지고 있다. 2010년 야후Yahoo의 니컬러스 시 Nicholas Sze는 2진수로 표현한 π의 2000조 번째 자리를 계산했는데 이는 0으로 드러났다.

4, 8, 16을 기수로 하는 산법으로 π의 고립된 자리에 해당하는 숫자들을 찾아낼 때도 같은 공식을 사용할 수 있다. 다른 수를 기수로 하는 이런 식의 계산은 전혀 알려지지 않았다. 특히 10진법으로 표기한 숫자를 따로 뽑아 계산하지는 못한다. 그런 공식이 있을까? 베일리-보윈-플러프 공식이 발견되기 전까지는 2진수로 이런 계산을 할 수 있다고 그 누구도 상상하지 못했다.

04

OBSERVATIO DOMINI PETRI DE FERMAT.

Cubum autem in duos cubos, aut quadratoquadratum in duos quadratoquadratos
& generaliter nullam in infinitum vltra quadratum potestatem in duos eius-
dem nominis fas est diuidere cuius rei demonstrationem mirabilem sane detexi.
Hanc marginis exiguitas non caperet.

위대한 수학 문제 중에는 자리를 잘 잡은 영역의 심오하고 난해한 의문들에서 비롯된 것이 많다. 중요한 분야가 철저하게 탐구될 때 등장하는 커다란 도전이다. 상당히 전문적인 경향이 있고 수학에 종사하는 사람이라면 누구나 답하기 어려운 문제라는 걸 안다. 많은 전문가가 시도했다 실패했기 때문이다. 그중에는 철저하게 준비를 했다면 시동을 걸 수 있는 어마어마한 수학 기계라고 할 수 있는 강력한 기법들이 이미 많이 있을 터이다. 그런데 문제가 아직 해결되지 않았다면 그런 기법을 사용하는 그럴듯한 방법을 이미 모두 시도해보았지만 **통하지 않았다는** 것이다. 효과가 입증된 기법이 그다지 그럴듯해 보이지 않았을 수도, 새로운 기법이 필요할 수도 있다.

두 가지 경우가 다 발생해왔다.

전혀 다른 위대한 문제도 있다. 갑자기 불쑥 나타난다. 모래밭에 휘갈겨 쓴 글씨, 여백에 쓴 낙서, 스쳐지나가는 생각. 서술 자체는 간단하지만 폭넓은 수학적 배경을 이미 갖춰놓고 있는 게 아니라서 그에 대해 생각하는 확립된 방법이 없다. 오랜 세월이 지나서야 어렵다는 것이 분명해질 수도 있다. 뜻밖에 책장 반쪽으로 문제를 해결하는 교묘하면서도 간단한 요령이 있을지도 모른다. 4색 문제는 이 두 번째 종류에 속한다. 수십 년이 지나서야 수학자들은 이 문제가 어렵다는 것을 이해하기 시작했고, 그 기간의 대부분 동안 수학자들은 이 문제가 몇 쪽의 설명으로 **이미** 해결된 것이라고 생각했다. 부차적인 문제 같아서 굳이 진지하게 받아들이는 사람도 드물었다. 하지만 자세히 살펴보니 소위 해법이라는 것에 결함이 있다는 것이 밝혀졌다. 최종적인 해법은 결점을 보완했음에도 불구하고 이미 논증이 너무 복잡해져서 컴퓨터의 도움을 어마어마하게 받아야 한다.

이러한 두 종류의 문제는 그 배경이 다르기는 해도 결국 문제를 해결하려면 새로운 사고방식이 필요하다는 점에서 일치한다. 첫 번째 유형의 문제들은 잘 이해된 분야에 파묻혀 있을 수 있지만 그 영역의 전통적인 방법은 부적절하다. 두 번째 유형의 문제들은 확립된 분야 그 어느 하나에도 속하지 않는다. 그래서 동원할 수 있는 전통적인 방법이 없다. 두 경우 모두 문제를 해결하려면 새로운 방법을 창안하고 기존의 수학적 바탕과 새로운 연결고리를 구축해야 한다.

4색 문제가 어디서 유래한 것인지는 정확히 알려졌는데 그 시작은 수학이 아니었다. 1852년 남아프리카의 젊은 수학자이자 식물학자로 법학 학위를 받으려고 공부하고 있던 프랜시스 거스리Francis Guthrie는 잉글랜드의 지도에 주州별로 색깔을 칠하려고 했다. 인접한 두 주에는

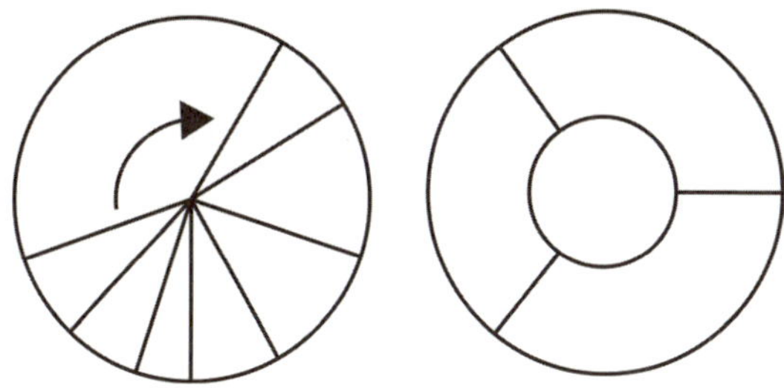

반드시 다른 색깔을 배정해서 경계선이 또렷이 보이게 하고 싶었다. 거스리는 이렇게 하려면 4가지 색깔만 필요하다는 것을 발견했고 이러한 명제가 어떤 지도에서나 참이라고 확신했다. 그가 '인접한'이라고 하는 것은 문제의 주들이 길이가 0이 아닌 경계를 공유하고 있다는 뜻이었다. 두 주가 한 점이나 몇 개의 떨어진 점에서 만나면 필요한 경우 같은 색깔로 칠해도 되었다. 이러한 단서가 없다면 색의 수는 한이 없게 된다. 임의의 수의 지역들이 한 점에서 만날 수 있기 때문이다. 그림 8(왼쪽)을 참고하라.

이 명제가 이미 알려진 수학 정리인지 궁금했던 그는 런던 유니버시티대학교에서 유명하지만 괴짜인 오거스터스 드모르간Augustus De Morgan의 지도로 수학을 공부하고 있던 동생 프레더릭Frederick에게 물어보았다. 고민하던 드모르간은 훨씬 더 유명한 수학자인 아일랜드인 윌리엄 로완 해밀턴 경Sir William Rowan Hamilton에게 편지를 썼다.

제 제자(나중에 알고 보니 프레더릭 거스리였다.)가 오늘 제가 사실로 알지 못했던, 그리고 지금도 알지 못하는 사실에 대한 이유를 알려달라고 했습니다. 어떤 도형을 아무렇게나 분할하고 칸들을 달리 칠해 조금이라도 경계**선**을 공유한 모양들은 서로 다른 색깔을 가지게 하려면 4가지 색깔이 필요할 수는 있지만 그 이상은 필요 없다고 합니다. 5가지 이상이 있어야 한다는 필요성을 찾아낼 수는 없을까 하는 것이 의문입니다……. 어떻게 생각하십니까? 만약 참이라면 이런 사실이 주목된 적이 있습니까?

프레더릭은 나중에 형이 제안한 '증명'을 언급했지만 그 핵심적인 아이디어가 그림 8(오른쪽)과 동등한 그림이라는 말도 했는데, 이는 다만 색깔이 4가지 미만이면 안 된다는 것만 증명할 따름이다.

해밀턴의 답장은 간단하고 쓸모도 없었다. "제가 선생의 '4원색' 문제에 조만간 도전할 것 같지는 않습니다." 당시 그는 일생의 집념이 된 대수 체계를 연구하고 있었는데, 복소수와 유사하지만 복소수처럼 둘(실수와 허수)이 아니라 4가지 유형의 수가 포함된 체계였다. 이를 그는 '4원수'라고 했다. 이 체계는 수학에서 여전히 중요하다. 사실 해밀턴 당시보다 지금 더 중요할 게 분명하다. 그러나 해밀턴이 바랐던 만큼의 명성을 진정으로 얻은 적은 없다. 해밀턴이 이 말을 쓴 것은 그저 학문적인 농담이었고 오랜 세월 4원수와 4색 문제 사이에는 아무런 관계도 없다고 여겨졌다. 그러나 4원수에 대한 명제로 보일 수 있도록 이 문제가 변형되기도 하므로 해밀턴의 농담은 언중유골인 셈이다.[30]

증명을 찾을 수 없었던 드모르간은 누구라도 아이디어를 찾아내 주지 않을까 싶어 수학계의 지인들에게 이 문제 이야기를 했다. 1860년대 말 미국의 논리학자이자 수학자이며 철학자인 찰스 샌더스 퍼스

Charles Sanders Peirce는 자신이 4색 문제만이 아니라 더 복잡한 표면에 그려진 지도에 관한 비슷한 문제들까지 해결했다고 주장했다. 그의 소위 증명은 발표된 적이 없고 그가 사용할 수 있었던 방법들이 적절했을 것인가 하는 것도 의심스럽다.

4색 문제는 표면적으로는 지도에 관한 문제지만 지도제작법에 유용하게 이용될 구석은 없다. 지도에 색깔을 칠하는 실용적인 기준은 주로 정치적인 차이를 반영하는 것이고 그래서 인접한 지역을 같은 색으로 칠해야 한다면 그래도 상관이 없다. 이 문제는 전적으로 순수 수학적으로 흥미로운 것으로, 그것도 막 발전하기 시작한 새로운 분야, 위상 수학의 관심사였다. 위상 수학이란 '고무판 기하학'으로, 형체들은 임의의 연속적인 방법으로 변형될 수 있다. 그러나 위상 수학에서조차 4색 문제는 주류에 속하지 않았다. 사소한 호기심 거리에 지나지 않는 것 같았다.

위상 수학의 선구자로는 오늘날 그림 9에 나오는 면이 하나뿐인 띠로 유명한 아우구스트 뫼비우스August Möbius가 있다. 종이 띠를 짧고

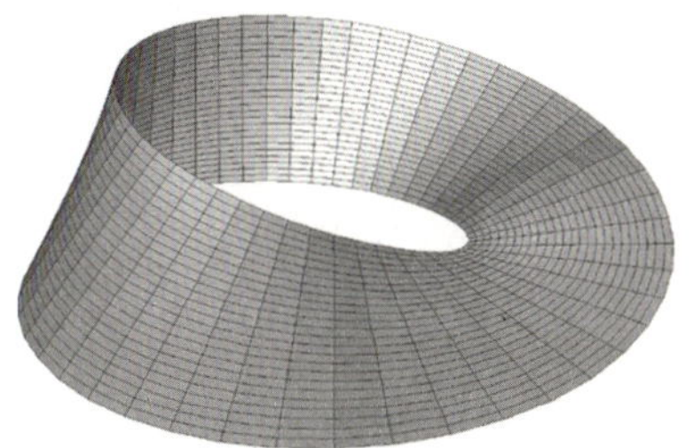

그림 9 뫼비우스의 띠에는 면이 하나밖에 없다.

퉁퉁한 원통처럼 감아 한쪽 끝을 180도 비틀어 양쪽 끝을 풀로 붙이면 모형이 만들어진다. 친구인 언어학자 베냐민 바이스케Benjamin Weiske가 뫼비우스에게 수수께끼를 냈다. 인도의 어느 왕에게 모두 왕자인 아들 5명이 있었는데 각 왕자에게 속한 지역이 나머지 4명의 왕자에게 속한 지역들과 길이가 0이 아닌 경계를 공유하도록 자신의 왕국을 나눌 수 있을까? 뫼비우스는 이 수수께끼를 연습삼아 제자들에게 넘겨주었다. 그러나 다음 강의 시간에 그는 불가능한 것을 하라고 했다며 사과했다. 그러니까 그게 불가능하다는 걸 자신이 **증명**할 수 있다는 말이었다.[31]

이 수수께끼를 기하학적으로 다루기는 어렵다. 원칙적으로 지역들의 모양과 배치가 매우 복잡할 수 있기 때문이다. 진전은 중요한 단순화에 달렸다. 정말로 문제가 되는 것은 어떤 지역이 어떤 지역과 인접하고 있으며 공유하는 경계가 다른 경계들과 관련하여 어떻게 배치되어 있는가 하는 것이다. 이것은 위상적인 정보로서 정확한 모양과는 무관하다. 이는 깔끔하고 단순한 방법으로 표현될 수 있는데 이를 그래프graph라고 한다. 오늘날에는 연상이 더 쉬운 네트워크network라는 용어를 사용한다.

네트워크는 엄청나게 단순한 개념이다. 점으로 표현되는 일련의 꼭짓점들로, 선으로 그려진 변으로 연결된 꼭짓점들도 있다. 예를 들어 지도를 아무거나 선택해보자. 이를테면 그림 10(왼쪽)과 같은 것이다. 이것을 네트워크로 바꾸려면 각 지역 안에 점을 배치한다. 그림 10(가운데)을 참고하라.[32]

여기서 '쌍대dual'라는 말을 사용하는데 그 이유는 이 과정이 지역, 선, 점(지도의 지역들 사이의 접합점)을 가져다가 점, 선, 지역으로 바꿔놓기

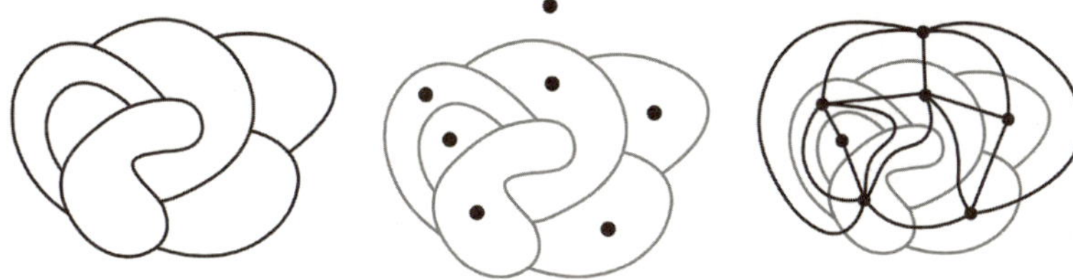

그림 10 왼쪽: 지도. 가운데: 각각의 지역에 점을 배치하라. 오른쪽: 경계를 넘어 점들을 연결해 쌍대 네트워크(검은 선과 점만으로)를 형성하라.

때문이다. 쌍대 네트워크에서 지도의 지역은 쌍대 네트워크의 점에 대응한다. 지도의 경계 선분은 쌍대 네트워크의 선에 대응한다. 같은 선은 아니고 경계를 넘어 해당하는 점들을 이어주는 선을 말한다. 3개 이상의 지역이 만나는 지도 위의 점은 쌍대 네트워크에서 하나의 폐곡선으로 둘러싸인 지역에 대응한다. 따라서 쌍대 네트워크는 그 자체로 지도이다. 선들이 지역들을 둘러싸고 있고 쌍대의 쌍대는 불필요한 점들과 선들이 제외되었다는 몇 가지 세부적인 차이는 있을지 몰라도 원래의 지도이기 때문이다.

5명의 왕자 문제는 쌍대 네트워크를 이용하여 재해석될 수 있다. 평면상의 5개의 점을 서로 교차하지 않게 선으로 연결하는 것이 가능한가? 답은 '아니다.'이고 답을 찾는 열쇠는 평면상의 지도가 F개의 면(지역), E개의 변(선), V개의 꼭짓점(점)으로 이루어졌다면 $F+V-E=2$라는 오일러의 공식이다. 여기서 평면의 나머지 부분, 즉 네트워크 바깥쪽은 하나의 커다란 지역으로 센다. 이 공식은 위상 수학이 연구할 만한 가치가 있을 수도 있다는 암시로는 최초의 것에 속하고, 이 이야기는 10장에 다시 등장한다.

인도 왕자 수수께끼가 불가능하다는 증명은 일단 해법이 있다고 가정하고 모순을 도출하는 것으로 이루어진다. 어떤 해법이든 점의 수인 $V=5$가 등장한다. 한 쌍의 점들은 각각 선으로 연결되고 10개의 쌍이 있으므로 $E=10$이다. 오일러의 정리는 $F=E-V+2=7$이라는 것을 의미한다. 쌍대 네트워크의 지역들은 폐곡선들로 둘러싸여 있고 점의 쌍들은 모두 각각 단 1개의 선으로 연결된다. 따라서 이 폐곡선들은 최소한 3개의 선을 포함해야 한다. 지역이 7개이므로 선이 최소한 21개 필요하다. 다만 모든 선은 각각 2개의 지역을 구분하므로 두 번 헤아려졌다. 그러니까 최소한 $10\frac{1}{2}$개의 선이 있어야 한다. 선의 수는 정수니까 실은 선이 적어도 11개는 있어야 한다. 그러나 선이 10개라는 건 이미 알고 있다. 이건 논리적인 모순이라서 그런 네트워크는 존재하지 않는다는 것이 증명된다. 왕은 자신의 땅을 정해진 방법으로 나눌 수 없다.

이 우아한 위상 수학적 방법들 덕에 지도에 관한 구체적이고 흥미로운 것들을 증명할 수 있게 되었다는 점이 이 논증에 힘을 실어준다. 그렇지만 드모르간도 했던 것으로 생각되는 흔한 오해와는 반대로 5명의 인도 왕자 수수께끼를 푸는 게 불가능하다는 것이 4색 정리를 증명하는 것은 **아니다**. 어떤 증명의 결론이 옳더라도, 혹은 틀렸다고 알려지지 않았더라도 그 증명은 틀렸을 수 있다. 소위 증명이라는 것의 어디쯤에서 4개의 변을 가진 삼각형을 만나게 되면 더는 읽지 않아도 된다. 그 증명은 틀린 것이기 때문이다. 그 뒤에 어떤 일이 벌어지건, 결론이 무엇이건 상관없다. 인도 왕자 수수께끼에 대한 우리의 답은 4색 정리를 반증하는 특정한 한 가지 방법이 통하지 않는다는 것을 보여준다. 그러나 그렇다고 해서 반증하는 다른 **어떤** 방법도 통하지 않을 거라는 의미는 아니다. 잠재적으로 지도 4색 칠하기에는 수많은 장애가 있을 수 있다. 서로 모두 접하는 5개의 지역이 존재한다고 해도 이는 그런 장애 중 하나일 뿐이다. 어쩌면 703개의 지역이 있어서 702개는 어떻게든 4색으로 칠을 했지만 하나 남은 지역에는 반드시 5번째 색이 필요할 정도로 아주 복잡한 지도가 있을지도 모른다. 그 하나 남은 지역은 적어도 다른 4개의 지역과 인접해야 하는데 그럴 가능성은 얼마든지 있고 인도 왕자 수수께끼 식의 배치가 필요한 것도 아니다. 그런 지도가 존재한다면 4색으로는 충분하지 않다는 것이 증명될 것이다. 어떤 증명이든 그런 종류의 장애를 배제해야 한다. 그리고 이 말은 그러한 장애의 명백한 예를 보여주지 않더라도, 보여줄 수 없더라도 타당하다.

한동안은 4색 문제가 흔적도 없이 끝장나 버린 것 같았지만 1878년 아서 케일리Arthur Cayley가 런던수학회 회의에서 이야기를 꺼내면서 다시 모습을 드러냈다. 이름은 런던수학회지만 이 단체는 영국 전체(적어도 잉글랜드)의 수학을 대표했고, 그 창립자는 드모르간이었다. 케일리는 해법을 얻은 사람이 혹시 있는지 물었다. 그의 의문은 곧 과학 학술지인 〈네이처Nature〉에 실렸다. 1년 뒤 그는 〈왕립지리학회 회보 Proceedings of the Royal Geographical Society〉에 더욱 철저한 논문을 썼다.[33] 짐작건대 그 회보가 논문을 싣기에 타당한 곳으로 여겨졌던 모양인데, 문제가 외견상 지도에 관한 것이기 때문이다. 심지어는 제출해달라는 요청을 받았을지도 모른다. 하지만 합리적인 선택은 아니었던 것이, 쓸데없는 호기심이 아니고서야 어떤 이유로든 그 답을 알고 싶어 할 지도

제작자는 없었을 것이기 때문이다. 유감스럽게도 이러한 학술지를 선택했다는 것은 이런 논문이 있다는 것을 아는 수학자가 드물었으리라는 것을 의미한다. 애석한 일이다. 케일리가 이 문제가 까다로운 이유를 설명했기 때문이다.

1장에서 나는 증명이라는 것은 약간은 전투와 같다고 했다. 군인은 전략과 전술을 구분한다. 전술은 국지적인 소규모 접전에서 이기는 방법이다. 전략은 전역戰役(주어진 시간과 공간 내에서 전략적 또는 작전상의 목표를 달성하기 위해 실시하는 일련의 연관된 군사작전—옮긴이)의 광범위한 구조를 정하는 것이다. 전술은 세부적인 병력의 이동을 포함한다. 전략은 어떤 단계에서든 다양하고 많은 전술적 판단의 여지를 남겨두는 광범위한 계획을 포함한다. 케일리의 논문은 전술 면에서는 부족했지만 때가 무르익으면서 4색 문제에 대한 새로운 내용을 밝혀내게 되는 전략에 대한 암시를 대단히 모호한 형태로나마 담고 있었다. 그는 한 번에 하나씩 지역을 더하는 것은 뻔한 사고방식을 따라가다 보면 통하지 않는다는 것을 알았다. 하지만 그보다는 덜 뻔한 사고방식을 찾아낸다면 통할지도 몰랐다.

지도에서 한 지역을 뺀다고 가정해보자. 이를테면 이웃 지역과 통합하거나 한 점으로 축소해서 말이다. 그 결과 지도를 4색으로 칠할 수 있게 되었다고 해보자. 이제 원래의 지역을 다시 돌려놓자. 운이 좋다면 이웃 지역들은 3가지 색만 사용할지도 모른다. 그렇다면 복구한 지역을 4번째 색으로 칠하면 그만이다. 케일리의 논점은 이러한 방법이 통하지 않을 수도 있다는 것이었다. 마지막 지역의 이웃들이 4가지 서로 다른 색깔을 사용할 수도 있기 때문이다. 하지만 그렇다고 갈 길이 막

혀버린 것은 아니다. 이 장애를 해결할 2가지 길이 있다. 적절하지 못한 지역을 선택했던 것일 수도 있고 작아진 지도를 칠하면서 적절하지 못한 길을 택했을 수도 있다.

계속 근거가 없는 가정들을 유지해(이러한 방법은 연구의 아이디어를 얻는 매우 효과적인 방법이지만 어느 시점에서는 그러한 가정들을 입증해야 한다.) 이런 문제는 언제나 해결할 수 있다고 가정해보자. 그러면 지도는 그보다 작은 어떤 지도를 4색으로 칠할 수 있다면 언제나 4색으로 칠할 수 있다는 이야기가 된다. 발전한 것으로 보이지 않을 수도 있다. 작은 지도를 4색으로 칠할 수 있다는 것을 어떻게 알겠느냐 말이다. 답은, 같은 방법을 작은 지도에 적용해서 더욱 작은 지도를 얻고, 마침내는 지역이 4개뿐인 작은 지도에 도달하게 되는데 이 지도는 4색으로 칠할 수 있다는 건 알고 있다. 이제 거꾸로 단계를 밟아서 각각의 단계마다 조금 더 큰 지도에 칠을 해, 마침내 원래의 지도까지 다시 올라오는 것이다.

이러한 추론방식을 '수학적 귀납법에 의한 증명'이라고 한다. 보다 엄밀한 구조를 갖추면 표준적인 방법이 되고, 그 배후의 논리도 엄밀하게 할 수 있다. 케일리가 제안한 증명 전략은 이 방법을 논리적으로 동등한 개념을 이용해 고쳐놓으면 더욱 명백해진다. 최소한의 범인minimal criminal이라는 개념이다. 지금의 맥락에서 범인은 4색으로 칠할 수 없는 임의의 가설적인 지도이다. 그런 지도는 그보다 적은 수의 국가가 있는 임의의 지도를 4색으로 **칠할 수 있으면** 최소한이다. 범인이 존재한다면 최소한의 범인도 존재해야 한다. 지역의 수가 가능한 한 가장 적은 범인을 고르면 된다. 따라서 최소한의 범인이 존재하지 않으면 범인도 존재하지 않는다. 범인이 없다면 4색 문제는 참임이 분명하다.

　귀납과정은 이렇게 압축된다. 관련된 보다 작은 지도를 4색으로 칠할 수 있다면 최소한의 범인을 4색으로 칠하는 것이 반드시 가능하다는 것을 증명할 수 있다고 가정하자. 그러면 최소한의 범인은 사실 범인이 아니다. 이 지도는 최소한이므로 그보다 작은 **모든** 지도는 4색으로 칠할 수 있으니까 우리가 증명할 수 있다고 가정한 바에 따르면 원래의 지도에 있어서도 이것이 참이기 때문이다. 따라서 최소한의 범인은 존재하지 않고 그러므로 범인은 존재하지 않는다. 이러한 아이디어는 문제의 초점을 모든 지도에서 단지 가정상의 최소한의 범인으로 옮겨놓으면서 추론의 방법을 명시해준다. 관련된 작은 지도를 4색으로 칠하는 문제를 원래의 지도를 4색으로 칠하는 문제로 바꾸는 체계적인 방법 말이다.

　평범한 범인이 아닌 최소한의 범인으로 왜 이리 난리일까? 그건 기법의 문제이다. 애초에는 범인이 존재하는지 모른다 하더라도 이러한 전략의 역설적이면서도 유용한 특징 중 하나는 만약 범인이 존재한다면 최소한의 범인은 어떠한 모습일지 상당히 많은 것을 이야기할 수 있다는 것이다.

　이렇게 하려면 가정에 대해 논리적으로 생각하는 능력이 필요한데, 이건 수학자라면 누구에게나 필수적인 기술이다. 이러한 과정에 맛을 더하기 위해 **6색** 정리를 증명해보겠다. 이를 위해서 5명의 왕자 수수께끼의 요령을 빌려 지역이 점이 되는 쌍대 네트워크로 모든 것을 변형한다. 그러면 4색 문제는 다음과 같은 다른 의문과 등등해진다. 선들이 서로 교차하지 않는 평면상의 네트워크가 주어진다면, 선으로 연결된

2개의 점이 늘 다른 색으로 칠해지도록 **점들**을 4색으로 칠하는 것이 가능할까? 이러한 서술은 임의의 수의 색깔에 모두 적용된다.

최소한의 범인의 능력을 분명하게 보여주기 위해 이를 이용해 임의의 평면 네트워크를 6가지 색깔로 칠할 수 있음을 증명해보겠다. 여기서도 주요한 기술적 도구는 오일러의 공식이다. 쌍대 네트워크에 점이 하나 주어졌을 때 그 이웃은 하나의 선으로 이 점과 연결된 점들이라고 정의한다. 하나의 점에는 많은 이웃이 있을 수도, 이웃이 거의 없을 수도 있다. 오일러의 공식은 몇 개의 점에는 이웃이 거의 없을 수밖에 없다는 것을 의미한다는 것을 보일 수 있다. 더 정확히 말하자면, 평면 네트워크에서 모든 점이 6개 이상의 이웃을 갖는 것은 불가능하다. 생각의 흐름을 가로막지 않기 위해 이에 대한 증명은 주를 참고하라.[34] 이 사실은 문제를 조각조각 뜯어내기 시작하는 데 필요한 지렛대를 제공해준다. 6색 문제의 가정 상의 최소한의 범인을 생각해보자. 이것은 6색으로 칠할 수 없는 네트워크지만 그보다 작은 네트워크는 모두 6색으로 칠할 수 있다. 이제 이런 지도가 존재할 수 없다는 것을 증명하겠다. 앞서 밝혔던 오일러 공식의 결과로 여기에는 5개 이하의 이웃을 갖는 점이 적어도 하나는 있다. 임시로 이 점, 그리고 이웃과 이 점을 연결하는 선들을 지운다. 그 결과로 나오는 네트워크는 원래의 네트워크보다 포함된 점의 수가 적으니까 최소성에 의해 6색으로 칠할 수 있다. (우리가 정한 가정상의 범인이 최소한이 아니라면 여기서 막히게 된다.) 이제 지웠던 점과 선들을 되돌려놓자. 이 점에는 기껏해야 5개의 이웃이 있으므로 반드시 6번째 색깔이 존재한다. 이 색으로 지워졌던 점을 칠한다. 이제 우리의 최소한의 범인을 6색으로 칠하는 데 성공했다. 그런데 이렇게 되면 범인이라는 점과 모순이 된다. 따라서 6색 정리에 대한 최소한의 범인은 존재하지 않고, 그렇다면 6색 정리는 참이라는 의미가 된다.

힘이 난다. 지금까지는 20가지 색, 703가지 색, 어쩌면 수백만 가지 색이 필요한 지도가 있을지도 모르는 상황이었다. 이제는 그런 지도란 무지개 끝에 걸린 황금 주전자만큼이나 비현실적이라는 것을 알게 되었다. 구체적이고 제한된 수의 색깔이 **임의의 모든** 지도에 통하는 것이 분명하다. 최소한의 범인의 진정한 승리로, 수학자들은 6가지의 색깔을 5가지로, 정말로 영리하다면 4가지로 바꿔낼 수 있으리라는 희망으로 논증을 강화해보자는 용기를 얻게 되었다.

모든 범인에게는 변호사가 필요하다. 케일리가 4색 문제를 언급한 회의에 앨프리드 켐프Alfred Kempe라는 변호사가 있었다. 그는 케임브리지 학부생 시절에 케일리에게 수학을 배웠고, 수학에 대한 흥미는 여전히 식지 않았다. 1년 내에 켐프는 이 문제를 해결했다고 확신하고 1879년 새로 만들어진 〈미국수학저널American Journal of Mathematics〉에 자신의 해법을 발표했다. 1년 뒤 그는 첫 번째 논문에 있는 몇 가지 오류를 수정한 단순화된 증명을 발표했다. 그는 이렇게 말했다.

지도 한 부분을 아주 살짝 변경하면 지도 전체를 다시 칠해야 할 수도 있다. 고된 조사 끝에 약점을 떠올리는 데 성공했는데…… 이는 공격하기 쉬운 지점으로 드러났다.

켐프의 아이디어를 쌍대 네트워크로 재해석해보자. 이 경우에도 그는 오일러 공식과 그에 따른 이웃이 3, 4, 또는 5개인 점의 존재로부터 출발했다. (이웃이 둘인 점은 선의 한가운데에 놓여서 네트워크나 지도에는 아무런 기여도 하지 않는다. 따라서 생략해도 탈이 없다.)

3개의 이웃이 있는 점이 존재한다면 6색 정리를 증명하는 데 사용한 방법은 색이 4가지뿐인 경우에 적용된다. 이 점, 그리고 이 점과 만나는 선들을 지우고 그 결과로 나온 지도를 4색으로 칠한 다음 점과 선들을 복구하고 남은 색깔로 점을 칠한다. 따라서 이웃이 3개인 점은 존재하지 않는다고 가정해도 된다.

4개의 이웃이 있는 점이 존재한다면 위의 전술은 통하지 않는다. 남는 색깔을 이용하지 못할 수도 있기 때문이다. 켐프는 이러한 장애를 처리하는 교묘한 방법을 고안해냈다. 그 점을 삭제하는 것은 마찬가지지만 그 결과로 작아진 지도를 칠하는 방법을 바꿔서 그 4개의 이웃 중 2개가 같은 색이 되도록 한다. 이렇게 바꾸고 나면 삭제된 점의 이웃들은 기껏해야 3개의 색깔을 사용하게 되어 삭제된 점에 사용할 여분의 색깔이 하나 남는다. 색을 다시 칠하는 켐프의 책략의 기본적인 아이디어는 이웃하는 점 2개는 서로 색이 달라야 한다는 것이다. 이를테면 한쪽 점은 빨간색이나 파란색, 다른 하나는 초록색이나 노란색이라는 식이다. 둘 다 초록색이거나 둘 다 노란색이면 삭제된 점에 나머지 색깔을 쓸 수 있다. 그러니까 한 점은 초록색이고 또 한 점은 노란색이라고 가정할 수 있다. 이제 일련의 선들로 파란 점과 연결할 수 있는 점을 모두 찾되, 파란색 점과 빨간색 점만을 사용한다. 이것을 파-빨 켐프 사슬이라고 부르자.[35] 정의에 따라 켐프 사슬에 있는 임의의 점의 모든 이웃은 켐프 사슬에 속하지 않았다면 초록색이거나 노란색이

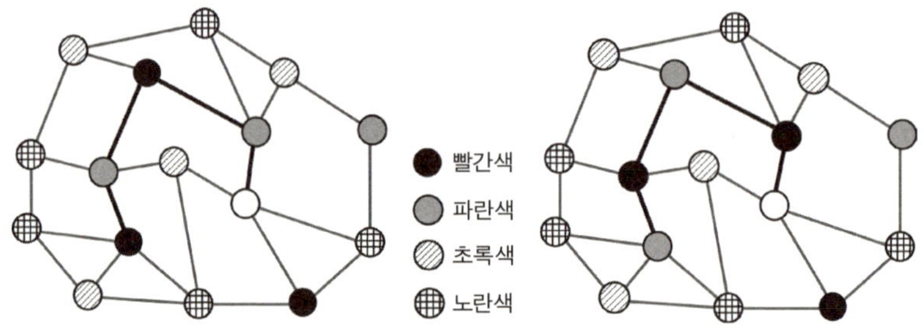

그림 11 이웃으로 4가지 색깔을 모두 갖춘 4차인 점(흰색)과 관련된 켐프 사슬(두꺼운 검은색 선들)의 색깔 맞바꾸기. 왼쪽: 원래의 색깔. 오른쪽: 색깔을 맞바꾸면 흰색 점에 파란색을 칠할 수 있다.

다. 파란색이나 빨간색 이웃이라면 이미 사슬에 있을 것이기 때문이다. 그런 사슬을 찾고 나서 사슬 안의 모든 점에 대해 파란색과 빨간색 두 색깔을 맞바꿔서 네트워크를 다시 칠하면 인접하는 점들은 서로 다른 색이 된다는 핵심적인 조건은 여전히 만족하는 것을 관찰한다. 그림 11 을 참고하라.

원래의 점의 빨간색 이웃이 파-빨 사슬에 없으면 그렇게 되도록 바꾼다. 원래의 점의 파란색 이웃은 빨간색으로 바뀐다. 빨간색 이웃은 그대로 빨간색이다. 이제 원래의 점의 이웃들은 많아야 빨간색, 초록색, 노란색이라는 3가지 서로 다른 색깔을 사용한다. 이렇게 되면 원래의 점에 칠할 파란색이 남게 되어 할 일은 끝난다. 그러나 파-빨 사슬이 고리모양을 이루어 파란 이웃과 연결될 수도 있다. 그렇다면 파-빨 사슬은 내버려두고 그 대신 원래의 점의 노란색과 초록색 이웃들에 같은 요령을 사용한다. 초록색으로 시작해서 초-노 켐프 사슬을 형성한다. 이 사슬은 노란색 이웃과 연결될 수 **없다**. 아까의 파-빨 사슬이 방해하기 때문이다. 노란색과 초록색을 맞바꾸면 일은 끝난다.

그렇게 되면 마지막으로 한 가지 경우가 남는데 3~4개의 이웃을 가진 점은 없지만 적어도 한 점이 5개의 이웃을 가지는 경우이다. 켐프는 비슷하지만 더 복잡한 다시 칠하기 규칙을 제안하는데, 이걸로 이 경우도 처리되는 것처럼 보였다. 결론은 4색 정리는 참이라는 것이고, 켐프는 그걸 증명해냈다. 심지어는 언론까지 탔다. 미국의 잡지인 〈네이션The Nation〉에서 이 해법을 평론란에서 언급한 것이다.

켐프의 증명은 이 문제를 잠재운 것처럼 보였다. 대부분의 수학자는 다 끝난 일로 보았다. 피터 거스리 테이트Peter Guthrie Tait는 이 문제에 대한 논문을 계속 발표하며 더 간단한 증명 방법을 찾아내려 했다. 그 덕에 몇 가지 유용한 발견을 해냈지만 더 간단한 증명 방법은 얻지 못했다.

엔터 퍼시 히우드Enter Percy Heawood는 더럼대학교 강사로 훌륭한 콧수염 덕에 '푸시Pussy'(고양이라는 뜻—옮긴이)라는 별명으로 알려졌다. 옥스퍼드대학교에서 학부과정을 수학하며 그는 기하학 교수인 헨리 스미스Henry Smith에게 4색 문제에 대해 배웠다. 스미스는 이 정리가 십중팔구 참일 것이지만 아직 증명되지 않았다고 알려주어서, 히우드는 거기에 덤벼들었다. 그러다가 켐프의 논문을 발견하고 그걸 이해해보려 했다. 그 결과를 1889년 '지도 색깔 정리'라는 제목으로 발표하며 자신이 쓴 논문의 목표가 '건설적이라기보다는 파괴적인데, 지금 인정받고 있는 게 분명한 증명에 결함이 있다는 것을 보일 것이기 때문'이라고 유감을 표했다. 켐프가 실수를 저지른 것이다.

이 실수는 미묘한 것으로, 삭제된 점에 5개의 이웃이 있을 때 색깔을 다시 칠하는 방법에서 발생했다. 켐프의 책략은 이후의 변화의 연쇄 효과로 어떤 점의 색깔을 가끔 바꿀 수도 있다. 그런데 켐프는 점의 색깔은 한번 변하면 다시는 바뀌지 않는다고 생각했다. 히우드는 켐프의 색깔 다시 칠하기 책략에 문제가 생기는 네트워크를 찾아냈고, 따라서 그의 증명에는 결함이 있었다. 켐프는 곧 오류를 인정하고 '그 결함을 바로잡는 데 성공하지 못했다.'고 덧붙였다. 4색 정리는 다시 무주공산이 되었다.

히우드는 이러한 대실패에서 켐프가 위로를 받을 만한 잔해를 몇 가지 끌어냈다. 그의 방법이 5색 정리를 증명하는 데는 성공했다는 것이다. 히우드는 문제에 대한 2가지 일반화에도 공을 들였다. 지역들이 몇 개의 단절된 조각들로 이루어지되 모두 같은 색이어야 하는 제국과 더 복잡한 표면에 그려진 지도에 관한 것이었다. 구면에 대한 유사한 문제는 평면의 문제와 그 답이 같다. 구면에 그려진 지도를 상상해 북극이 하나의 지역에 들어가도록 지도를 돌린다. 북극을 삭제하면 구멍이 난 구면을 벌려서 위상 수학적으로 무한한 평면과 동등한 공간을 얻어낼 수 있다. 극을 포함하고 있는 지역은 지도의 나머지 부분을 둘러싼 무한한 크기의 지역이 된다. 하지만 보다 흥미로운 다른 곡면들이 있다. 그중에는 구멍이 있는 도넛 같은 모양의 원환면torus이 있다. 그림 12(왼쪽)를 참고하라.

원환면을 마음속으로 그려보는 유용한 방법이 있는데, 그 덕에 일이 좀 간단해지는 경우가 많다. 원환면을 그림 12(가운데)처럼 2개의 폐곡선을 따라 잘라보면 펼쳐서 정사각형으로 만들 수 있다. 그림 12(오

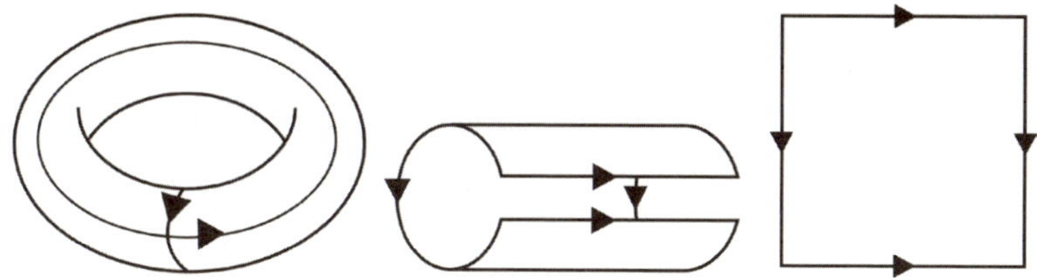

른쪽)를 참고하라. 이러한 변형은 원환면의 위상을 바꾸지만 정사각형의 마주 보는 변들을 '동일시'함으로써 이를 피할 수 있다. 사실상 (그리고 엄격한 정의를 통해 이러한 개념은 엄밀해진다.) 이러한 변들의 대응하는 점들을 같은 것처럼 다루기로 한 것이다. 어떻게 되는지 보기 위해 그림의 순서를 뒤집어본다. 정사각형을 말아 마주 보는 변들을 풀로 붙인다. 이제 교묘한 부분이 등장한다. 정말로 정사각형을 말아서 대응하는 변을 합칠 필요는 없다. 변들을 동일시한다는 규칙만 명심하고 있다면 평평한 정사각형을 가지고 생각해도 된다. 곡선을 그린다든가 하는, 원환면에 하는 모든 일은 정사각형에 그와 대응하는 정확한 작도가 존재한다.

히우드는 원환면 상의 임의의 지도에 색을 칠하려면 7가지 색깔이 필요하고 또 그걸로 충분하다는 것을 증명했다. 그림 13(왼쪽)은 방금 설명했듯 정사각형으로 원환면을 표현하여 7가지 색깔이 필요하다는 걸 보여준다. 지역들이 마주 보는 변들에서 어떻게 맞아떨어지는지 살펴보자. 원환면과 같지만 구멍이 더 많은 곡면들도 있다. 그림 13(오른쪽)을 참고하라. 구멍의 수는 종수genus라고 하는데 g로 표시한다. 히우

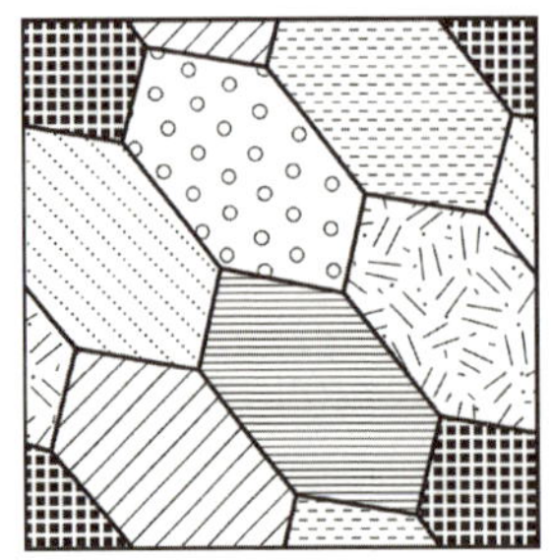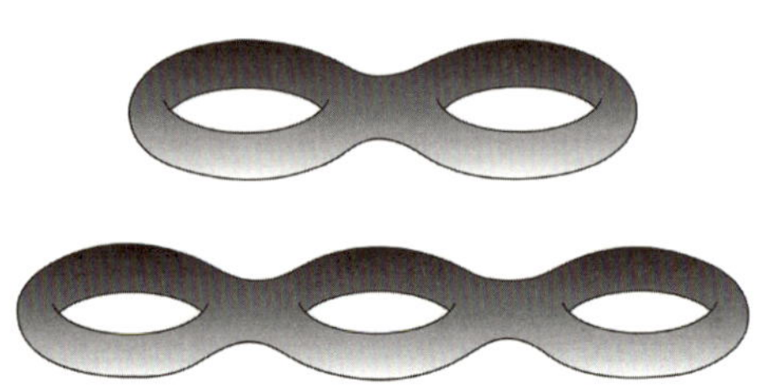

그림 13 왼쪽: 원환면에 그린 7색 지도. 원환면은 마주 보는 변들이 개념적으로 '감겨서' 합쳐진 정사각형으로 표현된다. 지도의 지역들은 대응하는 변들을 가로질러 일치해야 한다. 오른쪽: 2개와 3개의 구멍을 가진 원환면들.

드는 $g \geq 1$인 경우 g개의 구멍을 가지는 원환면에 필요한 색깔의 수를 계산하는 공식을 추측했다. 이 공식에 따르면 필요한 색깔의 수는

$$\frac{7+\sqrt{48g+1}}{2}$$

이하인 가장 큰 범자연수이다. g가 1부터 10까지라면 이 공식은

$$7\ 8\ 9\ 10\ 11\ 12\ 12\ 13\ 13\ 14$$

이라는 값을 내놓는다. 공식으로 명시된 색깔의 수는 종수보다 천천히 증가해 원환면에 구멍을 하나 더 뚫어도 차이가 없는 경우가 많다. 구멍을 하나 더할 때마다 복잡한 지도를 창안해내는 것이 더욱 자유로워지므로 이는 놀라운 일이다.

히우드가 이 공식을 불쑥 만들어낸 것은 아니다. 내가 평면상의 6

색 정리를 증명했던 방식을 일반화하면서 나온 것이다. 오랜 세월 이러한 색깔의 수가 반드시 충분한가 하는 것이 큰 의문으로 남았다. 종수가 작은 예들은 히우드의 추산이 가능한 최선의 것임을 암시했다. 1968년 오랜 조사 끝에 게르하르트 링겔Gerhard Ringel과 존 테드 영스John W. Ted Youngs는 자신들의 연구와 몇몇 다른 사람들의 연구를 기반으로 이것이 옳다는 증명의 최후의 세부사항을 채워 넣었다. 그들의 방법은 조합론적인 것으로, 특별한 종류의 네트워크에 근거했으며 복잡해서 책 한 권을 다 채울 정도이다.[36]

구면 위의 지도에서처럼 $g = 0$이면 히우드의 공식은 4가지 색깔이라는 결과를 내놓지만 그의 충분성 증명은 구면에는 통하지 않는다. 구멍이 1개 이상인 곡면에 대해서는 상당한 진척이 이루어졌지만, 원래의 4색 문제는 여전히 무주공산이었다. 이 문제에 진지하게 노력을 바칠 각오가 된 소수의 수학자들은 전투용어를 빌자면 장기 포위가 될 가능성이 큰 상황을 감내했다. 이 문제는 수비가 엄중한 성이었다. 수학자들은 더더욱 강력한 공성 무기를 만들어 성벽이 무너질 때까지 조금씩 깨나갈 희망을 지니고 있었다. 그들은 그렇게 했지만 성은 무너지지 않았다. 그렇지만 공격자들은 문제를 풀지 못하는 방법과 피할 수 없어 보이는 장애의 유형에 대한 엄청난 양의 정보를 천천히 쌓아나갔다. 이러한 실패에서 야심적인 전략이 모습을 드러내기 시작했다. 켐프와 히우드의 방법을 자연스럽게 확장한 것으로 3가지 부분으로 나타났다. 오늘날의 표준적인 관점인 쌍대 네트워크를 이용해서 설명하겠다.

1. 최소한의 범인을 고찰한다.

2. 불가피한 배치의 목록을 찾는다. 이러한 배치는 보다 작은 네트워크들로, 최소한의 범인은 모두 목록 중의 어떤 것을 포함해야 한다는 성질을 지니고 있다.

3. 불가피한 배치 각각이 환원될 수 있음을 증명한다. 환원될 수 있다는 것은 불가피한 배치를 삭제해 얻어진 보다 작은 네트워크가 4색으로 칠해질 수 있다면 이 색깔들을 재배분하여 불가피한 배치가 복구되었을 때 보다 작은 네트워크를 4색으로 칠한 것이 전체 네트워크로 확장되게 할 수 있다는 것을 의미한다.

이 3단계를 합치면 최소한의 범인이 존재하지 않는다는 것을 증명할 수 있다. 존재한다면 불가피한 배치를 포함하게 된다. 하지만 네트워크의 나머지는 더 작기 때문에 최소성은 4색으로 칠해질 수 있음을 의미한다. 환원 가능성은 이제 원래의 네트워크가 4색으로 칠해질 수 있음을 의미한다. 이것은 모순이다.

이러한 측면에서 켐프는 불가피한 배치의 목록을 올바르게 찾아냈다. 3개의 선이 뻗어나온 점, 4개의 선이 뻗어나온 점, 5개의 선이 뻗어나온 점들이다. 그림 14를 참고하라. 그는 또한 앞의 두 경우가 환원 가능하다는 것을 올바르게 증명해냈다. 그의 실수는 3번째 배치가 환원 가능하다는 증명에 있다. 실은 그렇지 않다. 이렇게 제안해본다. 이 잘못된 배치를 더 긴 목록으로 대치하면서 이 목록을 반드시 불가피한 것으로 유지되게 하는 것이다. 이는 새로운 목록에 있는 각각의 배치가 환원 가능하도록 한다. 즉 환원 가능한 배치들의 불가피한 목록을 찾

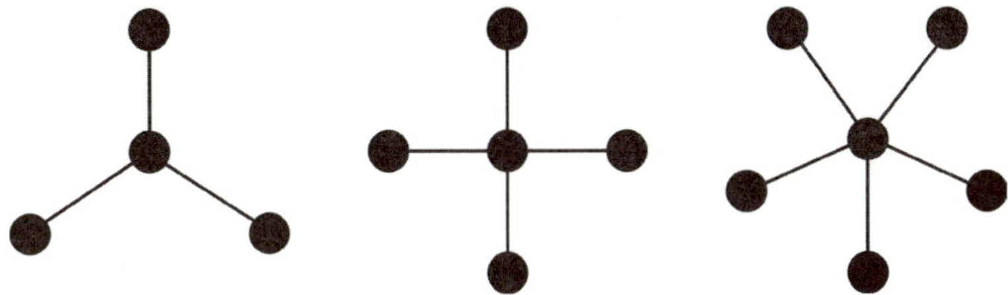

 불가피한 배열에 대한 켐프의 목록.

으라는 것이다. 성공한다면 4색 정리를 증명한 것이 된다.

그런 목록이 없을 수도 있지만 이러한 전략은 시도해볼 만한 가치가 있고 그보다 더 나은 아이디어를 가진 사람도 없었다. 그러나 여기에는 불안 요소가 있다. 한편으로 목록이 길어질수록 불가피해질 가능성이 더욱 커지는데 이는 좋은 일이다. 다른 한편 목록이 길어질수록 거기에 포함된 모든 배치가 환원 가능할 가망은 줄어든다. 단 하나라도 환원 가능하지 않으면 증명 전체가 붕괴하고 이러한 위험은 목록이 커질수록 심각해진다. 이건 좋지 않은 일이다. 또 다른 한편…… 목록이 길어질수록 환원 가능한 배치를 선택할 기회가 많아지는데 이건 좋은 일이다. 다시 또 한편 환원 가능성을 증명하는 데 필요한 일이 늘어나니 이건 좋지 않은 일이다. 그리고 또 한편 어쨌거나 그걸 행할 만한 좋은 방법들이 없었으니 이건 더 좋지 않은 일이었다.

이런 것이 위대한 문제를 위대하게 만든다.

그래서 당분간은 성에서 가끔 이런저런 조각들이 깨져나오기는 했지만 그런 손상은 성채의 견고함에 눈곱만큼도 영향을 끼치지 못했다. 그런 와중에 주류 수학은 신경도 쓰지 않고 하품이나 했다. 그러나 더 나은 공성 무기를 만들고 있는 사람이 있었고, 그의 이름은 하인리히 히슈Heinrich Heesch였다. 그는 배치가 환원 가능하다는 것을 증명하는 체계적인 방법으로 커다란 공헌을 했다. 그는 이 방법을 '방전하기discharging'라고 불렀는데, 네트워크의 점들이 전하를 띠고 있으며 한 점에서 다른 점으로 전기가 흐를 수 있다는 것을 상상하면 대략 비슷하다.

이런 방법으로도 환원 가능한 배치의 불가피한 집합을 인력으로 찾아내는 일은 벅찬 일일 터였다. 각각의 배치는 십중팔구 상당히 작겠지만 그 수는 상당할 게 분명했다. 히슈는 굴하지 않았고, 1948년 배치가 약 10,000개는 필요할 거라는 것을 시사하는 강좌를 했다. 그때 그는 이미 500개의 후보가 환원 가능하다는 것을 증명해놓았다. 청중 가운데 볼프강 하켄Wolfgang Haken이라는 젊은이가 있었는데, 그는 후일 당시에 히슈의 강의에서 이해하지 못한 부분이 많았지만 중요한 논점 몇 가지는 뇌리에 박혔다고 했다. 하켄은 이후 위상 수학을 공부해 매듭 이론에 중요한 돌파구를 마련했다. 그러면서 10장에 나오는 푸앵카레 추측을 연구해볼 용기가 생겼다. 특정한 공격 방향으로 그는 가능한 상황을 200가지의 경우로 분류했고 그중 198개를 해결했으며 남은 2개로 13년을 고심했다. 그 시점에 해결을 포기하고 그 대신 4색 문제를 연구하기 시작했다. 하켄은 곤란한 문제들을 좋아했던 게 분명하지만 히슈의 10,000개의 배치에서도 비슷한 일이 일어나지는 않을까 걱정했다. 9,998개는 성공적으로 처리했는데 마지막 2개에서 좌초하는 걸 상상해보라. 그래서 1967년 그는 조언을 구하려고 자기가 있는 일리노이대학교로 히슈를 초청했다.

당시 컴퓨터는 진짜 수학에 유용한 역할을 하기 시작했지만 지금처럼 책상 위나 서류 가방 안에 있는 게 아니라 어느 중심이 되는 건물에 있는 거대한 기계였다. 하퀸은 컴퓨터가 도움이 될 수 있을까 생각했다. 히슈도 벌써 같은 생각을 하고 문제의 복잡성을 대략 추산했다. 그 결과 그가 사용할 수 있는 제일 좋은 컴퓨터도 이 일을 할 능력은 갖추지 못한 것으로 드러났다. 일리노이에는 훨씬 더 강력한 슈퍼컴퓨터인 일리악-IV가 있어서 하퀸은 사용시간을 요청했다. 하지만 슈퍼컴퓨터는 곧바로 이용할 수가 없으니 롱아일랜드에 있는 브룩헤이븐연구소의 크레이6600을 알아보라는 말을 들었다. 연구소의 컴퓨터센터장인 시마모토 요시오Shimamoto Yoshio는 오랫동안 4색 문제에 매료되어 있었다. 행운의 손길 덕에 히슈와 하퀸은 이 기계를 이용할 수 있게 되었다.

컴퓨터는 기대에 부응했지만 하퀸은 좀 더 효율적으로 사용할 수 없을까 하는 생각을 하기 시작했다. 수많은 환원 가능한 배열들을 생산해내며 불가피한 목록을 만들어낼 수 있기를 바라고는 있었지만, 이러한 전략은 가능성이 있다 해도 결국 환원 가능하지 않은 것으로 밝혀지는 배치에 엄청난 시간을 낭비했다. 거꾸로 해보면 어떨까? 불가피성을 주요 목표로 잡고 환원 가능성은 나중에 확인해보면 되지 않을까? 물론 환원 가능할 가망이 높은 배치들을 사용해야겠지만, 이쪽이 더 나은 길 같았다. 그러나 그때는 이미 브룩헤이븐에 있는 크레이가 더 중요한 일에 사용되고 있었다. 게다가 몇몇 전문가는 하퀸에게 그가 사용하고자 하는 방법들은 아예 컴퓨터 프로그램으로 바꿀 수 없다고 했다. 그는 그들의 말을 믿고 강의 때 이 문제는 컴퓨터 없이는 해결할 수 없지만 이제는 컴퓨터로도 해결할 수 없는 것 같다고 말했다. 포기하기로 결심했던 것이다.

청중 가운데는 케네스 어펠Kenneth Appel이라는 전문 프로그래머가 있었다. 하켄에게 그 소위 전문가라는 사람들은 그런 프로그램은 노력은 많이 들지만 결과는 아주 불명확해서 단념시키려고 그런 게 분명하다고 했다. 어떤 수학 문제든 프로그램으로 만들지 못할 게 없다는 게 어펠의 관점이었다. 결정적인 문제는 프로그램이 적당한 시간 안에 어떤 성과라도 거둘 것인가 하는 것이었다. 그들은 힘을 합쳤다. 방전 방법의 개선이 프로그램에 변화를 가져오고 프로그램의 개선이 방전 방법에 변화를 가져오면서 전략은 진화했다. 이를 통해 새로운 개념을 만나게 되었다. '기하학적으로 좋은' 배치라는 것인데, 여기에는 환원 가능성을 가로막는 일정한 고약한 배치들은 포함되지 않았다. 그런 배치가 환원 가능할 가능성은 훨씬 개선되었고, 규정적 성질은 확인하기가 쉬웠다. 어펠과 하켄은 기하학적으로 좋은 배치들의 불가피한 목록이 존재한다는 것을 컴퓨터를 사용하지 않고 이론적으로 증명하기로 했다. 1974년에 이르러 그들은 성공을 거둔다.

고무적인 일이었지만 그들은 어떤 일이 생길지 알고 있었다. 그들이 찾은 기하학적으로 좋은 배치 중에는 환원 가능하지 않은 것으로 드러나 제거하고 더 길고 복잡한 목록으로 대치해야 하는 것들이 있을 터였다. 계산은 자신의 꼬리를 쫓는 일과 같을 것이고 꼬리를 잡아야 성공할 수 있는 상황이었다. 성과도 없는 추적에 몇 년을 허비할지도 모르니 이러한 과정이 얼마나 걸릴지 대략 계산해 추정해보았다. 그런데 결과는 약간 희망적이어서 연구는 계속되었다. 이론과 계산이 정보를 주고받으며 서로 변화를 주었다. 가끔 컴퓨터는 나름의 마음이 있기라도 한 것처럼 배치의 유용한 특징들을 '발견'해냈다. 그때 대학 본부에서 자체적으로 쓰려고 새롭고 아주 강력한 컴퓨터를 사들였다. 대학교와 과학자들이 쓰는 것보다 훨씬 더 강력한 것이었다. 항의도 하고 예리한 질문도 던진 끝에 컴퓨터 사용시간의 절반을 과학적인 용도로 쓸 수 있게 되었다. 어펠과 하켄의 끊임없이 변하는 불가피한 배치 목록은 2,000개쯤에서 고정되었다. 1976년, 컴퓨터가 환원 가능성 확인을 마침으로써 증명은 완성되었다. 이 소식은 〈타임스The Times〉를 필두로 언론을 탔고 재빨리 전 세계로 퍼져나갔다.

그들은 아직 바보 같은 실수는 없는지 확인해야 했고 그때는 몇몇 다른 팀들도 바짝 뒤를 쫓고 있었다. 7월에 이르러 어펠과 하켄은 자신들의 방법이 통했다고 확신해 사전인쇄본을 수학계에 회람시킴으로써 공식적으로 증명을 발표했다. 사전인쇄본이란 나중에 출판할 목적으로 논문 초고를 저렴하게 복사한 것을 말한다. 당시 수학 논문이 출판될 때까지는 1~2년 걸리는 게 보통이었다. 진보를 지연시키는 일을 막기 위해 수학계는 중요한 결과를 내부에 알리는 더 빠른 길을 찾아야 했고, 그들이 찾은 길은 사전인쇄본이었다. 요즘에는 사전인쇄본이 웹에 올라간다. 사전인쇄본은 늘 잠정적인 것이다. 완전한 발표를 위해서는 동료 학자들의 평가가 필요하다. 사전인쇄본이 있으면 누구든 읽고 실수나 개선할 점을 찾아서 저자들에게 알려줄 수 있어서 이런 과정에 도움이 된다. 사실 그런 이유만으로도 출판된 판본은 사전인쇄본과 상당히 다른 경우가 많다.

최종 증명에는 1,000여 시간의 컴퓨터 사용시간이 들었고 487가지의 방전 규칙이 동원되었다. 결과는 1,482개의 배치를 모두 보여주는

450쪽짜리 부록이 붙은 2개의 논문으로 발표되었다. 당시로는 역작이었다.

그러나 더 광범위한 수학계에서 주로 나온 반응은 모호한 실망이었다. 결과를 두고 그런 것은 아니었다. 놀라운 계산의 성취를 두고 그런 것도 아니었다. 실망스러웠던 것은 방법이었다. 1970년대, 수학적 증명은 사람이 하고 확인 역시 사람이 하는 것이었다. 1장에서 말했듯, 증명은 그 줄거리로 명제가 참임을 설득하는 이야기이다. 그러나 이 이야기에는 줄거리가 없었다. 줄거리가 있다 하더라도 한가운데에 큰 허점이 있었다.

옛날옛날 한 옛날에 아름다운 추측이 살았어요. 엄마가 추측에게 어둡고 위험한 숲으로는 절대 들어가지 말라고 했죠. 하지만 어느 날 어린 4색 추측은 슬며시 빠져나와 헤매다가 불가피한 숲으로 들어섰어요. 숲에 있는 배치들이 모두 환원 가능하다면 증명을 손에 넣어 어린 4색 정리가 될 거고 그러면 프린스 턴('Prince Ton', 프린스턴대학교를 왕자로 의인화한 것—옮긴이)이 운영하는 학술지에 발표될 거라는 걸 알고 있었죠. 숲 속 깊은 곳에서 우연히 사탕 칠을 한 컴퓨터와 마주쳤는데 그 안에는 프로그래머로 변장한 늑대가 있었어요. 늑대가 말했죠. '그래, 모두 환원 가능하단다.' 그래서 그 뒤로 모두 영원히 행복하게 살았대요.

이런 식으로는 통하지 않는다. 경박하게 표현하고 있기는 하지만, 이 동화에 있는 허점은 어펠-하켄 증명에 있는 허점과 마찬가지이다.

적어도 수학자들은 이 증명에 허점이 있다고 여겼다. **늑대가 옳다는 걸 어떻게 알 수 있을까?**

우리는 나름의 컴퓨터 프로그램을 돌려 같은 결과가 나오는지 살펴보기는 한다. 하지만 수없이 그런 일을 반복해도 이를테면 잘라낸 체스판을 도미노 패로 덮을 수 없다는 증명과 같은 신뢰성은 느껴지지 않는다. 전체적으로 파악할 수가 없다. 10억 년을 산다 해도 손으로 계산을 다 확인해볼 수는 없다. 게다가 그렇게 할 수 있더라도 그 결과를 믿을 수는 없다. 인간은 실수를 저지른다. 10억 년이면 엄청난 실수를 저지른다.

컴퓨터는 대체로 실수를 저지르지 않는다. 컴퓨터와 인간이 둘 다 정말로 복잡한 계산을 했는데 둘이 내놓은 결과가 다르다면 전문가들은 컴퓨터의 손을 들어준다. 하지만 확실하지는 않다. 설계한 대로 정확히 작동하는 컴퓨터도 오류를 낼 수 있다. 예를 들어 우주 방사선이 메모리를 관통하며 0을 1로 바꿔놓을 수 있다. 계산을 다시 해서 그런 일을 방지할 수는 있지만, 더 심각한 것은 설계자들도 실수를 저지를 수 있다는 것이다. 인텔 P5 펜티엄 칩은 부동소수점연산루틴에 오류가 있었다. 4,195,835를 3,145,727로 나누라고 하면 1.33373이라는 답을 내놓았지만 정확한 답은 1.33382이다. 보아하니 표에서 4개의 항목이 빠진 것이었다.(펜티엄의 부동소수점장치에 내장된 제산기divider에 사용된 알고리즘은 저장된 나눗셈표를 필요로 하는데 이 표의 작성에 오류가 있었다는 뜻이다.—옮긴이)[37] 컴퓨터 운영체계나 사용자의 프로그램 버그 등 다른 것들에서도 문제가 생길 수 있다.

어펠-하켄의 컴퓨터의 도움을 받은 증명이 '증명'의 본질을 바꿔놓았다는 주제를 둘러싸고 철학적인 흰소리가 넘쳐났다. 철학자들이 무슨 말을 하는 건지는 알겠는데, 현역 수학자들이 사용하는 증명의 개념은 수리 논리학 시간에 학부생에게 가르치는 것과는 다르다. 그처럼 형식에 더 까다로운 개념이 적용되는 경우라도, 논리의 각 단계를 사람이 확인해야 한다는 법은 없다. 수 세기 동안 수학자들은 판에 박힌 계산에는 기계를 써왔다. 사람이 실수가 없는지 찾느라 증명을 한 줄 한 줄 조사하는 경우라도 실수를 하나도 놓치지 않았다는 것을 어떻게 알겠는가? 의심할 여지가 없는 완벽한 논리는 우리가 추구하는 이상이다. 불완전한 인간은 최선을 다하지만 절대로 불확실성의 요소를 빠짐없이 제거할 수는 없다.

《4색이면 충분하다Four Colours Suffice》에서 로빈 윌슨Robin Wilson은 수학계의 반응의 핵심적인 사회학적 측면을 분명히 지적했다.

청중은 두 집단으로 나뉘었다. 40대 이상은 컴퓨터로 한 증명이 옳다는 것을 믿을 수 없었고 40대 이하는 사람이 직접 한 700쪽에 달하는 계산이 포함된 증명이 옳다는 것을 믿을 수 없었다.

우리의 기계가 어떤 일을 하는데 우리보다 낫다면 기계를 사용하는 게 말이 된다. 증명 **기법**은 바뀔 수 있지만 그거야 어차피 늘 그렇다. 그걸 '연구'라고 한다. 몇 단계를 컴퓨터로 한다고 해서 증명의 개념이 근본적으로 변하는 것은 아니다. 증명은 이야기이다. 컴퓨터의 도움을 받은 증명은 너무 길어서 전부 다 이야기할 수는 없는 이야기이기에 요약본에 자동으로 만든 어마어마한 부록이 딸린 것으로 만족해야 한다.

어펠과 하켄이 선구적인 작업을 한 이래로 수학자들은 컴퓨터의 도움에 익숙해졌다. 순전히 인간의 지적 능력에 기댄 증명을 선호하는 건 여전하지만 대부분의 수학자는 이제 더는 그걸 필수요건으로 삼지 않는다. 그러나 1990년대에도 어펠-하켄 증명에 대한 타당한 우려가 일정 정도 있었다. 그래서 몇몇 수학자들이 그 작업을 재점검하는 대신 새롭게 발전한 이론과 상당히 개선된 컴퓨터를 이용해 증명 전체를 다시 하기로 했다. 1994년 닐 로버트슨Neil Robertson, 대니얼 샌더스Daniel Sanders, 폴 시모어Paul Seymour, 로빈 토머스Robin Thomas는 기본적인 전략을 제외하고는 어펠-하켄 논문의 모든 것을 버렸다. 1년 이내에 그들은 633개의 배치가 든 불가피한 집합을 찾아냈는데 32개의 방전 규칙만으로 각각이 환원 가능한 것을 증명할 수 있었다. 이는 어펠과 하켄의 증명이 사용한 1,482개의 배치와 487가지 방전규칙보다 훨씬 간단했다. 오늘날의 컴퓨터는 워낙 빨라서 이제는 가정용 컴퓨터로 몇 시간만에 증명 전체를 검증할 수 있다.

그거야 잘된 일이지만 여전히 컴퓨터가 중심을 차지하고 있다. 컴퓨터를 치워버릴 수 있을까? 이 경우만큼은 인간이 전체적으로 이해할 수 있는 이야기라는 것이 아예 엄두도 낼 수 없는 건 아니라는 생각이 점점 커지고 있다. 어쩌면 4색 문제에 대한 새로운 통찰이 마침내 컴퓨터의 도움을 거의, 혹은 아예 받지 않는 더 간단한 증명으로 이어져서 수학자들이 읽고, 생각하고, '맞아!' 하게 될 수 있을지도 모른다. 아직 그런 증명은 알지 못하고 그런 증명이 존재하지 않을 수도 있지만 그럴 수 있다는 감이 들기는 한다.

수학자들은 네트워크에 대해 많은 것을 알아가고 있다. 위상 수학자들과 기하학자들은 네트워크와 그와는 전혀 다른 수학의 영역, 이를테면 수리 물리학에 적용되는 분야 사이의 심오한 관계를 찾아내고 있다. 이따금 모습을 드러내는 개념으로는 곡률이 있다. 곡률이라는 이름은 적절하다. 공간의 곡률은 그 공간이 어떻게 휘어있는지 알려준다. 평면처럼 평평하다면 곡률은 0이다. 언덕 꼭대기가 사방팔방 아래로 구부러진 것처럼 같은 방향으로 휘어진다면 곡률은 양수이다. 산길처럼 어떤 방향으로는 위로 구부러졌지만 그 외에는 아래로 구부러졌다면 곡률은 음수이다. 공간에 그려진 네트워크를 공간 자체의 곡률과 연관 짓는, 오일러 공식의 후손에 해당하는 기하학 정리들이 있다. g개의 구멍이 있는 원환면에 대한 히우드의 공식은 이러한 점을 암시한다. 구면의 곡률은 양수이고, 그림 12(오른쪽)처럼 마주 보는 변들을 동일시한 정사각형으로 표현된 원환면은 곡률이 0이고, 2개 이상의 구멍이 있는 원환면은 곡률이 음수이다. 따라서 곡률과 지도 색깔 칠하기 사이에는 어떤 연관이 있다.

이러한 연관의 배후에는 곡률의 유용한 특징이 있다. 없애버리기 어렵다는 것이다. 마치 카펫 밑에 숨은 고양이 같다. 카펫이 평평하다면 고양이가 없는 것이지만 튀어나온 부분이 보인다면 밑에 고양이가 있는 것이다. 카펫 주위로 고양이를 쫓아다닐 수는 있지만 그래 봤자 튀어나온 부분이 여기서 저기로 옮겨갈 뿐이다. 이와 비슷하게 곡률은 움직일 수는 있지만 없앨 수는 없다. 고양이가 카펫 가장자리에 도달해 곡률과 함께 탈출할 수 있게 되지 않는 한. 히슈의 방전 규칙은 변장한 곡률과 조금은 비슷해 보인다. 전하를 여기저기로 옮기기는 하지만 전하를 파괴하지는 않는다. 네트워크에도 곡률이라는 개념과 사실상 곡률을 이리저리 밀고 다니는 교묘한 방전 규칙이 있을 수 있지 않을까?

만약 있다면 저절로 색칠해달라고 네트워크를 설득할 수 있을지도 모른다. 네트워크의 점들(그리고 어쩌면 선들)에 곡률을 부여한다. 그리고 네트워크가 곡률을 더욱 고르게 재분배하게 한다. 어쩌면 여기서 '고르게'라는 말은 모든 것을 제대로 마련해두면 4색으로 충분하다는 것을 의미하는 것인지도 모른다. 아이디어일 뿐이고, 그나마 내 아이디어도 아닌 데다가 제대로 이해할 수 있도록 충분히 설명하지도 않았다. 하지만 이것은 몇몇 수학자들의 직관을 반영한 것이고, 4색 정리에 대한 보다 개념적인 증명, 10억 권짜리 전화번호부를 부록으로 하는 요약본이 아니라 멋진 모험담쯤 되는 것을 앞으로 찾게 될 수도 있다는 희망을 준다. 10장에서 훨씬 더 복잡한 맥락으로 비슷한 아이디어를 접하게 될 것인데 이 아이디어는 위상 수학의 훨씬 더 위대한 문제를 해결했다.

05

공간 가득한 대칭

케플러 추측

모든 것은 눈송이 1개에서 시작되었다.

눈에는 기이한 아름다움이 있다. 보송보송한 흰색 눈송이들은 하늘에서 떨어져 내려와 바람에 날려 풍경을 뒤덮는 부드러운 언덕을 만들고 자연스럽게 이 세상 것이 아닌 것 같은 형체를 이룬다. 차갑다. 그 위에서 스키를 탈 수도, 썰매를 탈 수도 있고, 눈뭉치나 눈사람을 만들 수도 있고…… 운이 나쁘다면 수천 톤의 눈에 파묻힐 수도 있다. 사라질 때는 하늘로 돌아가지 않는다. 흰 눈송이 그대로 돌아가지는 않는다는 말이다. 평범한 물로 변한다. 물론 이 물이 증발해 하늘로 돌아갈 수도 있지만 강줄기를 따라 바다로 가서 대양에서 아주 오랜 시간을 보낼 수도 있다. 눈은 얼음의 한 형태이고, 얼음은 물이 언 것이다.

새로울 것 없는 이야기이다. 네안데르탈인의 눈에도 분명 뻔한 이야기였을 것이다.

눈송이는 결코 형체 없는 덩어리가 아니다. 녹기 전, 아직 새것일 때는 미세하고 복잡한 형태의 별 모양과 닮은 것이 많다. 평평하고, 육각이고, 대칭이다. 나머지는 모두 단순한 육각형이다. 대칭성이 부족한 것이 있는가 하면 상당히 입체적인 것도 있지만 6개의 부분으로 이루어진 눈송이가 상징적인 모양으로 널리 알려져 있다. 눈송이는 얼음 결정이라는 것 역시 새로울 것 없는 이야기이다. 결정이라는 건 보기만 해도 알아차릴 수 있다. 그러나 평평한 면이 여러 개 있는 보통의 결정은 아니다. 눈송이의 가장 수수께끼 같은 특징은 약간의 혼돈을 더한다. 같은 대칭을 갖추고 있지만 세부적인 구조는 눈송이마다 다 다르다. 똑같은 눈송이는 하나도 없다고 한다. 그걸 어떻게 아는지 늘 궁금했는데, 똑같다고 인정하는 기준이 까다롭다면 통계는 그런 관점의 편을 들어준다.

눈송이가 육각인 이유는 무엇일까? 17세기의 위대한 수학자이자 천문학자였던 누군가는 이러한 질문에 대한 답을 찾기 위해 고심했다. 그 결과 놀라울 정도로 훌륭한 답을 찾아냈는데, 더 놀라운 건 특별한 실험은 하지 않았다는 점이다. 그저 누구나 아는 몇 가지 단순한 아이디어를 한 데 묶었을 뿐이다. 석류씨가 열매 안에 가득 차 있는 것과 마찬가지로.

그는 요하네스 케플러Johannes Kepler였다. 그에게는 눈송이에 대해 생각할 아주 그럴듯한 이유가 있었다. 그는 요하네스 바커 폰 바켄펠스 Johannes Wacker von Wackenfels라는 부유한 후원자에게 생계를 의지하고 있었는데 케플러는 신성 로마제국 황제 루돌프 2세의 궁정수학자였고, 바커는 외교관이자 황제의 고문이었다.

케플러는 후원자에게 새해 선물을 하고 싶었다. 저렴하면서도 흔치 않고 호기심을 자극하는 것이면 딱 좋았다. 그가 주는 돈 덕분에 가능해진 놀라운 발견들을 이해할 수 있게 해줘야 했다. 그래서 케플러는 눈송이에 대한 자신의 생각들을 모아 작은 책을 만들어 선물했다. 제목은 《육각 눈송이에 관하여 De Nive Sexangula》였다. 1611년의 일이었다. 케플러의 사고에 중요한 사다리 역할을 한 그 책의 한구석에는 짧은 말 한마디가 있었다. 387년 동안 풀리지 않을 수학 수수께끼였다.

케플러에게는 패턴을 찾는 고질적인 버릇이 있었다. 그의 과학적 성과 중에서 가장 영향력이 큰 것은 행성 운동의 3가지 기본 법칙을 발견한 것인데, 그 첫 번째이자 가장 잘 알려진 법칙은 궤도가 타원형이라는 것이다. 그는 신비주의자이기도 해서 우주가 수, 패턴, 도형에 근거한 것이라는 피타고라스적인 세계관에 철저하게 빠져 있었다. 그는 천문학과 더불어 점성술도 연구했다. 그 시대 수학자들은 물병자리가 언제 동쪽 지평선으로 떠오를지 계산할 수 있었기 때문에 부업으로 점성술사도 했다. 부유한 후원자, 심지어는 왕족들까지 별점을 보기 위해 돈을 지불했다.

자신의 책에서 케플러는 눈은 수증기에서 비롯되는데 이는 형체가 없지만 어떻게 해서인지 육각의 얇은 고체 조각으로 변한다고 지적했다. 어떤 동인 動因, agent 이 이러한 변화를 가져온 게 분명하다고 케플러는 주장했다.

(이 동인이) 물질에 육각의 모양을 찍어준 것은 물질이 요구하는 대로였을까, 아니면 그 본성, 예를 들어 육각형에 내재한 아름다움의 관념이나 그

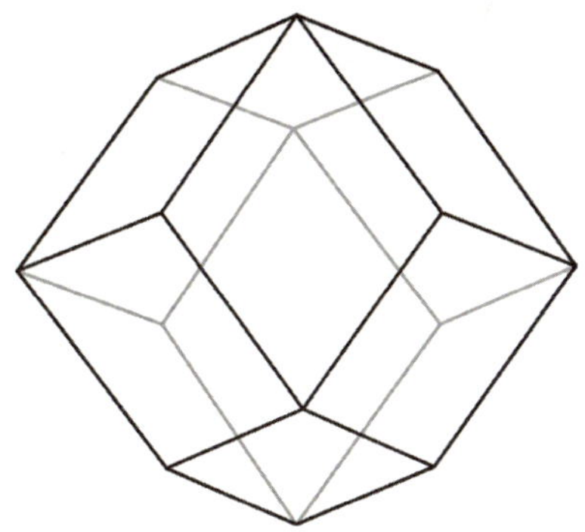

러한 형태가 쓰이는 목적에 대한 지식을 내재한 본성 때문일까?

그 답을 찾으며 그는 자연에 있는 육각형의 다른 예들을 생각했다. 벌통에 든 벌집을 떠올렸다. 벌집은 등을 맞댄 두 겹의 육각형 방들로 이루어져 있고, 공유하는 끝은 3개의 마름모로 형성되어 있다. 마름모 란 모든 변이 같은 평행사변형을 말한다. 이 모양을 본 케플러는 그림 15에 나온 사방12면체라는 입체를 연상했다. 사방12면체는 피타고라 스 학파가 알고 있던, 에우클레이데스가 분류했던 5개의 정다면체에는 속하지 않지만, 한 가지 독특한 성질을 지니고 있다. 합동인 사방12면 체들을 뭉쳐서 공간을 빈틈없이 정확하게 메울 수 있다는 것이다. 석류 에서도 이와 똑같은 모양이 모습을 드러내는데, 작고 둥근 씨들이 자라 면서 서로 눌려져서 효과적인 패킹packing을 만들어낸다.

합리적인 여느 수학자들과 마찬가지로 케플러도 구면들이 하나의 평평한 층을 이루는 가장 단순한 경우로 시작한다. 이것은 합동인 원

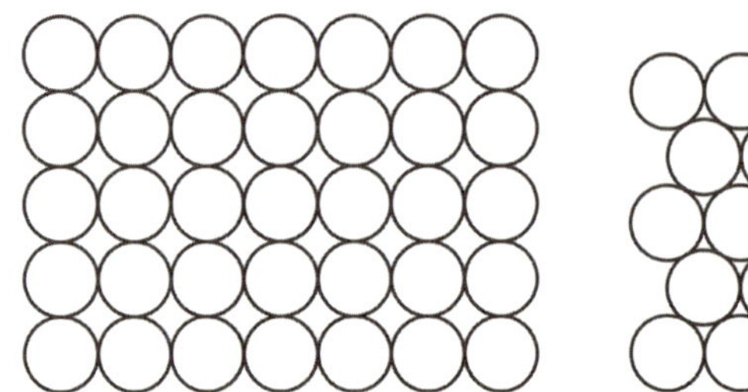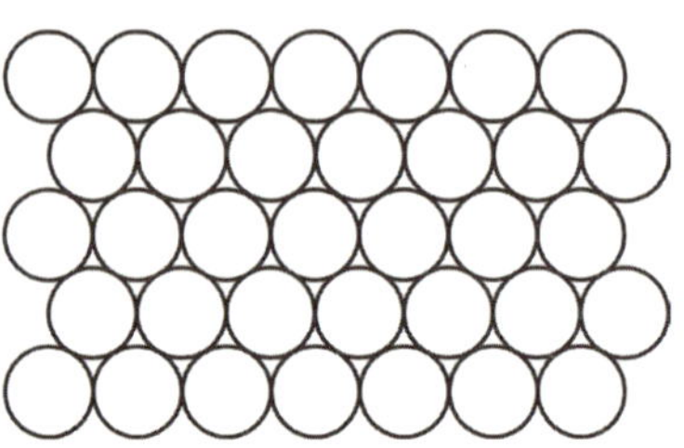

그림 16 왼쪽: 사각 격자 패킹. 오른쪽: 삼각(혹은 육각이라고도 함) 격자 패킹.

들로 평면을 패킹하는 것과 동등하다. 어떤 경우에는 그림 16(왼쪽)처럼 구면들이 정사각형을 이루며 배열된다. 그 외에는 그림 16(오른쪽)처럼 정삼각형을 이루며 배열된다. 무한한 평면에 반복되는 이러한 배열은 사각 격자와 삼각 격자이다. '격자'라는 말은 2개의 독립적인 방향으로 반복되는, 공간적으로 주기적인 배열의 패턴을 가리킨다. 이러한 모양들은 필연적으로 패턴의 유한한 부분을 보여주므로 가장자리는 무시해야 한다. 아래의 그림 17~20도 마찬가지이다. 그림 16 왼쪽과 오른쪽은 둘 다 다섯 줄의 구면을 보여주는데, 각 줄에서 원들은 이웃과 접한다. 그러나 삼각 격자는 약간 짓눌린다. 줄들은 서로 더 가깝다. 따라서 삼각 격자의 구면들은 사각 격자의 구면들보다 더 가까이 채워져 있다.

다음으로 케플러는 이런 종류의 연속적인 층이 어떻게 차곡차곡 쌓이는지 묻고는 4가지 경우를 고려했다. 맨 앞의 두 경우는 모든 층이 사각 격자이다. 층을 쌓는 한 가지 방법은 각 층의 구면들을 밑에 있는 구면 바로 위에 올려놓는 것이다. 그러면 모든 구면에는 각각 6개의 직접적인 이웃이 있게 된다. 같은 층에 4개, 위에 1개, 아래에 1개.

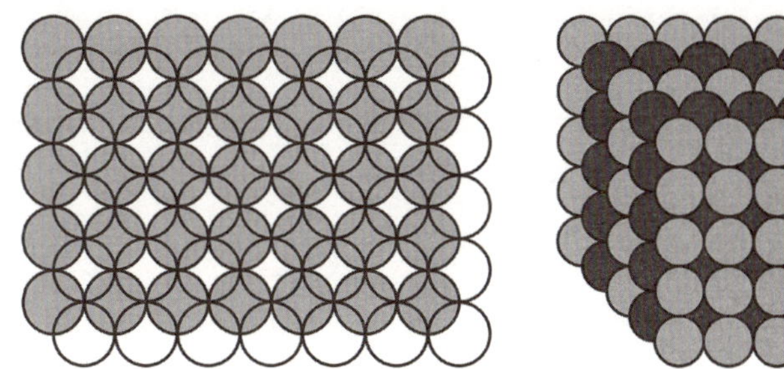

이러한 패킹은 정육면체로 만들어진 3차원 체스판과 비슷하고 더는 확장할 수 없을 때까지 구면을 부풀리면 바로 그런 모양이 된다. 하지만 이것으로는 '가장 빽빽한 패킹이 되지 않는다.'라고 케플러는 말한다. 그림 17(왼쪽)처럼 두 번째 층을 옆으로 미끄러뜨려 그 층의 구면들이 아래층의 구면들 사이에 있는 움푹한 곳에 깔끔하게 맞아들어가게 하면 더 빽빽해질 수 있다. 이러한 과정을 층마다 반복하면 그림 17(오른쪽)이 된다. 이제 각각의 구면에는 12개의 이웃이 있다. 같은 층에 4개, 밑에 4개, 위에 4개, 구면들을 부풀리면 공간은 사방12면체로 채워진다.

나머지 두 경우, 층들은 삼각 격자이다. 각 층의 구면들이 아래에 있는 구면 바로 위에 놓이면 각각의 구면에는 8개의 이웃이 있다. 같은 층에 6개, 위에 1개, 아래에 1개. 그 대신에 역시 위에 있는 층을 아래에 있는 층의 구면들 사이에 있는 움푹한 곳에 맞춰 넣을 수 있다. 이제 각 구면에는 12개의 이웃이 있다. 같은 층에 6개, 위에 3개, 아래에 3개. 이것은 사각 층의 2번째 배열에 있는 구면의 이웃의 수와 같고, 케플러는 주의 깊은 기하학적 분석으로 이 4번째 배열이 실은 2번째 배열과 같다는 것을 보인다. 유일한 차이는 사각 층이 이 경우에는 수평이 아니고 비스듬히 기울어져 있다는 것이다. 그는 이렇게 썼다. '따라서 3차원에서 가장 가까운 패킹인 삼각 패턴은 사각 패턴 없이는 존재할 수 없고, 그 역도 마찬가지이다.' 나중에 다시 다루기로 한다. 중요한 이야기이다.

구면 패킹의 기본적 기하를 정리한 케플러는 눈송이와 그 6겹 대칭으로 돌아온다. 그는 평면에서의 구면의 삼각 격자 패킹을 떠올리는데 여기서 각 구면은 6개의 다른 구면들로 둘러싸여 완벽한 육각형을 이룬다. 그는 이것이 눈송이가 육각인 이유라고 판단한다.

이 장은 눈송이를 위주로 하는 장은 아니지만 대칭에 대한 케플러의 설명은 오늘날 제시하는 설명과 매우 비슷해서 여기서 이야기를 멈추기는 딱하다. 눈송이가 그토록 다양하면서도 대칭인 이유가 뭘까, 어떻게 **그럴 수 있을까?** 물이 결정화되어 얼음이 되면 물 분자를 구성하는 수소와 산소 원자들은 서로 뭉쳐서 대칭적 구조인 수정 격자를 이룬다. 이러한 격자는 케플러가 설명한 구면의 배열 그 어느 것보다도 복잡하지만, 지배적인 대칭은 6겹이다. 눈송이는 겨우 몇 개의 원자가 격자의 작은 조각처럼 배열된 작디작은 '씨앗'에서 성장한다. 이 씨앗도 역시 6겹 대칭이고, 먹구름 속에서 바람이 이리저리 불며 얼음 결정이 자라나는 무대가 되어준다.

눈송이의 패턴이 엄청나게 다양한 것은 구름의 조건이 바뀌는 데 따른 결과이다. 온도와 습도에 따라서, 경계 안 어느 곳이나 같은 속도로 원자가 더해지고 결정의 성장도 균일해 변이 직선인 육각형이 될 수도 있고, 여기저기 성장 속도가 달라서 나뭇가지 모양의 구조가 만들어질 수도 있다. 자라나는 눈송이들이 구름 위아래로 옮겨다니며 이러한 조건은 계속 무작위적으로 변한다. 하지만 어느 시점에든 눈송이들은 워낙 작아서 6개의 꼭짓점에서 조건은 본질적으로 동일하다. 그래서 다 똑같은 일이 벌어진다. 눈송이에는 모두 나름의 역사가 흔적으로 남아있다. 실제로는 6겹 대칭이 완벽한 경우는 없지만 아주 근접하는 경우는 자주 있다. 얼음은 기이한 물질이라 다른 모양도 가능하다. 뾰족한 모양도 있고 평평한 판 모양도 있고, 육각기둥 모양도 있고, 끝에 판이 달린 각기둥 모양도 있다. 그 이야기를 다 하자면 아주 복잡하지만 모든 것은 얼음 결정에 든 원자들이 배열되는 방식에 달렸다.[38] 케플러 시대의 원자 이론이라 해봐야 몇 명의 고대 그리스인들이 모호하게 암시한 게 다였다. 케플러가 전승되는 견해, 사고실험, 패턴에 대한 느낌에 근거해 그렇게 앞서나갔다는 것은 놀라운 일이다.

케플러 추측은 이처럼 눈송이에 관한 것은 아니다. 연속되는 층이 이전의 층에 있는 구들 사이의 틈으로 맞아 들어가도록 조밀하게 뭉쳐진 구면들의 층이 쌓인 것은 '3차원에서 가장 조밀한 패킹'이라고 무심코 던진 말이 이 추측이다. 추측은 형식을 갖추지 않으면 이렇게 요약할 수 있다. 수많은 오렌지를 최대한 많이 들어가도록 커다란 상자에 채워 넣으려면 청과물상이라면 누구나 하는 방식대로 채워 넣어야 한다는 것이다.

답을 찾는 게 어려운 것은 아니었다. 답은 이미 케플러가 말했다. 그의 말이 옳았다는 걸 증명하는 것이 어려웠다. 몇 세기에 걸쳐 간접적인 증거는 엄청나게 축적되었다. 그보다 더 조밀한 패킹은 누구도 생각해내지 못했다. 그와 같은 원자의 배열은 결정crystal에서 흔하게 나타나는데, 결정의 패킹이 효율적인 것은 에너지를 최소화하는 것과 들어맞는 것으로 추정된다. 에너지를 최소화하는 것은 수많은 자연적 형태를 관장하는 표준적인 법칙이다. 이러한 증거는 대부분의 물리학자가 만족하기에 충분할 정도로 훌륭했다. 반면, 더 나은 것은 없다는 증명은 어느 누구도 생각해낼 수 없었다. 평면에 원을 채워 넣는 것과 같은, 같은 종류지만 더 단순한 의문들에는 심오한 내용이 숨어있는 것으로 밝혀졌다. 이 분야 전체가 난해한 데다가 놀라운 일이 가득하다. 이러한 이유로 수학자들은 고민했지만 대개는 케플러의 답이 옳다고 여겼다. 1958년 C. 앰브로즈 로저스C. Ambrose Rogers는 케플러 추측이 '수많은 수학자가 믿고 물리학자라면 누구나 아는' 것이라고 묘사했다.[39] 이 장은 수학자들이 믿음을 확실한 것으로 바꿔놓은 이야기를 설명한다.

수학자들이 한 일을 이해하려면 케플러가 생각한 구면들의 배열을 자세히 살펴봐야 한다. 이 배열은 면심입방 격자face-centred cubic lattice로 알려졌다. 이렇게 살펴보면 문제의 미묘함이 드러나기 시작한다. 처음으로 떠오르는 의문은 왜 사각 층들을 이용하는가 하는 것이다. 어쨌든 하나의 층에서 가장 빽빽한 패킹은 **삼각** 격자에서 나타난다. 답은 삼각 층을 이용해도 면심입방 격자를 얻을 수 있다는 것이다. '삼각 패턴은 사각 패턴 없이는 존재할 수 없다.'는 케플러의 말의 본질이 바로 이것이다. 그러나 사각 층을 이용해 면심입방 격자를 묘사하는 편이 더 쉽다. 덤으로 케플러 추측이 청과물상이 오렌지를 채워 넣는 것만큼

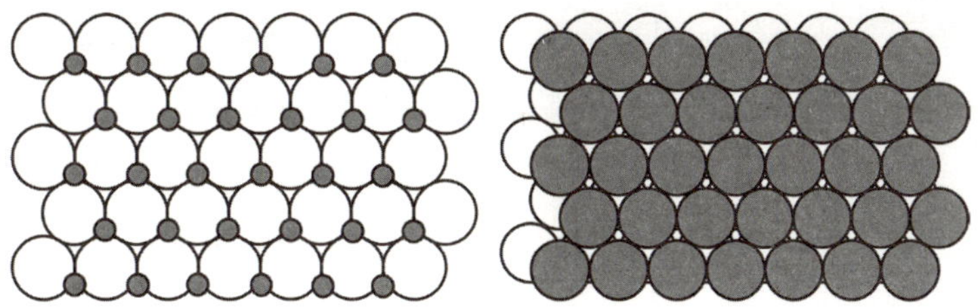

그림 18 삼각 격자를 아래에 있는 층의 틈들에 끼워 넣는다.

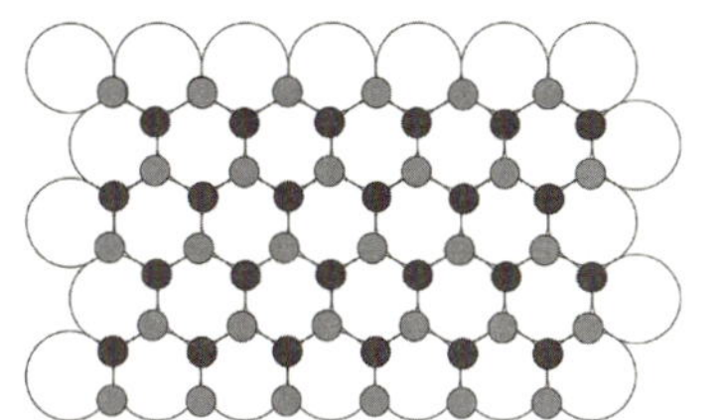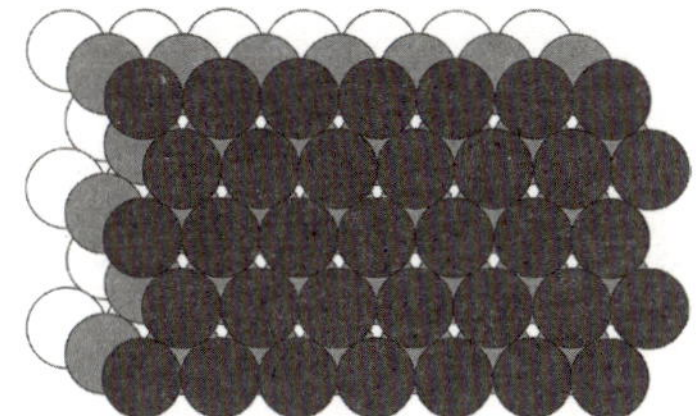

그림 19 삼각 격자를 차곡차곡 쌓는다.

간단하지는 않다는 것을 이해하게 된다.

그림 16(오른쪽)처럼 삼각으로 배열된 구면의 평평한 한 층부터 시작해본다고 가정하자. 구면들 사이에는 구부러진 삼각 홈들이 있고, 거기에 더해진 구면들의 층은 이러한 홈들에 맞아들어갈 수 있다. 사각층부터 시작하면 이 모든 홈을 이용할 수 있고, 두 번째 층, 그리고 거기에 이어지는 층들의 위치는 일의적一義的으로 결정된다. 삼각 배치에서 시작하면 이야기가 다르다. 홈들이 너무 가까이 붙어있어서 모두 이용할 수가 없다. 절반만 이용할 수 있다. 선택할 수 있는 한 가지 가능성을 그림 18(왼쪽)에 보였는데, 명확하게 보이기 위해 작은 회색 점들을 이용했다. 그림 18(오른쪽)은 구면의 다음 층이 어떻게 배치되어야 하는지 보였다. 첫 번째 층의 홈에 구면의 두 번째 층을 맞춰 넣는 두 번째

방법은 그림 19(왼쪽)에 검은 점으로 표시했다. 이 점들은 우연히도 두 번째 층의 홈들과 일치하므로 세 번째 층은 대응하는 위치에 더한다. 그 결과는 그림 19(오른쪽)이다.

이 2가지 가능성을 구별해도 이 두 층만 있을 때는 사실 아무런 차이도 나지 않는다. 두 번째 배열을 60도 회전시키면 첫 번째 배열이 된다. '대칭까지' 똑같다. 그러나 맨 앞의 두 층이 위치를 잡고 나면 세 번째 층에 대해서는 전혀 다른 2가지 선택의 여지가 존재한다. 각각의 새로운 층에는 그림 19(왼쪽)에 밝은 점과 어두운 점으로 표시한 2가지 체계의 홈이 있다. 한 쪽 체계는 세 번째 층이 첫 번째 층의 중심과 일치하고, 다른 체계는 첫 번째 층의 홈들과 일치한다. 면심입방 격자를 얻으려면 세 번째 층을 검은 점으로 표시한 위치에 쌓고 같은 패턴을 무한정 계속해야 한다.

그 결과가 면심입방 격자라는 것이 전적으로 명백하지는 않다. 사각 배치들은 어디로 갔을까? 존재하고는 있지만 비스듬히 기울어졌다는 것이 답이다. 그림 20은 6개의 연속적인 삼각 층들을 보여주는데, 상당수의 구면을 떼어냈다. 화살표는 안에 숨겨진 사각 격자의 행과 열

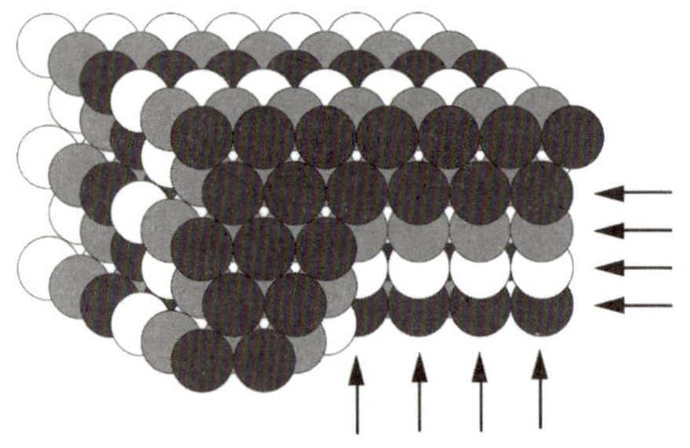

그림 20 삼각 층들 안에는 사각 층들이 비스듬히 숨어있다.

을 가리킨다. 이와 평행한 충들 역시 사각 격자이고, 이 충들은 내가 면심입방 격자를 구성한 바로 그 방법으로 서로 맞아들어간다.

이 패킹은 얼마나 '빽빽'한가? 패킹의 빽빽함(효율성, 조밀함)은 그 밀도, 즉 구면이 차지한 공간의 비율로 측정한다.[40] 밀도가 높을수록 패킹은 더 빽빽하다. 정육면체가 들어차면 공간 전체를 메우기 때문에 밀도가 1이다. 구면의 경우는 틈이 생기는 게 분명하므로 밀도는 1 미만이다. 면심입방 격자는 그 밀도가 정확히 $\pi/\sqrt{18}$로, 어림값은 0.7405이다. 따라서 이 패킹에서 구면은 4분의 3에 조금 못 미치는 공간을 채운다. 케플러 추측은 어떠한 구면 패킹도 이보다 더 큰 밀도를 가질 수는 없다고 한다.

상당히 조심스럽게 표현한 것이다. '면심입방 패킹이 그 어떤 것보다도 큰 밀도를 가진다.'라고는 말하지 않았다. 이건 옳지 않다. 극적이다 싶을 정도로 틀렸다. 그 이유를 알기 위해 삼각 충들을 이용해 면심입방 격자를 구성하는 것으로 돌아가보자. 맨 앞의 두 충이 결정되면 세 번째 충을 선택하는 데는 2가지 길이 있다고 했다. 면심입방 격자는 짙은 회색 점으로 표시된 두 번째 길을 이용할 때 나타난다. 그 대신 밝은 회색 점을 이용하면 어떻게 될까? 이제 세 번째 충은 첫 번째 충 바로 위에 정확히 올라앉는다. 계속 이런 식으로 각각의 새로운 충을 두 단계 아래의 충에 직접 올려놓으면 두 번째 격자 패킹을 얻는다. 바로 육각 격자이다. 이것은 면심입방 패킹과는 전혀 다르지만, 밀도는 같다. 세 번째 충을 놓는 서로 다른 두 길이 회전대칭으로 연관되어 있어서 어느 쪽을 택하든 세 번째 충은 그전 충에 정확하고 빽빽하게 들어맞기 때문에 이는 직관적으로 명백하다.

연속적인 삼각 층에서는 이러한 2가지 **격자** 패킹만을 얻어낼 수 있지만, 1883년 지질학자이자 결정학자인 윌리엄 발로William Barlow는 이어지는 각 층의 위치를 2가지 가능성 중에서 임의로 택할 수 있음을 지적했다. 양쪽 위치는 밀도에 똑같은 영향을 미치므로 이러한 패킹은 모두 밀도가 $\pi/\sqrt{18}$ 이다. 임의적인 순서는 무한히 많아서 무한히 많은 서로 다른 패킹으로 이어지며 모두 이와 같은 밀도를 지닌다.

간단히 말해서 밀도가 제일 높은 '유일한' 구면 패킹 같은 건 없다. 모두 같은 밀도를 가진 구면 패킹이 무한히 많은 것이다. 이렇게 유일성이 없다는 것은 경고다. 간단한 문제가 아니라는 것이다. 케플러가 옳다면 최적의 **밀도**는 유일하지만, 무한한 수의 서로 다른 배열들이 이러한 밀도를 가진다. 따라서 이러한 밀도가 정말로 최적이라는 증명은 각각의 새로운 구면을 가능한 한 빽빽하게 연속으로 맞춰나가는 문제로 끝나는 것이 아니다. 여기에는 선택의 여지가 있다.

청과물상의 경험이 인상적일 수는 있지만, 또한 면심입방 격자가 왕조가 성립되기 이전의 이집트 시장에 존재한 것도 분명하지만, 그것이 결정적이기에는 턱도 없다. 사실 청과물상의 방법이 좋은 답을 내놓는 것은 조금은 우연한 일이다. 청과물상 앞에 놓인 문제는 원칙적으로 어떤 배열도 가능한 상황에서 오렌지를 공간 속에 가능한 한 조밀하게 패킹하는 문제가 아니다. 땅은 평평하고 중력이 아래로 작용하는 세상에서 오렌지를 안정적으로 쌓는 문제이다. 청과물상은 당연히 층을 하나 만드는 데서 시작한다. 그러고는 또 한 층을 더하고, 또 더한다. 직사각형 상자 안에 오렌지를 넣는다면 첫 번째 층은 사각 격자로 만들 가능성이 크다. 오렌지에 제약이 없다면 사각 격자나 삼각 격자가 자연스럽다. 공교롭게도 둘 다 같은 면심입방 격자를 만든다. 적어도 삼각 격자의 경우에 층들이 적절하게 배치되면 그렇다. 사각 격자는 사실 좋지 않은 선택처럼 보이는데, 층을 패킹하는 밀도가 제일 높은 방법은 아니기 때문이다. 그게 결국 상관이 없는 것은 판단을 잘한 것이 아니라 운이 좋은 거다.

물리학자들은 오렌지에는 관심이 없다. 그들이 조밀하게 묶기를 바라는 것은 원자이다. 결정crystal은 원자가 규칙적이고 공간적으로 주기적으로 배열된 것이다. 케플러 추측은 주기성을 원자가 가능한 조밀하게 패킹된 자연스러운 결과라고 설명한다. 적어도 대개의 물리학자들의 눈에는 결정이 존재한다는 것만으로도 증거는 충분해서 추측은 분명히 참이다. 그러나 방금 보았듯 면심입방 격자 및 육각 격자와 똑같은 밀도로 구면을 패킹하는 데는 무한히 많은 방법이 있는데 어느 것도 공간적으로 주기적이지는 않다. 그렇다면 왜 자연은 결정에 주기적인 패턴을 사용할까? 구면을 원자의 모형으로 삼으면 안 된다는 대답도 가능하다.

수학자들도 오렌지에 관심이 없기는 마찬가지이다. 케플러처럼 수학자들도 완벽하고 합동인 구면들로 연구하는 쪽을 선호한다. 수학자들은 물리학자들의 주장이 그럴듯하다고 여기지 않는다. 구면을 원자의 모형으로 삼으면 안 된다면, 결정의 존재는 케플러 추측에 유리한 증거가 되지 않는다. 2가지를 한꺼번에 욕심낼 수는 없다. 추측이 결정 격자를 어느 정도는 설명해주고 결정 격자가 추측이 옳다는 것을 어느 정도는 보여준다고 주장하더라도…… 여기에는 논리적인 비약이 있다.

수학자들은 증명을 원한다.

케플러는 자신의 명제를 추측이라고 부르지 않았다. 그저 책에 넣어두었을 뿐이다. 이렇게 포괄적인 방식으로 그 말을 해석하라는 의도가 있었는지는 분명하지 않다. 면심입방 격자가 구면 패킹하는 상상할 수 있는 모든 방법 중에서 '3차원에서 가장 조밀한 패킹'이라고 주장했던 걸까? 아니면 그저 자기가 생각했던 3가지 중에서 가장 조밀한 패킹이라는 뜻이었을까? 그때로 돌아가서 물어볼 수도 없다. 역사적 진실이 무엇이건, 수학자들과 물리학자들이 관심을 갖는 해석은 포괄적인 해석, 야심 찬 해석이다. 무한히 많은 구면을 무한한 공간에 채워 넣는 가능한 모든 방법을 생각하고, 그 어느 하나도 면심입방 격자보다 밀도가 더 크지 않다는 것을 보이라고 했던 해석이다.

케플러 추측의 난해함은 과소평가하기 아주 쉽다. 가장 빽빽한 패킹을 얻는 방법은 구면을 하나 하나 더해가며 그 와중에서 다른 구면들과 최대한 많이 접하게 하는 것임이 분명하지 않은가? 그렇다면 불가피하게 케플러의 패턴으로 이어진다. 선택의 여지가 있을 때 구면을 올바른 순서로 더하여 올바른 위치에 놓는다면 그렇다. 그러나 이처럼 구면을 한 번에 하나씩 더하는 단계적인 방법이 더 광범위한 어떤 것에 못 미칠 리는 없다는 보장은 없다. 자동차 트렁크에 휴가 용품을 채워 넣어본 사람이라면 누구나 물건을 하나씩 넣으면 아무것도 넣을 수 없는 틈이 생길 수 있지만 처음부터 다시 시작해서 좀 더 주의를 기울이면 더 많은 것을 비집어 넣을 수 있는 경우가 있다는 걸 안다. 물론 휴가 용품을 채워 넣는 문제에는 집어넣으려고 하는 물건의 다양한 모양과

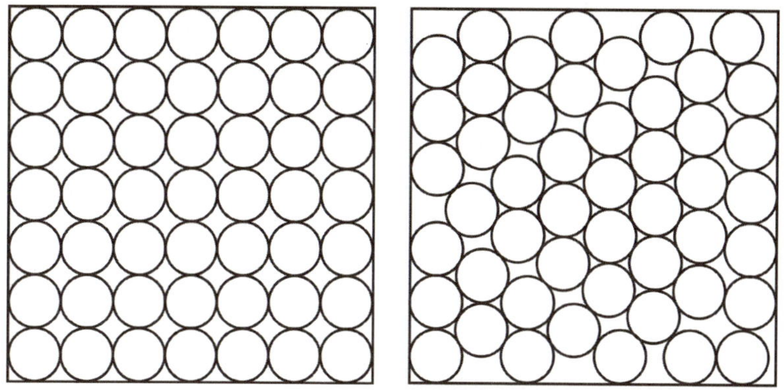

크기도 포함되기는 하지만, 그래도 논리적인 요점은 충분히 명확하다. 작은 영역에서 최대한 빽빽하게 배열하는 것에는 연쇄반응이 있을 수 있어서 더 큰 영역에서 최대한 빽빽하게 배열하는 것으로 이어지지 않을 수도 있다는 것이다.

케플러가 생각하는 배열은 아주 특별하다. 전혀 다른 어떤 배열이 합동인 구면들을 더욱 빽빽하게 채워 넣을 수도 있다는 것도 생각해봄 직하다. 어쩌면 울퉁불퉁한 층들이 더 효율적인지도 모른다. '층'이라는 게 잘못된 생각일 수도 있다. 올바른 생각이라고 절대적으로 확신한다 하더라도 그렇다는 것을 증명은 해야 한다.

납득이 가지 않는가? 여전히 뻔하다고 생각하는가? 너무 뻔해서 증명이 **필요** 없다고 생각하는가? 구면 패킹에 관한 직관에 대한 자신감을 무너뜨려보겠다. 평면의 원과 관련된 훨씬 더 단순한 문제가 있다. 각각의 지름이 1단위로 합동인 49개의 원이 있다고 해보자. 겹치지 않

게 채워 넣었을 때 이 원들을 담을 수 있는 **가장 작은** 정사각형의 크기
는 무엇일까? 그림 21(왼쪽)은 뻔한 답을 보여준다. 상자에 우유병을 담
듯 채워 넣는 것이다. 상자의 변은 정확히 7단위이다. 이것이 최선이라
는 것을 증명하려면 각 원이 다른 모든 원들로 인해 꼼짝 못하게 붙잡
혀서 추가적인 공간을 만들 수 없다는 것을 관찰하면 된다. 그림 21(오
른쪽)은 이 답이 틀렸음을 보여준다. 그림대로 불규칙한 방법으로 원들
을 채워 넣으면 한 변이 6.98단위에 살짝 못 미치는 정사각형 상자에
맞아들어가게 된다.[41] 따라서 증명도 틀렸다. 꼼짝 못한다는 게 더 나은
방법이 없다는 것을 보장해주지는 않는다.

사실 '7'이라는 답으로 이어지는 추론이 도무지 옳은 것일 수가 없
다는 것을 이해하기는 쉽다. 더 큰 정사각형들을 살펴보면 된다. 사각
격자를 이용하여 지름이 1인 n^2개의 원을 변의 길이가 n인 정사각형
에 채워 넣는다. 이 원들을 연속적인 방식으로 움직여서는 밀도를 높일
방법이 없다. 패킹은 고정되어 있어서 꼼짝 못한다. 하지만 충분히 큰 n
에 대해서는 밀도가 더 큰 패킹이 있을 수밖에 없는데, 그 이유는 삼각
격자가 사각 격자보다 효율적이기 때문이다. 정말로 큰 정사각형에 삼
각 격자를 이용해 최대한 많은 수의 원을 맞춰 넣는다면, 틈을 남겨둘
수밖에 없는 경계에서의 '가장자리 효과'에도 불구하고, 사각 격자에
비해 갖는 장점 덕에 결국은 삼각 격자가 이기게 된다. 경계의 크기는
$4n$으로 n^2과 비교했을 때 임의적으로 작아진다. 우연히도 삼각 격자가
우월해지는 정확한 시점은 $n = 7$일 때이다. 뻔한 것은 아니어서 이를
증명하려면 세부적인 작업이 상당히 많이 필요하지만, 어떤 n이 존재
하는 것은 분명하다. 꼼짝 못하는 것은 충분하지 않다.

사실 케플러 추측에는 2가지 형태가 있다. 하나는 격자 패킹만 고려하는데 이 경우 구면의 중심들이 공간적으로 주기적인 패턴을 형성하고 이 패턴은 연속적인 벽지처럼 3개의 독립적인 방향으로 무한히 반복된다. 그렇다 하더라도 문제가 여전히 어려운 까닭은 공간에 수많은 다양한 격자들이 존재한다는 것이다. 결정학자(결정체를 연구하는 학자)들은 대칭에 따라 분류한 14가지 유형을 인정하는데, 그런 유형 중에는 무한히 많은 다양한 값으로 보정될 수 있는 수들로 결정되는 것들도 있다. 하지만 가능한 모든 패킹을 허용하는 두 번째 형태를 생각하면 어려움은 더욱 심각해진다. 각 구면은 공간을 떠다니고, 중력은 없고, 층과 같은 대칭적인 배열을 형성할 의무도 없다.

문제가 너무 어려워 보이면 수학자들은 뒤로 미뤄두고 더 간단한 형태를 찾는다. 평평한 구면의 층에 대한 케플러의 생각은 평면에서의 원의 패킹에서 시작하라고 권한다. 그러니까 합동인 원이 무한히 주어졌을 때 이들을 가능한 조밀하게 채워 넣으라는 것이다. 여기서 밀도는 원이 덮는 **면적**의 비율이다. 1773년 조제프 루이 라그랑주Joseph Louis Lagrange는 평면에서 밀도가 가장 높은 격자 패킹은 삼각 격자로 그 밀도는 $\pi/\sqrt{12} = 0.9069$라는 것을 증명했다. 1831년 가우스는 변수가 3개인 방정식에 대한 자신이 내놓은 정수론적인 결과 일부를 일반화한 루트비히 제버Ludwig Seeber가 쓴 책을 검토했다. 가우스는 제버의 결과가 면심입방 격자와 육각 격자가 3차원 공간에서 밀도가 가장 높은 격자 패킹을 제공한다는 것을 증명한 것이라고 했다. 그보다 높은 차원, 즉 4, 5, 6 등의 차원 공간에서의 격자 패킹에 대해서는 이제 엄청나게 많은 것들이 알려졌다. 24차원의 경우는 특히 많이 알려졌다. (이 분야가 이런 식이다.) 현실성이 없어 보이지만 이 영역은 정보 이론 및 컴퓨터 코드와 관련이 있다.

비격자 패킹은 전혀 다른 문제이다. 그 수는 무한히 많지만 정밀한 규칙적 구조가 전혀 없다. 그렇다면 반대편 극단으로 가서 무작위 패킹을 살펴보면 어떨까? 1727년에 나온《채소 통계Vegetable Staticks》에서 스티븐 헤일스Stephen Hales는 '신선한 콩 몇 꾸러미를 같은 냄비에 눌러넣은' 실험을 보고하며 함께 눌러넣으면 콩들이 '예쁜 정12면체pretty regular dodecahedrons'를 이룬다고 했다. 그는 정12면체들이 예쁘다는 뜻으로 말한 것이지, 12면체들이 제법 정규적pretty regular이라는 의미로 말한 것은 아닌 것 같지만 두 번째 해석이 더 나은 이유는 정12면체는 공간을 채울 수 없기 때문이다. 그가 본 것은 십중팔구 사방12면체였을 텐데, 이는 면심입방 패킹과 관련하여 나온 적이 있다. G. 데이비드 스콧G. David Scott은 그릇에 많은 수의 볼 베어링을 넣고 철저하게 흔들어서 가장 높은 밀도는 0.6366이라는 것을 관찰했다. 2008년 송차오밍Chaoming Song, 왕펑Ping Wang, 에르난 막세Hernán Makse는 이 수를 해석학적으로 도출해냈다.[42] 그러나 그들의 결과가 케플러가 옳았다는 것을 의미하지는 않는다. 그것은 말한 바와 같이 밀도가 0.74인 면심입방 격자는 존재할 수 없다는 의미가 될 것이기 때문이다. 이러한 불일치를 설명하는 가장 간단한 방법은 그들의 결과가 극도로 드문 예외들을 무시했다는 점이다. 면심입방 격자, 육각 격자, 그리고 무작위적으로 선택한 삼각 층들의 모든 배열은 모두 이러한 종류의 예외이다. 같은 이유로 밀도가 훨씬 높은 다른 배열이 존재할 수도 있다. 그런 배열이 격자일 수는 없지만 무작위로 찾아봐서는 절대로 찾아낼 수가 없다. 그 확률이 0이기 때문이다. 따라서 무작위 패킹에 대한 연구는 물리학의 많은 의문과 관련이 있기는 하지만 케플러 추측에 대해서는 많은 것을 알려주지 않는다.

최초의 진정한 돌파구는 1892년 악셀 투Axel Thue가 스칸디나비아 자연과학 학술대회에서 평면에서의 원 패킹에 삼각 격자만큼 밀도가 높은 것은 있을 수 없다는 증명을 간략하게 소개하는 강연을 하면서 등장했다. 그의 강연은 출판되었지만 상세한 사항이 너무 모호해서 그가 마음속으로 생각하던 증명을 재구성할 수는 없다. 그는 1910년 새로운 증명을 내놓았는데 그가 해결할 수 있다고 쉽게 가정했던 몇 가지 기술적인 부분을 제외하고는 그럴듯해 보였다. 이러한 결함을 채워 넣는 대신 1940년 러슬로 페예시 토트László Fejes Tóth는 다른 방법으로 완전한 증명을 얻어냈다. 그 직후에 베니아미노 세그레Beniamino Segre와 쿠르트 말러Kurt Mahler는 그와는 전혀 다른 증명을 찾아냈다. 2010년 장하이차오張海潮와 왕리충王立中은 더 간단한 증명을 웹에 올렸다.[43]

명시된 조건으로 원 패킹이나 구면 패킹의 가장 큰 밀도를 찾는 것은 수학 문제에서 최적화 문제라고 알려진 일반적 종류에 속한다. 그런 문제는 일련의 변수에 의존하는 양을 명확한 방식으로 계산하는 수학 규칙인 함수의 최댓값 혹은 최솟값을 찾는다. 규칙은 공식으로 명시되는 경우가 많지만 필수적인 것은 아니다. 예를 들어 49개의 원을 다루는 우유 상자 문제는 이렇게 공식으로 나타낼 수 있다. 변수는 49개의 원의 중심의 좌표이다. 각각의 원에는 2개의 좌표가 필요하므로 변수는 98개이다. 함수는 변들이 좌표축과 평행하고 주어진 일련의 겹치지 않는 원들을 포함하는 가장 작은 정사각형의 크기이다. 우유 상자 문제는 변수들이 모든 패킹을 아우를 때 이 함수가 도달하는 최솟값을 찾는 것과 동등하다.

함수는 다차원 지형으로 생각할 수 있다. 지형의 각 점은 변수의 선택에 대응하며 그 점의 높이는 그에 대응하는 함수의 값이다. 함수의 최댓값은 가장 높은 봉우리의 높이이고 최솟값은 가장 깊은 계곡의 깊이이다. 원칙적으로 최적화 문제는 미적분으로 풀 수 있다. 함수는 그림 22에서처럼 봉우리나 계곡에서 수평이어야 하고 미적분은 이러한 조건을 방정식으로 표현한다. 우유 상자 문제를 이러한 방법으로 풀려면 98개의 변수로 98개의 연립방정식을 풀어야 한다.

최적화 문제가 뜻밖에 곤란한 점 하나는 이런 방정식들에 수많은 해가 있는 경우가 많다는 것이다. 어떤 지형에는 수많은 국소적인 봉우리들이 있지만 제일 높은 건 그중 단 하나이다. 히말라야산맥을 생각해 보자. 봉우리 **아닌** 것이 없다시피 하지만 그래도 제일 높은 건 에베레스트산뿐이다. 봉우리를 찾는 방법으로 제일 뻔한 것이야 '할 수만 있으면 올라가 보는' 것이겠지만, 이런 방법들은 국소적인 봉우리에 속는 일이 많다. 또 하나 곤란한 점은 변수의 수가 늘어나는 만큼 국소적인 봉우리의 수로 유력한 값도 늘어난다는 것이다. 그래도 이 방법이 통하는 경우가 있기는 하다. 부분적인 결과만으로도 유용할 수 있다. 국소적인 봉우리를 찾으면 최댓값은 적어도 그만큼 높아야 하기 때문이다. 이렇게 우유 상자 문제에서 원들을 배열하는 개선된 방법을 찾아냈다.

격자 패킹의 경우 그 최댓값을 찾아야 하는 함수는 격자가 반복되는 방향과 길이라는 유한한 수의 변수에만 의존하고 있다. 비격자 패킹

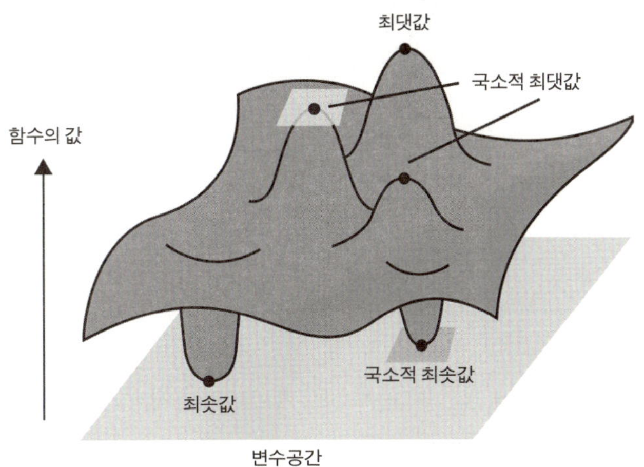

그림 22 함수의 봉우리와 계곡.

의 경우 함수는 모든 원이나 구면의 중심이라는 무한히 많은 변수에 의존한다. 이러한 경우 미적분이나 다른 최적화 기법을 직접 사용하는 것은 희망이 없다. 토트의 증명은 교묘한 방법을 이용해서 원에 대한 비격자 패킹 문제를 변수의 수가 유한한 최적화 문제로 바꿔냈다. 이후 1953년 그는 똑같은 요령이 원칙적으로 케플러 추측에도 적용될 수 있다는 것을 깨달았다. 유감스럽게도 그 결과 나온 함수는 약 150개의 변수에 의존하는 것으로, 인력으로 계산하기에는 그 수가 너무 많았다. 그러나 토트에게는 가능성이 있는 탈출구를 알아보는 선견지명이 있었다. '컴퓨터의 급속한 발전을 염두에 두면, 최솟값을 대단히 정밀하게 판단할 수 있을지도 모른다고 상상할 수 있다.'

당시 전산은 초기 단계여서 충분히 강력한 기계가 없었다. 따라서 케플러 추측에 대한 진전은 이후 다른 방향으로 나아간다. 다양한 수학자들이 구면 패킹이 취할 수 있는 밀도의 한계(상한)을 찾아냈다. 예를 들어 1958년 로저스는 밀도가 기껏해야 0.7797이라는 것을 증명했다. 이러한 한계는 드문 예외도 없이 모든 구면 패킹에 적용되었다. 1986년 J. H. 린지_{J.H. Lindsey}는 이러한 한계를 0.77844로 개선했고 더글러스 머더_{Douglas Muder}는 1988년 이를 살짝 더 깎아내어 0.77836이라는 한계를 얻어냈다.[44] 이러한 결과들은 면심입방 격자의 0.7405보다 **한참** 더 나은 결과를 얻어낼 수는 없다는 것을 보여준다. 그래도 아직 격차가 있었고 그 격차를 없앨 가망은 거의 없었다.

1990년 미국 수학자 샹우이_{項武義}는 케플러 추측에 대한 증명을 발표했다. 그러나 세부사항이 공개되면서 금세 의문이 이어졌다. 이 논문을 논평하며 〈수학 리뷰_{Mathematical Reviews}〉에 토트는 이렇게 썼다. '케플러 추측에 대한 증명을 (이 논문이 제시하고 있는가를) 묻는다면 내 대답은 아니라는 것이다. 샹우이가 세부적인 사항을 채워줬으면 하는 바람이지만 내 생각에는 아직 해야 할 일이 더 많다.'

오랜 세월 이 추측을 연구해왔던 토머스 헤일스_{Thomas Hales} 역시 샹우이의 방법이 교정될 수 없을 거라는 생각을 했다. 그 대신 토트의 접근법을 진지하게 받아들일 때라고 판단했다. 로그표에 손을 뻗기보다는 컴퓨터에 손을 뻗는 게 더 자연스러운 새로운 세대의 수학자들이 자라났다. 1996년 헤일스는 토트의 아이디어에 근거한 증명 전략의 개요를 밝혔다. 주어진 구면 바로 곁에 있는 몇 개의 구면을 배열하는 가능한 모든 방법을 찾아내는 것이 필요했다. 구면 패킹은 구면들의 중심으로 결정된다. 단위 구면의 경우 중심이 적어도 2단위는 떨어져 있어

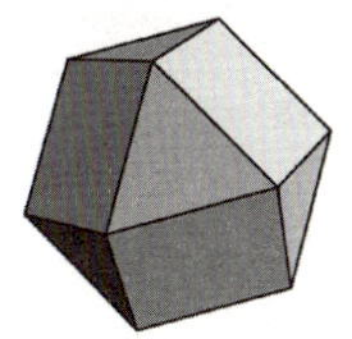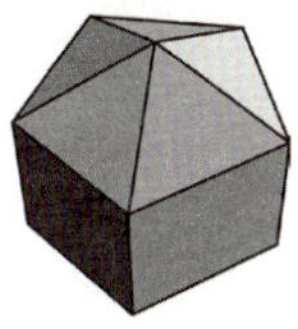

그림 23 왼쪽부터 오른쪽으로: 면심입방 격자에서의 한 구면의 이웃. 이웃들이 형성한 우리. 육각기둥 유형의 구의 이웃. 이웃들이 형성한 우리.

야 한다. 중심이 멀어 봤자 2.51단위 떨어져 있어야 **이웃**이라고 한다. 이 값은 판단의 문제이다. 너무 줄이면 이웃들을 다시 배열하여 밀도를 높일 공간이 없다. 너무 늘리면 이웃을 배치하는 방법의 수가 어마어마해진다. 헤일스는 2.51이 효율적인 절충값임을 알아냈다. 이제 공간에 무한한 네트워크를 형성해 이웃들의 배열방식을 표현할 수 있다. 네트워크의 점은 구면의 중심이고 2개의 점은 이웃인 경우 하나의 선으로 연결된다. 이 네트워크는 패킹의 골격쯤 되는 것으로, 각 구면의 이웃들에 대한 필수적인 정보를 포함한다.

임의의 주어진 구면에 대하여 네트워크에서 그 인접한 이웃을 보며 원래의 구면은 빼고 이러한 이웃 간의 선들만을 고려할 수 있다. 그 결과는 원래의 구면의 중심에 있는 점을 둘러싼 일종의 우리cage이다. 그림 23(왼쪽의 쌍)은 면심입방 격자에서의 구면의 이웃들과 그와 관련된 우리를 보여준다. 그림 23(오른쪽의 쌍)은 구면의 특별한 배열 방법인 오각기둥에 대해 같은 작업을 한 것인데, 오각기둥은 이 증명에서 핵심적인 역할을 하는 것으로 밝혀졌다. 여기에는 구면의 중앙에 있는 균분원均分圓, equator에 평행한 두 무리의 오각형이 있고 거기에 각각의 극極

에는 구면이 하나씩 있다.

우리는 평평한 면들을 가진 입체를 형성하고 이 입체의 기하가 중심이 되는 구면 부근의 패킹 밀도를 지배한다.[45] 핵심적인 아이디어는 각 우리를 그 점수score라고 알려진 수와 연관시키는 것인데 이는 구면의 이웃이 패킹된 밀도를 추정하는 한 방법으로 생각할 수 있다. 점수는 그 자체로는 밀도가 아니지만 밀도에 비해 반응도 낫고 계산하기도 쉬운 양이다. 특히 우리의 점수는 그 면들과 관련된 점수를 더해 찾아낼 수 있는데, 밀도는 그렇게 할 수 없다. 대개 점수에 대한 수많은 다양한 개념은 이러한 조건을 만족하는데 한 가지 점에서는 모두 일치한다. 면심입방 격자와 육각 격자에서 점수는 늘 8 '점point'이라는 것이다. 이는 그 정의로 무엇을 택하건 마찬가지이다. 여기서 1점은 다음과 같은 구체적인 수이다.

$$4\arctan\frac{\sqrt{2}}{5} - \frac{\pi}{3} = 0.0553736$$

그러니까 8점이라는 것은 실은 0.4429888이다. 이 특이한 수는 면심입방 격자의 특별한 기하에서 비롯된 것이다. 헤일스의 핵심적인 관찰 결과는 케플러 추측을 이 수와 연관시킨다. 모든 우리의 점수가 8점 이하이면 케플러 추측은 참이다. 따라서 초점은 우리와 점수로 옮겨간다.

우리는 그 위상, 즉 주어진 변의 수를 가진 면을 몇 개나 가지고 있고 그러한 면들은 어떻게 인접하는가에 따라 분류될 수 있다. 그러나 주어진 위상에서 모서리들은 수많은 다양한 길이를 가질 수 있다. 이러한 길이는 점수에 영향을 미치지만 위상 수학은 수많은 서로 다른 우리들을 일률적으로 보기 때문에 똑같은 보편적인 방법으로 다룰 수 있다. 최종적인 증명에서 헤일스는 5,000가지 정도의 우리를 고려했지만 주된 계산은 수백 개에 집중되었다. 1992년 그는 5단계의 프로그램을 제안했다.

1. 우리의 모든 면이 삼각형일 때 바라는 결과를 증명한다.
2. 면심입방 패킹과 육각 패킹이 같은 위상을 가진 그 어떤 우리보다 점수가 높다는 것을 보인다.
3. 우리의 모든 면이 삼각형과 사변형인 경우를 처리하되 더 어려운 육각기둥은 예외로 한다.
4. 변이 5개 이상인 모든 우리를 처리한다.
5. 유일하게 남은 우리가 육각기둥인 경우를 해결한다.

첫 번째 단계는 1994년 해결되었고 두 번째 단계는 1995년에 해결되었다. 프로그램이 발전하면서 헤일스는 논증을 단순화하려고 우리의 정의를 수정했다.(그가 사용한 용어는 '분해 성상decomposition star'이다.) 새로운 정의는 그림으로 보인 2개의 우리를 바꿔놓지도 않고 이미 얻어낸 증명 부분들에 심각한 영향을 끼치지도 않았다. 1998년에 이르러 이러한 새로운 개념을 사용해 5단계가 모두 완료되었다. 헤일스의 제자인 새뮤얼 퍼거슨Samuel Ferguson이 다섯 번째 단계, 즉 까다로운 육각기둥의 경우를 해결했다.

해석의 모든 단계에서 컴퓨터가 아주 많이 사용되었다. 요령은 각 국소 네트워크에서 계산을 상대적으로 쉽게 해주는 점수 개념을 선택

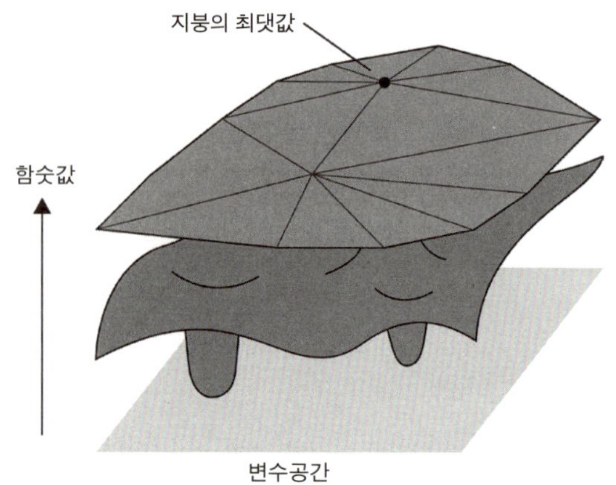

그림 24 함수 위에 지붕 씌우기.

하는 것이다. 기하학적으로 볼 때 밀도를 점수로 바꾸는 것은 봉우리를 찾아야 하는 매끄러운 지형 위에 일종의 지붕을 덮는 것과 같다. 지붕은 그림 24에서처럼 수많은 평평한 조각들로 이루어져 있다. 이런 모양은 매끄러운 평면보다 작업하기가 수월한데, 그 이유는 최댓값이 반드시 돌출부에 나타나고 이는 훨씬 더 간단한 방정식들을 풀어서 찾을 수 있기 때문이다. 이렇게 하는 효율적인 방법이 있는데, 이를 선형계획법linear programming이라고 한다. 지붕의 봉우리가 매끄러운 평면의 봉우리와 일치하도록 교묘하게 지붕을 구축하면 더 간단한 이러한 계산으로 매끄러운 평면의 봉우리의 위치를 알아낼 수 있다.

이러한 접근 방법에는 대가가 따른다. 약 100,000개의 선형계획법 문제를 풀어야 하는데 계산은 장황하지만 오늘날의 컴퓨터의 능력이면 충분하고도 남는다. 헤일스와 퍼거슨이 자신들의 연구를 발표하려고 준비했을 때 이 수학 논문은 약 250쪽에 달했고 컴퓨터 파일의 크기도 3기가바이트 정도였다.

1999년 헤일스는 이 증명을 〈수학 연보Annals of Mathematics〉에 제출했고, 학술지 측에서는 12명의 전문가로 심사위원회를 구성했다. 2003년에 이르러 위원회는 이 증명이 옳다는 것을 '99퍼센트 확신'한다고 공표했다. 불확실하게 남은 것은 컴퓨터 계산과 관련된 부분이었다. 위원회는 상당 부분을 재연해냈고 그렇지 않은 경우에는 증명이 만들어진 방식과 프로그램된 방식을 점검했지만 몇 가지 측면은 검증할 수가 없었다. 지연 끝에 학술지 측에서는 논문을 출판했다. 헤일스는 증명에 대한 이러한 접근이 100퍼센트 옳다고는 결코 인증받을 수 없으리라는 것을 깨닫고 2003년 표준적인 자동 증명 확인 소프트웨어를 이용해 컴퓨터로 검증할 수 있는 형태로 증명을 재구성하는 프로젝트를 시작했다고 발표했다.

여우를 피하려다 호랑이를 만나는 격으로 보일지 모르지만 실은 대단히 합리적이다. 수학자들이 학술지에 발표하는 증명은 사람들을 설득하려는 의도를 지니고 있다. 1장에서 말했듯 그런 증명은 일종의 이야기이다. 컴퓨터는 이야기를 하는 데는 형편없지만 우리는 서툰, 길고 지루한 계산을 실수 없이 해내는 데는 탁월하다. 컴퓨터는 학부과정 교과서에 나오는, 증명이란 하나의 논리적 단계의 결과로 다음 논리적 단계가 뒤따르는 것이 반복되는 일련의 과정이라는 엄격한 개념에 이상적이다.

컴퓨터 과학자들은 이러한 능력을 십분 활용해왔다. 증명을 점검하려면 컴퓨터로 각각의 논리적 단계를 검증한다. 쉬워야 마땅하지만 학술지에 나온 증명은 그런 식으로 작성되지 않는다. 틀에 박히거나 뻔한 건 모두 생략한다. 전통적인 문구들은 찾아내기 쉽다. '……를 검증하기는 쉽다.' '갑순이와 갑돌이의 방법을 이용하되 고립된 특이점들을 참작해 수정하면 다음과 같은 결과가……' '이는 간단한 계산으로 증명……' 컴퓨터는 (아직) 이런 것을 다룰 수 없다. 하지만 사람은 증명을 다시 써서 이 모든 공백을 메울 수 있고, 그러면 컴퓨터도 각 단계를 검증할 수 있게 된다.

격전의 현장으로 곧바로 서둘러 돌아가지 않는 까닭은 간단하다. 검증을 하는 소프트웨어를 딱 **한 번**은 확인해야 하기 때문이다. 이런 소프트웨어는 범용이어서 적당한 포맷으로 작성된 모든 증명에 적용할 수 있다. 컴퓨터 증명에 대한 온갖 걱정은 이 단 하나의 소프트웨어에 집중된다. 일단 검증하고 나면 다른 모든 것을 검증하는 데 사용할 수 있다. 심지어는 훨씬 더 간단한 증명 검증 소프트웨어로 확인할 수 있는 언어로 쓰인 증명 검증 소프트웨어를 만들어 이러한 과정을 자체적으로 수행하게 할 수도 있다.

최근에는 수많은 핵심적인 수학 정리들의 증명이 이런 식으로 검증되어왔다. 증명은 컴퓨터로 다루기에 더 적당한 스타일로 표현되어야 하는 경우가 많다. 얼마 전 조르당 곡선 정리가 증명으로 검증되었다. 이 정리는 평면상의 폐곡선은 자체적으로 교차하지 않으면 모두 이 평면을 2개의 서로 구별되는 연결된 영역으로 분할한다는 것이다. 당연하게 들릴 수 있지만 위상 수학의 선구자들은 철저한 증명을 찾느라 골머리를 썩였다. 카미유 조르당Camille Jordan은 1887년 마침내 80쪽이나 되는 증명을 찾아내는 데 성공했지만 나중에 근거가 없는 가정을 했다는 이유로 비판받았다. 그 대신 1905년 더욱 상세한 증명을 제시한 오스왈드 베블런Oswald Veblen에게 명예가 돌아갔는데, 그는 이렇게 말했다. "(조르당의) 증명은…… 수많은 수학자에게는 불만스럽다. 단순한 다각형이라는 중요하고도 특별한 경우에서 증명이 없는 정리를 가정해서 적어도 그 뒤의 논증에 대해 모든 세부사항이 주어지지는 않았다는 점을 인정해야 한다." 후일 수학자들은 베블런의 비판을 아무런 이의 없이 받아들였지만 최근 헤일스는 조르당의 증명을 검토해 '반대할 만한 것을 전혀' 찾지 못했다. 사실 베블런이 다각형을 언급한 것은 기이한 일이다. 정리는 다각형에 관한 간단한 것이었고, 어쨌거나 조르당의 증명은 그러한 형태에 의존하지 않기 때문이다.[46]

케플러 추측에 대한 준비운동으로 헤일스는 2007년 60,000행의 컴퓨터 코드를 이용해 컴퓨터로 검증한 조르당 곡선 정리에 대한 형식을 갖춘 증명을 내놓았다. 그 직후 한 팀을 이룬 수학자들이 다른 소프트웨어를 이용해 또 다른 증명을 내놓았다. 컴퓨터 검증이 절대로 확실하다고는 할 수 없지만 그건 전통적인 증명도 마찬가지이다. 사실 수많은 수학 연구 논문들에는 어딘가 기술적인 오류가 포함되어 있을 게 분명하다. 이러한 오류들이 때때로 모습을 드러내지만, 대개는 해가 없는 것으로 결론이 난다. 심각한 오류는 모순을 끌어들여 말도 안 되는 부분이 눈에 띄기 때문에 발견되는 게 보통이다. 이야기를 들려주는 접근 방법의 또 하나의 약점은 다음과 같은 것이다. 인간이 이해할 수 있는 증명을 만들면서 치르게 되는 대가는 이 이야기가 틀린 경우라도 대단히 그럴듯해 보일 때가 있다는 것이다.

헤일스는 자신의 접근 방법을 **플라이스펙 프로젝트**Project FlysPecK라고 부른다. 대문자로 쓴 F, P, K는 '정식 케플러 증명formal proof of Kepler'

을 의미한다. 애초에 그는 이러한 임무를 완수하는 데 20년 정도는 걸

릴 거라고 추측했다.[47]

06

오래된 것에 대한 새로운 해법

모델 추측

이제 페르마의 마지막 정리를 목표로 다시 정수론의 영역으로 돌아오자. 씨를 뿌리기 전에, 좀 낯설기는 하지만 훨씬 더 중요하다고도 할 수 있는 문제로 땅을 고르기로 한다. 2002년 앤드루 그랜빌과 토머스 터커Thomas Tucker는 이 문제를 다음과 같이 소개했다.[48]

> (1922년) 모델Mordell은 수학 사상 가장 위대한 논문을 썼다. …… 논문 말미에 모델은 디오판토스 산술에 대한 20세기의 중요한 연구 상당 부분에 동기를 부여하는 데 도움이 된 5개의 질문을 던졌다. 가장 중요하고 어려운 질문에는 1983년 팔팅스Faltings가 수학 사상 가장 심오하고 강력한 개념 몇 가지를 창안해 답했다.

여기서 모델은 미국에서 리투아니아 출신의 유대인 가정에 태어난 영국인 정수론 학자 루이스 모델Louis Mordell을 가리키며, 팔팅스는 독일 수학자 게르트 팔팅스Gerd Faltings를 말한다. 언급된 질문은 모델 추측으로 알려지게 되었고, 이 인용문은 현재의 상황을 나타낸다. 팔팅스가 훌륭하게 증명해냈다는 것이다.

모델 추측은 정수론의 주요 분야인 디오판토스 방정식에 속한다. '디오판토스 방정식'이라는 이름은 서기 250년경 《산학Arithmetica》이라는 유명한 책을 쓴 알렉산드리아의 디오판토스의 이름을 딴 것이다. 원래 《산학》은 열세 권이었던 것으로 생각되지만 그중 여섯 권만 보존되었고 나머지는 모두 후대의 사본이다. 덧셈이나 곱셈이라는 의미로 생각한다면 이건 산술 교과서가 아니다. 최초의 대수학 교과서로 그리스인들이 알고 있던 방정식 해법을 거의 다 모아두었다. 게다가 기본적인 형태의 대수 표기법도 갖추고 있었는데, 미지수(우리가 사용하는 x)에 대해서는 그리스 문자 시그마 ς의 어떤 이형異形을, 그 제곱(우리가 사용하는 x^2)에 대해서는 Δ^Y을, 세제곱(우리가 사용하는 x^3)에 대해서는 K^Y를 사용한 것으로 보인다. 덧셈은 기호들을 나란히 두어 표시했고, 뺄셈에는 나름의 특별한 기호가 있었으며, 미지수의 역수(우리가 사용하는 $1/x$)는 ς^x를 사용하는 식이었다. 기호들은 후대의 사본과 번역본에서 재구성한 것이라 전적으로 정확하지는 않을 수도 있다.

고전 그리스 수학의 관점으로 보자면 《산법》에서 구하고자 한 방정식들의 해는 유리수, 즉 범자연수로부터 형성된 22/7과 같은 분수여야 했다. 범자연수여야 하는 경우도 많았다. 관련된 모든 수는 양수였다. 음수는 몇 세기 뒤 중국과 인도에서 도입되었다. 이제 우리는 그러한 문제를 디오판토스 방정식이라고 부른다. 이 책에는 몇 가지 주목할 만한 심오한 결과들이 담겨 있다. 특히 디오판토스는 모든 범자연수가

4개의 완전제곱수(0을 포함한)의 합으로 표현될 수 있다는 것을 알았던 것 같다. 라그랑주가 1770년 처음으로 증명을 내놓았다. 여기서 우리에게 흥미로운 결과는 2개의 완전제곱수를 더해 또 하나의 완전제곱수가 나오는 '피타고라스 수' 전부에 대한 공식이다. 피타고라스 수라는 이름은 피타고라스 정리에서 나온 것이다. 이러한 관계는 직각삼각형의 변들 사이에 성립한다. 제일 잘 알려진 예는 유명한 3-4-5 삼각형으로 $3^2 + 4^2 = 5^2$이다. 또 하나는 $5^2 + 12^2 = 13^2$이다. 이러한 피타고라스 수는 무한히 많고 에우클레이데스의 《기하학 원론》X권 29번 정리와 30번 정리 앞에 있는 보조 정리에 피타고라스 수를 모두 찾는 비결이 나와있다.

에우클레이데스의 방법은 무한히 많은 피타고라스 수를 만들어낸다. 모델은 무한히 많은 해를 낳는 공식이 있는 디오판토스 방정식을 몇 개 더 알고 있었다. 그는 무한히 많은 해가 있지만 공식으로 규정되지 **않는**, 다른 유형의 디오판토스 방정식도 알았다. 이것을 타원 곡선이라고 한다. 하지만 타원과는 사실상 아무런 관련도 없기 때문에 상당히 우스꽝스러운 이름이기는 하다. 그 해의 수는 무한하다. 임의의 두 해를 결합해 또 다른 해를 만들 수 있기 때문이다. 모델도 이러한 방정식의 기본적인 성질 하나를 증명했다. 이 과정을 통해 모든 해를 만들어내기 위해서는 유한한 수의 해만 있으면 된다는 것이었다.

이러한 2가지 유형의 방정식을 제외하면 모델이 생각해낼 수 있었던 나머지 디오판토스 방정식은 모두 둘 중 하나의 범주에 속했다. 해가 아예 없는 것을 포함하여 오로지 유한한 수의 해만 가진 것으로 알려진 방정식이거나 해의 수가 유한한지 무한한지 아무도 모르는 방정식이다. 이것만으로는 새로울 것이 없었지만 모델은 다른 누구도 눈치채지 못했던 패턴을 찾아낼 수 있을 거라고 생각했다. 정수론적인 패턴은 전혀 아니었다. 위상 수학에서 나온 패턴이었다. 문제는 방정식에 구멍이 몇 개 있는가 하는 것이었다. 이것을 이해하려면 해를 유리수나 정수가 아닌 복소수로 생각해야 했다. 어떤 면에서는 디오판토스 방정식의 참뜻과 완전히 반대되는 것처럼 보였다.

여기서 몇 가지 자세한 사항을 알아보는 것이 좋겠다. 나중에 큰 도움이 된다. 대수 때문에 기운을 뺄 필요는 없다. 대개는 구체적인 이야깃거리가 필요해서 설명하는 것이다.

피타고라스 수는 피타고라스 방정식의 정수해이다.

$$x^2 + y^2 = z^2$$

z^2로 나누면

$$(x/z)^2 + (y/z)^2 = 1$$

이다. 3장에 나온 대로 이는 유리수 쌍 $(x/z, y/z)$가 평면상의 단위원 위에 있다는 것을 알려준다. 그런데 피타고라스 방정식은 기하학에서 비롯된 것이고 그 해석은 관련된 삼각형의 직각과 관련 있다. 방금 도출한 공식은 약간은 다른 기하학적 해석을 제공하는데 그것은 하나의 피타고라스 수가 아니라 피타고라스 수 전체에 관한 것이다. 피타고라스 방정식의 해들은 직접적으로, 또한 당연하게도 단위원의 유리점 ratoinal point 전체에 대응한다. 여기서 유리점이라는 것은 좌표가 둘 다 유리수라는 것을 말한다.

이러한 연관에서 수많은 흥미로운 사실을 추론할 수 있다. 약간의 삼각법을 이용하거나 직접적인 대수를 통해 임의의 수 t에 대해 점

$$\left(\frac{2t}{t^2+1} , \frac{t^2-1}{t^2+1} \right)$$

은 단위원 위에 있다는 것을 발견할 수 있다. 게다가 t가 유리수이면 이 점도 유리점이다. 모든 유리점은 이러한 방식으로 발생하므로 피타고라스 방정식의 모든 해에 대한 완전한 공식을 확보한 것이다. 이는 에우클레이데스의 공식과 동등한데, 그의 공식은 디오판토스의 공식과 같다. 예를 들어 $t = 22/7$이라면 이 수식의 값은

$$\left(\frac{308}{533} , \frac{435}{533} \right)$$

인데, 확인해보면 $308^2 + 435^2 = 533^2$이다. 우리 입장에서는 정확한 공식은 그렇게까지 중요하지는 않다. 중요한 것은 그런 게 있다는 것이다.

디오판토스 방정식만이 모든 해를 내놓는 유일한 것은 아니지만 그런 공식은 상대적으로 드물기는 하다. 다른 것으로는 소위 펠 방정식 Pell equation이라는 것이 있다. $x^2 = 2y^2 + 1$ 같은 것이다. 여기에는 무한히 많은 해가 있는데 이를테면 $3^2 = 2 \times 2^2 + 1$, $17^2 = 2 \times 12^2 + 1$ 같은 것이고, 여기에도 일반적인 공식이 있다. 그렇지만 피타고라스 수의 구

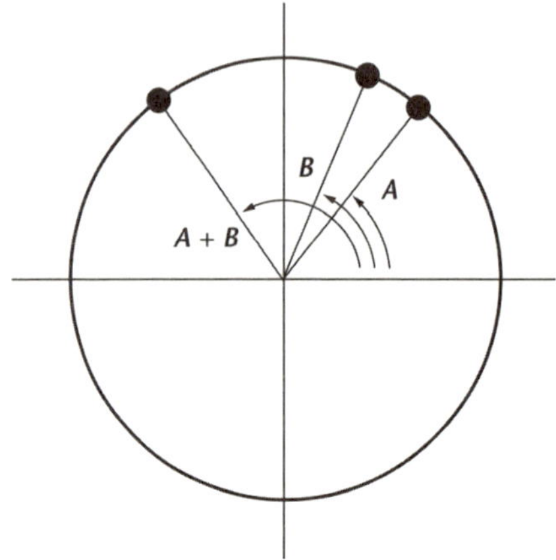

그림 25 피타고라스 방정식의 2개의 유리 해 A와 B를 합해 세 번째 해 $A+B$를 얻는다.

조는 이것만이 아닌데, 역시 기하학에서 도출된다. 두 묶음의 피타고라스 수가 있다고 하자. 그렇다면 피타고라스 방정식에는 이에 대응하는 2개의 해가 존재한다. 이 해들은 원 위에 있는 유리점들이다. 기하학은 이 점들을 '더하는' 자연스러운 방법을 제공한다. 원이 수평축과 교차하는 점 $(1, 0)$부터 시작해 이 점이 2개의 해와 이루는 각을 찾아낸다. 그림 25에서처럼 두 각을 더해 그 결과로 어떤 점이 나오는지 본다. 이 점은 틀림없이 원 위에 있다. 간단한 계산으로 이 점이 유리점이라는 것을 알 수 있다. 따라서 임의의 두 해에서 세 번째 해를 도출해낼 수 있다. 수학자들은 이미 이런 종류의 사실을 많이 알아차렸다. 대개는 원 위에 있는 유리점들을 생각해보면 곧바로 이해할 수 있다.

'간단한 계산'이라고 어물쩍 넘어간 것은 삼각법을 사용한다. 사인이나 코사인 함수 같은 전형적인 삼각 함수들은 원의 기하학과 직접적인 연관이 있다. 앞서 말한 계산은 각각의 각들의 사인과 코사인에 관해 두 각의 합의 사인과 코사인을 계산하는 표준적이고도 상당히 우아한 공식들을 이용한다. 사인과 코사인을 정하는 방법은 많은데 상당히 깔끔한 방법은 적분에서 나온다. 대수 함수 $1/\sqrt{1-x^2}$을 적분하면 그 결과는 사인 함수로써 표현할 수 있다. 사실 우리에게 필요한 것은 사인의 역함수, 즉 우리가 생각하는 사인값을 만족하는 각을 내놓는 함수이다.[49]

적분은 미적분을 이용해 원의 호의 길이를 계산하는 공식을 도출하려 할 때 모습을 드러내는데 원의 기하는 간단하지만 이 결과에 대단히 중요한 의미를 지닌다. 단위원의 둘레는 2π이니까 원 주위를 2π만큼 돌면 정확히 같은 점으로 돌아온다. 2π의 임의의 정수배도 마찬가지이다. 표준적인 수학 관례에 따라 양의 정수는 반시계방향에 대응하고 음의 정수는 시계방향에 대응한다. 따라서 어떤 수의 사인과 코사인은 2π의 정수배를 그 수에 더했을 때 변치 않고 그대로 남아있다. 이러한 함수를 주기가 2π인 주기 함수라고 한다.

18세기와 19세기의 해석학은 이러한 적분에 대한 광범위한 일반화를 발견해냈고 그와 더불어 익숙한 삼각 함수와 유사한 흥미롭고 새로운 함수들도 많이 발견했다. 이러한 새로운 함수들은 호기심을 자극했다. 사인 함수나 코사인 함수처럼 주기적이지만 그 주기성은 더욱 정교했다. 2π (및 그 정수배)와 같은 1개의 주기를 가지는 것이 아니라 2개의 독립적인 주기를 가졌다. 실함수로 이렇게 하려 하면 얻어지는 것은 상수뿐이지만 복소 함수라면 가능한 폭은 훨씬 더 커진다.

이탈리아의 수학자 줄리오 디 파그나노Giulio di Fagnano와 다방면에 정통했던 오일러가 이 분야를 개척했다. 파그나노는 미적분을 이용해 타원의 호의 길이를 찾으려 했지만 명시적인 공식을 찾을 수 없었다. 지금은 그런 게 없다는 것을 알기 때문에 놀랄 일도 아니다. 그러나 그는 다양한 특수한 호들의 길이 사이의 관계를 알아차리고 1750년 이를 발표했다. 오일러도 같은 맥락에서 똑같은 관계를 알아차리고 적분들 사이의 공식으로 이를 표현했다. 사인 함수와 관련된 공식과 비슷하지만 근호에 든 2차식 $1-x^2$ 대신 3차나 4차 다항식이 들어있는데, 예를 들면 4차인 $(1-x^2)(1-4x^2)$ 같은 것이다.

1811년에 이르러 아드리앵 마리 르장드르Adrien-Marie Legendre는 이러한 적분에 대한 3권짜리 대작 논문의 1권을 발표했는데, 이 적분은 타원 일부의 호의 길이와 관련이 있어서 '타원 적분'이라고 알려졌다. 그러나 어떻게 된 일인지 이 적분의 가장 중요한 특징을 놓치고 말았다. 사인 및 코사인과 유사하고 그 **역함수**가 간단한 방식으로 적분값을 표현하는 새로운 함수들의 존재가 그것이다.[50] 가우스, 닐스 헨리크 아벨 Niels Henrik Abel, 카를 야코비Carl Jacobi는 그가 이렇게 간과한 것을 재빨리 찾아냈다. 가우스는 늘 그렇듯 이러한 발견을 혼자만 알고 있었다. 아벨은 1826년 프랑스 과학아카데미에 제출했지만 원장인 코시Cauchy가 원고를 엉뚱한 곳에 두는 바람에 안타깝게도 아벨이 폐병으로 요절한 지 12년 뒤인 1841년에야 발표되었다. 그러나 같은 주제로 아벨이 쓴 또 하나의 논문은 1827년 발표되었다. 야코비는 이러한 새로운 '타원 함수'를 1829년 출판한 방대한 책의 기초로 삼았는데 이 책은 복소해석학을 전혀 새로운 궤적으로 추진해나갔다.

그렇게 해서 드러난 것은 삼각 함수의 경우와 흡사한 아름다운 한

묶음의 긴밀한 성질들이었다. 파그나노와 오일러가 발견한 이러한 관계는 두 수의 합의 타원 함수를 바로 그 수들의 타원 함수들과 연결짓는 공식들의 간단한 목록으로 재해석할 수 있었다. 타원 함수의 가장 멋진 성질은 극적인 방식으로 삼각 함수를 능가한다. 타원 함수는 주기적인 것만이 아니다. 이중으로 주기적이다. 선은 1차원이므로 패턴은 선을 따라 한 방향으로만 반복될 수 있다. 복소 평면은 2차원이므로 패턴은 벽지처럼 반복될 수 있다. 벽지 한 장을 따라 내려갈 수도 있고, 벽을 따라 옆으로 인접한 벽지로 넘어갈 수도 있다. 각각의 타원 함수에는 2개의 복소수, 즉 주기가 결부되는데, 변수들에 둘 중 어느 하나를 더하더라도 함수의 값은 변하지 않는다.

이러한 과정을 반복하면 함수의 값은 변수에 2개의 주기의 임의의 정수 결합integer combination을 더하더라도 변하지 않는다는 결론이 나온다. 이러한 결합은 기하학적으로 해석할 수 있다. 복소 평면에서의 격자를 결정한다는 것이다. 격자는 평행사변형에 의한 평면의 쪽매붙임 tiling을 지정하는데 그림 26에서처럼 하나의 평행사변형에서 발생하는 모든 일은 나머지 모든 평행사변형에도 복제된다. 하나의 평행사변형만 고려했을 때 이 평행사변형이 인접한 복제들과 연결되는 방식은 우리가 그림 12에서 정사각형의 마주 보는 변들을 동일시해 원환면을 정의한 것과 마찬가지로 마주 보는 변들을 동일시해야 한다는 것을 의미한다. 마주 보는 변들을 동일시한 평행사변형은 위상 수학적인 원환면이기도 하다. 따라서 사인과 코사인이 원과 연관된 것과 마찬가지로, 타원 함수는 원환면과 연관된다.

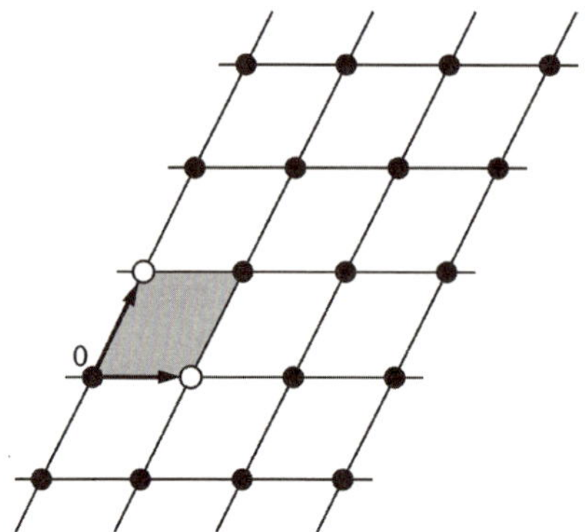

그림 26 복소 평면의 격자. 화살표는 흰색의 점으로 표시된 2개의 주기를 가리킨다. 색을 칠한 평행사변형에서의 함숫값은 다른 모든 평행사변형에서의 함숫값을 결정한다.

정수론과도 연관이 있다. 사인 함수의 역함수는 2차 다항식의 제곱근이 포함된 공식을 적분해 얻는다고 했었다. 타원 함수도 비슷하지만 2차 다항식 대신 3차나 4차 다항식이 들어간다. 4차의 경우는 역사적으로 먼저 등장해서 앞에서 간략하게 다루었으니 이제 3차의 경우에 관심을 집중하기로 하자. 제곱근을 y로 표현하고 다항식은 $ax^3 + bx^2 + cx + d$(a, b, c, d는 숫자로 표시되는 계수)라고 표현하면 x와 y는 다음의 방정식을 만족한다.

$$y^2 = ax^3 + bx^2 + cx + d$$

이 방정식은 변수와 계수에 어떤 제한을 가하느냐에 따라서 몇 가지 다른 맥락으로 생각할 수 있다. 실수라면 방정식은 평면에서의 곡선을 정의한다. 복소수라면 그래도 대수 기하학자는 해의 집합을 곡선이라고 비유해서 부른다. 하지만 이것은 실수좌표계에는 4차원을 나타내는 복소공간 상의 곡선인 것이다. 게다가 곡선이라고는 하지만 이러한 실수의 관점에서 보았을 때는 사실상 곡면이다.

그림 27은 실수 타원 곡선 $y^2 = 4x^3 - 3x + 2$와 $y^2 = 4x^3 - 3x$를 보여주는데, 이들은 전형적인 것들이다. y가 제곱 형태이니 곡선은 수평축에 대해 대칭이다. 계수에 따라 단일한 파형 곡선이 되기도 하고 별도의 타원형 요소를 지니기도 한다. 복소수에서 곡선은 반드시 연속된 하나의 조각이다.

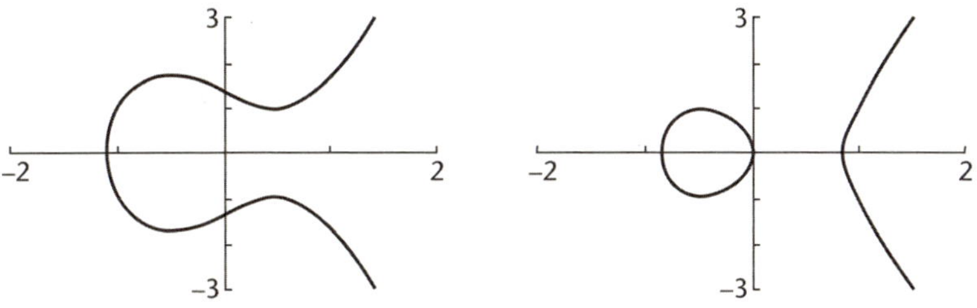

그림 27 전형적인 실수 타원 곡선. 왼쪽: $y^2 = 4x^3 - 3x + 2$. 오른쪽: $y^2 = 4x^3 - 3x$.

변수와 계수를 유리수로 한정하면 정수론이 할 역할이 생긴다. 이제 우리 앞에 있는 것은 디오판토스 방정식이다. 타원과는 전혀 닮지 않았음에도 타원 곡선이라고 불러서 상당히 헷갈리는데, 이는 타원 함수와의 연관성 때문이다. 삼각 함수와의 연관성 때문에 원을 삼각 곡선이라고 부르는 것과 마찬가지이다. 유감스럽게도 이 이름은 이제 돌판에 새겨진 셈이어서 그러려니 하고 살아야 한다.

타원 함수에는 심오하고 풍부한 이론이 있기 때문에 정수론 학자

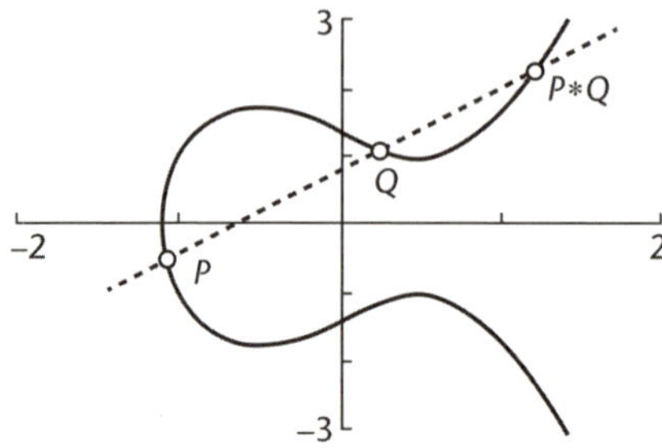

그림 28 점 P, Q를 결합해 점 $P*Q$를 얻는다.

들은 타원 곡선의 아름다운 특성들을 수없이 발견해냈다. 그 하나는 피타고라스 방정식의 두 해를 연관된 각을 더해 결합할 수 있는 방식과 아주 닮았다. 타원 곡선 위의 두 점은 그림 28에서처럼 이 둘을 지나는 직선을 그어 이 직선이 곡선과 세 번째 만나는 지점을 살펴서 결합할 수 있다. (그와 같은 세 번째 점은 반드시 존재하는데, 이 방정식이 3차이기 때문이다. 그러나 '무한원점無限遠點'일 수도 있고, 이 선이 곡선과 접하는 경우 앞의 두 점 중 하나와 일치할 수도 있다.) 두 점이 P와 Q라면 세 번째 점은 $P*Q$라고 표시한다.

계산해보면 P와 Q가 유리점일 때 $P*Q$도 유리점이다. 연산 $*$는 유리점 집합에 대수적인 구조를 부여하지만 관련된 어떤 연산을 고려하는 데 유용한 것으로 드러난다. 곡선에서 임의의 유리점 O를 선택하여 다음과 같이 정의한다.

$$P+Q = (P*Q)*O$$

이 새로운 연산은 일반적인 대수의 기본 법칙 몇 가지를 따르며 O 는 0과 같이 행동하여 모든 유리점의 집합을 대수학자들이 군이라고 부르는 것으로 바꿔놓는다. 군은 10장에서 다룬다. 핵심은 피타고라스 수처럼 임의의 두 해를 '더해' 세 번째 해를 얻을 수 있다는 것이다. 유리점에 이러한 '군 법칙'이 등장하는 것은 놀라운 일이거니와, 이는 일단 디오판토스 방정식의 2개의 유리해를 찾아내면 자동적으로 수많은 다른 해들도 얻게 된다는 의미가 된다.

1908년경 푸앵카레는 군 연산을 반복하여 적용해서 나머지 모든 해를 얻어낼 수 있는 유한한 수의 해가 존재하는가 하는 의문을 던졌다. 그 결과는 유한한 목록을 기록해내면 **모든** 유리해의 특성을 나타낼 수 있다는 의미이기 때문에 중요하다. 1922년의 눈부신 논문에서 모델은 푸앵카레의 의문에 대한 답이 '그렇다.'라는 것임을 증명했다. 이제 타원 곡선은 정수론에서 한가운데를 차지할 만큼 중요한 것이 되었다. 어떤 디오판토스 방정식에 대해서건 그런 식의 지배력을 가진다는 것은 드문 일이기 때문이었다.

그렇다면 피타고라스 방정식이나 타원 곡선이나 무한히 많은 유리해를 가지고 있는 것이다. 이와는 대조적으로 수많은 디오판토스 방정식에는 유한한 수의 해만 있고, 아예 없는 경우도 자주 있다. 이러한 방정식 족속 전체, 그리고 명백한 해가 존재하는 유일한 해라는 최근의 놀라운 증명을 논하기 위해 조금 본론에서 벗어나볼까 한다.

피타고라스 학파는 자신들의 방정식에 흥미를 가졌는데 그 이유는 우주가 수에 근거를 두고 있다고 믿었기 때문이다. 이러한 철학을 옹호하면서 그들은 간단한 수적인 비율이 화음을 지배한다는 것을 발견했다. 그들은 늘여놓은 현을 가지고 실험하면서 이러한 관찰 결과를 얻었다. 장력이 같고 길이가 절반인 현은 한 옥타브 높은 소리를 낸다. 이것은 두 음의 가장 조화로운 조합이다. 조화로운 나머지 조금은 단조롭게 들린다. 서양 음악에서 그다음으로 중요한 화음은 4도로 하나의 현의 길이가 다른 현의 $\frac{3}{4}$인 경우이고, 또 하나는 5도로 하나의 현의 길이가 다른 현의 $\frac{2}{3}$인 경우이다.[51]

1부터 시작해서 2나 3을 반복적으로 곱하면 2, 3, 4, 6, 8, 9, 12 등 $2^a 3^b$ 형태의 수가 얻어진다. 음악적인 연관성 때문에 이들은 조화수harmonic number라고 알려지게 되었다. 13세기 프랑스에 사는 어느 유대인 작가가 《천국의 문Sha'ar ha-Shamayim》이라는 책을 썼는데 이 책은 아라비아와 그리스의 자료에 근거한 백과사전이었다. 그는 이 책을 물리학, 천문학, 형이상학이라는 3개의 부분으로 나눴다. 그의 이름은 제르송 벤 솔로몬 카탈란Geson ben Solomon Catalan이었다. 1343년 모Meaux의 주교가 제르송의 아들(역사학자들은 틀림없이 그의 아들이었을 것이라고 생각한다.)인 레비 벤 제르송Levi ben Gerson을 설득해《수의 조화The Harmony of Numbers》라는 수학책을 쓰게 했다. 이 책에는 작곡가이자 음악 이론가인 필리프 드 비트리Philippe de vitry가 제기한 문제도 포함되어 있다. 어떤 경우에 2개의 조화수가 1의 차이를 보일 수 있는가? 그런 쌍들을 찾아내기는 쉽다. 드 비트리는 (1, 2), (2, 3), (3, 4), (8, 9) 이렇게 4개를 알았다. 벤 제르송은 가능한 해는 이것이 전부라는 것을 증명했다.

드 비트리의 조화수 쌍들 중에 가장 흥미로운 것은 (8, 9)이다. 앞의 것은 2^3으로 세제곱수이다. 뒤의 것은 3^2으로 제곱수이다. 수학자들은 다른 제곱수와 세제곱수도 1의 차를 보일 수 있는지 궁금해하기 시작했고, 오일러는 자명한 경우인 (0, 1), 그리고 음의 정수가 허용되는 경우에는 (-1, 0)도 제외하면 그럴 수 없다는 것을 증명했다. 1844년 이 이야기에 등장하는 두 번째 카탈란이 보다 포괄적인 주장을 출판했는데 이러한 주장은 많은 수학자가 생각하기는 했지만 굳이 명백하게 하지 않았던 것이었다. 그는 벨기에의 수학자 외젠 샤를 카탈란Eugène Charles Catalan으로, 1844년 그는 당시의 유수한 수학 학술지인 〈순수 및 응용 수학 저널Journal für die Reine und Angewandte Mathematik〉에 편지를 보냈다.

귀 저널에 제가 아직 완전히 증명하지는 못했지만 참이라고 믿는 다음의 정리를 실어주시기를 간청합니다. 어쩌면 다른 분들이 더 성공을 거두실 수도 있겠습니다. 8과 9를 제외한 연속하는 2개의 범자연수는 연속하는 거듭제곱수일 수 없다는 것입니다. 달리 말하자면 $x^m - y^n = 1$이라는 방정식에서 미지수들이 양의 정수라면 1개의 해만 받아들인다는 것입니다.

이 명제는 카탈란 추측이라고 알려지게 되었다. 지수 m과 n은 2 이상의 정수이다.

부분적인 진전은 있었지만 카탈란 추측은 계속 풀리지 않다가 2002년 프레다 미흐일레스쿠Preda Mihăilescu가 해결했다. 1955년 루마니아에서 태어난 그는 1973년 스위스에 정착했고 이때는 박사학위를 받은 지 얼마 되지 않은 때였다. 그의 박사논문은 〈환環의 원분圓分과 소수성 시험법Cyclotomy of rings and primality testing〉으로 정수론을 2장에 나온 소수성 시험에 적용한 것이었다. 이 문제는 카탈란 추측과 특별한 관계는 없었지만 미흐일레스쿠는 자신의 방법이 더할 나위 없이 확실하게 카탈란 추측과 관계가 있다는 것을 깨닫게 되었다. 그의 방법들은 3장에서 언급했던 아이디어에서 파생된 것이었다. 즉 가우스의 정17각형 작도법, 그리고 관련된 대수 방정식이 그것이다. 이런 대수 방정식의 해는 원분수cyclotimic number라고 부른다. 증명은 대단히 전문적이고 수학계에는 충격으로 다가왔다. 이 증명은 2개의 거듭제곱수로 어떤 값을 취하건, 해의 수는 유한하다는 것을 알려준다. 그리고 0과 ± 1을 이용한 명백한 해들을 제외하면 $3^2 - 2^3 = 1$이라는 해만 흥미를 끈다.

위의 예는 무한히 많은 해를 가진 디오판토스 방정식이 있는가 하면 그렇지 않은 것도 있다는 것을 보여준다. 별것은 아니다. 이 둘로 모든 것이 포괄된다. 그러나 어떤 방정식이 어떤 유형에 속하는지 묻기 시작한다면 문제는 더욱 흥미로워진다. 디오판토스 방정식 전문가인 모델은 독창적인 교과서를 쓰고 있었다. 당시 이 분야는 초기 생물학 같은 모양새였다. 나비는 많이 수집해놓았는데 체계적인 분류 방법에 대해서는 연구된 바가 거의 없는 거나 마찬가지였다. 여기에는 멋쟁이 피타고라스 나비가, 저기에는 큰 푸른 타원 나비가, 덤불에는 얼룩 펠 나비 애벌레가 있는 식이었다. 이 분야는 디오판토스가 남겨놓은 그대로였다. 아니, 더 나빠졌다. 각각의 방정식 유형에 대한 요령들이 서로 별개로 아무런 체계도 없이 나열만 되어 있었던 것이다. 교과서로 쓰기에는 끔찍한 제재라 조직화가 절실하게 필요했기에 모델은 그 일에 착수했다.

어느 시점에서 그는 피타고라스 방정식이나 타원 곡선처럼 무한히 많은 유리해를 가진 것으로 알려진 방정식들에 공통적인 특징이 있다는 것을 알아차렸던 게 분명하다. 그는 (내가 피타고라스 방정식으로 했듯 유리수 방정식으로 바꾼 후에) 2개의 변수만을 가진 종류의 방정식에 초점을 맞췄다. 우리가 무한히 많은 해를 찾아내는 방법을 아는 것은 2가지 경우이다. 그 하나는 $x^2 + y^2 = 1$과 동등한 형태를 가지는 피타고라스 방정식이 전형적인 예이다. 이 경우 해를 찾는 공식이 있다. 임의의 유리수를 공식에 끼워 넣으면 유리해가 하나 나오고, 모든 해가 나타난다. 다른 하나는 타원 곡선이 전형적인 예이다. 기존의 해에서 새로운 해를 만들어내는 **과정**이 있고, 해의 적당한 유한 집합에서 시작한다면 이 과정으로 모든 해가 만들어지는 게 보장된다.

모델 추측은 무한히 많은 유리해가 있으면 반드시 이 2가지 특징 중 하나가 적용되어야 한다는 것이다. 일반적인 공식이 있든지 아니면 해의 적당한 유한 집합에서 모든 해를 만들어내는 과정이 존재한다. 그 외의 모든 경우에 유리해의 수는 유한한데, 이러한 예로는 카탈란 추측에 등장하는 방정식 $x^m - y^n = 1$이 있다. 그렇다면 어떤 의미에서 해들은 그저 우연일 뿐, 근본적인 구조는 없다.

모델은 살짝 다른 방식으로 이와 같은 관찰 결과에 도달했다. 그는 무한히 많은 유리해를 가진 모든 방정식에는 놀라운 위상 수학적 특징이 있다는 것을 알아차렸다. 종수가 0 아니면 1인 것이다. 4장에서 보았듯 종수는 곡면의 위상 수학에서 나온 개념이며 곡면에 있는 구멍의 수를 헤아리는 것이라는 것을 떠올리자. 구면의 종수는 0이고 원환면의 종수는 1이며 구멍이 2개인 원환면의 종수는 2라는 식이다. 어떻게 정수론 문제에 곡면이 끼어들게 되었을까? 좌표 기하학에서 온 것이다. 피타고라스 방정식은 유리수의 관점에서 해석해 실수를 해로 허용하도록 확장하면 원을 결정한다는 것은 이미 보았다. 모델은 한 걸음 더 나아가 복소수를 해로 허용했다. 2개의 복소 변수를 가진 임의의 방정식은 대수 기하학자들이 복소 곡면이라고 부르는 것을 결정한다. 그러나 실수와 인간의 시각체계의 관점에서 보면 모든 복소수는 2차원이다. 실수부와 허수부라는 2개의 실수 요소를 가지고 있다. 따라서 복소수의 관점에서 '곡선'으로 보이는 것은 우리의 눈에는 곡면으로 보인다. 곡면이니 종수가 있다. 바로 이것이다.

유한한 수의 해만을 가진 것으로 알려진 방정식은 모두 그 종수가 최소한 2였다. 상태가 알려지지 않은 중요한 방정식들 역시 종수는 최소한 2이다. 당시에는 상당히 엉성한 것으로 여겨지던 증거에 근거해 무모하고도 용감한 비약을 통해 모델은 종수가 2 이상인 임의의 디오판토스 방정식에는 유한한 수의 유리해만 존재한다고 추측했다. 단박에 디오판토스 나비들은 적절하게도 종수에 따라 서로 연관된 족속들로 깔끔하게 정리되었다.

모델의 추측에는 사소한 문제가 딱 하나 있었다. 극단적으로 다른 2가지를 연결했다는 것이었다. 유리해와 위상 수학을 말한다. 당시 그럴듯한 연관들은 모두 극도로 미약했다. 연관이 존재한다 해도 발견하는 일에 착수할 방법을 아는 사람은 아무도 없었다. 그래서 추측은 무모하고 근거가 없는 어림짐작이었지만, 그것을 통해 얻을 수 있는 잠재적인 이익은 어마어마했다.

1983년 팔팅스는 모델의 무모한 어림짐작이 실은 옳았다는 극적인 증명을 발표했다. 그의 증명은 대수 기하학의 심오한 방법들을 사용했다. 곧 폴 보이타Paul Vojta가 유리수로 실수의 근삿값을 계산하는 방법에 근거한 전혀 다른 증명을 찾아냈고, 1990년에는 엔리코 봄비에리 Enrico Bombieri가 이와 같은 방식으로 단순화된 증명을 발표했다. 팔팅스의 정리는 7장에서 길게 다룰 페르마의 마지막 정리에 이용된다. 3보다 큰 임의의 정수 n에 대해 방정식 $x^n + y^n = 1$에는 유한한 수의 정수 해밖에 없다는 것이다. 이와 연관된 곡선의 종수는 $(n-1)(n-2)/2$이고 이는 n이 4 이상일 때 최소한 3이 된다. 팔팅스의 정리는 곧바로 임의의 $n \geq 4$에 대해 페르마 방정식이 많아야 유한한 수의 유리해를 가진다는 것을 의미한다. 페르마는 x나 y가 0인 경우를 제외하고는 해가 없다고 주장했으므로 이것은 커다란 진보였다. 다음 장에서 페르마의 마지막 정리 이야기를 계속하면서 페르마의 주장이 정당하다는 것이 완전히 입증되는 모습을 보자.

07

부족한 여백

페르마의 마지막 정리

2장에서 수의 거듭제곱에 대한 페르마의 우아한 정리가 어떤 수가 소수인지 시험하는 방법을 제공했다는 이야기를 하며 페르마를 처음 접했다. 이 장은 훨씬 더 어려운 주장을 다룬다. 페르마의 마지막 정리이다. 참으로 수수께끼 같은 말이다. '정리'라는 말은 분명한 것 같은데 페르마는 누구이며 왜 그것이 그의 **마지막** 정리일까? 교활한 영업 전략으로 붙은 이름일까? 공교롭게도 그렇지는 않다. 이 문제에 그런 이름이 붙은 것은 18세기였고, 당시 이 정리에 대해 들어보거나 신경을 쓰는 유수의 수학자는 몇 명에 불과했다. 그러나 페르마의 마지막 정리는 정말이지 수수께끼이다.

피에르 페르마는 프랑스에서 1601년에 태어났다는 설도 있지만 1607~1608년에 태어났다는 설도 있다. 이러한 차이는 어쩌면 동명의 친척과 혼동한 탓일 수도 있다. 그의 아버지는 성공한 가죽 상인으로 지방 정부 고위직에 있었고, 그의 어머니는 의회 법률가 집안 출신이었다. 페르마는 툴루즈대학교에 다니다가 1620년대 후반 보르도로 이주했고, 거기서 자신의 수학적 재능을 발견했다. 그는 몇 가지 언어를 유창하게 구사해서 아폴로니우스의 유실된 고전 그리스 수학 저작을 복원해냈다. 페르마는 자신의 발견을 당대 유수의 수학자들에게 알렸다.

1631년 오를레앙대학교에서 법학 학위를 받은 그는 툴루즈 고등법원 고문관으로 임명되었다. 그 덕에 성을 '드 페르마'로 바꿀 자격이 생겼고, 그는 여생 내내 이 자리를 지켰다. 그러나 그의 열정의 대상은 수학이었다. 출판은 거의 하지 않았고 자신의 발견을 대략 설명한 편지를 쓰는 편을 좋아했는데 대개는 증명이 없었다. 그의 연구는 전문가들로부터 합당한 인정을 받았고 그중 많은 사람과 가까운 관계를 유지했지만 아마추어라는 입장은 그대로 유지했다. 그러나 페르마는 워낙 재능이 뛰어난 전문가였다. 수학계에서 공식적인 지위를 차지하지 않았을 뿐이다.

그의 증명 중에는 편지와 논문 형태로 살아남은 것들이 있는데, 페르마는 진정한 증명이란 어떤 것인지 알았던 게 분명하다. 그가 세상을 떠난 뒤 그의 심오한 정리 중에는 증명되지 않은 것이 많아 전문가들이 연구에 뛰어들었다. 그런데 페르마의 명제 중 단 한 문제가 수십 년이 지나도 증명되지 않았고, 그래서 자연스럽게 그의 마지막 정리라고 불리게 되었다. 다른 명제들과는 달리 이 명제만은 무릎을 꿇지 않았다. 표현하기는 쉬웠지만 증명을 찾는 게 어려워 보이는 탓에 악명을 얻은 것이다.

페르마가 마지막 정리를 추측한 건 1630년경으로 보인다. 정확한 시기는 알려지지 않았지만 페르마가 디오판토스의《산학》판본을 읽기 시작한 게 그때였다. 그가 아이디어를 얻은 것도 이 책을 통해서였다. 마지막 정리가 처음으로 발표된 것은 1670년으로 페르마가 죽은 지 5년 뒤였는데, 그의 아들 사뮈엘Samuel이 또 하나의《산학》판본을 출판하면서였다. 이 판본에는 진기한 특징이 있었다. 피에르가 자기가 가지고 있던, 클로드 가스파르 바셰 드 메지리아크Claude Gaspard Bachet de Méziriac가 번역한 1621년 라틴어 번역본 여백에 쓴 메모가 포함되어 있었던 것이다. 마지막 정리는 그림 29에서 보듯 디오판토스의《산학》II권 질문 VIII에 붙은 메모이다.

QVÆSTIO VIII.

PROPOSITVM quadratum diuidere in duos quadratos. Imperatum sit vt 16. diuidatur in duos quadratos. Ponatur primus 1 Q. Oportet igitur 16 − 1 Q. æquales esse quadrato. Fingo quadratum à numeris quotquot libuerit, cum defectu tot vnitatum quod continet latus ipsius 16. esto à 2 N. − 4. ipse igitur quadratus erit 4 Q. + 16. − 16 N. hæc æquabuntur vnitatibus 16 − 1 Q. Communis adiiciatur vtrimque defectus, & à similibus auferantur similia, fient 5 Q. æquales 16 N. & fit 1 N. 16/5 Erit igitur alter quadratorum 256/25. alter verò 144/25 & vtriusque summa est 400/25 seu 16. & vterque quadratus est.

ΤΟΝ ἐπιταχθέντα τετράγωνον διελεῖν εἰς δύο τετραγώνους. ἐπιτετάχθω δὴ τὸν ις διελεῖν εἰς δύο τετραγώνους. καὶ τετάχθω ὁ πρῶτος δυνάμεως μιᾶς. δεήσει ἄρα μονάδας ις λείψει δυνάμεως μιᾶς ἴσας εἶναι τετραγώνῳ. πλάσσω τὸν τετράγωνον ἀπὸ ςς. ὅσων δή ποτε λείψει τοσούτων μο ὅσων ἐστὶν ἡ τοῦ ις μο πλευρά. ἔστω ςς β λείψει μο δ. αὐτὸς ἄρα ὁ τετράγωνος ἔσται δυνάμεων δ μο ις λείψει ςς ις. ταῦτα ἴσα μονάσι ις λείψει δυνάμεως μιᾶς. κοινὴ προσκείσθω ἡ λεῖψις, καὶ ἀπὸ ὁμοίων ὅμοια. δυνάμεις ἄρα ε ἴσαι ἀριθμοῖς ις. καὶ γίνεται ὁ ἀριθμὸς ις. πέμπτων. ἔσται ὁ μὲν σνς εἰκοστοπέμπτων. ὁ δὲ ρμδ εἰκοστοπέμπτων, καὶ οἱ δύο συντεθέντες ποιοῦσι υ εἰκοστόπεμπτα, ἤτοι μονάδας ις. καὶ ἔστιν ἑκάτερος τετράγωνος.

OBSERVATIO DOMINI PETRI DE FERMAT.

Cubum autem in duos cubos, aut quadratoquadratum in duos quadratoquadratos & generaliter nullam in infinitum vltra quadratum potestatem in duos eiusdem nominis fas est diuidere cuius rei demonstrationem mirabilem sane detexi. Hanc marginis exiguitas non caperet.

그림 29 페르마의 아들이 출판한 디오판토스《산학》판본에 수록된 페르마의 메모.

여기에서 해결한 문제는 완전제곱수를 2개의 완전제곱수의 합으로 나타내는 것이었다. 6장에서 이러한 피타고라스 수가 무한히 많다는 것을 본 바 있다. 디오판토스는 이와 관련되어 있지만 더 어려운 질문을 던진다. 삼각형에서 제일 긴 변이 주어졌을 때 2개의 짧은 변을 어떻게 찾는가 하는 것이다. 구체적인 제곱수를 2개의 제곱수로 '나눠야', 즉 그 합으로 표현해야 한다. 그는 삼각형의 제일 긴 변의 길이가 4일 때 이 문제를 해결하는 법을 보이고 유리수로 다음과 같은 답을 얻었다.

$$4^2 = (16/5)^2 + (12/5)^2$$

전체에 25를 곱하면 $20^2 = 16^2 + 12^2$를 얻게 되고, 이를 16으로 나누면 익숙한 $3^2 + 4^2 = 5^2$이 나온다. 디오판토스는 늘 그렇듯 구체적인 예로 일반적인 방법을 예시했는데 이는 고대 바빌론까지 거슬러 올라가는 전통이다. 그는 증명은 제시하지 않았다.

페르마가 가지고 있던 《산학》 책은 남아있지 않지만 사뮈엘이 말한 것으로 보아 그가 그 책의 여백에 메모를 한 것은 분명하다. 페르마가 그와 같은 보물창고를 오랫동안 열어보지 않았을 리는 없고, 그의 추측은 워낙 자연스러운 것이라 II권 질문 VIII를 읽자마자 생각해냈을 게 분명하다. 제곱수가 아닌 세제곱수를 이용해 비슷한 것을 성취할 수 있을까 생각했던 것도 확실한데, 수학자로서는 자연스러운 질문이다. 그는 그러한 예를 찾지 못했고, 그런 것은 존재하지 않기 때문에 우리로서도 이 점은 확신할 수 있다. 보다 높은 거듭제곱수, 이를테면 네제곱수에 대해서도 예를 찾아보려고 했지만 마찬가지로 실패했다. 그는 이러한 의문들에는 해법이 없다고 판단했다. 그의 메모도 그렇게 되어 있다. 그의 메모를 번역해보면 다음과 같다.

1개의 세제곱수를 2개의 세제곱수로 나누는 것이나 1개의 네제곱수를 2개의 네제곱수로 나누는 것 혹은 일반적으로 지수가 2를 초과하는 임의의 거듭제곱수를 같은 지수의 2개의 거듭제곱수로 나누는 것은 불가능하다. 이에 대한 참으로 기가 막힌 증명을 발견했지만 여백이 좁아 담을 수가 없다.

대수의 언어로 표현하자면 페르마는 디오판토스 방정식

$$x^n + y^n = z^n$$

은 n이 3 이상의 임의의 정수일 때 범자연수해를 갖지 않는다는 것을 증명했다고 주장한 것이다. x나 y가 0인 자명한 해는 무시한 게 분명하다. 이 공식을 여기저기서 반복하는 걸 피하기 위해 앞으로 이를 페르마 방정식이라고 부르겠다.

페르마가 정말로 증명을 알았는지는 몰라도 누구도 그걸 찾아내지 못했다. 정리는 1995년 마침내 옳다고 증명되었고 이는 그가 처음으로 언급한 때로부터 3세기 반도 더 흐른 뒤였지만 그 방법은 당시에 사용할 수 있었거나 그가 창안해낼 수 있는 경지를 훨씬 뛰어넘었다. 증명을 찾는 과정은 수학의 발전에 지대한 영향을 미쳤다. 대수적 수론을 발생하게 했다고 해도 과언이 아닌데, 이 분야는 이 정리를 증명하려다 실패한 것과 그러한 실패를 부분적으로 만회한 멋진 아이디어 덕에 19세기를 풍미했다. 20세기 후반과 21세기에 걸쳐 이는 혁명을 촉발했다.

페르마의 마지막 정리를 초기에 연구했던 사람들은 지수를 하나씩 제거해보려고 했다. 페르마가 여백에 암시했던 일반적인 증명은 존재했을 수도, 존재하지 않았을 수도 있지만 그가 네제곱에 대한 정리를 어떻게 증명했는지는 알려졌다. 주요한 도구는 피타고라스 수에 대한 에우클레이데스의 방법이었다. 임의의 수의 네제곱은 그 수의 제곱의 제곱이다. 따라서 네제곱에 대한 페르마 방정식에 대한 모든 해는 피타고라스 수이고, 여기서 3개의 수는 모두 제곱수이기도 하다. 이러한 추가적인 조건은 에우클레이데스의 방법에 끼워 넣을 수 있고, 묘책을 동원하면 네제곱수에 대한 페르마 방정식의 **또 다른** 해가 나온다.[52] 진전처럼 보이지 않을 수도 있다. 대수로 이루어진 한 페이지를 넘기고 나면, 문제는 같은 문제로 정리된다. 그러나 간단해진 것도 사실이다. 두 번째 해에 나오는 수들은 가설적인 첫 번째 해에 나오는 수보다 작다. 결정적으로 첫 번째 해가 자명한 것이 아니라면, 즉 x와 y가 0이 아니라면, 두 번째 해도 마찬가지이다. 페르마는 이러한 과정을 반복하면 수들이 지속적으로 작아지는 일련의 해들로 이어질 것이라고 지적했다. 그러나 감소하는 범자연수 수열은 모두 결국에는 끝나야 한다. 이건 논리적인 모순이므로 가설적인 해는 존재하지 않는다. 그는 이러한 방법을 '무한하강infinite descent'이라고 불렀다. 이제 우리는 이것을 4장에 나온 수학적 귀납법에 의한 증명이라고 인식하는데, 이는 최소한의 범인을 이용하는 것으로 바꿀 수 있다. 혹은 이 경우에는 최소한의 모범시민이 되겠다. 모범시민, 즉 방정식의 자명하지 않은 해가 있다고 가정하자. 그렇다면 최소한의 모범시민도 있다. 하지만 그렇다면 페르마의 주장은 훨씬 더 작은 모범시민이 있다는 것을 함의한다. 모순이다. 따라서 어떤 시민도 모범적일 수 없다. 그 뒤로 네제곱수에 대한 다른 증명들이 모습을 드러내어 지금은 30개가량이 알려졌다.

페르마는 네제곱수가 특별한 종류의 제곱수라는 간단한 사실을 이용했다. 같은 아이디어로 페르마의 마지막 정리를 증명하려면 지수 n이 4이거나 홀수 소수라고 가정할 수 있다. 2보다 큰 임의의 수 n은 4로 나뉘거나 홀수 소수 p로 나뉘므로 n제곱수는 모두 네제곱수이거나 p제곱수이다. 이후로 2세기 동안 페르마의 마지막 정리는 정확히 3개의 홀수 소수 3, 5, 7에 대해 증명되었다. 1770년 오일러가 세제곱수를 처리했다. 출판된 증명에는 결함이 있었지만 오일러가 다른 곳에서 발표한 결과를 이용해 바로잡았다. 르장드르와 페터 레조이네 디리클레Peter Lejeune Dirichlet가 1825년경 다섯제곱수를 처리했다. 가브리엘 라메Gabriel Lamé가 1839년 일곱제곱수에 대해 페르마의 마지막 정리를 증명했다. 이런 식으로 몇 명의 수학자들이 지수가 6, 10, 14인 경우의 증명을 개발했지만 3, 5, 7에 대한 증명으로 대체되었다.

각각의 증명은 문제의 거듭제곱에 고유한 대수적 특징을 광범위하게 이용했다. 모든 지수, 하다못해 상당한 수의 서로 다른 지수에 대해 정리를 증명할 수도 있는 그 어떤 일반적인 구조에 대한 암시도 전혀 없었다. 지수가 커질수록 증명은 훨씬 더 복잡해졌다. 신선한 아이디어가 필요했고 그러한 아이디어가 신기원을 열어주어야 했다. 위대한 여류 수학자 소피 제르맹Sophie Germain은 소수 지수 p에 대한 페르마의 마지막 정리를 2가지 경우로 다시 나누었다. 첫 번째 경우는 x, y, z 중 어느 하나도 p로 나뉘지 않는 것이다. 두 번째 경우는 셋 중 하나가 나뉘는 것이다. p와 관련된 특수한 '보조' 소수들을 고찰해 그녀는 첫 번째 경우인 페르마의 마지막 정리는 100 미만의 소수 홀수 지수에 대해 해를 가지지 않음을 증명했다. 그러나 보편적인 보조 소수에 대해서 어지간한 내용을 증명하는 것은 어려웠다.

제르맹은 가우스와 편지를 주고받았는데 처음에는 남자 같은 필명을 사용했다. 가우스는 그녀의 독창성에 깊은 감명을 받았다. 그녀가 자신이 여성임을 밝히자 그는 더욱 감명을 받았고 그런 느낌을 밝혔다. 동시대인들은 여성이 고도의 지적인 성취를, 더구나 수학 연구에서라면 더욱 이룰 수 없다고 여기는 경우가 많았지만 가우스는 달랐다. 후일 제르맹은 모든 짝수 지수에 대한 페르마의 마지막 정리 첫 번째 경우를 증명하려다가 실패했다. 이것도 피타고라스 수에 대한 에우클레이데스의 설명을 이용하는 게 가능한 증명이었다. 1977년 기 테르자니안Guy Terjanian이 마침내 짝수 지수를 해결해냈다. 두 번째 경우는 해결하기 훨씬 힘들 것 같았고 누구도 별 진척을 이뤄내지 못했다. 1847년 라메는 일곱제곱수에 대한 자신의 증명에서 초점을 바꿔 멋진 아이디어를 생각해냈다. 복소수를 도입해야 했지만 그 시절에 이르러서는 그걸 불만으로 삼는 사람이 없었다. 필수적인 요소는 3장에 나왔던, 가우스가 정17각형을 작도하면서 이용했던 것과 같았다. 정수론 학자라면 누구나 알고 있었지만 라메가 생각해내기 전까지는 그 누구도 그것이 페르마의 마지막 정리를 증명하는 데 딱 맞는 것일 수도 있겠다는 생각을 진지하게 해본 적이 없었다.

정수 체계에서 1은 단 하나의 p제곱근(p가 홀수일 때)을 가지는데, 다름 아닌 1 그 자체이다. 하지만 복소수에서는 수많은 p제곱근을 가진다. 사실은 정확히 p개를 가진다. 이 사실은 대수의 기본적인 정리의 결과인데, 이러한 거듭제곱근들은 p차인 방정식 $x^p - 1 = 0$을 만족한다. 단위의 복소 p제곱근이라고 하는 이들을 찾는 멋진 공식이 있는데, 이 공식은 이들이 특정한 복소수 ζ의 거듭제곱 $1, \zeta, \zeta^2, \zeta^3, \cdots, \zeta^{p-1}$임을 보여준다.[53] 이러한 수의 규정적 성질은 $x^p + y^p$가 p개의 인수로 나뉨을 의미한다.

$$x^p + y^p = (x+y)(x+\zeta y)(x+\zeta^2 y)\cdots(x+\zeta^{p-1}y)$$

페르마 방정식에 의해 이 수식은 어떤 정수의 p제곱인 z^p와도 같다. 그런데 공통인수가 없는 수들의 곱이 p제곱수라면 각각의 수는 그 자체로 p제곱수라는 것은 쉽게 이해할 수 있다. 따라서 세부사항에 차이가 있을지는 몰라도 라메는 각각의 인수를 p제곱수로 쓸 수 있었다. 여기서 그는 모순을 도출해냈다.

라메는 그 결과로 나온 페르마의 마지막 정리의 증명을 1847년 3월 파리 학술원에 제출하면서 기본적인 아이디어를 낸 공적을 조제프 리우빌Joseph Liouville에게 돌렸다. 리우빌은 라메에게 감사를 표하면서도 잠재적인 문제를 지적했다. 각각의 인수가 p제곱수라는 것을 의미하는 결정적인 명제가 해결되지 않았던 것이다. 이것은 소인수분해가 일의적이라는 것에 달렸다. 이러한 성질이 참인 일반적인 정수에 대해서뿐만 아니라 라메가 도입한 새로운 종류의 수도 문제였다. 이러한 ζ의 제곱수의 결합은 원분정수cyclotomic integer라고 한다. '원을 자른다.'는 뜻으로, 가우스가 이용했던 관계를 가리킨다. 원분정수의 일의적인 소인수분해라는 성질은 증명되지 않은 것뿐만이 아니라고 루이빌은 말했다. 거짓일 수도 있다는 것이었다.

다른 사람들도 이미 의심을 품고 있었다. 3년 전 어느 편지에서 가우스의 제자 아이젠슈타인Eisenstein은 이렇게 썼다.

2개의 복소수의 곱은 인수 1개가 소수로 나뉠 수 있는 경우에만 소수로 나뉠 수 있다는, 아주 명백해 보이는 정리가 있다면 (대수적 수론) 전체를 단번에 날려버리겠지만 이 정리는 완전히 틀렸습니다.

그가 언급한 정리는 소인수분해가 일의적임을 증명하는 데 필요한 중요한 발판이다. 아이젠슈타인은 라메가 필요로 하는 수들뿐만이 아니라 다른 방정식에서 등장하는 수들까지 말한 것이었다. 이 수들을 대수적 수라고 한다. 대수적 수는 유리계수를 가진 다항 방정식을 만족하는 복소수이다. 대수적 정수는 정수계수를 가진 다항 방정식을 만족하는 복소수인데, 다만 제일 높은 지수의 x의 계수가 1이라는 것을 조건으로 한다. 이러한 각각의 다항식에서 우리는 대수적 수의 연관된 대수적 수체代數的 數體(이 말의 의미는 그러한 수를 더하고, 빼고, 곱하고, 나눠서 같은 종류의 수를 얻을 수 있다는 것이다.)와 그 환環(비슷하지만 '나누기'는 빠진다.)을 얻게 된다. 이들이 대수적 수론에서 연구하는 기본적인 대상이다.

예를 들어 다항식이 x^2-2라면 여기에는 $\sqrt{2}$라는 해가 있다. 수체는 a, b가 유리수일 때 $a+b\sqrt{2}$인 모든 수로 이루어져 있다. 정수의 환은 같은 형태이되 a, b가 정수인 수들로 이루어져 있다. 여기서도 소인수는 정의될 수 있고 또한 일의적이다. 놀랄 만한 일이 있다. 다항식 x^2+x-1에는 $(\sqrt{5}-1)/2$라는 해가 있기에 이 수는 분수이지만 대수적 **정수**이다.

대수적 수론에서 어려운 점은 인수를 정의하는 것이 아니다. 예를 들어 어떤 원분정수(첫 번째 원분정수라고 하자.)는 또 다른 원분정수(두 번째 원분정수라고 하자.)가 첫 번째 원분정수에 어떤 원분정수를 곱한 것과 같다면 두 번째 원분정수의 인수이다. 즉 첫 번째 원분정수는 두 번째 원분정수를 나눌 수 있다. 소수를 정의하는 것도 어려운 점이 아니다. 원분정수는 자명한 '단위', 즉 1을 나누는 원분정수 이외의 인수를 갖지 않는다. 원분정수는 물론 어떤 대수적 수를 소인수로 분해하는 데도 문제가 없다. 인수가 떨어질 때까지 계속 인수분해하면 된다. 이러한 절차가 중단된다는 것을 증명하는 데는 간단한 방법이 있고, 이러한 절차가 중단되면 모든 인수는 소수여야 한다. 그렇다면 어려운 점이 무엇일까? 일의성이다. 절차를 다시 밟아 그 와중에서 다른 선택을 하면 절차가 중단되었을 때 다른 소인수들이 나올 수도 있다.

얼핏 보기에는 어떻게 이렇게 될 수 있는지 이해하기 어렵다. 소인수는 수를 나눌 수 있는 최소한의 조각이다. 레고 장난감을 뜯어서 구성요소인 블록으로 나눠놓는 거나 마찬가지이다. 이렇게 하는 다른 방법이 있다면, 결국 그 블록 중 하나를 두세 조각으로 떼어놓게 될 것이다. 그런데 그렇다면 그건 블록이 아니다. 유감스럽게도 레고에 비유한 것은 오해의 소지가 있다. 대수적 수는 그런 모양이 아니다. 움직이는 연결고리들이 달려서 다양한 방식으로 서로 결합할 수 있는 블록에 가깝다. 블록 하나를 한 가지 방식으로 분해하면 그 결과 나온 조각들은 서로 결합해 더는 떼어낼 수 없다. 블록을 다른 방식으로 분해하면 역시 그 결과 나온 조각들은 서로 결합한다. 하지만 이전과는 다르다.

두 가지 예를 들어보겠다. 첫 번째 예는 일반적인 정수만을 사용한다. 이해하기는 쉽지만 전형적이지 않은 몇 가지 특징이 있다. 그런 다음 진정한 예를 보겠다.

오직 1, 5, 9, 13, 17, 21, 25 등의 수만 존재하는 우주에 산다고 가정하자. 이 수들은 우리가 실제로 사는 우주에서는 $4k+1$이라는 형태를 지니는 수이다. 그런 수 2개를 곱하면 같은 종류의 다른 수가 나온다. 그런 수가 **같은 종류의** 보다 작은 두 수의 곱이 아니라면 그 수를 '소수'라고 정의하자. 예를 들어 25는 소수가 아니다. 5×5이고 5는 목록에 있는 수이기 때문이다. 그러나 이러한 새로운 의미에서 21은 소수이다. 실제의 인수 3과 7은 목록에 있지 않기 때문이다. 3과 7은 $4k+3$이라는 형태이지 $4k+1$이라는 형태가 아니다. 많은 수들은 모두 새로운 의미에서의 소수들의 곱이라는 것은 쉽게 이해할 수 있다. 인수가 존재한다면 작아져야 하기 때문이다. 결국 인수분해 과정은 중단되어야 한다. 중단되었을 때 관련 인수들은 소수이다.

그러나 이런 유형의 소인수분해는 일의적이지 않다. 4389라는 수를 생각해보자. $4 \times 1097 + 1$이므로 요구되는 형태에 속한다. 다음은 요구되는 형태를 가진 수로 인수분해한 3가지 서로 다른 경우이다.

$$4389 = 21 \times 209 = 33 \times 133 = 57 \times 77$$

현재의 정의에 따르면 이 모든 인수가 소수라고 나는 주장한다. 예를 들어 57은 소수인데, 보통의 인수인 3과 19가 요구되는 형태를 가지지 않기 때문이다. 21, 33, 77, 133, 209도 마찬가지이다. 이제 일의적이지 않다는 것을 설명할 수 있다. 일반적인 정수에서

$$4389 = 3 \times 7 \times 11 \times 19$$

인데 이러한 인수는 모두 '잘못된' 형태인 $4k+3$을 가지고 있다. 3개의 서로 다른, 새로운 의미에서의 소인수분해들은 이 수들을 쌍으로 묶었을 때 나타난다.

$$(3 \times 7) \times (11 \times 19) \quad (3 \times 11) \times (7 \times 19) \quad (3 \times 19) \times (7 \times 11)$$

쌍들을 이용해야 하는 까닭은 $4k+3$ 형태의 두 수를 곱하면 $4k+1$ 형태의 수가 나오기 때문이다.

이 예는 '인수는 가장 작은 조각들이므로 일의적이어야 한다.'는 주장이 통하지 않는다는 것을 보여준다. 예를 들어 $21 = 3 \times 7$에는 **더 작은** 조각들이 얼쩡거리는 게 사실이지만 이 조각들은 현재 해당하는 체계에는 존재하지 않는다. 이 예가 전적으로 전형적이지 않은 주요한 이유는 $4k+1$ 형태의 수들을 곱하면 같은 형태의 수가 나오기는 하지만 덧셈의 경우에는 그렇지 않기 때문이다. 예를 들어 $5+5=10$은 요

구되는 형태의 수가 아니다. 따라서 추상 대수학의 전문용어를 빌자면 우리가 다루고 있는 것은 환이 아니다.

두 번째 예에는 이러한 결함이 없지만 그 대신 분석하기가 조금은 어렵다. 다항식 x^2-15에 대한 대수적 수의 환이다. 이 환은 a와 b가 정수일 때 $a+b\sqrt{15}$인 모든 수로 이루어져 있다. 여기서 10에는 2개의 서로 다른 인수분해가 있다.

$$10 = 2 \times 5 = (5+\sqrt{15}) \times (5-\sqrt{15})$$

4개의 인수 $2, 5, 5+\sqrt{15}, 5-\sqrt{15}$는 모두 소수임을 증명할 수 있다.[54]

1847년에 비해 오늘날에는 이 모든 것이 훨씬 더 명확하지만 그리 오래지 않아 리우빌의 의심이 정당한 것임이 드러났다. 그가 이러한 의심을 표한 2주 뒤에 방첼은 학술원에 일부 작은 p 값에 대해서는 일의성이 참이라고 보고했지만 그의 증명 방법은 23제곱수에는 통하지 않았다. 그 직후 리우빌은 학술원에 $p=23$에 대응하는 원분정수에 대해 소인수분해가 일의적이라는 것은 **거짓**이라고 말했다. 이미 3년 전 에른스트 쿠머Ernst Kummer가 발견한 것이기는 했지만 장애를 회피하는 방법을 연구하던 중이라서 누구에게도 이야기하지 않았다. 라메의 증명은 상대적으로 작은 p 값에는 통했는데, 여기에는 11, 13, 17, 19라는 새로운 수들도 포함된다. 그러나 일반적인 경우에 대해서는 이 증명은 누더기 꼴이었다. 그럴듯한 수학 명제를 명백하다고 가정하지 말라는 실례였다. 그런 명제가 심지어는 참이 아닐 수도 있다.

쿠머는 라메와 비슷한 방향으로 페르마의 마지막 정리를 생각해왔다. 그는 잠재적인 장애를 발견하고 그걸 심각하게 받아들여 조사한 끝에 그 때문에 이러한 접근 방법은 좌절되고 말았다는 것을 발견했다. 단위의 23제곱근에 근거한 원분정수의 일의적이지 않은 소인수분해의 명백한 예를 찾아낸 것이다. 그러나 쿠머는 쉽게 포기하는 사람이 아니어서 이러한 장애를 피하는 방법을 찾았다. 피하지는 못하더라도 최악의 영향은 완화하는 방법이었다. 그의 아이디어는 아까의 $4k+1$ 형태의 수들의 경우에 특히 이해하기 쉽다. 인수분해의 일의성을 복원하는 방법은 우리가 관심을 가지는 체계 밖에서 어떤 **새로운** 수를 들여오는 것이다. 아까의 예로 보자면 우리에게 필요한 것은 빠져 있던 $4k+3$ 형태의 수들이다. 아니면 아예 짝수 정수들도 넣어볼 수 있다. 그러면 정수를 얻게 되는데 정수는 덧셈과 곱셈에 닫혀있다. 그러니까 2개의 정수를 더하거나 곱하면 그 결과는 정수라는 것이다.

쿠머는 같은 아이디어의 한 형태를 생각해냈다. 예를 들어 새로운 수, 즉 $\sqrt{5}$를 넣어 $a+b\sqrt{15}$ 형태의 모든 수로 이루어진 환에서 소인수분해의 유일성을 복원할 수 있다. 환을 얻으려면 $\sqrt{3}$도 넣어야 하는 것으로 밝혀진다. 그런데

$$2 = (\sqrt{5} + \sqrt{3}) \times (\sqrt{5} - \sqrt{3}) \quad 5 = \sqrt{5} \times \sqrt{5}$$

이고

$$5 + \sqrt{15} = \sqrt{5} \times (\sqrt{5} + \sqrt{3}) \quad 5 - \sqrt{15} = \sqrt{5} \times (\sqrt{5} - \sqrt{3})$$

이다. 따라서 2개의 인수분해는 $\sqrt{5}$, $\sqrt{5}$, $\sqrt{5}+\sqrt{3}$, $\sqrt{5}-\sqrt{3}$ 이라는 4개의 수를 2가지 서로 다른 방식으로 묶음으로써 발생한다.

쿠머는 이러한 새로운 인수들을 이상수ideal number라고 불렀는데, 그의 일반적 정식화에서 그 수들은 엄밀하게 말하면 아예 수가 아니었기 때문이다. 수와 아주 흡사한 행동을 보이는 기호들이었다. 그는 모든 원분정수가 소수 이상수로 일의적으로 인수분해될 수 있음을 증명했다. 설정은 미묘했다. 원분정수에도 이상수에도 일의적인 소인수분해는 없다는 것이었다. 하지만 원분정수의 소인수분해의 요소로 이상수를 사용했다면 결과는 일의적이었다.

후일 리하르트 데데킨트Richard Dedekind는 쿠머의 절차를 보다 세련되게 재해석하는 방법을 찾아냈고, 지금 우리가 사용하는 것이 바로 이것이다. 그는 관심의 대상인 환 바깥에 있는 각각의 이상수에 환 안에 있는 수들의 **집합**을 연관시켰다. 그는 이러한 집합을 '아이디얼ideal'이라고 불렀다. 환 안에 있는 모든 수는 각각 하나의 아이디얼을 정의한다. 아이디얼은 그 수의 모든 배수로 이루어져 있다. 소인수분해가 일의적이면 모든 아이디얼은 그와 같다. 그렇지 않다면 추가적인 아이디얼들이 있다. 아이디얼의 곱과 합, '소 아이디얼prime ideal'을 정의할 수 있고, 데데킨트는 **아이디얼**의 소인수분해는 대수적 수의 모든 환에 대해 일의적이라는 것을 증명했다. 이는 대부분의 문제에서 대수적 수 자체가 아닌 아이디얼을 다뤄야 한다는 것을 암시한다. 물론 이로써 새롭게 복잡한 문제들이 끼어들지만 그에 대한 대안은 대개 난관에 봉착한다.

쿠머는 자신의 이상수를 다룰 줄 알았다. 몇 가지 가설을 추가해 페르마의 마지막 정리의 한 형태를 증명할 수 있을 만큼 능숙했다. 하지만 그가 아닌 평범한 사람들은 이상수를 신비스럽다고 여기기보다는 상당히 어려워했다. 그러나 일단 데데킨트의 방식대로 보면 이상수는 완벽하게 이치가 통했고, 대수적 수론이 급속도로 세력을 얻었다. 대수적 수의 환에서 일의적인 인수분해가 얼마나 심하게 실패하는지 측정하는 방법과 같은 아이디어로 드러났다. 그러한 환 각각에 **류수**class number라는 범자연수가 대응한다. 류수가 1이면 소인수분해는 일의적이다. 그렇지 않으면 일의적이지 않다. 류수가 클수록 유의미한 뜻에서 소인수분해는 '덜 일의적'이다.

일의적이지 못하다는 것을 정량화할 수 있다는 것은 커다란 진전이었고 여기에 노력을 더해 라메의 전략을 가끔은 살려내게 되었다. 1850년 쿠머는 자신이 상당수의 소수에 대해 페르마의 마지막 정리를 증명할 수 있다고 발표했는데, 이 소수를 그는 정규적regular이라고 했다. 100까지의 소수 중에 37, 59, 67만이 비정규적이다. 그 한계까지의 그 외의 모든 소수에 대해, 또 한계를 넘어서도 상당수에 대해서 그의 방법은 페르마의 마지막 정리를 증명해냈다. 정규소수의 정의에는 류수가 필요하다. 소수는 대응하는 원분정수의 환의 류수를 나누지 않으면 정규적이다. 따라서 정규소수에 있어서 소인수분해는 일의적이지 않을지라도 그 일의적이지 못한 방식이 문제의 소수와 필수적인 방식으로 결부되지는 않는다.

쿠머는 무한히 많은 정규소수가 있다고 주장했지만 이러한 주장은 증명되지 않은 상태이다. 역설적이게도 1915년 K. L. 젠슨K. L. Jenson은 무한히 많은 비정규소수가 있다는 것을 증명했다. 소수가 정규적이라는 기이한 기준은 해석학과의 연관에서 등장했다. 일본의 수학자 다

카카즈 세키關孝和(일명 코와)와 스위스의 수학자 야코프 베르누이Jacob Bernoulli가 독립적으로 발견한 수열과 관련이 있는데, 이를 베르누이 수라고 한다. 이 기준은 맨 앞에 있는 10개의 비정규소수가 37, 59, 67, 101, 103, 131, 149, 157, 233, 257이라는 것을 보여준다. 원분정수의 구조를 더욱 깊이 파 들어간 드미트리 미리마노프Dmitri Mirimanoff는 1893년 첫 번째 비정규소수 37을 처리했다. 1905년에 이르러서는 페르마의 정리를 $p = 257$까지 증명해냈다. 해리 반디버Harry Vandiver 는 컴퓨터 알고리즘을 개발해 이러한 한계를 확장했다. 이러한 방법들을 이용해 1967년 존 셀프리지John Selfridge와 배리 폴락Barry Pollack은 이 정리를 25,000제곱까지 증명해냈고 1976년 S. 왁스타프S. Wagstaff는 이를 100,000까지 올려놓았다.

페르마의 마지막 정리가 참이라는 증거는 쌓여가고 있었지만 그 주된 함의는 이 정리가 거짓일 경우 반증, 즉 거짓임을 보이는 예는 어마어마해서 누구도 절대 찾아낼 수 없으리라는 것이었다. 또 다른 함의는 쿠머의 것과 같은 방법들이 앞선 선구자들의 연구를 괴롭힌 것과 똑같은 문제에 봉착하고 있다는 것이었다. 큰 거듭제곱수에는 특별하고 복잡한 대처법이 필요했다. 따라서 이러한 공격 방향은 천천히 힘을 잃어갔다.

수학 문제에서 길이 막히면 푸앵카레의 조언을 듣는 것이 좋다. 벗어나서 다른 일을 하면 된다. 운이 좋아 순풍이 불면 결국 새로운 아이디어가 나타난다. 정수론 학자들이 그의 조언을 의식적으로 따른 것은 아니었지만 그가 권한 대로 했다. 푸앵카레가 단언한 대로 이러한 전술은 통했다. 어떤 정수론 학자들은 6장에 나온 타원 곡선으로 관심을 돌렸다. 역설적이게도 이 분야가 놀랍게도 예상치도 못하게 페르마의 마지막 정리와 연관이 있다는 것이 마침내 밝혀졌고, 이는 와일스의 증명으로 이어졌다. 이러한 연관을 설명하기 위해서는 한 가지 개념이 더 필요하다. 모듈 함수라는 것이다. 여기에 대한 논의는 조금 전문적이 되겠지만 이러한 아이디어들의 배후에는 이해할 만한 이야기가 있고 우리는 대체적인 윤곽만 알면 된다. 끈기있게 읽어주기 바란다.

6장에서 타원 함수 이론이 복소 해석학에 엄청난 영향을 미친 것을 보았다. 1830년대 조제프 리우빌은 타원 함수의 다양성이 상당히 한정적이라는 것을 발견했다. 2개의 주기가 주어지면 특별한 타원 함수인 바이어슈트라스 함수가 있고 이 2개의 주기를 가진 나머지 타원 함수들은 모두 단순한 변형이다. 이는 이해해야 할 이중 주기 함수는 바이어슈트라스 함수뿐이라는 의미이다. 이 함수는 한 쌍의 주기마다 하나씩 있다.

기하학적으로 타원 함수의 이중 주기 구조는 복소 평면의 격자로 표현할 수 있다. 그림 30에서처럼 m과 n이 정수일 때 2개의 주기 u와 v의 모든 정수 조합 $mu + nv$으로 표현되는 것이다. 복소수 z를 취해 이들 격자점 중 하나에 더하면 이 새로운 점에서의 타원 함수는 원래의 점에서와 마찬가지의 값을 가진다. 달리 말하자면 타원 함수는 격자에서 동일한 대칭을 지닌다.

해석학자들은 복소 평면의 대칭에 대한 훨씬 더 풍부한 원천을 발견해냈는데 이는 뫼비우스 변환이라고 알려졌다. 이 변환은 z를 $(az + b)/(cz + d)$로 바꿔놓는데, 여기서 a, b, c, d는 복소 상수이다.

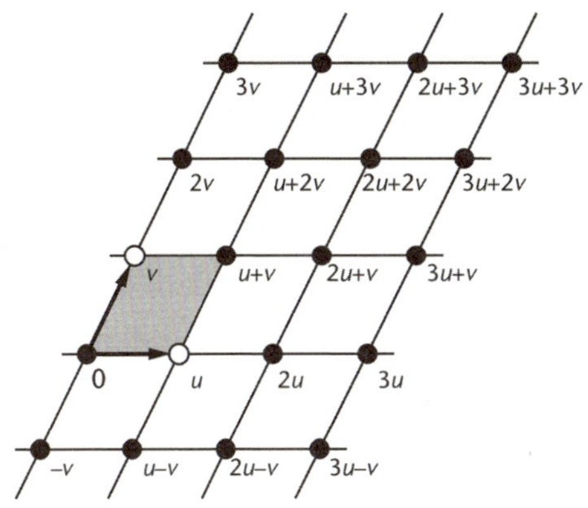

그림 30 격자는 2개의 주기의 모든 정수 조합으로 구성된다.

격자 대칭은 특수한 종류의 뫼비우스 변환이지만 이것만 있는 것은 아니다. 이렇게 보다 일반적인 설정에는 격자와 유사한 점의 집합들이 여전히 존재한다. 격자는 유클리드 평면에서의 쪽매붙임 패턴을 정의한다. 그림 26과 30에서는 쪽매붙임에 평행사변형을 사용해 그 꼭짓점들이 격자점에 있게 한다. 뫼비우스 변환을 이용하면 적절한 비유클리드 기하인 쌍곡 평면에서 쪽매붙임 패턴을 구성할 수 있다. 이러한 기하는 복소 평면의 한 영역과 동일시할 수 있는데, 여기서 직선들은 원의 호들로 대치된다.

쌍곡 기하에는 대단히 대칭적인 쪽매붙임 패턴들이 있다. 그 각각에 대해 모든 쪽매에서 같은 값을 반복하는 복소 함수를 구성할 수 있다. 이는 모듈 함수라고 알려진 것으로, 타원 함수의 자연스러운 일반화이다. 쌍곡 기하는 대단히 풍부한 분야로, 쪽매붙임 패턴의 범위가 유클리드 평면에 비해 훨씬 더 폭넓다. 따라서 복소 해석학자들은 비유클리드 기하학에 대해 심각하게 생각하기 시작했다. 그래서 해석학과 정수론 사이의 심오한 연관이 드러난다. 모듈 함수와 타원 곡선의 관계는 삼각 함수와 원의 관계와 같다.

단위원이 $x^2 + y^2 = 1$인 점 (x, y)들로 이루어져 있다는 것을 떠올리자. A가 실수라고 가정하고 다음과 같이 정하자.

$$x = \cos A \quad y = \sin A$$

그러면 사인과 코사인의 정의에 따라 이 점은 단위원 위에 있다는 것을 알 수 있다. 게다가 단위원 위의 모든 점은 이러한 형태를 지닌다. 전문용어로 말하자면 삼각 함수가 원을 **매개 변수화**한다. 모듈 함수에도 아주 비슷한 일이 벌어진다. 매개 변수가 A인 적절한 모듈 함수를 이용해 x와 y를 정의하면 대응하는 점은 타원 곡선 위에 있게 되는데 A가 어떤 값이건 이 타원 곡선은 그대로이다. 이러한 진술을 정확하게 해주는 보다 추상적인 방법들이 있고, 이 분야의 연구자들은 그게 더 편하기 때문에 이런 방법들을 사용하는데 이러한 형태는 삼각법 및 원과의 유사점을 끌어낸다. 이러한 관련은 각각의 모듈 함수에 대한 타원 곡선을 만들어내며, 모듈 함수의 다양성은 어마어마하다. 쌍곡 평면에 대한 모든 대칭 쪽매붙임인 것이다. 따라서 엄청난 수의 타원 곡선이 모듈 함수에 연관될 수 있다. 이런 방식으로 어떤 타원 곡선을 얻어낼 수 있을까? 이것이 문제의 핵심이라는 것이 드러났다.

이러한 '빠진 고리'가 처음으로 두각을 나타내게 된 것은 1975년 이브 엘구아슈Yves Hellegouarch가 페르마의 마지막 정리와 타원 곡선 사이의 특이한 관계를 발견하면서이다. 게르하르트 프레이Gerhard Frey는

1982년과 1986년 발표한 2개의 논문에서 이러한 아이디어를 더욱 발전시켰다. 늘 그렇듯 p를 홀수 소수라고 하자. 모순이 도출되기를 바라면서 페르마 방정식을 만족하는 0이 아닌 정수 a, b, c가 존재한다고 가정하자. 즉 $a^p + b^p = c^p$라는 것이다. 이제 연극처럼 화려하게 묘수를 내놓는다. 다음과 같은 타원 곡선을 생각해보자.

$$y^2 = x(x - a^p)(x - b^p)$$

이것을 프레이 타원 곡선이라고 한다. 프레이가 타원 곡선의 수법을 여기에 적용하니 훨씬 더 기이한 일련의 우연의 일치가 드러났다. 그의 가설적인 타원 곡선은 참으로 이상하다. 말이 안 되는 것 같다. 프레이는 이게 거의 말이 되지 않기 때문에 존재할 수 없다고 증명했다. 그리고 물론 이로써 필요한 모순이 나왔으니 페르마의 마지막 정리도 증명된다.

그렇지만 결함이 있었고, 프레이도 잘 알고 있었다. 그의 가설적인 타원 곡선이 존재하지 않는다는 것을 증명하기 위해서는 이 타원 곡선이 존재한다면 그것은 모듈적일 것이라는 것, 즉 모듈 함수에서 발생한 곡선에 속하는 것이 된다는 점을 보여야 한다. 그런 곡선들이 흔하다는 것은 방금 보았고, 당시에는 모듈적이지 **않은** 타원 함수는 아무도 발견하지 못했다. 프레이 곡선은 모듈적이어야 할 것 같았지만 가설적인 곡선인 데다 a, b, c도 알려지지 않았고, 이 곡선이 모듈적이라면 아예 존재하지 않을 터였다. 그러나 이 모든 문제를 해결할 방법이 하나 있었다. **모든** 타원 함수가 모듈적이라는 것을 증명하면 되었다. 그렇다면 가설적인 것이든 아니든 프레이 곡선이 존재할 때 그것은 모듈적이어야 했다. 존재하지 않는다면 어쨌거나 증명은 완성된다.

모든 타원 함수가 모듈적이라는 명제는 다니야마-시무라 추측이라고 불린다. 이것은 일본 수학자 다니야마 유타가谷山豊와 시무라 고로志村五郎의 이름을 딴 것이다. 그들은 도서관에서 동시에 같은 이유로 같은 책을 빌리려다가 우연히 만났다. 그 덕에 오랜 협력이 시작되었다. 1955년 다니야마는 도쿄에서 열린 수학 학회에 참석했는데 젊은 축인 참가자들은 협동하여 미해결 의문들의 목록을 작성해보라는 권유를 받았다. 다니야마는 4개의 문제를 내놓았는데 모두 모듈 함수와 타원 곡선의 관계를 암시하는 것이었다. 그는 그전에 특정한 모듈 함수와 관련된 몇몇 수를 계산해 특정한 타원 곡선과 관련해서 똑같은 수가 나온다는 것을 발견했었다. 이런 우연은 실은 전혀 우연이 아니라는 징조인 경우가 많다. 어떤 합리적인 이유가 분명히 있다는 것이다. 이 수들이 같다는 것은 오늘날 타원 곡선이 모듈적이라는 것과 동등한 의미로 알려졌다. 사실 연구 문헌에서는 이렇게 정의하는 것을 선호한다. 어쨌거나 다니야마는 호기심이 들어 몇 개의 모듈 함수에 대한 수를 더 계산해보고 이 수들도 특정한 타원 함수들에 대응한다는 것을 발견했다.

그는 모든 타원 곡선에 비슷한 것이 통하지 않을까 생각하기 시작했다. 이 분야의 연구자들은 이것이 너무 좋은 일이라 사실로 믿어지지 않고 증거도 매우 희박한 몽상이라고 생각하는 경우가 대부분이었다. 시무라는 이러한 추측에 취할 점이 있다고 생각하는 몇 안 되는 사람에 속했다. 그러나 시무라는 1957년부터 1958년까지 1년간 프린스턴대학교에 머물렀고 그가 없는 동안 다니야마는 자살했다. 그가 남긴 유서에는 이런 말이 있었다. "내가 자살하는 이유에 대해서는 나 자신도 딱히 이해가 가지 않지만 특정한 사건이나 구체적인 문제로 인한 것은 아니다. 그저 이렇게 말할 수 있을까, 내 미래에 대한 자신감을 잃었다는 기분이 든다고." 당시 그는 결혼할 예정이었고, 약 한 달 뒤 예비 신부였던 스즈키 미사코鈴木美佐子도 자살했다. 그녀의 유서에는 이런 구절이 있었다. "그이가 갔으니 함께하려면 나도 가야죠."

시무라는 추측에 대한 연구를 계속했고 긍정적인 증거가 축적되자 정말로 참일 수도 있겠다는 생각을 하기 시작한다. 이 분야에 종사하는 다른 연구자들은 거의 다 생각이 달랐다. 사이먼 싱[55]이 시무라와의 인터뷰를 기록했는데, 이 인터뷰에서 그는 이러한 생각을 동료에게 설명하려고 했던 걸 회상했다.

교수가 물었다. "자네가 어떤 타원 방정식은 모듈형식과 연계될 수 있다고 한다던데."

"아니요, 이해하지 못하시는군요." 시무라가 대답했다. "**어떤** 타원 방정식만 그런 게 아닙니다. 타원 방정식은 **모두** 그렇습니다!"

시무라는 이렇게 회의적인 분위기에도 인내심을 잃지 않았고, 오랜 세월이 지나 이 제안은 다니야마–시무라 추측이라고 불릴 정도로 존중을 받게 되었다. 그때 20세기 유수의 정수론 학자 앙드레 베유André Weil가 추측을 지지하는 추가적인 증거를 많이 찾아내어 이를 발표하며 참일 것이라는 신념을 밝혔다. 이는 다니야마–사무라–베유 추측으로 알려지게 되었다. 이름은 계속 바뀌었고 세 명의 수학자들의 부분 집합들이 이루는 수많은 순열이 연관되어왔다. 나는 '다니야마–시무라 추측'이라는 이름을 고집하겠다.

1960년대 또 한 명의 유력한 학자 로버트 랭글란즈Robert Langlands는 다니야마-시무라 추측을 훨씬 더 광범위하고 더욱 야심 찬 프로그램의 한 가지 요소로 볼 수 있다는 것을 깨달았다. 이 프로그램은 대수적 수론과 해석 수론을 통합할 만한 것이었다. 그는 이러한 아이디어와 관련된 수많은 추측을 정식화했는데 오늘날 랭글란즈 프로그램으로 알려졌다. 다니야마-시무라 추측보다 훨씬 더 사변적이었지만 강렬한 우아함을 갖춘 터라 너무도 아름답기에 참이 아닐 수 없는, 그런 수학에 속했다. 1970년대 내내 수학계는 랭글란즈 프로그램의 거친 아름다움에 익숙해져서 이 프로그램은 대수적 수론의 핵심적인 목표 중 하나로 받아들여지기 시작했다. 랭글란즈 프로그램이야말로 나아가야 할 길일 것 같았다. 다만 누군가가 첫걸음을 내디딜 수 있다면 말이다.

이 시점에서 프레이는 다니야마-시무라 추측을 자신의 타원 곡선에 적용하면 페르마의 마지막 정리를 증명할 수 있다는 것을 알아차렸다. 그러나 그때는 이미 프레이의 아이디어에 있는 또 하나의 문제가 모습을 드러냈다. 1984년 그가 자신의 아이디어에 관한 강연을 하는 데 청중이 그의 핵심적인 주장에 결함이 있다는 것을 찾아냈다. 곡선이 워낙 기이해서 모듈적일 수 없다는 것이다. 이 분야 유수의 인물인 장 피에르 세르Jean-Pierre Serre가 재빨리 이러한 결함을 보완했지만 역시 증명이 없는 또 다른 결과를 동원해야 했다. 특수 계수 감축 추측level reduction conjecture이 그것이었다. 그러나 1986년 켄 리벳Ken Ribet은 특수 계수 감축 추측을 증명해냈다. 이제 페르마의 마지막 정리로 향하는 것을 가로막는 유일한 장애는 다니야마-시무라 추측이었고, 여론의 향방은 바뀌기 시작했다. 세르는 페르마의 마지막 정리가 10여 년 이내에 증명될 게 분명하다고 예측했다. 정확히 어떻게 증명할 것인가 하는 것은 또 다른 문제였지만 보편적인 분위기가 있었다. 모듈 함수와 관련된 기법들이 강력해져서 누군가가 곧 프레이의 접근 방법이 통하게 할 거라는 분위기였다.

그 누군가가 앤드루 와일스였다. 그의 증명에 대한 텔레비전 프로그램에서 그는 이렇게 말했다.

열 살 때였습니다. …… 우연히 수학에 대한 책을 봤는데 이 문제(페르마의 마지막 정리)의 역사가 조금 나왔어요. 300년 전에 누군가가 이 문제를 (제기)했는데 누구도 그 증명은 보지 못했고 누구도 증명이 있는지 몰랐고 그 뒤로 사람들이 그 증명을 찾아왔다고요. 그 문제는 열 살짜리인 저도 이해할 수 있는 거였는데 과거의 위대한 수학자 누구도 그걸 해결하지 못했다는 겁니다. 당연히 그 순간부터 저는 직접 그 문제를 풀어보려고 했죠. 참으로 아름다운 문제라 도전할 만했습니다.

1971년 와일스는 옥스퍼드대학교에서 수학 학위를 받고 케임브리지대학교로 옮겨 박사과정을 밟았다. 지도교수인 존 코츠John Coates는 (올바르게도) 페르마의 마지막 정리는 박사논문 주제로 너무 어렵다고 조언했다. 그래서 그 대신 와일스는 당시 훨씬 더 유망한 연구분야로 여겨지던 타원 곡선에 대한 연구에 착수했다. 1985~1986년에 그는 파리에 있는 고등과학연구원Institute des Hautes Érudes Scientifiques 수학연구소에 있었다. 최고의 연구자들은 대개 한 번쯤 이곳을 거친다. 수학자라면 시간을 보내기 아주 좋은 곳이다. 객원 중에는 리벳도 있었는데 특수 계수 감축 추측에 대한 그의 증명에 와일스는 흥분했다. 다니야마-시무라 추측에 대한 증명을 시도하는 것으로 존중받을 만한 연구를 계속하면서 그와 동시에 페르마의 마지막 정리를 증명하겠다는 어린 시절의 꿈도 이뤄볼 수 있게 되었다.

이 분야에 있는 사람이라면 누구나 이러한 연관에 대해 알고 있었으므로 우려가 있었다. 와일스가 어떻게든 거의 완벽한 증명을 만들어내고 추가로 연구해야 할 몇 가지 사소한 결함만 남았다고 해보자. 누군가 다른 사람이 그걸 알고 그 결함을 메웠다고 해보자. 그럼 엄밀히 말해서 그 사람이 페르마의 마지막 정리를 증명한 게 된다. 수학자들은 보통 그런 식으로 행동하려고는 하지 않지만, 상이 크다 보면 조심하는 편이 현명하다. 그래서 와일스는 비밀리에 연구를 수행했는데 수학자들은 그러는 법이 거의 없다. 그가 동료를 믿지 못한 것은 아니었다. 막판에 추월당할 사소하기 짝이 없는 위험조차 감수할 수 없었을 뿐이다.

그는 7년 동안 연구실이 있는 자기 집 지붕 아래 처박혀 연구에 몰두했다. 아내와 학과장만이 그가 어떤 연구를 하고 있는지 알았다. 평화롭고 호젓하게 그는 자기가 익힐 수 있는 모든 기법을 동원해 문제를 공략했고, 그런 맹공에 마침내 성벽이 흔들리기 시작했다. 1991년 코츠는 그에게 마티아스 플라흐Matthias Flach가 증명한 새로운 결과물들을 알려주었다. 벽에 난 금은 공성에 큰 타격을 입고 훨씬 더 빠른 속도로 벌어지기 시작했다.

1993년에 이르러 증명은 완성되었다. 이제 세상에 알려야 할 때였다. 여전히 조심스러운 와일스는 증명을 발표했다가 실수만 드러나는 위험을 감수하고 싶지 않았다. 1988년 미야오카 요이치宮岡洋一가 그런 일을 당했었다. 증명을 했다고 하여 대서특필되었지만 치명적인 실수가 발견되었다. 그래서 와일스는 새로이 창설된 국제수학연구센터인 케임브리지 아이작 뉴턴 연구소에서 세 차례의 강연을 연속으로 하기로 했다. 연제는 재미없고 전문적이었다. '모듈 형식, 타원 곡선, 갈루아 표현.' 속아 넘어가는 사람은 거의 없었다. 와일스가 무엇인가 대단한 걸 발견했다는 걸 알았다.

세 번째 강연에서 와일스는 다니야마–시무라 추측의 특별한 한 가지 경우에 대한 증명을 대략 설명했다. 그는 조금은 덜 야심적인 걸로도 통한다는 것을 발견했었다. 프레이 곡선이 존재한다면 그것은 타원 곡선의 특수한 종류인 '반안정적인semistable' 곡선에 속해야 한다는 것을 증명하고 **그러한 종류의** 모든 곡선은 모듈적이어야 한다는 것을 증명하는 것이다. 그래서 와일스는 두 결과를 모두 증명했다. 강의 끝 부분에 그는 칠판에 따름 정리(방금 증명한 것의 직접적인 결과가 되는 추가적인 정리)를 썼다. 그 따름 정리는 페르마의 마지막 정리였다.

와일스의 발표 소식을 들은 시무라는 간단하고도 핵심을 찌르는 말을 했다. "내가 그럴 거라고 했잖아."

그렇게 간단했다면야. 그러나 반전의 운명이 기다리고 있었다. 증명은 전문가들의 심사를 받아야 했고, 보통 그렇듯 이러한 과정에서 추가적인 해명이 필요한 몇 가지 사항이 드러났다. 와일스는 대부분의 논평을 해결했지만 하나는 다시 생각하지 않을 수 없었다. 1993년 말 그는 드러난 논리적 결함을 수습할 때까지 자신의 주장을 철회하겠다는 성명을 발표했다. 하지만 이제는 세간의 주목을 받으며 일을 해야 했다. 정말이지 피하고 싶었던 상황이었다.

1994년 3월까지 수정된 증명이 나오지 않자 팔팅스는 수학계에 널리 퍼진 생각을 밝혔다. "(증명을 수정하는 일이) 쉬웠다면 지금쯤은 해결했을 것이다. 엄격하게 말해 발표되었을 당시 그건 증명이 아니었다." 베유는 이렇게 말했다. "그에게 좋은 아이디어들이 있다고 생각한다. …… 그러나 증명은 없다. …… 페르마의 마지막 정리를 증명하는 것은 에베레스트산을 오르는 것과 같다. 에베레스트산에 오르고 싶은데 100미터를 남기고 실패했다면 에베레스산에 오른 것이 아니다." 어떤 종말을 맞게 될지 모두가 짐작할 수 있었다. 처음 보는 일도 아니었다. 증명은 붕괴해서 완전히 철회되어야 하고 페르마의 마지막 정리는 여전히 굴하지 않은 채 버티게 될 터였다.

와일스는 패배를 인정하지 않았고 그의 제자였던 리처드 테일러 Richard Taylor가 탐구에 가세했다. 곤경의 뿌리는 이제 분명했다. 플라흐의 결과가 이 임무에 완전히 들어맞지 않았던 것이다. 그들은 플라흐의 방법을 수정하려 해보았지만 아무것도 통하지 않는 것 같았다. 그때 섬광과도 같은 영감으로 와일스는 갑자기 장애가 무엇인지 이해하게 되었다. "(플라흐의 방법이) 통하지 못하게 가로막았던 것이 예전에 제가 시도해보았던 다른 방법을 통하게 해줄 것임을 깨달았습니다." 성을 포위한 병사들이 수비군이 계속 돌을 떨어뜨리는 바람에 공성 망치로는 공격할 수 없지만 그 대신 바로 그 돌을 투석기에 넣어 문을 부술 수 있다는 걸 깨닫는 거나 마찬가지였다.

1995년 4월에 이르러 새로운 증명은 완료되었고 이번에는 결함이나 오류가 없었다. 곧바로 출판으로 이어져서 초일류 학술지인 〈수학 연보〉에 2개의 논문이 실렸다. 와일스는 국제적인 명사가 되어 몇 개의 중요한 상과 기사 작위를 받았고…… 다시 연구로 돌아가 예전이나 다를 바 없이 그 일을 이어갔다.

와일스의 해법에서 정말로 중요한 특징은 페르마의 마지막 정리가 결코 아니다. 앞서 말했듯 그 답에 극히 중대하다고 할 만한 건 아무것도 걸려있지 않았다. 누군가 페르마의 주장에 대한 반증으로 3개의 100자리 수와 250자리의 소수를 발견해냈다면 그로써 정리는 틀린 것이 되겠지만 수학의 그 어떤 중대한 분야도 아무런 손상을 입지 않았을 것이다. 물론 컴퓨터로 직접 공격해서는 그처럼 커다란 수들을 조사해낼 수 없었을 테니 그와 같은 걸 밝혀내려면 놀랄 만큼 영리해야 했겠지만 부정적인 결과가 나왔다고 해도 전혀 골칫거리가 되지 않았을 것이다.

이 해법에서 진정으로 중요한 점은 다니야마-시무라 추측의 반안정적인 경우에 대한 증명에 있다. 6년이 채 되지 않아 크리스토프 브로일Christophe Breuil, 브라이언 콘래드Brian Conrad, 프레드 다이아몬드Fred Diamond, 테일러가 와일스의 방법을 확장해 반안정적인 경우뿐만 아니라 모든 타원 곡선을 다룰 수 있게 했다. 그들은 다니야마-시무라 추측 전체를 증명함으로써 정수론을 뒤바꿔놓았다. 그 뒤로 타원 함수를 만나면 반드시 그것은 모듈적이라는 것은 보장되었고, 그 덕에 수많은 해석학적 방법들을 쓸 수 있게 되었다. 이미 이러한 방법들은 정수

론의 다른 문제들을 해결하는 데 사용됐고, 앞으로도 새로운 것들이
드러날 것이다.

08

궤도의 카오스

3체 문제

예로부터 내려온 농담에 따르면 어떤 물리학 이론이 얼마나 발전된 것인지 알기 위해서는 그 이론이 다루지 못하는 상호작용하는 물체의 수가 몇 개인지 보면 된다고 했다. 뉴턴의 중력 법칙은 3개의 물체 문제에 부딪힌다. 일반 상대성 이론은 2개의 물체를 다루는 데 어려움을 겪는다. 양자론은 1개의 물체에 대해 과하게 확장되었고 양자장 이론은 물체가 **없는** 것, 즉 진공 때문에 골치 아파한다. 농담이라는 게 그런 경우가 많듯 이 농담에도 일말의 진실은 담겨 있다.[56] 특히 뉴턴의 중력 역제곱 법칙을 따르는 것으로 가정된 단순한 3체(3개의 물체)의 중력 상호작용은 몇 세기 동안 수학계를 당황하게 했다. 그 물체들의 궤도를 구하는 훌륭한 공식을 원하는 거라면 그런 상황은 여전히 마찬가지이다. 사실 이제 우리는 3체의 역학 관계가 카오스적이라는 것을 안다. 즉 워낙 불규칙해서 무작위적인 요소들이 있다는 것이다.

이 모든 것은 뉴턴 중력 이론의 놀라운 성공과는 상당한 차이를 보인다. 뉴턴 중력 이론은 많은 것을 설명했는데 그중에는 태양 주위를 도는 행성의 궤도에 대한 내용도 있었다. 이에 대한 답은 이미 케플러가 화성에 대한 천문학적 관찰 결과로부터 경험적으로 추론해놓았다. 타원이라는 것이다. 여기에는 2개의 물체만 등장한다. 태양과 행성이다. 그다음 단계는 당연하게도 뉴턴의 중력 법칙을 이용해 3체 궤도를 구하는 방정식을 쓰고 그걸 푸는 것이다. 그러나 3체 궤도에 대한 깔끔한 기하학적 설명은커녕 좌표 기하학에서의 공식도 존재하지 않는다. 19세기 말까지 3개의 천체들의 운동에 대해서는, 그중 하나가 워낙 작아서 그 질량을 무시해도 될 정도라 하더라도 알려진 바가 거의 없었다.

3개(혹은 그 이상)의 물체의 역학 관계에 대한 우리의 이해는 그 뒤로 극적으로 성장했다. 이러한 진보의 상당한 부분은 이 의문이 얼마나 어려운지, 그리고 그 이유는 무엇인지 점점 더 깨달아갔다는 것이다. 뒷걸음질처럼 보일 수도 있겠지만 앞으로 나아가는 가장 좋은 방법이 전략적으로 후퇴해 다른 것을 시도하는 것일 때도 있다. 3체 문제에서 이러한 작전은 정면 공격을 하면 절망적으로 교착상태에 빠질 상황에서 진정한 성공을 거두기도 했다.

초기 인류가 밤하늘의 달이 뒤에 깔린 별들과 비교해 조금씩 움직이는 것을 눈치채지 못했을 리 없다. 별들도 움직이는 것 같지만 빙글빙글 돌아가는 거대한 그릇에 달린 작디작은 불빛들처럼 전체가 함께 돌아간다. 달은 다른 점에서도 분명히 특별하다. 빛나는 커다란 원판으로, 초승달에서 보름달로 모양을 바꿨다가 다시 처음의 모양으로 돌아간다. 별들처럼 작디작은 불빛이 아니다.

그 작디작은 불빛들도 몇 개는 규칙을 어긴다. 방랑한다. 별들과의 상대적 위치가 달만큼 재빨리 바뀌지는 않지만 오랫동안 밤하늘을 지켜보지 않더라도 몇 개가 움직이는 것을 볼 수 있다. 이렇게 방랑하는 별 중에서 5개는 맨눈으로도 잘 보인다. 그리스인들은 이들을 '플라네테스'라고 불렀다. 떠돌이라는 뜻이다. 물론 이들은 행성이고, 고대로부터 인식되어 온 5개의 행성을 이제 우리는 수성Mercury, 금성Venus, 화성Mars, 목성Jupiter, 토성Saturn이라고 부른다. 모두 로마 신들의 이름을 딴 것이다. 망원경의 덕으로 지금은 2개가 더 알려졌다. 천왕성과 해왕성이다. 물론 우리 지구도 포함된다. 명왕성은 2006년 국제천문학연합회의가 논란 속에 용어에 대한 결정을 내린 덕에 이제는 행성 목록에서 빠졌다.

고대 철학자, 천문학자, 수학자 들은 하늘을 연구하면서 행성들이 마구잡이로 돌아다니는 것은 아니라는 것을 깨달았다. 복잡하지만 상당히 예측이 가능한 경로를 따르고, 상당히 규칙적인 간격으로 밤하늘의 거의 똑같은 자리로 돌아온다. 이제 이러한 패턴은 닫힌 궤도를 도는 주기 운동이라고 설명하는데, 여기에는 지구 자체의 궤도 운동도 약간의 기여를 한다. 또한 우리는 이러한 주기가 정확하지는 않다는 것도 인식한다. 거의 비슷하기는 하다. 수성은 태양 주위를 도는 데 약 88일이 걸리지만 목성은 12년 정도 걸린다. 태양에서 멀수록 행성이 궤도를 한 바퀴 도는 데는 더 긴 시간이 걸린다.

행성의 운동을 정량적으로 정확하게 묘사한 최초의 모형은 프톨레마이오스계인데, 이는 서기 150년경에 자신의 저서 〈알마게스트Almagest(최고의 논문)〉에서 이러한 운동을 묘사한 클라우디오스 프톨레

마이오스Claudius Ptolemy의 이름을 딴 것이다. 지구 중심적인 모형으로, 모든 천체가 지구 주위의 궤도를 돈다. 천체들은 일련의 거대한 구들에 떠받쳐진 것처럼 움직이는데, 이 구들은 축을 중심으로 고정된 속도로 자전하며, 이 축 역시 다른 구에 떠받쳐진 것일 수 있다. 자전하는 수많은 구들의 조합이 필요했던 것은 원, 즉 구의 균분원상에서 균일하게 돈다는 우주론적인 이상으로 행성들의 복잡한 운동을 표현하기 위해서였다. 구를 충분히 갖추고 그 축과 속도를 적절히 선택하면 이 모형은 현실에 매우 가깝게 조응한다.

니콜라우스 코페르니쿠스Nicolaus Copernicus는 프톨레마이오스의 도식을 몇 가지 방향에서 수정했다. 가장 근본적인 것은 달을 제외한 모든 천체가 지구가 아닌 태양 주위를 돌게 한 것인데, 이로써 설명이 상당히 단순해졌다. 태양을 중심으로 한 모형이다. 이러한 제안은 가톨릭 교회의 심기를 건드렸지만 결국 과학적 관점이 승리해 학식 있는 사람들은 지구가 태양 주위를 돈다는 것을 받아들였다. 1596년 케플러는 자신의 책《우주 구조의 신비Mysterium Cosmographicum》에서 코페르니쿠스계를 옹호했는데 이 책에서 가장 중요한 점은 태양으로부터의 행성의 거리와 그 궤도 주기의 수학적 관계를 발견했다는 것이다. 한 행성에서 다음 행성으로 태양에서 멀어지면서 주기가 늘어나는 비율은 거리가 늘어나는 것의 2배라는 것이 그 관계이다. 후일 그는 이러한 관계가 부정확해서 옳다고 할 수 없다고 판단했지만 이후의 연구에서 좀 더 정확한 관계를 찾아내는 밑거름이 된다. 케플러는 5개의 정다면체를 가지고 행성들 사이의 간격을 설명하기도 했는데 다면체들을 붙잡고 있는 구들에 의해 분리된 채로 하나의 다면체가 다른 다면체 안에 깔끔하게 들어앉아 있는 모형이었다. 5개의 다면체는 5개의 행성이 있는 이유를 설명했으나 현재 우리는 행성을 8개로 알고 있으니 이러한 특징은 이제는 장점이 아니다. 5개의 다면체를 순서 짓는 방법은 120가지가 있고, 그중 하나는 행성 궤도가 부여하는 천체의 위치에 근접할 가능성이 높다. 따라서 그저 우연히 비슷해진 것일 뿐, 자연을 무의미한 패턴에 억지로 구겨 넣은 것에 지나지 않는다.

1600년 천문학자 튀코 브라헤Tycho Brahe는 자신의 관찰 결과를 분석하는 일을 돕도록 케플러를 고용했지만 정치적인 문제가 끼어들었다. 브라헤가 죽은 뒤 케플러는 루돌프 2세의 황실 수학자로 임명되었다. 남는 시간에 그는 브라헤의 화성 관찰 결과를 연구했다. 그 결과로 나온 것이 1609년의 《신천문학Astronomia Nova》으로, 행성 운동의 법칙이 2개 더 소개되었다. 케플러의 첫 번째 법칙은 행성들이 타원으로 움직인다는 것이다. 화성에 대해서는 증명을 했고 다른 행성들에 대해서도 마찬가지로 참일 것 같았다. 처음에는 달걀 모양이 데이터에 들어맞는다고 추정했으나 그걸로는 계산이 나오지 않아서 타원을 시도해보았다. 그러나 이것 역시 기각되었고 그는 궤도의 모양을 묘사하는 다른 수학적 표현을 찾아냈다. 결국 그는 이 표현이 실은 타원을 정의하는 다른 방법에 지나지 않는다는 것을 깨달았다.[57]

나는 (새로운 정의를) 젖혀두고 전혀 다른 가정이라고 생각하며 타원에 기대었지만 다음 장에서 증명하듯 이 둘은 사실 같은 것이다. …… 나는 참으로 바보 같았다!

케플러의 두 번째 법칙은 행성이 동일한 시간에 동일한 면적을 쓸며 지나간다는 것이었다. 1619년,《우주의 조화Harmonices Mundi》에서 케플러는 거리와 주기 사이의 관계를 훨씬 더 정확하게 밝힌 3개의 법칙을 완성했다. 거리(타원의 장축 길이의 절반)의 세제곱은 주기의 제곱에 비례한다는 것이었다.

이제 아이작 뉴턴이 등장할 차례이다. 1687년의《자연철학의 수학적 원리Philosphiae Naturalis Principia Mathematica》에서 뉴턴은 케플러의 3가지 법칙이 단 1개의 중력 법칙과 동등한 것이라는 점을 증명했다. 2개의 물체는 둘의 질량에 비례하고 둘 사이의 거리의 제곱에 반비례하는 힘으로 서로 당긴다는 것이었다. 뉴턴의 법칙에는 어마어마한 장점이 있었다. 물체가 몇 개이든 상관없이 어떤 계에도 적용된다는 것이었다. 그 대가는 규칙이 궤도를 규정하는 방식이었다. 기하학적 도형이 아니라 행성들의 가속도가 포함되는 미분 방정식의 해로 규정하게 된 것이다. 이러한 방정식에서 행성 궤도의 모양이나 주어진 시점의 행성들의 위치를 찾아내는 방법은 대단히 불분명하다. 까놓고 말하자면 가속도를 찾아내는 방법도 그다지 분명하지 않다. 그래도 방정식은 이러한 정보를 암시적으로 제공해주었다. 문제는 이러한 정보를 명시적으로 만드는 것이었다. 2개의 물체에 대해서는 케플러가 이미 답을 내놓았고 그 답은 시간당 일정한 면적을 쓸고 지나가는 속도를 수반하는 타원 궤도였다.

물체가 3개일 때는 어떨까?

훌륭한 의문이었다. 뉴턴 법칙에 따르면 태양계의 모든 물체는 중력으로 서로 영향을 미친다. 사실 전 우주에 있는 모든 물체가 중력으로 서로 영향을 미친다. 하지만 제정신 박힌 사람이라면 우주에 있는 모든 물체에 대한 미분 방정식들을 써내려갈 생각은 하지 않을 것이다. 늘 그렇듯 성공하는 비결은 문제를 단순화하는 것이었다. 그러나 너무 단순화해서도 안 된다. 별들은 워낙 멀리 떨어져 있어서 태양계에 미치는 영향을 무시할 만하지만 은하계가 자전하면서 태양이 어떻게 움직이는지 설명하려면 무시할 수도 없다. 달의 움직임은 주로 지구와 태양이라는 다른 2개의 천체의 영향을 받지만 다른 행성들과 관련한 미묘한 영향이 없는 것은 아니다. 1700년대 초, 이러한 의문은 천문학의 영역에서 벗어나 실용적인 의미를 갖게 된다. 달의 운동이 항법에 유용하다는 것이 알려진 것이다. (당시에는 GPS가 없었다. 경도를 측정할 크로노미터조차 없었다.) 하지만 이 방법에는 기존의 이론이 제공하는 것보다 정확한 예측이 필요했다. 당연한 출발점은 3개의 물체에 대한 뉴턴의 법칙을 적어 내려가는 것이었고, 이를 위해서 3개의 물체는 점 질량point mass으로 다룰 수 있다. 행성들은 그 사이의 거리에 비하면 극도로 작기 때문이다. 그리고 그 결과로 나온 미분 방정식을 푼다. 그러나 2개의 물체에서 타원들을 이끌어내는 비결은 이 혼란에 또 하나의 천체가 추가되면서 통하지 않게 되었다. 몇 가지 예비적인 조치까지는 원하는 대로 되었지만 이윽고 계산이 장애에 부딪혔다. 1747년 숙명의 적수였던 장 달랑베르Jean d'Alembert와 알렉시 클레로Alexis Clairaut는 '3체 문제'를 푸는 파리과학원의 상에 도전했는데 두 사람 모두 수치 근사 방법을 통해 접근했다. 3체 문제는 이때 이름을 얻었고, 곧 수학에서 가장 위대한 수수께끼의 하나가 되었다.

특수한 몇몇 경우는 해결할 수 있었다. 1767년 오일러는 3개의 물체가 모두 선회하는 1개의 직선에 놓인 경우에 대한 해법을 발견했다. 1772년 라그랑주는 물체들이 회전하며 늘어났다 줄어들었다 하는 이등변삼각형을 이루는 경우에 대한 유사한 해법을 찾아냈다. 두 해법은 모두 주기적이었다. 물체들이 똑같은 일련의 움직임을 무한히 반복하는 것이다. 그러나 과감하게 단순화해봐도 그보다 조금이라도 일반적인 결과는 내놓지 못했다. 물체 중 하나의 질량이 무시할 만하다고 가정할 수도 있고, 나머지 2개가 공통의 질량 중심 주위로 완벽한 원을 그리며 움직인다고 가정할 수도 있지만(이는 '제한된' 3체 문제라고 알려진 형태이다.) **그래도** 방정식들을 정확하게 풀 수는 없었다.

1860년과 1867년에 천문학자이자 수학자인 샤를-유진 들로네 Charles-Eugène Delaunay 는 달에 대한 태양의 중력의 영향을 지구의 영향에 약간의 변화가 가해진 것으로 보는 섭동 이론을 이용해 구체적인 경우인 태양-지구-달 계를 공략해서 수많은 연속적인 항들을 더한 급수의 형태로 근사적인 공식들을 도출해냈다. 그는 자신의 결과를 1860년과 1867년에 발표했다. 각각의 결과는 900쪽에 달했고, 공식이 대부분을 차지했다. 1970년대 후반 컴퓨터 대수학을 이용해 그의 계산을 확인해보았는데 사소하고 중요하지 않은 2개의 오류만 발견되었다.

엄청난 계산이었지만 급수가 그 극한값에 너무 천천히 근접해서 실용적인 용도는 거의 없었다. 그래도 다른 수학자들이 더 빨리 수렴하는 급수 해법을 찾도록 박차를 가해주었다. 그런 모든 접근법에 대한 커다란 기술적 장애도 밝혀냈다. 이 장애는 작은 분모라고 알려졌다. 급수의 몇몇 항들은 분수로, 그 분모는 물체들이 공명에 가까울 때 아주 작아진다. 공명이란 물체의 주기들이 서로의 유리수배인 주기적 상태를 말한다. 예를 들어 목성의 위성 중 제일 안쪽에 있는 3개인 이오, 유로파, 가니메데가 목성을 공전하는 주기는 1.77일, 3.55일, 7.15일로 거의 완벽하게 1:2:4 비율을 보인다. 타원에 근접하는 궤도들의 축이 회전하는 속도 사이의 유리관계ratinoal relation인 영년공명secular resonances 은 유난히 골치가 아픈데, 분모가 작으면 분수의 값을 구할 때 있을 법 한 오차가 상당히 커지게 되기 때문이다.

3체 문제가 어렵다면 n-체 문제, 즉 뉴턴식의 중력에 따라 움직이 는 임의의 수의 점 질량들에 대한 문제가 더 어려울 건 확실했다. 그래 도 자연은 중요한 예를 제시한다. 태양계 전체이다. 여기에는 8개의 행 성, 명왕성과 같은 몇 개의 왜소행성, 그리고 상당히 큰 것도 많은 수천 개의 소행성이 포함된다. 위성들은 말할 것도 없는데, 그중에는 예를 들어 타이탄처럼 행성인 수성보다 큰 것들도 있다. 따라서 태양계는 세 부사항을 얼마나 포함하고 싶은가에 따라 10체 문제도, 20체 문제도, 1,000체 문제도 될 수 있다.

단기적인 예측을 위해서는 수치 근사 방법이 효과적인데 천문학에 서는 1,000년도 단기이다. 태양계가 수억 년에 걸쳐 어떻게 전개될 것 인가를 이해하는 것은 아예 다른 문제이다. 그리고 그러한 장기적인 관 점에는 커다란 의문 하나가 달렸다. 태양계의 안정성이라는 것이다. 행 성들은 상대적으로 안정적인, 거의 타원이라고 할 수 있는 궤도에 따라 움직이는 것 같다. 궤도는 다른 행성들이 섭동을 일으키면 조금씩 변 하기 때문에 주기가 몇 분의 1초씩 변할 수도 있고 타원의 크기도 꼭 일정하지는 않을 수도 있다. 미래에도 이런 조용한 힘겨루기 말고 다른 일은 일어나지 않으리라고 확신할 수 있을까? 과거, 특히 태양계 초기 단계에도 늘 이랬을까? 태양계가 안정적인 상태를 유지할까? 2개의 행성이 충돌할까? 행성이 우주 외곽으로 내던져질 수도 있을까?

1889년은 노르웨이와 스웨덴의 왕인 오스카르 2세의 환갑이었다. 축하 행사의 하나로 노르웨이의 수학자 예스타 미타그-레플레르_{Gösta Mittag-Leffler}는 n-체 문제에 대한 해법에 상을 걸라고 왕을 설득했다. 이미 지나친 요구라는 것이 명확해졌으므로 정확한 공식으로 해법을 내놓으라는 것은 아니었고 일종의 수렴급수로 내놓으라는 것이었다. 푸앵카레는 흥미를 느끼고 아주 간단한 형태부터 시작하기로 했다. 1개의 물체가 작은 먼지 입자처럼 무시할 만한 질량을 가진 제한된 3체 문제였다. 이러한 입자에 뉴턴 법칙을 고지식하게 적용하면 거기에 가해지는 힘은 질량들을 곱하여 거리의 제곱으로 나눈 것이고, 질량 하나가 0이니까 그 곱은 0이 된다. 썩 도움이 되는 결과는 아닌 것이, 먼지 입자는 나머지 2개의 물체와 떨어져서 그저 제멋대로 움직이기 때문이다. 그 대신 먼지 입자는 나머지 2개의 물체의 영향을 느끼지만 2개의 물체는 먼지 입자를 완전히 무시하는 모형을 세운다. 그러면 2개의 거대한 2개의 물체의 궤도는 원형이 되고 물체는 고정된 속도로 움직인다. 운동의 복잡성은 모두 먼지 입자에 주어진다.

푸앵카레는 오스카르 왕이 내준 문제를 해결하지 않았다. 그건 지나치게 어마어마한 과제였다. 그러나 그의 방법은 획기적이어서 상당한 진전을 이뤄냈기 때문에 그래도 상을 받게 되었다. 상을 받은 그의 연구 결과는 1890년 발표되었는데 그 결과는 제한된 3체 문제라 하더라도 규정된 종류의 답이 없을 수 있다는 것을 암시했다. 푸앵카레는 자신의 분석을 운동의 일반적 특징에 따라 몇 개의 구분되는 경우로 나누었다. 대개의 경우 급수 해법을 얻어낼 수 있을 것 같았다. 그러나 먼지 입자의 궤도가 기이할 정도로 엉망진창이 되었다.

푸앵카레는 이 피할 수 없는 혼란을 자신이 개발하고 있던 다른 아이디어들에서 추론해냈는데 이로써 미분 방정식을 실제로 풀지 않고도 그 해를 묘사하는 것이 가능해졌다. 이 '미분 방정식의 정성 이론'에서 현대의 비선형 역학이 자라났다. 기본적인 아이디어는 해들의 기하, 더 엄밀히 말하자면 위상을 조사하자는 것이다. 이는 푸앵카레도 흥미를 가졌던 것으로 10장에 나온다. 이러한 해석에서 물체들의 위치와 속도는 다차원 공간에서의 좌표이다. 시간이 흐르면서 임의의 초기 상태는 이 공간을 지나는 구부러진 경로를 따른다. 이러한 경로의 위상, 혹은 가능한 모든 경로의 계 전체는 그 해에 대한 수많은 유용한 것들을 알려준다.

예를 들어 주기적인 해는 스스로 닫혀 고리를 이루는 경로이다. 시간이 흐르면서 상태는 고리를 따라 돌고 또 돌며 똑같은 행태를 무한히 반복한다. 그렇다면 이 계는 주기적이다. 푸앵카레는 그러한 고리를 감지해내는 좋은 방법은 고리를 가로지르도록 다차원 곡면을 놓는 것이라고 제안했다. 오늘날 이것을 푸앵카레 절단이라고 부른다. 이 곡면에서 시작되는 해들은 결국 이 곡면으로 돌아올 수 있다. 고리 자체도 정확히 같은 지점으로 돌아오고, 근처의 점들을 지나는 해들은 대략한 주기가 지나면 반드시 이 절단으로 돌아온다. 따라서 주기적인 해는 '첫 번째 귀환 지도'의 고정된 점으로 해석할 수 있는데, 이것은 곡면의 점들이 돌아온다면 처음으로 돌아왔을 때 어떤 일이 벌어지는지 알려준다. 별로 진보된 게 없어 보일 수도 있지만 이로써 공간의 차원, 즉 문제에서의 변수의 수가 줄어든다. 이런 일은 거의 언제나 좋은 것이다.

푸앵카레의 위대한 아이디어는 두 번째로 복잡한 종류의 해인 몇 개의 주기적 운동의 조합을 만났을 때 진가를 발휘한다. 간단한 예로 지구는 대략 365일에 한 번씩 태양 주위를 돌고 달은 대략 28일에 한 번씩 지구 주위를 돈다. 따라서 달의 운동은 이 2개의 서로 다른 주기를 결합한 것이다. 물론 3체 문제의 요점은 이러한 묘사가 전적으로 정확하지는 않다는 것이지만 이러한 종류의 '유사 주기적' 해들은 물체가 많을 때의 문제에 아주 흔하다. 푸앵카레 절단은 유사 주기적인 해들을 감지해낸다. 곡면으로 돌아왔을 때 정확히 같은 점과 만나지는 않고 그 만나는 점은 **곡면 위**의 폐곡선에서 조금씩 조금씩 돌고 돈다.

푸앵카레는 모든 해가 이와 같다면 정량적으로 이를 모형화하는 데 적당한 급수를 마련할 수 있을 것이라는 점을 깨달았다. 하지만 첫 번째 귀환 지도의 위상을 분석하면서 더 복잡할 수 있다는 것을 알아차린다. 역학으로 연관된 2개의 특정한 곡선이 서로 교차할 수도 있다. 그 자체로는 그다지 나쁠 것이 없지만 곡선들이 다시 곡면과 만날 때까지 밀고 나가면 그 결과 나오는 곡선들은 여전히 교차해야만 했다. 다만 다른 곳에서. 다시 밀고 나가면 또다시 교차한다. 그뿐만이 아니었다. 원래의 곡선들을 밀고 나가 발생한 새로운 곡선들은 실은 새로운 것이 아니었다. 원래의 곡선의 일부였던 것이다. 위상을 정리하려면 냉철한 사고가 필요한데, 그 이유는 이런 일을 제대로 해 본 사람이 아무도 없었기 때문이다. 그 결과 나타나는 것은 기묘한 그물 같은 대단히 복잡한 그림으로, 여기서 곡선들은 반복적으로 앞뒤로 갈지자를 그리며 서로 교차한다. 이런 갈지자들 자체도 앞뒤로 갈지자를 그리고, 이런 상황이 임의의 복잡성까지 이어진다. 푸앵카레는 사실상 자신도 당황했음을 선언한 셈이었다.

이러한 2개의 곡선과 각각 이중 점근해에 대응하는 무한한 수의 교점들이 형성하는 도형을 그려보려고 하면 이러한 교점들은 일종의 그물이나 거미줄, 혹은 무한하게 빽빽한 망을 형성한다. …… 이 도형의 복잡성은 압도적이어서 나는 그려볼 엄두도 내지 않는다.

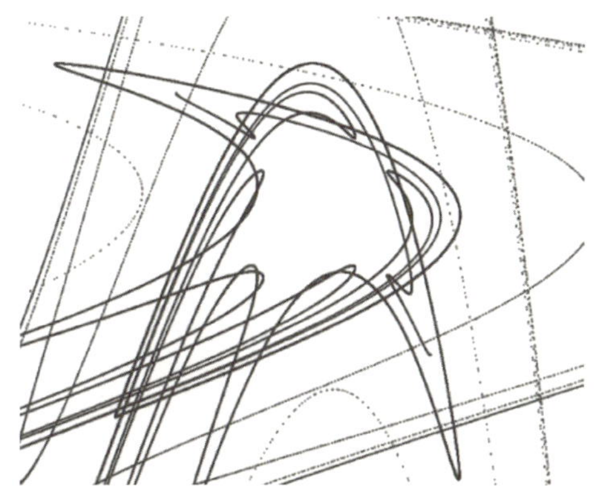

그림 31 호모클리닉 엉킴의 일부. 완벽한 그림은 무한히 복잡할 것이다.

오늘날 그의 그림(그림 31)은 호모클리닉 엉킴Homoclinic tangle, 자신과 연결된 엉킴이라고 부른다. 1960년대 스티븐 스메일Stephen Smale이 도입한 새로운 위상 수학 개념들 덕에 이제는 이 구조를 오랜 친구처럼 인식한다. 가장 중요한 함의는 이 역학 관계가 **카오스적**이라는 것이다. 방정식에는 명시적인 무작위적 요소가 없지만, 그 해는 매우 복잡하고 불규칙적이어서 진정으로 무작위적인 과정과 일정한 특징을 공유하고 있다. 예를 들어 움직임이 무작위적인 동전 던지기를 반복한 것과 정확히 닮은 궤도들—사실은 그 궤도들의 대부분—이 있다. 미래 전체가 현재 상태에 의해 일의적으로 결정된 결정론적 체계가 그럼에도 불구하고 무작위적인 특징을 가질 수 있다는 발견은 놀라운 것으로, 과학의 많은 분야가 이로써 바뀌었다. 이제 더는 단순한 규칙은 단순한 행태를 낳는다고 기계적으로 가정하지는 않는다. 통속적으로는 카오스 이론이라고 알려진 것으로, 이 모든 것은 푸앵카레와 그가 오스카르 왕에게서 받은 상까지 거슬러 올라간다.

대체로는 그렇다는 것이다. 오랜 세월 수학사가들은 그렇게 말했다. 그렇지만 1990년경 준 배로-그린 June Barrow-Green이 스톡홀름에 있는 미타그-레플레르 연구소 깊숙한 곳에서 푸앵카레의 연구논문 사본을 발견해 대충 훑어보다가 전 세계의 수많은 수학장서에서 찾아볼 수 있는 것과는 다르다는 것을 깨달았다. 그가 발견한 것은 푸앵카레가 상을 받은 연구논문의 공식 인쇄물인데 거기에는 한 가지 실수가 있었다. 상에 응모하려고 저작을 제출하면서 그는 카오스적 해들을 간과했다. 그는 논문이 출판되기 전에 그 실수를 발견하고 자신이 추론했어야 했던 것, 즉 카오스를 계산해 (상금보다 더 큰 비용을 지불하고) 원본을 파기하고 수정본을 인쇄하도록 했다. 어떤 이유에서인지 미타그-레플레르 연구소 문서 보관실에서는 결함이 있는 원본을 보관했지만, 배로-그린이 찾아내어 발표할 때까지 잊혀져 있었다.

푸앵카레는 이러한 카오스적 해들이 급수 전개와는 양립하지 않는다고 생각했던 것 같지만, 그 생각도 틀린 것임이 밝혀진다. 그렇게 억측하는 것도 무리는 아니었던 것이, 급수는 카오스를 표현하기에는 지나치게 규칙적인 것 같기 때문이다. 위상 수학만이 그런 표현을 할 수 있다. 카오스는 단순한 규칙들을 원인으로 하는 복잡한 행태이므로 추론이 완벽할 수는 없다. 3체 문제의 구조는 분명히 뉴턴이 2개의 물체에서 도출했던 종류의 단순한 해들을 불가능하게 한다. 2체 문제는 '적분 가능한데', 이는 방정식들에 에너지, 운동량, 각운동량 등과 같은 보존되는 양들이 궤도를 결정하기에 충분할 만큼 있다는 의미이다. '보존되는'이라고 하는 것은 이러한 양들이 물체들이 궤도를 따라 움직일 때 변하지 않는다는 의미이다. 3체 문제는 적분 가능하지 않은 것으로 알려졌다.

그래도 급수해들은 존재하지만 보편적으로 타당한 것은 아니다. 회전 전체에 대한 척도인 각운동량이 0인 초기 상태에는 적합하지 않다. 무한히 많은 모든 실수 중에서 0은 단 하나의 수에 지나지 않으므로 이런 상황이 엄청나게 드물기는 하다. 게다가 이런 해들은 그와 같은 시간 변수에서는 급수가 아니다. 시간변수의 세제곱근에서 급수이다. 핀란드의 수학자 칼 프리티오프 순드만Karl Fritiof Sundman이 1912년에 이 모든 것을 발견했다. 드문 예외는 있지만 n-체 문제에도 비슷하게 성립하는데, 이러한 결과는 1991년 왕추동Qiudong Wang이 얻어냈다. 하지만 4개 이상의 물체에 대해서는 급수가 수렴하지 않는 정확한 상황에 대한 어떠한 분류도 이루어지지 않았다. 그런 분류가 대단히 복잡할 것이 틀림없다는 것은 알고 있는데, 그 이유는 유한한 시간이 지난 후 모든 물체가 무한히 달아나거나 무한한 속도로 진동하는 경우의 해가 존재하기 때문이다. 이에 대해서는 12장을 참고하라. 물리학적으로 이러한 해들은 물체들이 단일한 (거대한) 점이라는 가정에 따른 인위적 산물이다. 수학적으로 이러한 해들은 물체들의 예측하기 어려운 행태를 어디서 찾아야 할지 알려준다.

물체가 모두 같은 질량을 지니는 경우에 대해서는 n-체 문제에 극적인 진전이 있었다. 천체 역학에서는 현실성 있는 가정이라 할 수 없지만 소립자들에 대한 일부 비양자 모형에는 말이 된다. 주된 관심사는 수학적인 것이다. 1993년 크리스토퍼 무어 Christopher Moore 는 3개의 물체가 모두 같은 궤도를 따라 '날 따라해봐요 이렇게' 놀이를 하는 경우의 3체 문제에 대한 해법을 찾아냈다. 더욱 놀라운 것은 궤도의 모양이다. 그림 32에서 보듯 8자 모양이었다. 궤도는 교차하지만 물체들은 절대로 충돌하지 않는다.

그림 32 8자 안무.

무어의 계산은 컴퓨터를 사용했고 수치적이었다. 그의 해법을 2001년 알랭 헨치네르 Alain Chenciner 와 로버트 몽고메리 Robert Montgomery 가 독립적으로 재발견했는데, 그들은 '최소 작용'이라고 알려진 고전 역학의 오래된 법칙과 참으로 정교한 위상 수학을 결합해 그와 같은 해가 존재한다는 것을 엄격하게 증명해냈다. 궤도들은 시간주기적이다. 일정한 기간이 지나면 물체들은 모두 초기 위치와 속도로 돌아가고 그 뒤로 같은 운동을 무제한으로 반복한다. 공통의 질량이 주어졌을 때 임의의 주기에 그와 같은 해가 적어도 1개는 있다.

2000년 카를레스 시모Carles Simó가 행한 수치분석은 8자 모양이 안정적이지만 푸앵카레의 귀환 지도의 세부적인 기하와 관련된, 아르놀트 확산Arnold diffusion으로 알려진 대단히 느린 장기적 이동의 경우에는 예외일 수도 있다는 것을 보여준다. 이러한 안정성에 대해서는 **거의** 모든 섭동이 관심의 대상이 되는 궤도와 매우 가까운 궤도로 이어지고, 섭동이 작아지면서 궤도는 극히 느리게 원래의 위치에서 멀어진다. 시모의 결과는 놀라운 것인데, 질량이 같은 3체 문제에서 안정적인 궤도가 드물기 때문이다. 수치적인 계산은 3개의 질량이 약간 다르더라도 안정성은 지속된다는 것을 보여준다. 따라서 우주 어딘가에서 거의 동일한 질량을 가진 3개의 별이 8자 모양으로 서로 쫓아다니고 있을 가능성도 있다. 2000년 더글러스 헤기Douglas Heggie는 그러한 세쌍둥이 별의 수가 은하계마다 하나씩에서 우주마다 하나씩 사이일 것으로 추정했다.

8자 모양에는 흥미로운 대칭이 있다. 3개의 물체 A, B, C부터 보자. 궤도 주기의 3분의 1 동안 그들을 추적해본다. 그러면 애초에 가졌던 동일한 위치와 속도를 지닌 3개의 물체를 발견하게 된다. 그런데 이제는 대응하는 물체가 B, C, A이다. 주기의 3분의 2가 지나면 C, A, B에 같은 일이 벌어진다. 주기를 다 마치면 물체들의 원래의 꼬리표가 복원된다. 이런 해는 안무choreography라고 알려졌다. 모두가 종종 위치를

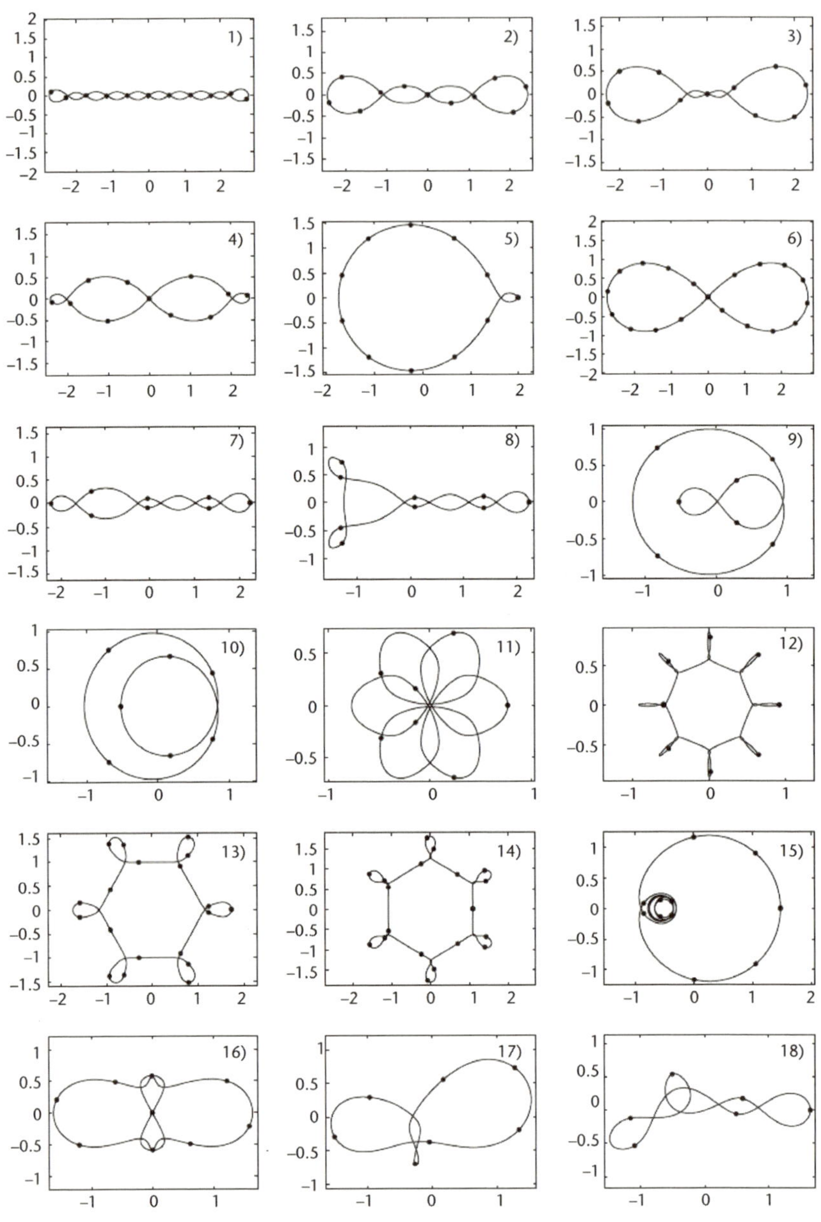

그림 33 안무의 예.

서로 바꾸는 행성의 춤이다. 수치적인 증거는 3개를 초과하는 물체의 안무가 존재한다는 것을 밝혀준다. 그림 33은 그 예이다. 특히 시모는 엄청난 수의 안무들을 발견해냈다.[58]

이 경우에도 수많은 질문이 아직 답을 얻지 못했다. 이러한 안무의 존재에 대한 철저한 증명이 없다. 3개를 초과하는 물체에 대해서는 모두 불안정해 보인다. 이것은 필시 옳겠지만, 그래도 증명을 해야 한다. 주어진 질량과 주어진 주기의 3개의 물체의 8자 모양 궤도는 유일한 것으로 보이지만 역시 알려진 증명은 없다. 그래도 2003년 토마시 카펠라Tomasz Kapela와 피오트르 즈글리친스키Piotr Zgliczynski는 컴퓨터의 도움을 받아 이 궤도가 국소적으로 유일하다는 증명을 내놓았다. 가까이 있는 궤도는 전혀 작용하지 않는다. 어쩌면 안무는 새로운 위대한 문제로 만들어지고 있는 건지도 모른다.

그렇다면 태양계는 안정적인가?

그럴 수도 있고 그렇지 않을 수도 있다.

푸앵카레의 위대한 통찰인 카오스의 가능성을 추적해 우리는 이제 안정성을 규명하는 것과 관련된 이론적인 문제들을 훨씬 더 선명하게 이해하게 되었다. 미묘하고 복잡하지만 역설적이게도 매우 유용한 방식으로는 급수해의 존재와 관련이 없다는 것이 드러난다. 위르겐 모저Jürgen Moser와 블라디미르 아르놀트Vladimir Arnold의 연구는 태양계의 단순화된 다양한 모형들이 거의 모든 초기 상태에 대해 안정적이라는 증명으로 이어졌다. 어쩌면 아르놀트 확산의 영향은 예외일 수도 있는데, 아르놀트 확산은 이런 종류의 거의 모든 문제에서 강한 편인 종류의 안정성을 막는다. 1961년 아르놀트는 이상화된 모형 태양계가 이러한 의미에서 안정적임을 증명했지만 행성들이 중앙의 별에 비해 매우 작은 질량을 가지고 있고 궤도들은 원형에 대단히 가까우며 공통의 평면에 대단히 가깝다는 가정하에서만 그렇다. 엄밀한 증명에 관한 한 여기서 '대단히 가깝다.'는 것은 '많아야 10^{-43}배 정도의 차이가 있다.'는 의미이고, 그렇다 하더라도 완벽하게 말하자면 불안정할 확률은 0이라는 것이다. 이러한 종류의 섭동 이론에서 그 결과는 엄밀하게 증명할 수 있는 그 어떤 것보다도 훨씬 더 큰 차이에 대해 유효한 경우가 많아서 이러한 이상에 상당히 근접한 행성계는 십중팔구 안정적이라는 추론이 나온다. 그러나 우리 태양계에서 관련 수치는 질량에 있어서는 약 10^{-3}, 그리고 원형圓形과 경사에 있어서는 10^{-2} 정도이다. 10^{-43}을 훌쩍 뛰어넘는다. 따라서 아르놀트의 결과를 적용할 수 있을 것인가 하는 것은 의문의 여지가 있다. 그래도 **뭐라도** 확실히 말할 수 있다는 것은 고무적이었다.

그런 문제에서의 실제적인 쟁점 역시 컴퓨터를 활용해 방정식을 근사적으로 풀 수 있는 강력한 계산 방법이 발전한 덕에 더욱 명확해졌다. 이것이 미묘한 문제인 것은 카오스에 중요한 귀결이 있기 때문이다. 작은 오차가 아주 빠르게 커져서 해답을 망칠 수 있다는 것이다. 카오스 그리고 마찰이 없는 태양계에 대한 것과 같은 방정식에 대한 우리의 이론적 이해는 카오스의 난처하기 짝이 없는 특징들 대부분의 영향을 받지 않는 계산 방법의 발전으로 이어졌다. 이를 심플렉틱 적분기 symplectic integrator라고 한다. 이를 이용하면 명왕성의 궤도가 카오스적이라는 것이 밝혀진다. 그러나 그렇다고 명왕성이 태양계를 헤집고 돌아다니며 대혼란을 일으킨다는 의미는 아니다. 2억 년 뒤에도 명왕성은 현재의 궤도 가까운 어딘가에 있을 테지만 그 궤도 어디에 있을 것인가는 짐작도 할 수 없다는 의미이다.

1982년 아치 로이Archi Roy의 롱스톱 계획Project Longstop은 슈퍼컴퓨터로 외곽 행성들(목성 밖)을 모형화했는데 대규모 불안정성은 발견하지 못했지만 몇 개의 행성들은 기이한 방식으로 다른 행성들의 에너지를 희생시키면서 에너지를 얻었다. 그 뒤로 특히 2개의 연구 그룹이 이러한 전산 방법을 발전시켜서 이를 우리 태양계의 다양한 문제들에 적용했다. 이 그룹들은 잭 위즈덤Jack Wisdom과 자크 라스카Jacques Laskar가 이끌고 있다. 1984년 위즈덤 그룹은 토성의 위성인 히페리온이 규칙적으로 도는 게 아니라 카오스적으로 요동칠 게 분명하다고 예측했고 이후의 관찰로 이러한 예측은 확인되었다. 이 그룹은 1988년 게리 서스먼Gerry Sussman과 협력해 천체 역학 방정식에 맞게 자체적인 컴퓨터를 제작했다. 디지털 태양계의orrery이다. '태양계의'란 톱니바퀴가 달린 기계 장치로 행성들의 움직임을 모방한 것인데 막대에 달린 작은 금속 공들이 행성을 나타낸다.[59] 원래의 계산은 태양계의 앞으로의 8억 4500만년을 추적해 명왕성의 카오스적인 본질을 밝혀냈다. 후배들과 함께 위즈덤 그룹은 앞으로의 수십억 년에 걸친 태양계의 역학을 조사해왔다.

라스카 그룹은 라그랑주까지 거슬러 올라가는 평균적인 형태의 방정식들을 이용해서 1989년 태양계의 장기 행태에 대한 최초의 결과를 발표했다. 여기서 몇 가지 미세한 세부사항들은 무시된다. 이들의 계산은 궤도상의 지구의 위치가 명왕성과 흡사하게 카오스적임을 보여주었다. 오늘 지구가 어디 있는지 계측해 그 오차가 15미터라면 지금으로부터 1억 년 뒤의 궤도상의 위치는 확실하게 예측할 수 없다.

카오스의 영향을 줄이는 한 가지 방법은 약간씩 다른 초기 데이터로 수많은 시뮬레이션을 시행해 가능한 미래들의 범위와 각각의 미래의 가능성에 대한 상을 얻어내는 것이다. 2009년 라스카와 미카엘 개스티노Mickaël Gastineau는 2,500개의 서로 다른 시나리오를 따라 이러한 기법을 태양계에 적용했다. 그 차이는 대단히 작아서 예를 들어 수성을 1미터 옮겨놓는 정도이다. 이러한 예상들의 대략 1퍼센트 내에서 수성은 불안정해진다. 금성과 충돌하고 태양에 돌입하거나 우주로 날아가 버린다.

1999년 노먼 머리Norman Murray와 매슈 홀먼Matthew Holman은 안정성을 나타내는 아르놀트와 같은 결과와 불안정성을 나타내는 시뮬레이션 사이의 불일치를 조사했다. '수치적인 결과가 틀린 것인가, 아니면 그저 종래의 계산을 적용할 수 없는 것인가?' 하는 의문을 가졌다. 계산적인 방법이 아니라 해석학적인 방법을 사용해 그들은 종래의 계산은 적용되지 않음을 보였다.[60] 그들의 시뮬레이션은 천왕성이 궤도의 이심률이 카오스적으로 변하면서 이따금 토성과 충돌할 뻔하는 일을 겪으며 결국 태양계에서 아예 튀어나갈 가능성이 있다는 것을 보여준다. 그러나 그럴 가능성은 약 10^{18}년 뒤이다. 태양이 부풀어올라 적색거성이 되는 것은 그보다 훨씬 빨라서 지금으로부터 약 50억 년 뒤일 것이다. 이때 모든 행성이 영향을 받게 되는데 이는 특히 태양이 질량의 30퍼센트를 잃게 되기 때문이다. 지구는 바깥으로 움직이게 되어 엄청나게 팽창한 태양에 집어삼켜지는 것은 모면할 수도 있다. 그러나 지금은 주기적인 상호작용으로 인해 마침내 지구가 태양 안으로 끌려 들어 갈 것으로 예상된다. 지구의 바다는 그보다 훨씬 전에 증발해버리게 된다. 하지만 진화라는 측면에서 종의 일반적인 수명은 500만 년을 넘지 않으므로 이러한 잠재적인 재앙은 전혀 걱정하지 않아도 된다. 다른 어떤 것이 먼저 우리를 없앨 것이다.

같은 방법으로 태양계의 과거를 조사할 수도 있다. 같은 방정식들을 사용해 시간을 뒤로 돌린다는 간단한 수학적 요령을 통해서이다. 최근까지 천문학자들은 행성들이 발생기의 태양을 둘러싼 기체와 먼지구름에서 응축되어 나온 이래로 현재의 궤도에 늘 가까이 있었다고 추측하는 경향이 있었다. 사실 행성들의 궤도와 조성을 이용해 원시 먼지구름의 크기와 조성을 추측했다. 지금은 행성들이 현재의 궤도에서 시작한 것이 아닌 것으로 본다. 먼지구름이 자체적인 중력으로 합쳐지면서 가장 큰 행성인 목성이 다른 천체들의 위치를 정리하기 시작했고 천체들이 차례차례 서로 영향을 미친 것이다. 이러한 가능성은 1984년 훌리오 페르난데스Julio Fernandez와 예융쉬안葉永炬이 제안한 것이지만 그들의 연구는 한동안 별 흥미를 불러일으키지 못했다. 1993년 레누 멀호트라Renu Malhotra는 해왕성의 궤도가 변하면서 다른 거대한 행성들에 영향을 미칠 수 있는 방식에 대해 진지하게 생각하기 시작했고 다른 사람들도 이에 가세해 매우 역동적인 초기 태양계의 상이 나타났다.

행성들이 결집을 계속하면서 목성, 토성, 천왕성, 해왕성이 거의 완성되는 때가 왔지만 지름이 10킬로미터 정도 되는 작은 천체인 바위와 얼음 투성이 미행성체들이 어마어마한 수로 돌아다니고 있었다. 그 뒤로 태양계는 미행성체들의 이동과 충돌을 통해 진화했다. 수많은 미행성체들이 쫓겨나가면서 4개의 거대한 행성의 에너지와 각운동량이 줄어들었다. 이 행성들은 질량도, 태양에서의 거리도 서로 달라서 반응도 서로 달랐다. 해왕성은 궤도 에너지 내기에서 승리를 차지해서 바깥쪽으로 이동했다. 천왕성과 토성도 승리했지만 차지한 판돈은 그보다 적었다. 목성은 에너지 측면에서 판돈을 엄청나게 잃어서 안쪽으로 이동했다. 하지만 워낙 거대해서 그리 멀리 움직이지는 않았다.

태양계에서 작은 천체에 속하는 나머지들도 이러한 변화의 영향을 받았다. 안정적으로 보이는 우리 태양계의 현재 배치도는 거인들의 복잡한 춤을 통해 생겨났고, 그렇게 춤을 추면서 그 거인들은 카오스의 폭동 가운데 작디작은 천체들을 서로에게 집어던졌다. 그렇다면 태양계는 안정적일까? 십중팔구 그렇지는 않겠지만 우리 생전에 알아낼 수는 없을 것이다.

09

소수의 패턴

리만 가설

2장에서 우리는 각각의 소수가 가지는 특성을 살폈고, 나는 이를 종종 변덕스럽고 예측할 수 없는 인간의 행태와 비교했다. 인간에게는 자유 의지가 있다. 나름의 이유로 나름의 선택을 할 수 있다는 것이다. 소수는 산술의 논리가 시키는 일은 무엇이든지 해야 하지만 역시 나름의 의지를 가진 것처럼 보일 때가 많다. 소수의 행태는 기이한 우연에 의해 지배되어 이해할 만한 구조가 전혀 없는 일이 잦다.

그래도 소수의 세계는 무질서의 지배를 받지는 않는다. 1835년 아돌프 케틀레Adolphe Quetelet는 의식적인 인간의 선택이나 운명의 개입에 의존하는 사회적 사건들, 이를테면 탄생, 결혼, 죽음, 자살에서 진정한 수학적 규칙성을 발견해 동시대인들을 놀라게 했다. 패턴은 통계적이었다. 개인들에게 적용되는 것이 아니라 다수의 평균적 행태에 적용되었다. 통계학자들이 개인의 자유 의지에서 질서를 추출하는 방식이 이것이다. 그와 비슷한 시기에 수학자들은 이와 같은 요령이 소수에도 통한다는 것을 깨닫기 시작했다. 소수 하나하나는 까다로운 개인주의자이지만 집단적으로는 법치the rule of law에 순응한다. 숨겨진 패턴들이 있다.

통계적 패턴은 소수의 전 범위를 생각해보면 나타난다. 예를 들어 명시된 어떤 한계까지 소수는 몇 개나 있을까? 정확하게 대답하기는 대단히 어려운 질문이지만, 훌륭한 근삿값이 있고, 한계가 커질수록 근삿값도 나아진다. 근삿값과 정확한 답의 차이가 아주 작아질 수 있을 때도 있지만 대개는 지나친 요구이다. 이 분야에서 대부분의 근삿값들은 점근적이다. 그러니까 근삿값과 정확한 답의 비를 1에 매우 근접하게 할 수 있다는 뜻이다. 근삿값의 절대 오차는 어떤 크기로든 커질 수 있지만, 백분율 오차는 0에 가깝게 줄어든다.

어떻게 이럴 수 있는지 궁금하다면 소수의 어떤 난해한 성질 때문에 수효의 근사값이 이루는 수열이 100의 거듭제곱이어서

$$100 \quad 10{,}000 \quad 1{,}000{,}000 \quad 100{,}000{,}000$$

이지만 실제의 수효는

$$101 \quad 10{,}010 \quad 1000{,}100 \quad 100{,}001{,}000$$

이어서 각 단계마다 추가적인 1이 한 자리씩 왼쪽으로 이동한다고 가정해보자. 그렇다면 대응하는 수들의 비율은 점점 더 1에 가까워지지만 차는

$$1 \quad 10 \quad 100 \quad 1000$$

이 되어 우리가 원하는 만큼 커진다. 이러한 종류의 행태는 오차, 즉 근 삿값과 정확한 답 사이의 차가 커지는 데 한계는 없지만 수 자체보다는 느리게 증가할 때 나타난다.

소수와 관련된 점근 공식을 찾는 일은 정수론의 새로운 방법들에 영감을 불어넣었는데 이는 범자연수가 아닌 복소 해석에 근거한 것이었다. 해석학은 미적분학을 철저하게 정식화한 것으로 2개의 핵심적인 측면이 있다. 그 첫째인 미분학은 함수라고 하는 어떤 양이 다른 양에 대해 어느 정도로 변하는가 하는 데 관한 것이다. 예를 들어 물체의 위치는 시간에 의존해서, 즉 시간의 함수여서 시간이 흐르면서 그 위치가 변하는 정도는 그 물체의 순간속도이다. 둘째인 적분학은 적분이라 불리는, 많은 수의 아주 작은 조각들을 더하는 과정을 통해 면적이나 부피와 같은 것을 계산하는 데 관한 것이다. 주목할 만한 것은 적분이 미분의 역임이 드러난다는 것이다. 뉴턴과 고트프리트 라이프니츠 Gottfried Leibniz가 정식화한 원래의 미적분은 무한히 작은 양을 가지고 약간의 술책을 부려야 해서 이론의 논리적 타당성에 의문이 제기되었다. 마침내 이러한 개념상의 쟁점들은 필요한 만큼 가까이 다가갈 수 있지만 실제로 도달할 필요는 없는 값인 극한이라는 개념을 정의함으로써 정리되었다. 이렇게 더욱 엄밀한 방식으로 제시할 때 이 분야를 해석학이라고 한다.

뉴턴과 라이프니츠 당시 관심의 대상이 되는 양(수량)은 실수였고 이 분야도 실해석학으로 등장했다. 복소수가 수학자들 사이에서 널리 받아들여지면서 해석학은 자연스럽게 복소수 양까지 확장되었다. 이 분야가 복소 해석학인데, 놀라울 정도로 아름답고 강력한 것으로 드러났다. 해석학에 관한 한 복소 함수는 실함수보다 훨씬 얌전하다. 뭐랄까, 나름 기이한 성격이 있기는 하지만 복소 함수를 다루면서 얻는 이점은 단점을 훨씬 능가한다.

수학자들이 범자연수의 산술적 특징들을 유익하게 복소 함수로 바꿔 표현할 수 있다는 것을 발견한 것은 엄청나게 놀라운 일이었다. 예전에는 이 2개의 수 체계가 매우 다른 질문을 던졌고 매우 다른 방법을 사용했다. 그러나 이제 엄청나게 강력한 기법들로 이루어진 복소 해석학을 이용하여 정수론적인 함수들의 특수한 특징들을 발견해낼 수 있게 되었다. 이로부터 점근 공식을 포함한 수많은 것들을 추출해낼 수 있었다.

1859년 독일의 수학자 베른하르트 리만Bernhard Riemann은 오일러의 낡은 아이디어를 찾아내어 극적일 정도로 새로운 방식으로 발전시켜서 소위 제타 함수라는 것을 정의했다. 그 결과 중 하나는 어떤 한계까지의 소수의 개수를 구하는 **정확한** 공식이었다. '무한합'이기는 하지만 해석학자들은 그런 일에 익숙했다. 교묘하지만 쓸모없는 비결에 지나지 않는 것은 아니었다. 소수에 대한 진정 새로운 통찰을 제시해주었다. 딱 한 가지 사소하지만 곤란한 점이 있었다. 리만은 자신의 공식이 정확하다는 건 증명할 수 있었지만 가장 중요한 잠재적 결과는 제타 함수에 대한 간단한 명제에 달렸는데 리만은 그 명제를 증명할 수 없었다. 한 세기 반이 지났지만 여전히 우리로서도 증명할 수가 없다. 리만 가설이라 불리는 이 명제는 순수 수학의 성배이다.

2장에서 우리는 소수가 커질수록 드물어지는 경향이 있음을 보았다. 그 분포에 대한 정확한 결과는 고민해봐야 소용이 없을 것 같으니 그 대신 통계적인 패턴을 찾아보면 어떨까? 1797~1798년에 르장드르는 바로 얼마 전에 유리 베가Jurij Vega와 안톤 펠켈Anton Felkel이 내놓은 소수표를 이용하여 다양한 한계까지 소수가 얼마나 많이 나타나는지 헤아려보았다. 베가는 지루한 계산을 좋아했던 게 분명하다. 그는 로그표를 작성했고 1789년에는 π를 소수점 아래 140자리까지 계산해 세계기록을 세웠다.(126자리까지 맞았다.) 펠켈은 그저 소수를 계산하는 걸 즐겼다. 그의 주요 저작은 1776년의 《2, 3, 5로 나뉘는 것을 제외한 1천만까지의 수들의 모든 소인수 표Tafel aller Einfachen Factoren der durch 2, 3, 5, nicht theilbaren Zahlen von 1 bis 10 000 000》이었다. 2장에서 언급했듯 인수 2, 3, 5에 대해서 시험하는 쉬운 방법들은 있어서 이 수들을 생략함으로써 상당한 지면을 절약했다. 르장드르는 주어진 수 x 미만인 소수의 수에 대한 경험적인 어림셈을 발견했는데 이를 $\pi(x)$라고 표시한다. π를 3.14159라는 수를 나타내는 기호로만 보아왔다면 익숙해지는 데 조금 시간이 걸리겠지만 다른 폰트를 사용한다는 것을 눈치채지 못하더라도 어떤 의도로 사용한 것인지 알아내는 것은 어렵지 않다. 1808년 르장드르가 펴낸 정수론 교과서에는 $\pi(x)$가 $x/(\log x - 1.08366)$에 매우 근접하는 것 같다고 되어 있다.

1849년 천문학자 요한 엥케Johann Encke에게 보낸 편지에서 가우스는 자기가 열다섯 살쯤 되었을 때 로그표에 x가 큰 수일 때 x 이하의 소수의 개수는 $x/\log x$라고 메모했다는 이야기를 했다. 다른 많은 발견도 그랬듯 가우스는 이러한 어림셈을 발표하지 않았는데, 어쩌면 증명이 없었기 때문일 수도 있다. 1838년 디리클레는 가우스에게 자신이

발견했던 비슷한 어림셈을 알려주었는데, 이것은 로그 적분 함수로 요약되었다.[61]

$$\text{Li}(x) = \int_0^x \frac{\mathrm{d}t}{\log t}$$

$\text{Li}(x)$와 $x/\log x$의 비율은 x가 커질수록 1에 가까워지는 경향을 보이는데 이는 한쪽이 $\pi(x)$에 점근하면 나머지 한쪽도 그렇다는 걸 의미하지만 그림 34는 (올바르게도) $\text{Li}(x)$가 $x/\log x$보다 더 나은 어림셈임을 암시한다. $\text{Li}(x)$의 정확성은 상당히 인상적이다. 예를 들어

$$\pi(1{,}000{,}000{,}000) = 50{,}847{,}534$$
$$\text{Li}(1{,}000{,}000{,}000) = 50{,}849{,}234.9$$

이다. $x/\log x$는 이에 비해 뒤떨어진다. 이 경우 값은 $48{,}254{,}942.4$이다.

어림셈 공식은 $\text{Li}(x)$를 사용하든 $x/\log x$를 사용하든 소수 정리라고 알려지게 되는데, 여기서 '정리'라는 말은 '추측'이라는 의미로 사용된 것이다. 이러한 공식들이 $\pi(x)$에 점근한다는 증명을 찾는 일은 정수론에서 핵심적인 미해결 문제의 하나가 된다. 수많은 수학자가 이 분야의 전통적인 방법들을 이용해 이 문제를 공략했고 몇 명은 거의 성공할 뻔했다. 그러나 늘 미묘한 가정이 있어서 증명을 헛되게 하는 것 같았다. 새로운 방법들이 필요했다. 이러한 방법들은 오일러의 낡아빠진 2개의 정리를 특이하게 바꾼 데서 나왔다.

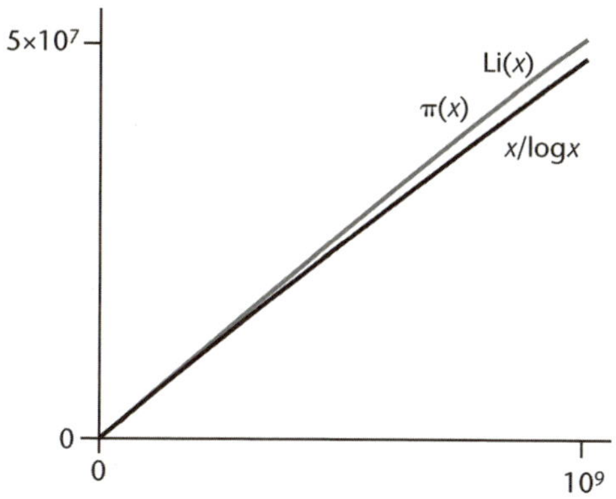

그림 34 이 정도 규모에서는 $\pi(x)$와 Li(x)(회색)은 구별할 수 없다. 그러나 $x/\log x$(검은색)은 눈에 띄게 작다. 여기서 x는 수평축에 있고 함숫값은 수직축에 있다.

소수 정리는 소수는 무한히 계속된다는 에우클레이데스의 정리에 대한 응답이었다. 또 하나의 기본적인 에우클레이데스 정리는 소인수분해의 유일성이다. 즉 모든 양의 정수는 **단 한 가지 방식의** 소수들의 곱이라는 것이다. 1737년 오일러는 첫 번째 정리는 실해석학의 상당히 놀라운 공식으로 고쳐 쓸 수 있고, 두 번째 명제는 이 공식의 단순한 귀결이라는 것을 깨달았다. 일단 이 공식을 제시하고 그것을 이해해보도록 하겠다. 공식은 다음과 같다.

$$\frac{1}{1-2^{-s}} \times \frac{1}{1-3^{-s}} \times \cdots \times \frac{1}{1-p^{-s}} \times \cdots$$

$$= \frac{1}{1^s} + \frac{1}{2^s} + \frac{1}{3^s} + \frac{1}{4^s} + \frac{1}{5^s} + \frac{1}{6^s} + \frac{1}{7^s} + \cdots$$

여기서 p는 소수 전체를 차례로 표현하고 s는 상수이다. 오일러는 주로

s가 범자연수인 경우에 관심을 가졌지만 s가 1보다 크면 그의 공식은 실수에도 적용된다. 이러한 조건은 우변의 급수가 수렴하도록 하는 데 필요한 것이다. 수렴한다는 것은 무한히 이어질 때 유의미한 값을 가진다는 말이다.

이것은 놀라운 공식이다. 좌변에서는 소수에만 의존하는 무한히 많은 수식을 한데 곱한다. 우변에서는 모든 양의 범자연수에 의존하는 무한히 많은 수식을 한데 더한다. 이 공식은 해석학적인 표현을 쓰자면 범자연수와 소수 간의 어떤 관계를 표현한다. 이러한 종류의 중심적인 관계는 소인수분해의 유일성이고, 이로써 공식은 합리화된다.

이 모든 것의 배후에는 합리적인 아이디어가 있다는 것을 보이기 위해 중요한 단계를 간단하게 설명하겠다. 학교에서 배운 대수를 사용하여 p로 된 수식을 급수로 전개할 수 있는데 공식의 우변과 흡사하지만 p의 거듭제곱만 포함한다. 구체적으로 표현하면 다음과 같다.

$$\frac{1}{1-p^{-s}} = \frac{1}{1^s} + \frac{1}{p^s} + \frac{1}{p^{2s}} + \frac{1}{p^{3s}} + \cdots$$

이 급수들 모두를 모든 소수 p에 걸쳐 곱하고 '전개'해 간단한 항들의 합을 얻어내면 소수 거듭제곱의 모든 조합이 나온다. 즉 모든 범자연수가 나온다는 말이다. 각각의 정수는 그 s제곱의 역수로 나타나는데, 소인수분해의 유일성 때문에 딱 한 번씩 나타난다. 그래서 우변의 급수를 얻는 것이다.

이러한 급수에 대한 간단한 대수 공식을 찾아낸 사람은 아무도 없지만 적분을 이용한 것은 많이 있다. 그래서 여기에 특별한 기호인 그리스 문자 제타(ζ)를 부여해 새로운 함수를 정의한다.

$$\zeta(s) = \frac{1}{1^s} + \frac{1}{2^s} + \frac{1}{3^s} + \frac{1}{4^s} + \frac{1}{5^s} + \frac{1}{6^s} + \frac{1}{7^s} + \cdots$$

오일러가 실제로 기호 ζ를 사용하지는 않았고 s의 양의 정수 값만을 고려했지만 나는 위의 급수를 오일러 제타 함수라고 부르겠다. 자신의 공식을 사용하여 오일러는 s가 1에 대단히 근접하는 것을 허용함으로써 무한히 많은 소수가 존재한다는 것을 추론했다. 소수의 개수가 유한하다면 공식의 좌변은 유한한 값을 가지겠지만 우변은 무한해진다. 이것은 모순이므로 무한히 많은 소수가 존재하는 게 분명하다. 오일러의 주목적은 $\zeta(2) = \pi^2/6$과 같은 공식을 얻어내어 짝수 정수인 s에 대해 급수의 합을 제시하는 것이었다. 그는 자신의 혁명적인 아이디어를 그다지 진지하게 다루지 않았다.

다른 수학자들이 오일러가 놓쳤던 것을 발견해내고 정수가 아닌 s 값을 고려했다. 1848년과 1850년에 쓴 두 건의 논문에서 러시아의 수학자 파프누티 체비쇼프Pafnuty Chebyshev는 묘안을 내놓았다. 해석학으로 소수 정리를 증명해보자는 것이었다.[62] 그는 오일러 제타 함수가 제시하는 소수와 해석학 사이의 연관에서 시작했다. 제대로 성공을 거두지는 못했는데, s가 실수라고 가정했지만 실해석학에서 사용할 수 있는 해석학적 기법이 지나치게 제한된 까닭이었다. 그래도 x가 큰 수일 때 $\pi(x)$와 $x/\log x$의 비가 2개의 상수 사이에 있다는 것은 증명해냈다. 하나는 1보다 조금 크고 하나는 조금 작다. 상대적으로 약한 결과이기는 하지만 진정한 대가는 있었다. 그 덕에 1845년에 추정된 베르트랑 공준Bertrand's postulate를 증명할 수 있었던 것이다. 임의의 정수를 취하고 여기에 2를 곱하면 그 두 수 사이에는 소수가 존재한다는 것이다.

이제 리만이 나설 차례가 되었다. 그 역시 제타 함수가 소수 정리의 수수께끼를 여는 열쇠를 쥐고 있다는 것은 알아차렸지만 이러한 접근법이 통하게 하려면 야심적인 확장을 제안해야만 했다. 제타 함수를 실변수에 대해서뿐만 아니라 복소 변수에 대해서도 정의하는 것이다. 오일러의 급수가 훌륭한 출발점이다. 이 급수는 1보다 큰 모든 실수 s에 대해 수렴하고 똑같은 공식을 복소수 s에 대하여 사용하면 s의 실수부가 1보다 크기만 하면 급수는 수렴한다. 그러나 리만은 자신이 그보다 훨씬 잘해낼 수 있다는 것을 알아차린다. 해석 접속analytic continuation이라는 방법을 이용해 그는 $\zeta(s)$의 정의를 1을 제외한 **모든** 복소수로 확장했다. s의 값에서 1을 제외한 것은 $s = 1$일 때는 제타 함수가 무한하기 때문이다.[63]

1859년 리만은 제타 함수에 대한 자신의 아이디어를 논문으로 모아냈는데 그 제목은 '주어진 크기보다 작은 소수의 개수에 관하여'였다.[64] 여기서 그는 $\pi(x)$에 대한 명시적이고 정확한 공식을 제시했다.[65] 리만의 공식과 동치이지만 더 간단한 공식을 설명하며 제타 함수의 영점들이 어떻게 나타나는지 보이겠다. 아이디어는 선택한 임의의 한계까지 소수, 혹은 소수의 거듭제곱수가 몇 개나 있는지 세는 것이다. 그러나 $\pi(x)$가 소수를 세는 것처럼 각각을 한 번씩 세는 대신 더 큰 소수에 가중치를 부여한다. 사실 소수의 임의의 거듭제곱수는 그 소수의 로그에 따라 헤아려진다. 예를 들어 12까지 소수의 거듭제곱수는 다음과 같다.

$$2, \quad 3, \quad 4 = 2^2, \quad 5, \quad 7, \quad 8 = 2^3, \quad 9 = 3^2, \quad 11$$

따라서 가중된 셈은 다음과 같다.

$$\log2 + \log3 + \log2 + \log5 + \log7 + \log2 + \log3 + \log11$$

이는 약 10.23이다.

해석학을 이용해 소수를 더욱 정교하게 세는 이러한 방법에 대한 정보를 통상적인 방법에 대한 정보로 바꿔놓을 수 있다. 그러나 이러한 방법은 더 간단한 공식들로 이어지고, 로그를 사용하는 대신 작은 대가를 치러야 한다. 이러한 조건으로 리만의 정확한 공식은 한계 x까지의 이러한 가중된 셈이 다음과 같다고 밝힌다.

$$-\sum_{\rho} \frac{x^{\rho}}{\rho} + x + \frac{1}{2}\log(1-x^{-2}) - \log 2\pi$$

여기서 $\sum$는 짝수인 음의 정수를 제외한, $\zeta(\rho) = 0$인 모든 ρ에 대한 합을 의미한다. 이를 제타 함수의 자명하지 않은 영점이라고 부른다. 자명한 영점은 짝수인 음의 정수 $-2, -4, -6, \cdots$이다. 제타 함수는 해석 접속의 정의에 사용된 공식 때문에 이러한 값들에서 0이지만 이러한 영점들은 리만의 공식은 물론 다른 점에서도 별로 중요하지 않은 것으로 드러난다.

공식이 벅차 보일 수도 있으니 중요한 점을 집어내겠다. x라는 한계까지의 소수를 세는 복잡한 방법은 약간의 해석학적 책략을 동반한 통상적인 방법으로 바뀔 수 있으며, 제타 함수의 모든 자명하지 않은 영점에 대한 간단한 수식인 x^ρ/ρ의 합에 **x의 간단한 함수를 더한 것**과 **정확히** 같다. 복소 해석학자라면 곧바로 소수 정리가 한계 x까지의 가중된 셈이 x에 점근한다는 것을 증명하는 것과 동등하다는 것을 알아차릴 것이다. 복소 해석학을 이용하면 이는 제타 함수의 자명하지 않은 모든 영점이 0에서 1 사이의 실수부를 가질 때 참이 된다. 체비쇼프는 이걸 증명하지 못했지만 유용한 정보를 얻어낼 정도로는 접근했다.

제타 함수의 영점이 왜 그리 중요할까? 복소 해석학의 기본적인 정리 하나는 몇 가지 기술적인 조건을 전제로 하여 복소 변수를 가지는 함수는 이 함수가 0이거나 무한이게 하는 변수의 값들, 그리고 더불어 이러한 점들에서의 함수의 행태에 대한 추가적인 정보에 의해 전적으로 결정된다는 점을 밝힌다. 이러한 특별한 장소들을 함수의 영점과 극점이라고 한다. 이 정리는 실해석학에서는 통하지 않는다. 복소 해석학이 -1의 제곱근을 필요로 하는데도 무대로 선호되는 수많은 까닭 중 하나이다. 제타 함수에는 $s=1$일 때 하나의 극점을 가지므로 이러한 유일한 극점을 염두에 둔다면 이 함수에 대한 모든 것은 영점들에 의해 결정된다.

편의상 리만은 주로 크시 함수 $\xi(x)$를 다뤘는데 이 함수는 제타 함수와 긴밀히 관련된 것으로 해석 접속 방법에서 등장한다. 그는 다음과 같이 썼다.

(크시 함수의 영점은) 모두 실수일 가능성이 매우 크다. 그러나 이에 대한 엄격한 증명을 바랄 것이다. 그렇지만 나는 소용없는 시도를 잠깐 해보

고는 잠정적으로 그와 같은 조사를 젖혀두었는데, 내 연구의 다음 목표에는 불필요한 것으로 보이기 때문이다.

크시 함수에 대한 이러한 명제는 관련된 제타 함수에 대한 명제와 동치이다. 즉 제타 함수의 자명하지 않은 모든 영점은 $\frac{1}{2} + it$ 형태의 복소수라는 것이다. 이들은 그림 35에서처럼 '실수부가 $\frac{1}{2}$인' **임계선**에 놓여있다. 이러한 형태의 그의 언급이 유명한 리만 가설이다.

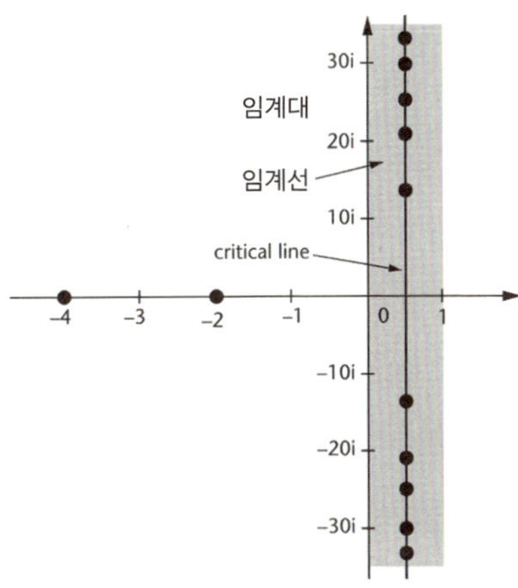

그림 35 제타 함수의 영점들.

리만의 언급은 리만 가설이 몹시 중요한 것은 아니라는 듯 상당히 무심하다. 소수 정리를 증명하겠다는 그의 프로그램에 관해서는 리만 가설이 중요하지 않았다. 그러나 수많은 다른 의문에 대해서는 그 반대이다. 사실 리만 가설은 수학의 가장 중요한 미해결 문제로 널리 인식하고 있다.

그 이유를 이해하려면 리만의 생각을 좀 더 따라가 봐야 한다. 그에게는 소수 정리에 대한 나름의 견해가 있었다. 그의 정확한 공식은 이를 달성할 방법을 암시했다. 제타 함수, 혹은 이와 동등한 크시 함수의 영점을 이해한다는 것이다. 완전한 리만 가설이 필요한 것은 아니다. 제타 함수의 자명하지 않은 모든 영점이 0에서 1 사이의 실수부를 가지고 있다는 것만 증명하면 된다. 즉 모두 리만의 임계선에서 $\frac{1}{2}$의 거리 내, 즉 소위 임계대 안에 있다는 것이다. 영점들의 이러한 성질은 위의 정확한 공식에서 제타 함수의 영점들에 대한 합이 유한한 상수라는 것을 함축한다. 큰 값의 x에 대해 점근적으로 그런 게 아예 없는 것도 무방하다. 공식의 항 중에서 x가 아주 커졌을 때도 여전히 중요한 것은 x뿐이다. 복잡한 모든 것들은 x와 비교하면 점근적으로 사라진다. 따라서 가중된 셈은 x에 점근하고 이로써 소수 정리는 증명된다. 그러므로 역설적이게도 제타 함수의 영점들의 역할은 제타 함수의 영점들이 정확한 공식에 유의미한 기여를 하지 않는다는 것을 증명하는 것이다.

리만은 이러한 프로그램을 결론까지 밀고 나가지 않았다. 실은 이 주제로 다시 논문을 쓴 적도 없다. 하지만 두 명의 다른 수학자들이 도전에 응하여 리만의 예감이 옳다는 것을 보였다. 1896년 자크 아다마르Jacuqes Hadamard와 샤를 장 드 라 발리 푸생Charles Jean de la Vallée Poussin은 각자 제타 함수의 자명하지 않은 영점이 모두 임계대에 있다는 것을 증명하여 소수 정리를 추론해냈다. 그들의 증명은 대단히 복잡하고 전문적이었다. 그래도 목적은 달성했다. 강력한 수학의 한 분야가 새롭게 태어났다. 해석 수론이 그것이다. 정수론 전체에 적용되어 오래된 문제를 해결하고 새로운 패턴을 드러냈다. 다른 수학자들이 소수 정리에 대한 더욱 간단한 해석학적 증명을 찾아냈고 아틀레 셀베르그Atle Selberg와 팔 에르되시Paul Erdös는 복소 해석학을 전혀 필요로 하지 않는 대단히 복잡한 증명을 발견했다. 그러나 그때까지 리만의 아이디어가 수많은 중요한 정리들을 증명하는데 사용되어왔고 여기에는 수많은 정수론 함수들의 어림셈도 포함되어 있었다. 그래서 그들의 새로운 증명은 역설적인 각주만 더했을 뿐 영향은 거의 없었다. 1980년 도널드 뉴먼Donald Newman은 '코시 정리'라는 복소 해석학의 가장 기본적인 결과 하나만을 사용해 훨씬 더 간단한 증명을 찾아냈다.

리만은 자신의 가설이 당면한 목표에는 불필요하다고 분명히 밝혔지만 정수론의 다른 많은 문제에는 필수적인 것으로 밝혀졌다. 리만 가설을 논하기 전에 이 가설이 참이라고 증명될 수 있다면 그 결과로 증명될 정리 몇 가지를 살펴보는 것도 좋겠다.

가장 중요한 결과로는 소수 정리의 오차의 크기에 대한 것이 있다. 이 정리는 x가 큰 수일 때, $\pi(x)$와 $\mathrm{Li}(x)$의 비가 1에 점점 더 다가간다는 것이다. 즉 이 2개의 함수의 차가 x의 크기에 비례하여 0에 가깝게 줄어든다는 말이다. 그러나 실제의 차는 점점 더 커질 수 있고 또 실제로도 그렇다. 다만 x보다 느린 속도로 그렇게 된다.[66] 컴퓨터 실험은 오차의 크기가 대략 $\sqrt{x}\log x$에 비례함을 시사한다. 리만 가설이 참이라면 이 명제는 증명될 수 있다. 1901년 헬게 폰 코흐Helge von Koch는 리만 가설이 논리적으로 2657 이상의 모든 x에 대해 다음과 같은 추정값과 동치라는 것을 증명했다.

$$|\pi(x) - \text{Li}(x)| \leq \frac{1}{8\pi} \sqrt{x} \log x$$

여기서 수직 막대 | |는 절댓값을 뜻한다. 두 수의 차에 ±1을 곱해 양수로 만드는 것이다. 이 공식은 $\pi(x)$와 $\text{Li}(x)$의 차에 대한 가능한 최선의 범위를 제공해준다.

리만 가설은 다른 정수론적 함수들에 대한 추정값을 함축한다. 예를 들어 이는 5040 이상의 모든 n에 대해 n의 약수의 합이 다음의 수식보다 작다는 것과 동치이다.

$$e^{\gamma} n \log\log n$$

여기서 $\gamma = 0.57721\cdots$로 오일러 상수이다.[67] 이러한 사실들은 기묘한 것으로 여겨질 수 있지만 중요한 함수들에 대한 훌륭한 추정값은 수많은 응용에 필수적인 것이고, 대부분의 정수론 학자는 그중 하나라도 증명할 수 있다면 기꺼이 오른팔이라도 바치려 들 것이다.

리만 가설은 연속적인 소수 사이의 격차가 얼마나 클 수 있는지 알려주기도 한다. 소수 정리에서 이러한 격차의 전형적인 크기를 추론해 낼 수 있다. 평균적으로 소수 p와 그다음 소수 사이의 격차는 $\log p$와 비슷하다. 그보다 작은 격차도 있고 큰 격차도 있어서 격차가 최대한 얼마나 커질 수 있는지 알게 된다면 수학자들의 숨통도 트일 것이다. 하랄드 크라메르Harald Cramér는 1936년 리만 가설이 참이라면 소수 p에서의 격차는 $\sqrt{p} \log p$에 어떤 상수를 곱한 것보다 크지 않다는 것을 증명했다.

리만 가설의 진정한 중요성은 더욱 심오한 곳에 있다. 지대한 영향을 미칠 일반화가 있고 거기에 리만 가설을 증명할 수 있는 사람이라면 누구든 그에 대응하는 일반화된 리만 가설을 증명할 수 있을 게 분명하다는 강한 예감도 있다. 이것이 증명되면 수학자들은 정수론의 광범위한 분야에 상당한 지배력을 갖게 된다.

일반화된 리만 가설은 소수에 대한 더욱 정교한 설명에서 비롯된다. 2를 제외한 모든 소수는 홀수이고 2장에서 보았듯 홀수 소수들은 4의 배수보다 1이 더 큰 것과 4의 배수보다 3이 더 큰 두 종류로 분류된다. 이를 $4k+1$ 형태 혹은 $4k+3$ 형태라고 하는데, 여기서 k는 이를 얻기 위해 4를 곱하게 되는 수이다. 다음은 각 유형의 소수를 작은 것부터 몇 개 나열하고 이에 대응하는 4의 배수를 포함한 짧은 목록이다.

$4k$	0	4	8	12	16	20	24	28	32	36
+1	0	5	•	13	17	•	•	29	•	37
+3	3	7	11	•	19	23	•	•	•	•

여기서 점으로 표시한 것은 해당 수가 소수가 아님을 가리킨다.

각 유형의 소수가 몇 개나 있는가? 소수 사이에, 혹은 모든 정수 사이에 어떻게 분포되어 있는가? 소수가 무한히 많다는 에우클레이데스의 증명을 별로 힘들이지 않고 수정해서 $4k+3$ 형태의 소수가 무한히 많다는 것을 증명할 수 있다. $4k+1$ 형태의 소수가 무한히 많다는 것을 증명하는 것은 훨씬 더 어렵다. 증명할 수는 있지만 몇 개의 상당히 어려운 정리를 이용해야만 한다. 이러한 차이가 나타나는 까닭은 $4k+3$ 형태의 임의의 수에는 이런 형태의 인수가 있다는 것이다. $4k+1$ 형태의 수는 반드시 그렇지는 않다.

이러한 수에 어떤 신성한 점이 있는 것은 아니다. 2와 3을 제외하면 모든 소수는 $6k+1$ 혹은 $6k+5$의 형태이고, 이에 대해서도 비슷한 질문을 던질 수 있다. 그런 문제라면 5를 제외한 모든 소수는 $5k+1$, $5k+2$, $5k+3$, $5k+4$ 중 어느 한 형태이다. $5k$를 제외한 것은 이들이 5의 배수라서 5를 제외하고는 소수가 없기 때문이다.

이런 종류, 즉 등차수열에서의 소수에 관한 모든 의문에 대해서 합리적인 추측을 생각해내는 건 어렵지 않다. $5k$의 경우가 전형적이다. 실험을 해보면 앞에서 나열한 4개의 유형의 수들은 거의 비슷한 확률로 소수일 거라는 생각이 곧바로 든다. 다음은 유사한 표이다.

$5k$	5	10	15	20	25	30	35	40
+1	•	11	•	•	•	31	•	41
+2	7	•	17	•	•	•	37	•
+3	•	13	•	23	•	•	•	43
+4	•	•	19	•	29	•	•	•

따라서 각각의 유형에 속하는 수는 무한히 많은 게 분명하고 주어진 어떤 한계까지의 소수 중 대략 4분의 1이 어느 특정한 형태에 속해야 한다.

어떤 형태들은 무한히 많은 소수로 이어진다는 것은 간단한 증명들로 해결되고 다른 형태들은 더욱 정교한 증명으로 처리되지만 1800년대 중반까지 가능한 각 유형에 속하는 소수의 비율이 대략 같다는 건

고사하고 각 유형에 무한히 많은 소수가 있다는 것도 증명할 수 있는 사람이 없었다. 라그랑주는 1785년 소수인 법에 대한 제곱수의 심오한 성질인 2차 상반 법칙the law of quadratic reciprocity에 대한 저작에서 증명 없이 이를 가정했다. 그 결과에는 분명히 유용한 귀결이 있었고 누군가 이를 증명할 때가 무르익었다. 1837년 디리클레는 소수 정리에 대한 리만의 아이디어를 수정하여 이 명제들을 둘 다 증명하는 법을 발견했다. 첫 번째 단계는 이러한 유형들의 소수에 대하여 제타 함수와 비슷한 것을 정의하는 것이었다. 그 결과로 나온 함수를 디리클레 L-함수라고 한다. 예를 들어 $4k+1$과 $4k+3$의 경우에서 발생하는 것은

$$L(s, x) = 1 - 3^{-s} + 5^{-s} - 7^{-s} + 9^{-s} - \cdots$$

로 여기서 계수는 $4k+1$ 형태의 수의 경우는 $+1$, $4k+3$ 형태의 수의 경우는 -1, 나머지 형태의 경우는 0이다. 그리스 글자 x는 디리클레 지표라고 하며 이러한 부호들을 사용할 것을 상기시켜준다.

리만의 제타 함수에서는 급수뿐만 아니라 그 해석 접속도 중요한데, 이는 함수에 모든 복소수에 관한 의미를 부여한다. L-함수의 경우도 마찬가지로, 디리클레는 적절한 해석 접속을 정의했다. 소수 정리를 증명할 때 사용되었던 아이디어들을 응용하여 그는 특정한 형태의 소수에 대한 유사한 정리를 증명할 수 있었다. 예를 들어 x 이하의 $5k+1$ 형태의 소수의 개수는 $\mathrm{Li}(x)/4$에 점근하고, 이는 $5k+2$, $5k+3$, $5k+4$ 형태의 나머지 경우도 마찬가지이다. 특히 각 형태의 소수는 무한히 많다.

리만 제타 함수는 디리클레 L-함수의 특별한 경우로 $1k+0$ 형태의 소수에 관한 것인데, 이는 즉 모든 소수를 말한다. 일반화된 리만 가설은 원래의 리만 가설의 명백한 일반화로, 임의의 디리클레 L-함수의 영점들은 $\frac{1}{2}$이라는 실수부를 가지거나 실수부가 음수이거나 1보다 큰 '자명한 영점들'이라는 것이다.

일반화된 리만 가설이 참이라면 리만 가설도 참이다. 일반화된 리만 가설의 귀결 중에 리만 가설의 귀결과 유사한 것들이 많다. 예를 들어 비슷한 오차 한계가 소수 정리의 유사한 형태들에 대해서도 증명되어 임의의 특정한 형태의 소수에 적용될 수 있다. 그러나 일반화된 리만 가설은 보통의 리만 가설을 이용하여 도출할 수 있는 그 어떤 것과도 대단히 다른 수많은 것을 함의한다. 그래서 1917년 고드프리 해럴드 하디와 존 에덴서 리틀우드는 일반화된 리만 가설이 (엄밀한 의미에서) $4k+3$ 형태의 소수가 $4k+1$ 형태의 소수보다 흔하다는 취지에서 체비쇼프의 추측을 함축한다는 것을 증명했다. 두 유형 모두 디리클레의 정리에 따라 결국 가능성은 동등하지만 그렇다고 정정당당하게 경쟁을 시켰을 때 $4k+3$ 형태의 소수가 $4k+1$ 형태의 소수를 능가하지 못하는 것은 아니다.

일반화된 리만 가설은 2장에서 언급했던 1976년 밀러의 시험과 같은 소수성 시험에 중요한 의미를 지니고 있다. 일반화된 리만 가설이 참이라면 밀러의 시험은 효과적인 알고리즘을 제공해준다. 보다 최근의 시험들의 효율성에 대한 추산도 일반화된 리만 가설에 달렸다. 대수적 수론에 대한 중요한 응용들도 있다. 데데킨트가 쿠머의 이상수를 개선한 것이 새롭고 기본적인 개념인 아이디얼로 이어진 것을 돌이켜보자. 대수적 수의 환에서의 소인수분해는 존재하지만 유일하지 않을 수도 있다. 아이디얼의 소인수분해는 훨씬 더 깔끔하다. 존재와 유일성이 모두 타당하다. 따라서 인수에 대한 모든 의문을 아이디얼에 비추어 재해석하는 것이 이치에 맞는다. 특히 합리적이고도 다루기 쉬운 소수의 유사개념인 '소 아이디얼'이라는 개념이 있다.

이걸 알면 오일러가 평범한 소수와 제타함수를 연관시켰다는 것과 유사한 것이 소 아이디얼에도 있는지 묻는 것은 자연스럽다. 있다면 해석 수론의 강력한 방법 전체를 대수적 수에 쓸 수 있게 된다. 이것은 이루어질 수 있고, 또 심오하고도 중대한 의미가 있다는 것이 밝혀진다. 그 결과가 데데킨트 제타 함수이다. 대수적 수의 각 체계에 그런 함수가 하나씩 있다. 데데킨트 제타 함수의 복소 해석학적인 성질들과 대응하는 대수적 수에 대한 소수의 산술 사이에는 깊은 관련이 있다. 게다가 물론 리만 가설과 유사한 것도 있다. 데데킨트 제타 함수의 자명하지 않은 모든 영점은 임계선 위에 있다. '일반화된 리만 가설'이라는 문구는 이제 이러한 추측도 포함한다.

이러한 일반화로도 제타 함수에 대한 이야기는 끝나지 않는다. 추상 대수학부터 역학계론에 이르기까지 여러 다른 수학 분야에서 유사한 함수의 정의를 이끌어냈다. 이 모든 분야에는 리만 가설과 유사한, 훨씬 큰 영향을 미치는 것들이 있다. 그중 몇 가지는 참이라고 증명되기까지 했다. 1974년 피에르 딜리뉴Pierre Deligne는 유한체에서의 다양체varieties에 대한 유사한 명제를 증명했다. 셀베르그 제타 함수라고 알려진 일반화는 리만 가설과 유사한 것을 만족한다. 고스Goss 제타 함수도 마찬가지이다. 그러나 다른 일반화인 엡슈타인Epstein 제타 함수도 있는데, 이에 어울리는 리만 가설과 유사한 명제는 거짓이다. 이 경우는 1986년 에드워드 티치마시Edward titchmarsh가 보였듯 무한히 많은 자명하지 않은 영점들이 임계선에 있지만 그렇지 않은 것들도 있다. 반면 이런 제타 함수에는 오일러 곱셈공식이 없어서 아마도 결정적인 것이 될 측면에서 리만 제타 함수와 닮지 않았다.

원래의 것이든 일반화된 것이든 리만 가설이 참이라는 정황증거들은 아주 많다. 이 가설이 참이라면 수많은 아름다운 것이 당연한 귀결로 따라올 것이다. 그 어떤 것도 반증 된 바는 없다. 반증이 된다면 리만 가설도 반증되는 것이지만 증명도 반증도 알려지지 않았다. 원래의 리만 가설의 증명이 그 일반화들에 대한 증명으로 가는 길을 열어줄 것이라는 생각이 널리 퍼져 있다. 사실 지금 사용할 수 있는 풍부한 방법들을 이용해서 최대한의 일반화된 리만 가설을 공략한 다음 원래의 리만 가설을 특수한 경우로 추론하는 편이 나을지도 모른다.

리만 가설이 참이라는 것을 뒷받침하는 방대한 실험적 근거도 있다. 적어도 이러한 주장에 누가 찬물을 끼얹을 때까지는 확실히 방대해 보인다. 카를 루트비히 지겔Carl Ludwig Siegel의 말에 따르면 리만은 자신의 제타 함수의 영점 중 맨 앞의 몇 개를 수치적으로 계산했지만 그 결과는 발표하지 않았다고 한다. 이들은

$$\frac{1}{2} \pm 14.135i \qquad \frac{1}{2} \pm 21.022i \qquad \frac{1}{2} \pm 25.011i$$

에 위치한다. 자명하지 않은 영점은 늘 이렇게 ±쌍으로 나타난다. 0.5

대신 $\frac{1}{2}$을 쓴 이유는 **바로** 이들 경우에는 복소 해석학의 일반적 결과들과 제타 함수의 알려진 성질들을 이용해 실수부가 알려졌기 때문이다. 아래에 보고된 컴퓨터 계산도 마찬가지이다. 이러한 계산은 영점들이 임계선에 대단히 가깝다는 것만 보여준 게 아니다. 실제로 임계선 위에 있다.

1903년 요르겐 그람Jorgen Gram은 수치적으로 앞에서부터 10개의 (±쌍) 영점이 임계선 위에 있음을 보였다. 1935년까지 티치마시는 이 수를 195로 늘렸다. 1936년 티치마시와 레슬리 컴리Leslie Comrie는 앞에서부터 1,041쌍의 영점들이 임계선 위에 있음을 증명했다. 그런 계산을 손으로 한 건 이게 마지막이었다. 앨런 튜링Alan Turing은 전시에 블레츨리 공원에서 독일의 에니그마 암호를 푸는 일을 도운 것과 전산 및 인공지능의 기초를 연구한 것으로 가장 잘 알려졌다. 그러나 그는 해석 수론에도 흥미를 보였다. 1953년 그는 제타 함수의 영점을 계산하는 더욱 효율적인 방법을 발견하여 컴퓨터를 사용해서 앞에서부터 1,104쌍의 영점들이 임계선 위에 있다는 것을 추론해냈다. 어떤 한 계까지의 모든 영점이 임계선 위에 있다는 증거가 쌓였다. 현재 기록은 2004년 야니크 사우테Yannick Saouter와 파트리크 드미셸Patrick Demichel이 얻어낸 10조(10^{13})이다. 다양한 수학자들과 컴퓨터 과학자들도 다른 영역의 영점들을 확인했다. 현재까지 계산된 자명하지 않은 모든 영점은 모두 임계선 위에 있다.

이만하면 결정적인 것으로 보일 수도 있지만 수학자들은 이런 종류의 증거에 대해 애증을 동시에 지니고 있는데 그 이유는 충분하다. 10조 같은 수들은 큰 것처럼 여겨질 수 있지만 정수론에서 중요한 경우가 많은 것은 수의 로그로 이는 자릿수에 비례한다. 10조의 로그는 채 30이 되지 않는다. 사실 수많은 문제가 로그의 로그, 심지어 로그의 로그의 로그에 달렸다. 이러한 면에서 10조는 **작디작은** 수이고, 그래서 10조까지의 수치적인 증거는 별 의미가 없다.

이러한 반론의 영향을 받지 않는 일반적인 해석학적 근거들도 있다. 하디와 리틀우드는 임계선 위에 무한한 수의 영점들이 있음을 증명했다. 다른 수학자들은 거의 모든 영점이 임계선에 매우 근접해 있다는 것을 엄밀한 의미에서 증명했다. 셀베르그는 0이 아닌 비율의 영점들이 임계선 위에 있음을 증명했다. 노먼 레빈슨Norman Levinson은 이러한 비율이 적어도 3분의 1은 된다는 것을 증명했고, 이 수치는 이제 최소한 40퍼센트까지로 개선되었다. 이 모든 결과는 리만 가설이 거짓이라면 임계선 위에 있지 않은 영점들은 대단히 크고 또 대단히 드물 것임을 암시한다. 유감스럽게도 주가 되는 의미는 그런 예외가 존재한다면 그걸 찾는 일이 엄청나게 어려울 것이라는 점이다.

무슨 상관인가? 합리적인 사람이라면 누구든 이 정도의 수치적 근거에 만족하는 게 당연하지 않은가? 유감스럽게도 그게 그렇지가 않다. 수학자들은 여기에 만족하지 않고, 이 경우에 있어서는 공연히 까다롭게 구는 게 아니다. 합리적인 사람답게 구는 것이다. 수학 전반, 특히 정수론에서 겉보기에 방대한 '실험적' 근거는 상상하는 것보다 의미가 훨씬 작은 경우가 많다.

구체적인 실례가 포여 추측인데, 이는 1919년 헝가리의 수학자 죄르지 포여George Pólya가 내놓은 것이다. 그는 임의의 구체적인 값까지의 모든 범자연수의 최소한 절반이 홀수 개의 소인수를 가진다고 암시했다. 이 경우 반복되는 인수들은 따로따로 헤아려지고 시작은 2부터 한다. 예를 들어 20까지의 소인수의 수는 표 2와 같은데 '백분율' 열은 이 크기 이하에서 홀수 개의 소인수를 갖는 수들의 비율을 나타낸다.

마지막 열에 있는 백분율은 모두 50퍼센트 이상이고, 더욱 광범위하게 계산해보면 이것이 늘 참이라고 추측하는 게 합리적인 것으로 보인다. 컴퓨터를 사용할 수 없던 1919년, 실험으로는 이 추측을 반증하는 수를 하나도 찾을 수 없었다. 그러나 1958년 브라이언 하셀그로브 Brian Haselgrove는 해석 수론을 이용하여 이 추론이 어떤 수, 정확히 말하자면 1.845×10^{361} 미만인 어떤 수에 대해 거짓임을 증명했다. 컴퓨터가 등장하자 셔먼 레만Sherman Lehman은 이 추측이 906,180,359에 대해 거짓임을 보였다. 1980년에 이르러 다나카 미노루田中實는 그러한 예로 가장 작은 것이 906,150,257임을 증명했다. 그러니까 10억까지 거의 모든 수에 대해서 어떤 추측에 유리한 실험적인 근거를 모은다 하더라도 그 추측은 거짓일 수 있다.

그래도 906,150,257이 유난히 흥미로운 수라는 것을 아는 건 즐거운 일이다.

물론 오늘날의 컴퓨터는 제대로 프로그래밍 되었다면 이 추측을 몇 초 만에 반증해낸다. 그러나 컴퓨터도 도움이 되지 않은 경우도 있다. 대표적인 예가 스큐즈 수Skewes's number인데, 애초에는 겉보기에 어마어마한 양의 수치적 증거가 유명한 추측이 참임이 분명하다고 시사했지만, 사실 이 추측은 거짓이다. 이렇게 어마어마한 수가 리만 가설과 긴밀한 문제에 등장했다. $\mathrm{Li}(x)$에 의한 $\pi(x)$의 어림셈이다. 방금 보

수	인수분해	소수는 몇 개인가?	백분율
2	2	1	100
3	3	1	100
4	2^2	2	66
5	5	1	75
6	2×3	2	60
7	7	1	66
8	2^3	3	71
9	3^2	2	62
10	2×5	2	55
11	11	1	60
12	$2^2 \times 3$	3	63
13	13	1	66
14	2×7	2	61
15	3×5	2	57
16	2^4	4	60
17	17	1	62
18	2×3^2	3	64
19	19	1	66
20	$2^2 \times 5$	3	65

표 2 홀수 개의 소인수를 갖는 주어진 크기까지의 수의 비율.

았듯 소수 정리는 x가 커질수록 이 두 양의 비가 1에 가까워진다는 것이다. 수치적 계산결과는 무엇인가 더 강력한 걸 내비친다. 이 비가 늘 1 미만이라는 것이다. 즉 $\pi(x)$는 $\text{Li}(x)$보다 작다는 말이다. 2008년 타데이 코트니크Tadej Kotnik가 내놓은 수치적 계산결과는 x가 10^{18} 미만인 경우 이것이 언제나 참임을 보여줬다. 2012년에 이르러 더글러스 스톨Douglas Stoll과 드미셸은 이 경계를 10^{18}까지 개선했고 그와는 별개로 별개로 안드레이 쿨샤Andry Kulsha도 이러한 수치를 얻어냈다. 토마스 올리베이라 에 실바는 이 값이 10^{20}까지 늘어날 수 있다고 시사했다.

결정적인 것처럼 보일 수도 있다. 리만 가설에 대해 얻어낸 최선의 수치결과보다 강력하다. 그러나 1914년 리틀우드는 이 추측이 틀렸다는 것을 증명했다. 그것도 화려하게. x가 양의 실수로서 변해가는 가운데 $\pi(x)-\mathrm{Li}(x)$라는 차는 부호가 (음에서 양으로, 혹은 그 역으로) **무한히 빈번하게** 바뀐다. 특히 $\pi(x)$는 충분히 큰 값의 일부 x에서 $\mathrm{Li}(x)$보다 **크다**. 그러나 리틀우드의 증명은 그러한 값의 크기에 대해서는 어떠한 암시도 하지 않았다.

1933년 그의 제자인 남아프리카의 수학자 스탠리 스큐즈Stanley Skews는 x가 얼마나 커야 하는지 추정했다. $10^{10^{10^{34}}}$는 넘지 않는다는 것이었다. 이 수는 워낙 커서 일일이 숫자로 표현하여 책으로 인쇄한다면 1 뒤에 끝없이 0이 붙는 상당히 지루한 책이 될 터이거니와 각 숫자가 아원자입자만한 크기라 하더라도 우주에 다 담을 수 없을 것이다. 게다가 스큐즈의 증명이 옳으려면 리만 가설이 참이라고 가정하지 않을 수 없었다. 1955년 즈음에는 리만 가설을 피하는 방법을 찾아냈지만 대가가 있었다. 그의 추정치가 $10^{10^{10^{963}}}$까지 치솟은 것이다.

이 수는 '천문학적'이라는 형용사를 붙이기에도 너무 크지만 추가적인 연구로 우주론적이라고는 불러줄 수 있을 정도로 줄어들었다. 1966년 레만은 스큐즈의 수 대신 10^{1165}를 내놓았다. 테 릴레Te Riele

는 1987년 이 수를 7×10^{370}으로 줄였고, 2000년에는 카터 베이스 Carter Bays와 리처드 허드슨Richard Hudson이 이를 1.39822×10^{316}까지 줄였다. 초우 퀵파이周國暉와 로저 플리멘Roger Plymen은 조금 더 줄여서 1.39801×10^{316}을 얻어냈다. 무시할 만한 개선이라고 여겨질 수도 있겠지만 대략 2×10^{313}이나 줄인 것이다. 사우테와 드미셸은 또다시 $1.3971667 \times 10^{316}$으로 개선해냈다. 한편 1941년 아우렐 빈트너Aurel Wintner는 적지만 0은 아닌 비율의 정수가 $\pi(x) \rangle \mathrm{Li}(x)$를 만족함을 증명했다. 2011년 스톨과 드미셸은 x가 $10^{10,000,000,000,000}$까지의 임의의 수일 때 $\pi(x)$에 대한 지배권을 내주는 제타 함수의 영점을 앞에서부터 2000억 개까지 계산하여 x가 3.17×10^{114} 미만일 때 $\pi(x)$는 $\mathrm{Li}(x)$보다 작다는 증거를 찾아냈다.[68] 따라서 이 특정한 문제에 있어 적어도 10^{18}까지의 증거들, 실은 아마도 10^{114} 혹은 그 이상까지의 증거들은 완전히 관찰자를 오도한다. 변덕스러운 정수론의 신들이 인간을 놓고 즐겁게 장난을 치는 것이다.

수년간 리만 가설을 증명하거나 반증하려는 시도가 많이 있었다. 매슈 왓킨스Matthew Watkins의 웹사이트 '리만 가설에 대한 증명 안들'은 2000년 이후 50개가량의 안을 나열하고 있다.[69] 이러한 시도의 상당수에서는 잘못이 발견되었고, 자격 있는 전문가들이 받아들인 증명은 하나도 없다.

최근 가장 널리 알려진 노력 중 하나는 2002년 루이 드 브랑주Louis de Branges가 한 것이다. 그는 무한차원 공간에서 연산자들을 다루는, 함수해석학이라는 해석학의 한 분야를 적용하여 리만 가설을 추론해냈다고 주장하는 장문의 원고를 회람시켰다. 드 브랑주를 진지하게 받아들일 이유가 있었다. 그는 전에 복소 함수의 급수전개에 관한 비베르바흐 추측Bieberbach conjecture에 대한 증명을 회람시킨 바 있었다. 그의 원래의 증명에는 오류가 있었지만 결국 근본적인 아이디어는 유효한 것으로 밝혀졌다. 그러나 이번에는 리만 가설을 증명하겠다고 드 브랑주가 내놓은 방법이 성공할 가능성이 없다고 생각할 만한 충분한 이유들이 있는 것 같다. 브라이언 콘리Brian Conrey와 리셴진Xian-Jin Li은 치명적인 것으로 보이는 장애 몇 가지를 지적했다.[70]

문제를 생각하는 새로운, 혹은 근본적으로 다른 방법에서 증명을 찾아낼 가능성이 제일 클 것 같다. 반복해서 보아왔듯 위대한 문제의 돌파구는 누군가 이 문제를 전혀 다른 수학 분야와 연관시킬 때 나타나는 일이 많다. 페르마의 마지막 정리가 분명한 예이다. 타원 곡선에 대한 의문으로 재해석되자 급속한 진전이 이루어졌다.

드 브랑주의 전술은 현재 의심스럽지만 그의 접근법은 전략적으로 흠이 없다. 1912년경 다비드 힐베르트가 구두로 했던 제안에 뿌리를 두고 있는데, 그와는 별개로 죄르지 포여도 같은 생각을 했다. 물리학자 에드문트 란다우Edmund Landau는 포여에게 리만 가설이 옳아야 하는 물리학적인 이유를 물었다. 포여는 1982년 자신이 그 답을 찾아냈다고 했다. 제타 함수의 영점은 소위 자기수반 작용소self-adjoint operator의 고유치eigenvalue와 관련이 있어야 한다. 이는 특수한 종류의 변환과 관련된 특징적인 수이다. 중요한 응용분야의 하나인 양자 물리학에서 이 수는 관심의 대상이 되는 계의 에너지 수준을 결정하고 표준적이며 쉬운 정리에 따르면 이러한 특수한 종류의 작용소의 고유치는 반드시 실수이다. 보았듯이 리만 가설은 크시 함수의 모든 영점은 실수라는 명제로 바꿔쓸 수 있다. 어떤 자기수반 작용소가 크시 함수의 영점들과 같은 고유치를 가지고 있다면 리만 가설은 쉬운 귀결이 될 것이다. 포여는 이러한 아이디어를 발표하지는 않았다. 그런 작용소를 명시할 수 없었기 때문이어서 누군가 그런 작용소를 찾아낼 때까지는 그림의 떡이었다. 하지만 1950년 셀베르그가 곡면의 기하를 관련된 작용소의 고유치와 연관시키는 자신의 '적공식trace formula'를 증명해냈다. 그로써 이 아이디어는 조금 더 그럴듯해졌다.

1972년 휴 몽고메리Hugh Montgomery는 프린스턴 고등연구소Institute of Advanced Study 객원연구원으로 있었다. 그는 제타 함수의 자명하지 않은 영점의 놀라운 통계적 특징을 알아차리고 있었다. 물리학자인 프리먼 다이슨Freeman Dyson에게 그런 이야기를 했고 다이슨은 곧바로 원자핵과 같은 양자계를 설명하는데 사용되는 특수한 유형의 작용소인 무작위 에르미트 행렬의 통계적인 특징과 비슷한 점을 찾아냈다. 1999년 알랭 콘느Alain Connes는 셀베르그의 것과 비슷한 적공식을 생각해내었는데 셀베르그의 적공식은 타당하다면 이는 일반화된 리만 가설이 참임을 의미하는 것이었다. 그리고 1999년 물리학자 마이클 베리Michale Berry와 존 키팅Jon Keating은 운동량과 관련된 고전 물리학의 유명한 개념을 양자화함으로써 필요한 작용소를 얻을 수 있을지도 모른다고 시사했다. 그 결과 나온 베리 추측은 힐베르트-포여 추측의 더욱 구체적인 형태로 볼 수 있다.

리만 가설을 수리 물리학의 핵심적인 분야들과 연관시킨 이러한 아이디어들은 주목할 만하다. 이 아이디어들은 결국 겉보기에는 무관한 수학 분야들에서 진전이 이루어질 수 있음을 보여주고 리만 가설이 언젠가는 해결될 거라는 희망을 불러일으킨다. 그러나 해법이 바로 코앞에 있으리라고 생각할 만큼 용기를 북돋워 줄 결정적인 돌파구로는 아직 이어지지 않았다. 리만 가설은 수학 전반에서 가장 난해하고 짜증스러운 수수께끼의 하나로 남아있다.

지금은 리만 가설의 증명을 시도할 새로운 이유가 있다. 상당한 상이 있는 것이다.

노벨 수학상은 없다. 수학에서 가장 유명한 상은 필즈메달인데 제대로 된 명칭은 〈수학상의 뛰어난 발견에 주어지는 국제 메달 International Medal for Outstanding Discoveries in Mathematics〉이다. 필즈메달이라는 이름은 유언으로 상금을 기부한 캐나다의 수학자 존 필즈John Fields의 이름을 딴 것이다. 4년에 한 번씩 세계수학자대회International Congress of Mathematicians에서 최대 4명에 달하는 세계 유수의 젊은(40세 미만) 수학자들이 금메달과 상금을 받는데 현재 상금은 15,000달러이다. 수학자들에 관한 한 필즈메달은 노벨상의 명성에 맞먹는다.

노벨 수학상이 없는 것이 좋은 일이라고 생각하는 수학자들이 많다. 노벨상은 현재 100만 달러를 조금 넘는 상금을 주는데 이 정도 액수면 연구의 목표를 쉽게 왜곡하고 우선권에 대한 논란으로 이어질 만하다. 그러나 주요한 수학상이 없다는 것이 수학자들의 가치와 유용성에 대한 대중의 인식을 왜곡했을 수도 있다. 기꺼이 돈을 내는 사람이 없다면 별 가치가 있을 리 없다고 상상하기 쉽다.

최근 2개의 명망 높은 수학상이 생겨났다. 하나는 아벨상으로 매년 노르웨이 과학학술원Norwegian Academy of Science and Letters에서 수여하는 데 노르웨이의 위대한 수학자 닐스 헨리크 아벨Niels Henrik Abel의 이름을 딴 것이다. 다른 하나는 7개의 클레이수학연구소 새천년상으로 이루어진 새로운 상이다. 클레이연구소는 랜던 클레이Landon Clay와 그의 아내 라비니아Lavninia가 설립했다. 랜던 클레이는 뮤추얼 펀드에서 활동하는 사업가로 수학에 대한 애정과 존경을 품고 있다. 1999년 미국 매사추세츠 케임브리지에 수학을 위한 새로운 재단을 세웠는데 이 재단은 회의를 주관하고 연구보조금을 지급하며 대중강연을 조직하고 연례 연구 상을 수여한다.

2000년 영국과 미국의 유수한 수학자인 마이클 아티야 경Sir Michael Atiyah과 존 테이트John Tate는 클레이수학연구소가 수학에서 가장 중요한 7개의 미해결 문제에 대한 해법을 찾아내는 일을 촉진하기 위하여 새로운 상을 제정했다고 발표했다. 이 문제들은 새천년 문제라고 알려지게 되는데 이 문제 중 어느 것에 대한 해법이든 정당하게 발표하여 심사를 받은 해법을 내놓으면 100만 달러에 상당하는 상을 받게 되어 있다. 세계 최고의 수학자 몇 명이 세심하게 선정한 이 문제들은 한데 묶여서 수학에서 중심이 되면서도 답이 나오지 않은 몇 개의 의문에 관심을 끌어들인다. 상당한 상은 대중에게 수학은 가지가 있는 것이라는 점을 아주 분명하게 보여준다. 관련된 사람들은 모두 그 지적인 가치가 단순한 돈보다 의미심장할 수도 있다는 걸 인식하고 있지만 여러 사람이 전념하게 하는데 상금이 도움이 되는 것도 사실이다. 제일 잘 알려진 새천년 문제로 역사적으로도 가장 연원이 오래된 문제는 리만 가설이다. 1900년의 힐베르트의 목록과 새천년 문제에 모두 오른

건 이 의문이 유일하다. 나머지 6개의 새천년 문제는 10~15장에서 다룬다. 수학자들은 상금에 유난히 집착하는 것은 아니어서 그런 것이 없더라도 리만 가설을 연구할 것이다. 그들이 필요로 하는 것은 새롭고 유망한 아이디어라는 동기부여뿐이다.

유서 깊은 추측이라도 참이 아닐 수 있다는 것은 명심해둘 가치가 있다. 오늘날 대개의 수학자는 리만 가설의 증명이 마침내 발견될 거라고 생각하는 것 같다. 그러나 리만 가설이 틀린 것일 수도 있다고 생각하는 사람들도 몇 명은 있다. 어마어마하게 큰 수들로 이루어진 황무지 어딘가에 임계선에 올라앉지 않은 영점이 숨어있을지도 모른다는 것이다. 그런 '반례'('반증'이 거짓임을 증명하는 행위와 거짓임을 증명하는 증거 모두를 가리키는 말로 사용되고 있으나, disproof와 counter-example은 구분하는 것이 옳으므로 후자는 표준어는 아니지만 '반례'라는 말로 옮기기로 한다.―옮긴이)가 존재한다면 아주아주 클 가능성이 높다.

그러나 수학의 최전선에서는 견해라는 건 별 쓸모가 없다. 전문가들의 직관이 아주 훌륭한 경우도 많기는 하지만 틀렸던 사례도 수없이 많았다. 일반적 통념은 전통적이고 지혜로우면서도 참은 아닐 수 있다. 복소 해석학의 위대한 전문가의 한 사람인 리틀우드는 솔직했다. 1962년 그는 자기가 리만 가설이 거짓이라고 확신한다면서 그게 참인 이유는 상상도 할 수 없다고 덧붙였다. 누가 옳을까? 두고 볼 밖에는 도리가 없다.

10

구면은 어떤 모양일까?

푸앵카레 추측

앙리 푸앵카레는 19세기 말의 가장 위대한 수학자 중 한 명으로 조금은 괴짜였지만 빈틈없는 수완가였다. 그는 항법과 시간기록, 지구 및 행성의 측정을 개선하는 것을 임무로 하는 프랑스의 경도국Bureau des Longitudes 위원이었다. 그는 국제 표준 시간대의 설정을 제안하기도 했는데 이러한 경험으로 시간의 물리학을 생각하게 되었고 특수 상대성 이론에 관하여 아인슈타인Einstein이 발견한 것을 부분적으로 예견하기도 했다. 푸앵카레는 정수론으로부터 수리 물리학에 이르는 수학의 지형 곳곳에 자신의 흔적을 남겼다.

특히 그는 연속 변환에 대한 수학인 위상 수학을 창시한 사람 중 하나였다. 1904년 그는 겉보기에 간단해 보이는 문제를 우연히 만났다. 그가 했던 이전의 연구에서 그 문제의 답을 암묵적으로 전제하고 있었다는 것을 뒤늦게 깨달았지만, 증명을 발견해내지는 못했다. 그는 '이 의문이 우리를 지나치게 잘못된 방향으로 이끌 것이다.'라고 썼는데, 이는 오히려 진정한 논점을 회피한 것이었다. 이 의문은 그를 **어디로도** 끌고 가지 않았다. 그리고 그가 이 문제를 의문형으로 표현했음에도, 이 문제는 '푸앵카레의 추측'이라고 알려졌다. 그 이유는 모두가 그 대답이 '참'일 거라고 예상했기 때문이다. 이것도 클레이 새천년상 문제인데 그럴 만한 것이 위상 수학 전체에서 가장 이해할 수 없는 문제에 속하는 것으로 밝혀졌기 때문이다. 푸앵카레의 의문에 마침내 젊은 러시아인 그리고리 페렐만Grigori Perelman이 답을 내놓았다. 해법은 엄청나게 많은 새로운 아이디어와 방법들을 도입한 탓에 수학계가 이 증명을 소화하여 그것이 옳다고 받아들이기까지는 몇 년이 걸렸다.

성공을 거둔 페렐만에게는 수학 최고의 상인 필즈메달이 주어졌으나 그는 거절했다. 그는 명성을 원치 않았다. 푸앵카레 추측을 증명했으니 100만 달러의 상금도 주어졌지만 그것도 거부했다. 돈도 바라지 않았다. 그가 원했던 것은 자신의 연구가 수학계에 받아들여지는 것이었다. 마침내 받아들여지기는 했지만 유감스럽게도, 그러나 합리적인 이유로 시간이 걸렸다. 수학계에서 큰 명성이나 수상 없이 연구가 받아들여지기를 기대하는 것 또한 비현실적인 일이었다. 하지만 성공에 따르는 이러한 피할 수 없는 결과들은 페렐만의 때로는 은둔자 같은 본성에 맞지 않았다.

우리는 4색 문제와 관련하여 위상 수학과 만났고, 나는 '고무판 기하학'이라는 상투적인 표현을 써먹었다. 에우클레이데스의 기하학은 직선, 원, 길이, 각도를 다룬다. 평면을, 그리고 좀 더 발전하면서 3차원 공간을 무대로 한다. 평면은 무한한 종잇장과 같으며 종이와는 한 가지 기본적인 특징을 공유한다. 늘어나지도, 줄어들지도, 구부러지지도 않는다는 것이다. 종이는 말아서 관管을 만들 수 있고, 조금은 줄어들거나 늘어날 수도 있다. 커피를 흘렸다면 더욱. 그렇지만 종이로 주름 없이 구면을 감쌀 수는 없다. 수학적으로 유클리드 평면은 강직하다. 에우클레이데스의 기하학에서 2개의 대상—삼각형, 사각형, 원 등—은 강체 운동rigid motion으로 하나를 다른 하나로 변환할 수 있는 경우 동일하다. '강직하다.'라는 말은 거리가 변하지 않는다는 뜻이다.

종이 대신 탄력이 있는 판을 쓴다면 어떨까? 늘어나고, 구부러지고, 조금 힘을 쓰면 줄어들 수도 있다. 탄력이 있는 판에서는 길이나 각도에는 고정된 의미가 없다. 판에 **충분히** 탄력이 있다면 삼각형, 사각형, 원에도 고정된 의미가 없다. 고무판에 그려진 삼각형을 변형하여 꼭짓점을 하나 더 만들 수 있다. 심지어 그림 36에서처럼 원으로 만들 수도 있다. 고무판 기하학이라는 것을 어떤 개념으로 생각하든, 여기에는 전통적인 유클리드 기하학은 포함되지 않는다.

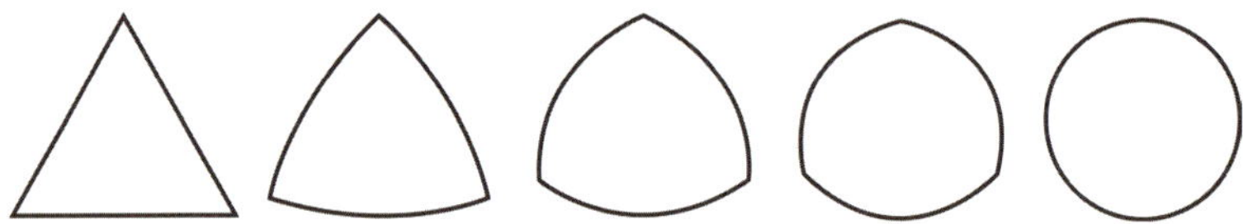

그림 36 삼각형에서 원으로의 위상 수학적 변형.

고무판 위의 기하학이라면 워낙 융통성이 있어서 그 어떤 것도 고정된 의미가 없을 것 같은데 그렇다면 중요한 것은 거의 증명할 수 없을 것 같다. 하지만 그렇지 않다. 삼각형을 그리고 그 안에 점을 하나 찍는다. 삼각형이 원이 되도록 고무판을 늘이고 변형시켜도 도형의 한 가지 특징은 변하지 않는다. 점은 계속 안에 남아 있는 것이다. 물론 이제는 삼각형이 아닌 원 안에 있다는 건 동의하지만, 그래도 **바깥**에 있는 건 아니다. 점을 바깥으로 내오려면 고무판을 찢어야 한다. 그건 이 특정한 게임의 규칙에 어긋난다.

변형에도 살아남은 특징이 또 있다. 삼각형은 단순한 폐곡선이다. 스스로 이어져서 자유단free end도 없고 자체와 교차하지도 않는 선이다. 8자 모양은 폐곡선이지만 단순하지 않다. 자체와 교차한다. 고무판을 변형하면 삼각형의 모양은 바뀔 수 있지만 그래도 반드시 단순한 폐곡선으로 남는다. 고무판을 찢지 않고 삼각형을, 이를테면 8자 모양으로 바꿀 방법은 없다.

3차원 위상 수학에서는 공간 전체가 탄력적이 된다. 손을 놓으면 원래의 모양으로 휙 돌아가는 고무 덩어리 같은 것이 아니라 아무런 저항도 없이 변형될 수 있는 겔 같다. 위상 수학적 공간은 무한히 변형 가능하다. 쌀알만 한 영역을 취해서 태양만 하게 늘릴 수도 있다. 촉수들을 잡아빼서 문어처럼 만들 수도 있다. 허용되지 않은 한 가지는 어떤 종류든 단절을 끌어들이는 것이다. 공간을 찢거나 가까이 있던 점들을 떼어내는 어떠한 종류의 변형도 할 수 없다.

공간에서의 도형의 특징 중에서 연속 변형에도 살아남는 건 어떤 것일까? 길이도, 면적도, 부피도 아니다. 하지만 매듭지어졌다는 것은 살아남는다. 곡선에 매듭을 짓고 양 끝을 붙여 고리를 만들면 매듭은 결코 달아날 수 없다. 공간을 어떻게 변형하든 곡선은 여전히 매듭지어져 있다. 그러니까 우리는 '안쪽' '닫힌' '단순한' '매듭지어진' 같은 중요하고 유의미한 개념이 상당히 애매한 새로운 종류의 기하학을 대하고 있는 것이다. 이러한 새로운 기하학에는 훌륭한 이름이 있다. 위상 수학이라는 것이다. 난해해 보일 수도 있고 심지어는 터무니없게 여겨질 수도 있지만 20세기 수학에서 주요한 분야의 하나로 밝혀졌고 21세기에도 마찬가지로 필수적인 영역으로 남아있다. 그러한 점에서 감사해야 할 주요 인물 중 하나가 푸앵카레이다.

위상 수학 이야기는 푸앵카레보다 근 한 세기 전인 1813년에 시작된다. 스위스의 수학자 시몽 앙투안 장 루이에Simon Antoine Jean L'Huilier는 그의 일생이 딱히 수학적으로 성공했다고 말할 수는 없지만 성직자가 되면 거액을 주겠다는 친척의 제안을 거절했다. 그는 수학의 길을 가기를 원했다. 그는 뒤떨어진 수학 분야인 오일러의 다면체 정리를 전공했다. 4장에서 우리는 이 흥미롭고도 겉보기에는 고립된 결과와 만나보았다. 어떤 다면체에 F개의 면, V개의 꼭짓점, E개의 모서리가 있다면 $F-E+V=2$라는 것이다. 루이에는 이러한 공식의 변형들을 연구하며 경력의 상당 부분을 보냈는데 돌이켜보면 그는 오일러의 공식이 가끔은 틀리다는 걸 발견하면서 위상 수학으로 향하는 방향에 결정적인 걸음을 내디뎠다. 이 공식의 타당성은 다면체의 질적인 형태에 달렸다.

이 공식은 구멍이 전혀 없는 다면체에 관해서는 옳다. 이런 다면체는 구면에 그려지거나 연속적으로 변형되어 그런 종류의 도형으로 만들어질 수 있다. 그러나 다면체에 구멍이 있으면 이 공식은 통하지 않는다. 예를 들어 직사각형 모양의 단면을 지닌 나무로 만든 액자에는 16개의 면과 32개의 모서리, 16개의 꼭짓점이 있다. 이 경우 $F-$

$E+V=0$이다. 루이에는 이처럼 더 색다른 다면체를 포괄할 수 있도록 오일러의 공식을 수정했다. g개의 구멍이 있으면 $F-E+V=2-2g$라는 것이다. 이것은 최초로 발견된 중요한 위상 불변_{topological invariant}이다. 위상 불변이란 공간과 관계된 양으로 공간이 연속적으로 변형될 때 변하지 않는 것을 말한다. 루이에의 불변은 '구멍'을 정의할 필요 없이 곡면에 몇 개의 구멍이 있는지 헤아리는 엄격한 방법이다. 이것이 유용한 것은 구멍이라는 개념이 까다롭기 때문이다. 구멍은 곡면의 일부도 아니고 곡면 밖의 영역도 아니다. 주변 공간에 곡면이 어떻게 들어앉아 있는가 하는 특징처럼 보인다. 하지만 루이에의 발견은 우리가 구멍의 수로 해석하는 것이 주변 공간과는 별개인 내재적인 특징임을 보여준다. 구멍을 정의하여 헤아릴 필요는 없다. 실은 그러지 않는 편이 낫다.

위상 수학의 초기 단계에서 루이에 이후에 핵심적인 인물은 가우스이다. 그는 수학의 다양한 핵심적 분야들을 연구하며 몇 개의 다른 위상 불변과 마주쳤다. 복소 해석학에 대한 자신의 연구, 특히 모든 다항 방정식에는 복소해가 최소한 하나는 있다는 증명 덕에 그는 평면에서의 곡선의 회전수_{winding number}를 생각하게 되었다. 회전수란 곡선이 주어진 점 주위를 몇 번이나 감아 도는가 하는 것을 말한다. 전기와 자기에 대한 문제들은 2개의 폐곡선의 연결수_{linking number}로 이어진다. 연결수란 폐곡선 한쪽이 나머지 한쪽을 몇 번 휘감는가 하는 것을 말한다. 이런 등등의 예 덕에 가우스는 기하학적 도형의 질적인 특징을 이해하는 체계적인 방법을 제공해주는, 아직 발견되지 않은 수학 분야가 있을 수도 있겠다는 생각을 하게 되었다. 이 주제에 관해 발표한 것은 없었지만 편지와 원고에는 언급했다.

그는 이 아이디어를 제자인 요한 리스팅Johann Listing과 조교인 아우구스트 뫼비우스에게도 알려주었다. 면도 하나 모서리도 하나뿐인 곡면인 뫼비우스 띠에 대해서는 말한 바 있는데, 그가 1865년에 발표한 뫼비우스의 띠는 4장 그림 8에서 찾아볼 수 있다. 뫼비우스는 '한 개의 면만을 가진다.'는 것이 직관적으로는 분명하지만 엄밀하게 표현하기는 어렵다는 점을 지적하고 완벽히 엄격하게 정의될 수 있는 관련 성질을 제안한다. 이 성질은 가부호성orientability이다. 곡면은 각각의 삼각형마다 화살표들이 빙빙 돌아서 2개의 삼각형이 공통의 변을 가질 때는 반드시 화살표들이 반대 방향을 가리키게 되는 삼각형들의 네트워크로 덮을 수 있다면 가부호적이다. 예를 들어 평면에 네트워크를 그려 모든 화살표가 시계방향으로 돌게 하면 이렇게 된다. 뫼비우스 띠에는 이런 네트워크가 존재하지 않는다.

리스팅이 처음으로 위상 수학에 대한 내용을 발표한 것은 그보다 이른 1847년이었다. 제목은 〈위상 수학 강의Vorstudien zur Topologie〉였는데 이 용어를 쓴 문헌은 이것이 최초이다. 그는 약 10년 동안 이 용어를 비공식적으로 사용했다. 당시 사용되던 또 하나의 용어는 '위치의 해석학'이라는 뜻의 라틴어 문구인 'analysis situs'였는데 결국 인기가 없어졌다. 리스팅의 책에는 대단히 중요하다고 할 만한 것은 거의 없었지만 기본적인 개념을 확립한 것은 사실이다. 삼각형의 네트워크로 곡면을 덮는다는 것이다. 뫼비우스보다 4년 앞선 1861년 그는 뫼비우스 띠를 설명하고 '연결성'을 연구했다. 연결성이란 공간이 둘 이상의 분리된 부분으로 나뉠 수 있는가 하는 것에 관한 것이다. 리스팅의 연구를 기반으로 발터 폰 다이크Walther von Dyck를 포함한 수많은 수학자가 곡면이 닫혀있고(가장자리가 없음.) 넓이가 유한하다고 가정해 이들에 대한 완벽한 위상 수학적 분류를 만들었다. 그 답은 가부호인 모든 곡면은 위상 수학적으로 구면과 동등하다는 것으로 유한한 수인 g개의 손잡이가 달렸다. g는 곡면의 종수라고 하는데 루이에의 불변이 결정하는 것이 바로 이것이다. $g=0$이면 구면이 되고, $g>0$이면 g개의 구멍을 가진 원환면이 된다. 가장 단순한 비가부호적인 곡면인 사영평면부터 시작되는 유사한 일련의 곡면들이 비가부호적인 모든 곡면을 분류한다. 이 방법은 가장자리가 있는 곡면도 허용하도록 확장되었다. 각각의 가장자리는 닫힌 고리이고 유일하게 필요한 추가적인 정보는 이러한 고리가 몇 차례나 나타나는가 하는 것이다.

푸앵카레 추측은 먼저 곡면을 분류하는데 사용되는 기본적인 기법 하나를 살펴보면 더 이해하기가 쉽다. 앞서 나는 고무나 겔로 만들어진 모양을 변형한다는 것으로 위상 수학을 설명하면서 **연속적인** 변형을 사용해야 한다는 것을 강조했다. 역설적이게도 위상 수학의 중심적인 기법의 하나는 얼핏 불연속적인 변형처럼 보이는 것과 관련이 있다. 도형을 조각들로 잘라내는 것이다. 그러나 연속성은 어떤 조각이 어떤 조각과 어떻게 합쳐지는지 설명하는 일련의 규칙들로 복원된다. 그 한 예는 4장의 그림 12에서처럼 정사각형의 마주 보는 변들을 동일시하여 원환면을 정의하는 것이다.

별개의 것으로 보이는 점들을 동일시하면 보다 단순한 구성요소들을 이용하여 복잡한 위상 공간을 표현할 수 있다. 정사각형은 정사각형이지만 정사각형에 동일시 규칙을 더하면 그림 37에서 보듯 규칙을

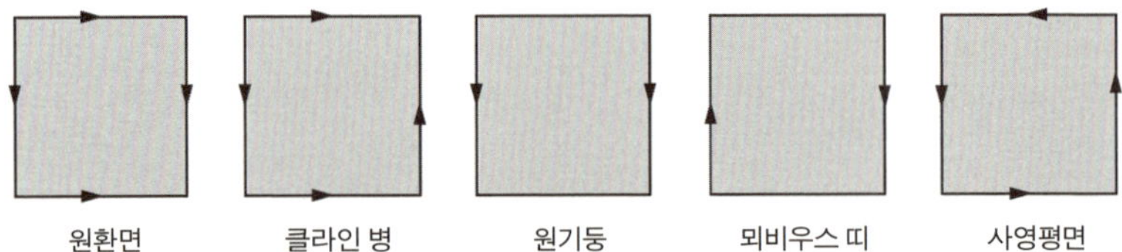

그림 37 정사각형의 마주 보는 두 변을 다양한 방법으로 동일시하여 얻어진 5개의 서로 다른 위상 공간.

어떻게 선택하느냐에 따라서 원환면도, 클라인 병도, 원기둥도, 뫼비우스 띠도, 사영평면도 될 수 있다. 그러니까 고무판을 늘이고 구부리는 걸로 연속 변환을 설명하면서 나는 엄밀하게 필요한 이상의 것을 요구한 것이다. 결국 정확히 애초대로 가장자리를 다시 합치거나 그와 같은 효과를 갖는 규칙을 명시한다면 중간 단계로 고무판을 자르는 것도 허용된다. 위상 수학자에게 가장자리들을 붙이는 규칙을 **서술한다는 것**은 실제로 그 규칙을 시행하는 것과 마찬가지이다. 나중에 무엇을 하든 그 규칙을 잊지만 않는다면.

곡면을 분류하는 대표적인 방법은 곡면에 삼각형의 네트워크를 그리는 데서 시작된다. 그런 다음 충분한 수의 모서리를 잘라서 삼각형들을 펼쳐 다각형으로 만든다. 잘라낸 방법에서 도출된 붙임 규칙은 이제 다각형의 다양한 변들을 동일시하여 원래의 곡면을 재구성하는 방법을 명시한다. 이 시점에서 흥미를 끄는 위상은 모두 붙임 규칙에 내포되어 있다. 분류는 규칙들을 대수적으로 조작하고 이들을 구멍이 g개인 원환면이나 유사한 비가부호인 곡면 중 하나를 정의하는 규칙으로 변환시킴으로써 증명된다. 현대 위상 수학에는 같은 결과를 얻는 다른 방법들이 있지만 이런 종류의 '잘라붙이기' 작도를 사용하는 경우가 많다. 이 방법은 임의의 차원의 공간들에 어려움 없이 일반화되지만 추가적인 도움 없이 고차원 위상 공간을 분류하는 데까지 이르기에는 지나치게 제한되어 있다.

1900년경, 푸앵카레는 곡면의 위상 수학에 대한 이전의 연구를 어떠한 차원수의 공간에도 적용되는 훨씬 더 일반적인 기법으로 발전시켰다. 그의 연구의 주된 취지는 위상 불변을 찾는 것이었다. 위상 불변은 공간과 관련된 수나 대수공식으로 공간이 연속적으로 변형되었을 때 변하지 않고 남는 것을 말한다. 두 공간이 서로 다른 불변을 가지고 있다면 한 공간은 다른 공간으로 변형될 수 없어서 위상 수학적으로 서로 별개이다.

그는 오늘날에는 상당히 부당하게도 오일러 표수Euler characteristic라고 알려진 루리에의 위상변수 $F - E + V$를 1870년 이탈리아의 수학자 엔리코 베티Enrico Betti가 고차원 공간으로 일반화한 것에서 출발했다. 베티는 종수가 g인 곡면에 분리된 조각으로 나누지 않고 그릴 수 있는 폐곡선의 최대수가 $g - 1$이라는 것을 알아차렸다. 이는 곡면을 위상 수학적으로 특징짓는 또 하나의 방법이다. 그는 이러한 아이디어를 임의의 차원의 '연결성 수connetivity numbers'로 일반화시켰는데, 푸앵카레는 이를 베티 수라고 불렀고 오늘날까지도 이러한 용어가 사용되고 있다. k-차원 베티 수는 공간의 k차원 구멍의 수를 헤아린다.

푸앵카레는 베티의 연결성 수를 호몰로지homology라는 더욱 민감한 불변으로 발전시켰는데 여기에는 훨씬 더 많은 대수적 구조가 있다. 호몰로지에 대해서는 15장에서 더 자세히 다루겠다. 지금은 그저 호몰로지는 이러한 종류의 네트워크에서 다차원 '면'의 모임들을 살펴서 그 중 어떤 것이 위상 수학적 원판disc의 경계를 형성하는지 묻는다고 해두는 걸로 충분하다. 원판은 원환면과는 달리 구멍이 없어서 경계를 구성하는 면의 모임 중 그 어떤 것 안에도 구멍은 없다고 확신할 수 있다. 역으로 경계를 형성하지 않는 면의 모임들을 경계를 형성하는 면의 모임들과 맞세워 구멍을 감지해낼 수 있다. 이런 식으로 어떤 공간의 일련의 불변들을 구성할 수 있는데, 이는 그 호몰로지군이라고 알려졌다. 여기서 '군群'이라는 용어는 추상 대수학에서 나온 것이다. 이 말은 군에 속한 임의의 두 대상이 몇 가지 미묘한 대수적 규칙을 따르는 방식으로 결합하여 같은 군에 속한 다른 대상을 내놓을 수 있다는 의미이다. 뒤에 이 개념이 필요할 때 조금 더 다루겠다. 0부터 n까지의 각 차원에는 이런 군이 하나씩 있으며 각 공간마다 일련의 위상 불변을 얻게 되는데 여기에는 온갖 매력적인 대수적 성질이 있다.

리스팅은 2차원 공간인 모든 위상 수학적 곡면을 분류했다. 그다음으로는 3차원을 살피는 게 당연해 보인다. 그리고 시작하기에 가장 단순한 공간은 구이다. 일상적인 언어에서 '구sphere'라는 말에는 2가지 서로 다른 의미가 있다. 속이 꽉 찬 둥근 공일 수도 있고 다만 그 공의 표면일 수도 있다.(의미에 따라 '구' 또는 '구면'으로 옮긴다.―옮긴이) 곡면의 위상 수학을 다룰 때 '구'라는 말은 늘 두 번째 의미로 해석된다. 공의 무한히 얇은 표면이라는 뜻이다. 게다가 구의 내부는 그 일부로 간주하지 않는다. 그것은 구면을 공간에 끼워 넣는 통상적인 방식의 결과에 지나지 않는다. 본질적으로, 우리에게 있는 것은 위상 수학적으로 공의 표면과 동등한 곡면뿐이다. 구면을 껍질이 무한히 얇은 속이 텅 빈 공이라고 생각해도 된다.

구면에 대한 '올바른' 3차원 유사물은 3-구면이라고 하는데 속이 꼭 찬 공은 **아니다**. 속이 꽉 찬 공은 3차원이기는 하지만 경계가 있다. 그 표면이 구면이다. 구면에는 경계가 없으니 그 3차원 유사물에도 경계가 없어야 한다. 3-구면을 정의하는 가장 간단한 방법은 일반적인 구면의 좌표 기하학을 흉내 내는 것이다. 이는 시각화하기에는 조금 까다로운 공간으로 이어진다. 3차원으로 모형을 보여줄 수가 없는 이유는 3-구면의 차원은 3개뿐이지만 일반적인 3차원 공간에 끼워 넣어지지 않기 때문이다. 그 대신 4차원 공간에 끼워 넣어진다.

3차원 공간의 보통의 단위 구면은 명시된 점, 즉 중심에서 1만큼 떨어진 모든 점으로 이루어진다. 이와 유사하게 4차원 공간의 단위 3-구면은 중심에서 단위거리만큼 떨어진 모든 점으로 이루어진다. 좌표에서는 일반화된 피타고라스 정리를 이용하여 거리를 정의함으로써 이러한 집합에 대한 공식을 쓸 수 있다.[71] 보다 일반적으로, 단위 2-구면의 온갖 울퉁불퉁한 변형들이 위상 수학적으로 2-구면인 것과 마찬가지로 3-구면은 위상 수학적으로 단위 3-구면과 동등한 **임의의** 공간이고, 물론 이보다 높은 차원의 경우도 마찬가지이다.

이걸로 만족스럽지 않아서 좀 더 기하학적인 이미지를 원한다면 이런 건 어떨까. 3-구면은 표면 전체가 1개의 점과 동일시되는 속이 꽉 찬 공으로 표현될 수 있다. 이것도 붙임 규칙의 한 예로, 이 경우에는 둥근 원판을 2-구면으로 바꾸는 방법과 흡사하다. 천으로 만든 원판 가장자리에 끈을 끼워 가방을 닫듯 꽉 조이면 그 결과는 위상 수학적으로 2-구면과 동일하다. 이제 유사한 작업을 속이 꽉 찬 공을 가지고 하되 늘 그렇듯 그 결과를 시각화하려고는 하지 않는다. 그냥 속이 꽉 찬 공을 생각하면서 붙임 규칙을 개념적으로 시행한다.

어쨌거나 푸앵카레는 3-구면에 상당한 관심을 가졌는데 그 이유는 경계가 없으면서 크기가 유한한 가장 단순한 3차원 위상 공간으로 짐작되었기 때문이다. 1900년 그는 논문을 발표하여 호몰로지군이 위상 수학적으로 3-구면을 특징짓기에 충분히 강력한 불변이라고 주장했다. 구체적으로 말하자면 3차원 위상 공간이 3-구면과 같은 호몰로지군을 가진다면 3-구면과 위상 수학적으로 동등한 것이다, 즉 3-구면으로 연속적으로 변형될 수 있다는 것이다. 그러나 1904년에는 이미 이러한 주장이 틀렸다는 것을 그는 알고 있었다. 3-구면은 아니면서도 3-구면과 같은 호몰로지군을 가진 3차원 공간이 적어도 하나는 있다. 이 공간은 붙임 규칙에 대한 원리의 개가로, 이것이 3-구면이 아니라는 증명하기 위해서는 새로운 변형을 만들 필요가 있었는데, 이는 필연적으로 호몰로지보다 강력해야 했다.

먼저, 공간이다. 이 공간은 푸앵카레의 12면 공간이라고 불리는데, 현대의 작도가 속이 꽉 찬 12면체를 이용하기 때문이다. 푸앵카레는 이것이 12면체와 관련이 있는 것은 알지 못했다. 그는 아주 애매한 방식으로 2개의 속이 꽉 찬 원환체를 붙였다. 12면체 해석은 푸앵카레가 사망한 지 21년 정도 뒤인 1933년 헤르베르트 자이페르트Herbert Seifert와 콘스탄틴 베버Constantin Weber가 발표했는데, 이해하기가 훨씬 쉽다. 정사각형의 마주 보는 변을 붙여서 원환면을 만드는 것과 비슷하다는 걸 염두에 두자. 늘 그렇듯 **정말로** 붙이려 하지는 말자. 그저 대응하는 점들을 같은 것으로 간주한다는 것만 기억하면 된다. 이 경우에도 같

은 작업을 하지만 다만 그림 38처럼 12면체의 마주 보는 면들을 이용
한다.

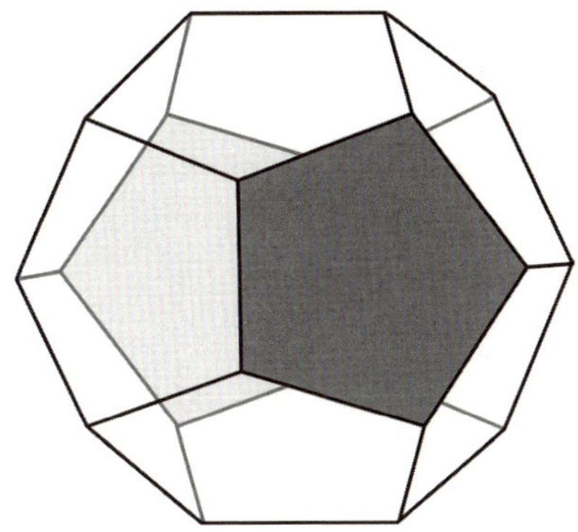

그림 38 푸앵카레 12면체 공간을 만들려면 12면체를 취해 마주 보는 면들의 쌍(음영을 넣은 쌍과 같은)을 일치하도록 비틀어서 붙인다.

피타고라스 학파는 2500년 전에 12면체에 대해 알고 있었다. 12면체의 경계는 12개의 정오각형으로 이루어지는데 이들이 모여서 대략 구형인 우리를 만들고 꼭짓점마다 3개의 오각형이 만난다. 이제 12면체의 각 면을 마주 보는 면과 붙인다. 각 면은 마주 보는 면과 붙이기 전에 적당한 각도로 회전해야 한다. 각도는 대응하는 면을 정렬하는 최소한의 각인 36도이다. 이 규칙을 한쪽 가장자리를 180도 비틀어 반대편 가장자리와 붙이는 뫼비우스 띠 규칙의 정교한 형태라고 생각해도 좋다.

이게 그 공간이다. 이제 불변을 살펴보자. 내가 부질없는 공상을 하고 있는 건 아니다. 푸앵카레 추측을 이해하기 위해서는 이 모든 게 필

요하다.

푸앵카레는 자신의 새로운 불변을 기본군_{fundamental group}이라고 불렀다. 지금도 이런 이름을 사용하지만 (1차) 호모토피군_{(first) homotopy group}이라고도 한다. 호모토피는 전적으로 공간 내에서 행해질 수 있는 기하학적 구성으로서 그 공간의 위상 유형에 대한 정보를 제공한다. 군이라고 알려진 추상 대수 구조를 이용하여 그렇게 한다. 군은 수학적 대상들의 모임으로 임의의 두 대상은 조합하여 그 군에 속하는 또 하나의 대상을 내놓을 수 있다. 이러한 조합의 법칙은 같은 이름의 통상적인 산술 연산이 아닌 경우에도 흔히 곱셈이나 덧셈이라고 부르는데 몇 가지 단순하고 자연스러운 조건을 만족해야 한다. 이 연산을 덧셈이라고 부른다면 그 주요한 조건은 다음과 같다.

□ 군에는 0과 같은 행태를 보이는 원소가 하나 포함된다. 즉 이 원소를 군에 속한 임의의 원소와 더했을 때 그 결과는 원래의 원소와 같다.

□ 군의 모든 원소에는 군에 속하는 반대되는 원소가 존재한다. 둘을 합치면 0이 나온다.

□ 군의 세 원소를 합할 때 어느 둘을 먼저 더하느냐는 중요하지 않다. 즉 $(a+b)+c=a+(b+c)$이다. 이를 결합 법칙이라고 한다.

강제되지 **않는**(그래도 역시 참인 경우도 있지만) 대수 법칙은 교환 법칙 $a+b=b+a$이다.[72]

푸앵카레의 기본군은 일종의 공간의 단순화된 골격이다. 위상 불변이어서 위상 수학적으로 동등한 공간들은 같은 기본군을 가진다. 유용한 통찰을 얻어내기 위해, 게다가 푸앵카레의 동기를 부분적으로 재구성할 수 있을 가능성도 아주 크니 가우스까지 거슬러 올라가는 이미지를 훔쳐서 이게 원에서는 어떻게 되는지 살펴보자. 어떤 원이 온 우주인 개미 한 마리를 상상해본다. 개미는 자기가 있는 우주의 모양을 어떻게 알아낼 수 있을까? 개미는 원을, 이를테면 선과 구분할 수 있을까? 개미가 자기의 우주 바깥으로 나가 우주를 보고 원형이라는 것을 알아차리는 것은 허용되지 않는다는 것을 계속 염두에 둬야 한다. 개미가 할 수 있는 건, 그 우주가 어떤 것이든 간에 그 안을 돌아다니는 것뿐이다. 특히 이 개미는 자신의 우주가 굽어있다는 것을 깨닫지 못할 터인데, 광선에 해당하는 것도 역시 원에 한정되기 때문이다. 사물들이 서로 뚫고 지나가야 한다든가 하는 현실성 문제는 무시하기 바란다. 아주 엉성한 비유가 될 것이니까.

개미는 몇 가지 방식으로 자신의 우주의 모양을 발견할 수 있다. 임의의 위상 공간에 일반화되는 방법에 초점을 맞추겠다. 이 논의에서만큼은 개미는 점이다. 개미는 버스정류장에 사는데 이 정류장 역시 점이다. 개미는 매일같이 집에서 출발해 버스(이것도 역시 점이다.)를 타고 결국 다시 집으로 돌아온다. 가장 간단한 노선은 0번 버스로, 아무 데도 가지 않고 정류장에 서 있다. 좀 더 재미있는 여행을 하려고 개미는 1번 버스를 잡는데, 이 버스는 우주를 반시계방향으로 딱 1번 돌고 집에 돌아오면 멈춰 선다. 2번 버스는 2번 돌고, 3번 버스는 3번 도는 식이다. 양의 정수 1개마다 반시계방향으로 도는 버스가 1대씩 대응되는 것이다. 음의 버스들도 있는데, 이 버스들은 반대로 돈다. -1번 버스는 시계방향으로 1번 돌고, −2번 버스는 시계방향으로 2번 도는 식이다.

개미는 1번 버스로 연속 2번 여행하는 것이 2번 버스로 1번 여행하는 것과, 그리고 1번 버스로 3번 여행하는 것이 3번 버스로 1번 여행하는 것과 본질적으로 같다는 것을 곧바로 알아차린다. 이와 비슷하게 5번 버스로 여행한 다음 8번 버스로 여행하는 것은 본질적으로 13번 버스로 여행하는 것과 같다. 사실 임의의 두 양수가 주어질 때 앞번호 버스로 여행한 다음 뒷번호 버스로 여행하는 것은 본질적으로 이 두 수의 합을 번호로 하는 버스를 타고 여행하는 것이 된다.

다음 단계는 좀 더 미묘하다. 번호가 음수이거나 0인 버스에도 같은 관계가 **거의** 적용된다. 0번 버스를 타고 여행한 다음 1번 버스로 여행하는 것은 1번 버스로 여행하는 것과 매우 비슷하다. 그러나 약간의 차이가 있다. $0+1$ 여행에서 0번 버스는 출발점에서 한동안 기다리지만 1번 버스로 하는 여행에는 그런 일이 없다. 그래서 호모토피(그리스어로 '같은 곳')라는 무시무시한 이름을 가진 개념을 도입한다. 2개의 고리는 하나를 연속적으로 변형하여 다른 하나로 만들 수 있으면 호모토픽하다고 한다. 버스의 여정들이 호모토피에 의해 바뀌는 것을 허용하면 개미가 0번 버스를 타고 정류장에서 보내는 시간을 점차로 줄여나가 마침내 정류시간을 없앨 수 있다. $0+1$번 여행과 1번 여행의 차이가 사라졌으므로 '호모토피까지는' 결과는 그냥 1번 버스로 한 여행이다. 그러니까 버스 번호 방정식 $0+1=1$은 여전히 유효하다. 여행에 대해서가 아니라 여행들의 호모토피류homotopy class들에 대해서 그렇다.

1번 버스를 타고 여행한 다음 −1번 버스를 타고 여행하면 어떻게 될까? 0번 버스로 한 여행과 같은 것이면 좋겠지만 그렇지는 않다. 반시계방향으로 한 바퀴 돌고 다시 시계방향으로 한 바퀴 돌아 다시 복귀한다. 이것은 0번 버스를 타고 정류장에 내내 머무는 여행과는 분명히 다르다. 그러니 1 + (−1), 즉 1−1은 0과 같지 않다. 하지만 역시 호모토피가 등장하여 구원해준다. 1번 버스와 −1번 버스의 조합은 똑같은 0번 버스의 전체 여정과 호모토픽하다. 그 이유를 알려면 개미가 승용차로 1번 버스와 −1번 버스의 경로를 조합한 길을 따라가다가 길을 다 돌아 버스정류장에 도착하기 직전에 방향을 돌려 집으로 돌아왔다고 가정해보자. 이 여행은 2대의 버스를 타고 하는 여행에 아주 가깝다. 다만 여정의 아주 작은 부분 하나를 빼먹었을 뿐이다. 따라서 2대의 버스로 하는 원래의 여행은 조금 짧은 승용차 여행으로 연속적으로 '줄어든' 것이다. 이제 개미는 조금 더 일찍 차를 돌려 여정을 줄일 수 있다. 단계적으로 차를 좀 더 일찍 돌려 계속 여정을 줄여나가면 결국 정류장에 주차된 차에 앉아 어디로도 가지 않게 된다. 이렇게 줄여나가는 과정 역시 호모토피로, 1번 버스를 타고 여행을 한 다음 −1번 버스를 타고 여행을 하는 것은 0번 버스를 타고 하는 여행과 호모토픽하다는 것을 보여준다. 즉 여정의 호모토피류에 대하여 1 + (−1) = 0이다.

　이제 대수학자에게 임의의 버스를 타고 여행한 다음 두 번째 버스를 타고 여행하는 것은 두 버스의 번호를 더한 번호의 버스를 타고 여행하는 것과 호모토픽하다는 것을 증명하는 것은 간단하다. 이는 양수의 버스, 음수의 버스, 0번 버스에 대하여 참이다. 따라서 버스의 여정, 그러니까 버스 여정의 호모토피류를 합치면 군이 얻어진다. 사실 이건 아주 낯익은 군이다. 그 원소는 정수(버스 번호)이고 연산은 덧셈이다. 여기에 붙이는 관례적인 기호는 $\mathbb{Z}$인데, 이는 독일어 Zahl(정수)에서 따온 것이다.

훨씬 더 힘겨운 일이지만 원형의 우주에서 승용차로 하는 **임의의** 왕복여행은 왔던 길을 되짚어가거나 방향을 바꾸거나 같은 길 위를 앞뒤로 다니는 일이 아무리 많더라도 표준적인 버스 여행 중 하나와 호모토픽하다는 것이 증명된다. 게다가 서로 다른 번호의 버스를 이용한 여정은 호모토픽하지 않다. 이걸 증명하려면 어떤 기법이 필요하다. 기본적인 아이디어는 가우스의 회전수이다. 이 수는 여정이 반시계방향으로 원을 돈 총 횟수를 헤아린다.[73] 이는 어느 버스 노선이 여정과 호모토픽한지 알려준다.

세부사항이 채워지면 이러한 서술은 원의 기본군이 덧셈 하의 정수의 군 $\mathbb{Z}$와 같다는 것을 증명한다. 여정을 더하려면 그 회전수를 더하면 된다. 개미는 이러한 위상 불변을 이용하여 원형의 우주를 이를테면 무한한 선과 구분할 수 있다. 선에서는 어떤 여정이든, 그게 아무리 왔다 갔다 하는 것이라 하더라도 어느 단계에서는 집에서 제일 먼 거리에 도달해야 한다. 그런데 집에서의 모든 거리를 같은 양만큼 연속적으로 줄일 수가 있다. 처음에는 99퍼센트로, 다음에는 98퍼센트로, 하는 식으로. 따라서 선에서는 **어떤** 여정이든 0과 호모토픽하다. 집에 머물러 있는 것과 같은 것이다. 선의 기본군에는 원소가 0 하나뿐이다. 그 대수적 성질은 자명하다. $0 + 0 = 0$이라는 것이다. 그래서 자명한 군이라 하고, 모든 정수의 군과는 다르기 때문에 개미는 선에서 사는 것과 원에서 사는 것을 구분할 수 있다.

앞서 말했듯 다른 방법들도 있지만 개미가 푸앵카레의 기본군을 이용해 할 수 있는 방법은 이것이다.

이제 한 걸음 더 나가보자. 개미가 곡면에 산다고 가정한다. 이번에도 이게 개미의 온 우주이다. 밖으로 나와서 자기가 사는 곡면이 어떤 곳인지 살펴볼 수 없다. 개미는 자기가 사는 우주의 위상을 알아낼 수 있을까? 특히, 구면과 원환면을 구분할 수 있을까? 여기서도 대답은 '그렇다.'이고, 방법은 원형의 우주와 마찬가지이다. 버스에 올라타서 집에서 출발하여 집에서 끝나는 왕복여행을 하는 것이다. 여정을 더하려면 차례로 여행을 한다. 0 여행은 '집에 머무는 것'이고 어떤 여행의 역은 반대방향으로 같은 여행을 하는 것이며 여정의 호모토피류를 다루면 군이 얻어진다. 이것은 곡면의 기본군이다. 원형 우주에 비하면 더 자유롭게 여정을 만들고 이를 연속적으로 변형하여 다른 여정으로 만들 수 있지만 똑같은 기본적인 아이디어가 통한다.

이 기본군 역시 위상 불변이고 개미는 이를 이용하여 자기가 구면에 사는지 원환면에 사는지 알아낼 수 있다. 구면에 사는 거라면 어느 여정을 택하든 단계적으로 0 여정, 즉 집에 머물러 있는 것으로 변형할 수 있다. 우주가 원환면이라면 그렇지 않다. 0으로 변형될 수 있는 여정도 있지만 그림 39(왼쪽)처럼 가운데 있는 구멍을 한 번 통과한 여정은 그렇게 할 수 없다. 이 명제에는 증명이 필요하지만 증명은 제시할 수 있다. 원환면에서의 표준적인 버스 여정들이 있지만 이 경우에는 버스 번호가 정수의 순서쌍 (m, n)이다. 첫 번째 수 m은 이 여정이 가운데 구멍을 몇 차례나 감고 가는지 명시한다. 두 번째 수 n은 여정이 원환면을 몇 차례나 돌고 가는지 명시한다. 그림 39(오른쪽)은 여정 $(5, 2)$를 보여주는데, 이 여정은 구멍을 다섯 차례 감고 지나가고 원환면은 두 차례 돈다. 여정을 더하려면 대응되는 수들을 더한다. 예를 들어 (3, 6) + (2, 4) = (5, 10)이다. 원환면의 기본군은 정수의 **쌍**으로 이루어진 $\mathbb{Z}^2$군이다.

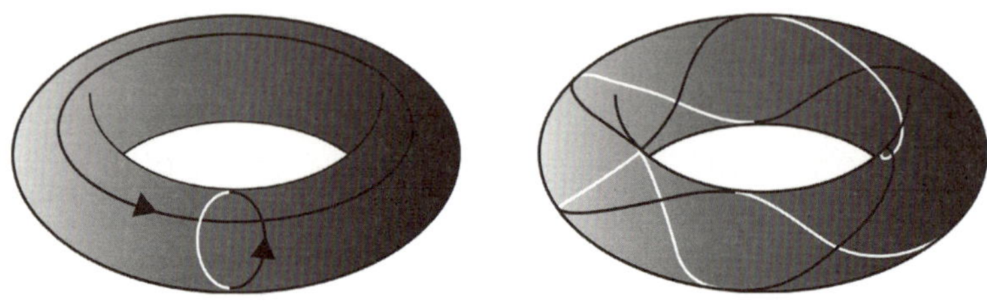

그림 39 왼쪽: 원환면에서의 버스 여정 (1, 0)과 (0, 1). 오른쪽: 버스 여정 (5, 2). 회색 선은 뒤쪽이다.

임의의 위상 공간에는 기본군이 존재하는데 같은 점에서 출발하고 끝나는 여정, 보다 적절하게 알려진 이름으로는 고리loop를 이용하여 같은 방법으로 정확하게 정의된다. 푸앵카레는 자신의 12면체 공간이 3-구면과 정확히 같은 호몰로지 불변을 가지고 있지만 3-구면은 아니라는 것을 증명하기 위하여 기본군을 창안해냈다. 그가 원래 사용한 비결이 그 기본군을 계산하는 데 멋지게 응용되었다. 좀 더 현대적인 '비틀어 붙이기' 비결은 훨씬 더 훌륭하게 응용되었다. 그 답은 12면체와 관련된 120개의 원소가 있는 군으로 밝혀진다. 그와는 대조적으로 3-구면의 기본군에는 원소가 하나뿐이다. 0 고리이다. 따라서 12면체 공간은 3-구면과 같은 호몰로지를 가지고 있지만 위상 수학적으로 동등하지는 **않고**, 푸앵카레는 자신이 1900년에 했던 주장이 틀렸음을 증명했다.

그는 더 나아가 자신이 새로이 찾은 불변에 대하여 고민했다. 3-구면의 위상 수학적 특성 부여에 빠진 요소일까? 어쩌면 3-구면과 같은 기본군, 즉 자명한 군을 가진 모든 3차원 공간은 사실 3-구면이어야 하는 걸까? 그는 이러한 제안을 부정적인 방식의 의문으로 표현했다. '경계가 없는 컴팩트한 3차원 다양체(위상 공간) V를 생각해보자. V가 3차원 구면이 아니더라도 (위상 수학적으로 3차원 구면과 동등하지 않더라도) V의 기본군이 자명한 것이 가능한가?' 그는 이 의문에 답하지 않았지만 의문을 이런 식으로 서술하면 그 대답은 뻔한 것, 즉 '아니다.'라고 생각하는 게 아주 그럴듯하다. 이는 곧 푸앵카레 추측이라고 알려지게 된다. 그리고 그만큼 금세 위상 수학에서 가장 악명높은 미해결 의문에 속하게 되었다.

'자명한 기본군'은 '모든 고리가 점으로 연속적으로 변형될 수 있다.'는 것을 달리 말한 것이다. 3-구면만 이런 성질을 지니고 있는 것은 아니다. 임의의 차원 n에 대하여 유사한 n-구면도 마찬가지이다. 따라서 임의의 차원의 구에 대하여 같은 추측을 할 수 있다. 이 명제는 n-차원 푸앵카레 추측이다. $n=2$일 때는 곡면에 대한 분류 정리로 이러한 추측이 참이다. 그리고 50여 년 동안 이걸 넘어설 수 있는 사람은 아무도 없었다.

1961년 스티븐 스메일은 곡면의 분류에서 요령을 빌려다가 더 높은 차원들에 응용했다. 구멍이 g개인 원환면을 생각하는 한 가지 방법은 구면에서 시작하여 찻잔이나 주전자의 손잡이와 같은 g개의 손잡이를 더하는 것이다. 스메일은 이러한 구성을 임의의 차원수로 일반화하여 이러한 과정을 손잡이 분해handle decomposition라고 불렀다. 그는 공간의 위상을 바꾸지 않고 손잡이를 수정할 수 있는 방법을 분석하여 7 이상의 모든 차원에 대한 푸앵카레 추측을 추론했다. 그의 증명은 그보다 낮은 차원에는 통하지 않았지만 다른 수학자들이 이러한 결함을 메우는 방법들을 찾아냈다. 존 스탈링즈John Stallings는 6차원에 대한 방법을, 크리스토퍼 지먼은 5차원에 대한 방법을 발견했다. 그러나 휘트니 요령Whitney trick이라고 알려진 결정적인 단계가 3차원과 4차원에는 통하지 않았는데 그 이유는 이 공간에는 필요한 조작을 할 만한 여유가 없는 데다가 누구도 효과적인 대체 방안을 찾아내지 못했기 때문이다. 이 두 차원의 공간에 대한 위상이 특이할 수도 있다는 분위기가 일반적으로 생겨났다.

이러한 통념은 1982년 마이클 프리드먼Michael Freedman이 휘트니 요령을 필요로 하지 않는 4차원 푸앵카레 추측에 대한 증명을 발견하면서 흔들렸다. 극도로 복잡하기는 했지만 그래도 유효했다. 그래서 50년 동안 거의 진척이 없다가 20년 동안 미친 듯한 활동을 벌이면서 위상 수학자들은 푸앵카레가 원래 물었던 차원을 제외한 모든 차원에 대하여 푸앵카레 추측을 해결해냈다. 성공은 인상적이었지만 그걸 얻어내는데 사용된 방법들은 3차원의 경우에 대한 통찰을 거의 제공해주지 못했다. 다른 사고방식이 필요했다.

마침내 교착상태를 깬 것은 전통적인 결혼선물 목록과도 같은 것이었다. 낡은 것도 있고, 새로운 것도 있고, 빌려온 것도 있고…… 조금 억지이기는 하지만 푸른blue 것도 있었다. 낡은 아이디어는 고차원 공간에 대하여 한바탕 소란이 벌어지고 나서 고갈된 것으로 널리 생각되었던 위상 수학의 한 분야를 다시 논의하는 것이었다. 새로운 아이디어는 첫눈에는 참으로 이질적으로 보이는 관점에서 곡면의 분류를 다시 생각해보는 것이었다. 그 관점이란 고전 기하학이다. 빌려온 아이디어는 아인슈타인의 일반 상대성 이론의 수학적 형식론의 자극을 받은 리치 흐름Ricci flow이었다. 그리고 푸른 아이디어는 '푸른 하늘' 억측('blue sky'라는 말에는 억측, 혹은 탁상공론이라는 의미가 있다.—옮긴이), 그러니까 약간의 직관과 엄청난 희망에 근거한 원대한 제안들이다.

경계가 없는 가부호 곡면들을 나열할 수 있다는 걸 떠올려보자. 각 곡면은 몇 개의 구멍이 있는 원환면과 위상 수학적으로 동등하다. 구멍의 수는 곡면의 종수이고, 종수가 0이면 곡면은 손잡이가 없는 구면, 그러니까 그냥 구면이다. 이렇게 말하니 모든 위상 수학적 구면 중에 전형으로 두드러지는 곡면이 하나 있다는 것을 상기하게 된다. 다름 아닌 유클리드 공간의 단위 구면이다. 잠시 고무판 어쩌고 하는 건 다 잊어버리자. 잠깐 제쳐놓자. 그리운 유클리드 구면에 신경을 집중하자. 유클리드 구면은 에우클레이데스의 기하학이 엄격한 덕에 온갖 추가적인 수학적 성질들을 지녔다. 그러한 성질 중에서 가장 중요한 것은 곡률이다. 곡률은 정량화할 수 있다. 기하학적 곡면의 각 점마다 그 점 부근에서 곡면이 얼마나 휘어있는지 나타내는 수가 있다. 구면은 유클리드 공간에서 모든 점의 곡률이 같고 또 양의 값인 유일한 폐곡면이다.

이상한 일인 것이, 일정한 곡률은 위상 수학적인 성질이 아니기 때문이다. 더욱 이상한 것은, 구면만 있는 것은 아니라는 것이다. 전형적인 원환면으로 두드러지는 표준적인 기하학적 곡면도 있다. 즉 4장의 그림 12에서 평면의 정사각형으로 시작해 마주 보는 변들을 동일시한 것을 말한다. 그 결과를 3차원 공간에 그려서 정사각형을 말아 그 변들이 만나도록 하면 그 결과는 휘어 보인다. 그러나 본질적인 관점에서 보면 정사각형과 붙임 규칙만으로도 충분하다. 정사각형에는 자연 기하 구조가 있다. 유클리드 평면의 한 영역인 것이다. 평면에도 일정한 곡률이 있지만 이 경우에는 그 일정한 값이 **0**이다. 이러한 특정한 기하를 지닌 원환면의 곡률도 0이어서 평원환면flat torus라고 불린다. 이 이름이 모순적인 것처럼 여겨질 수도 있겠지만 평원환면에 살면서 자와 각도기를 끌고 다니며 길이와 각도를 재는 개미에게 국소적인 기하는 평면의 것과 똑같을 것이다.

18세기의 기하학자들은 평행선의 존재에 대한 에우클레이데스의 공리를 이해하고자 이 공리를 에우클레이데스의 기본적인 나머지 가정들에서 추론해내는 일에 착수하여 계속 실패하다가 결국 그런 추론이 가능하지 않다는 것을 깨달았다. 에우클레이데스가 요구한 조건 중 평행선 공리를 예외로 하고 모든 것을 따르는 서로 다른 3가지 종류의 기하학이 있다. 유클리드 기하학(평행선 공리가 유효한 평면 기하학), 타원 기하학(구면 기하학에 몇 가지 추가적인 내용이 덧붙은 것으로, 임의의 두 선은 서로 만나고 평행선은 존재하지 않는다.), 쌍곡 기하학(서로 만나지 않는 선들도 있고, 평행선은 유일하지 않다.)이다. 게다가 고전적인 수학자들은 이러한 기하학들을 구부러진 공간의 기하학으로 해석했다. 유클리드 기하학은 곡률이 0인 것에 대응하고 타원/구면 기하학은 곡률이 양의 값으로 일정한 것에 대응하며 쌍곡 기하학은 곡률이 음의 값으로 일정한 것에 대응한다.

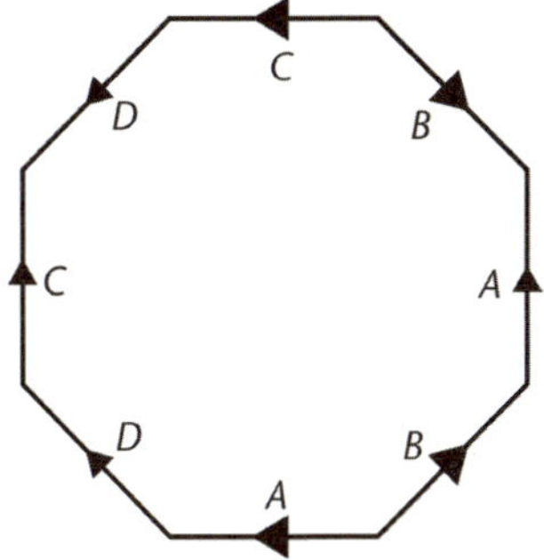

그림 40 각 쌍의 변들(*AA*, *BB*, *CC*, *DD*)을 동일시해 팔각형에서 구멍이 2개인 원환면 만들기.

이러한 기하학 중에서 앞의 2개를 얻는 방법은 방금 보았다. 구면과 평원환면에서 발생하는 것이다. 분류 정리로 말하자면 이들은 구멍이 g개인 원환면 중 $g=0$과 1인 경우이다. 빠진 것은 쌍곡 기하학뿐이다. 구멍이 g개인 원환면에는 모두 쌍곡형 공간의 어떤 다각형을 취해서 그 변 일부를 동일시하는 것에 근거한 자연 기하 구조가 있는 것일까? 대답은 놀랍다. g가 2 이상의 **임의의** 값일 때 그 답은 '그렇다.'이다. 그림 40은 팔각형에 근거해 $g=2$일 때의 예를 보여준다. 쌍곡 기하학과 이 곡면을 2-원환면과 동일시하는 것은 넘어가겠지만 이는 해결될 수 있다. 다른 다각형을 취하면 다른 g값이 나오지만 모든 g값이 발생한다. 전문용어로 말하자면 구멍이 둘 이상인 원환면에는 자연스러운 쌍곡 구조가 있다. 따라서 이제 표준적인 곡면들의 목록을 재해석할 수 있다.

    □ 구면, $g=0$: 타원 기하학

    □ 원환면, $g=1$: 유클리드 기하학

□ 구멍이 g개인 원환면, $g = 2, 3, 4, \cdots$: 쌍곡 기하학

빈대 잡으려다 초가삼간 태운 격처럼 보일 수도 있을 텐데 위상 수학은 고무판 기하학에 관한 것이지 강직한 기하학rigid geometry에 관한 것이 아니기 때문이다. 그렇지만 이제는 고무를 쉽게 다시 끌어올 수 있다. 강직한 기하학은 여기서 표준적인 곡면들을 **정의**하는 데만 쓰인다. 이는 간단한 설명을 제공하는데, 우연히도 여기에는 추가적인 강직한 구조가 있다. 이제 강직성을 완화해보자. 사실상 공간이 고무처럼 **되는**것을 허용하자는 이야기이다. 강직성이 금하는 방식으로 변형되는 것을 허용하자. 그러면 표준적인 곡면들과 위상 수학적으로 동등하지만 강체 운동rigid motion에 의해 동등하지는 않은 곡면들을 얻게 된다. 분류 정리에 의하면 위상 수학적 곡면은 모두 이런 식으로 얻어질 수 있다.

위상 수학자들은 기하학과 곡면에 대한 분류 정리 사이의 이러한 관계를 알고 있었지만 기이한 우연처럼 보였고 이는 아마도 2차원에서의 상당히 제한된 가능성의 결과인 것 같았다. 3차원의 경우가 훨씬 풍부하다는 것, 특히 곡률이 일정한 공간들에는 가능성이 끝도 없다는 것을 모르는 사람은 없었다. 세계 유수의 기하학자 윌리엄 서스턴William Thurston쯤 되어서야 그래도 강직한 기하학이 3차원 위상 수학과 관련이 있을지도 모른다는 것을 깨달았다. 몇 가지 암시는 이미 있었다. 푸앵카레의 3-구면에는 그 정의에서 비롯된 자연스러운 타원/구면 기하가 있다. 표준적인 12면체는 유클리드 공간에 거하지만 인접하

는 면들 사이의 각은 120도가 채 되지 않아서 그런 각을 3개 모아놓아도 360도가 되지 않는다. 이를 해결하려면 12면체를 부풀려서 면들이 살짝 불룩해지게 해야 한다. 이렇게 되면 자연스러운 기하는 유클리드 기하가 아닌 구면 기하가 된다. 이와 비슷하게 구면에 놓인 삼각형들도 불룩하다. 정육면체의 마주 보는 면들을 동일시하여 얻는 3-원환면은 평면, 즉 유클리드 기하를 지니는데 이는 그 2차원적인 유사물과 마찬가지이다. 막스 덴Max Dehn 등은 자연스러운 쌍곡 기하를 지니는 몇 개의 3차원 위상 공간을 이미 발견했다.

서스턴은 일반론에서 여러 개의 단서를 알아차리기 시작했지만 그럴 듯 비슷하게라도 되려면 2가지 혁신이 필요했다. 첫 번째, 3차원 기하학의 범위가 확장되어야 했다. 서스턴은 타당한 조건들을 적어놓고 이 조건들을 만족하는 기하가 딱 8개라는 것을 증명했다. 3개는 표준적인 것이다. 구면 기하, 유클리드 기하, 그리고 쌍곡 기하. 2개는 원기둥과 같다. 한 방향은 평평하고 나머지 두 방향은 휘어있다. 휘어진 부분은 곡률이 양의 값인 2-구면이거나 음의 값인 쌍곡 평면이다. 마지막으로 나머지 3개는 상당히 전문적인 기하이다.

두 번째, 이 8개의 기하 중 어느 하나도 뒷받침해주지 않는 3차원 공간들도 있다. 답은 공간을 잘라 조각들로 나누는 것이었다. 한 조각은 구면 기하학적 구조를 갖추고 다른 조각은 쌍곡 기하학적 구조를 갖추는 식이다. 유용하려면 조각들을 재조립하면서 유용한 정보가 전달되도록 대단히 엄격하게 제한된 방식으로 잘라내야만 했다. 희소식은 수많은 예에서 이게 가능하다는 것이 밝혀졌다는 것이다. 1982년 비약적인 상상력으로 서스턴은 기하화 추측geometrisation conjecture을 제시했다. **모든** 3차원 공간은 본질적으로 일의적인 방식으로 잘게 잘라 조각들로 만들 수 있고, 이 조각들에는 각각 8개의 가능한 기하 중 하나에 대응하는 자연스러운 기하 구조가 있다는 것이다. 그는 자신의 기하화 추측이 참이라면 푸앵카레 추측은 이 추측의 간단한 결과라는 것도 증명했다.

한편 두 번째 공략 방향이 모습을 드러냈는데, 이것 역시 기하학적인 것으로 또한 곡률에 기반을 두고 있지만 전혀 다른 분야인 수리 물리학에서 나온 것이었다. 가우스, 리만, 그리고 이탈리아 기하학자들의 학파는 소위 다양체라고 하는 굽은 공간에 대한 일반적 이론을 발전시켰는데 이 이론에서 사용하는 거리 개념은 유클리드 기하학과 대표적인 비유클리드 기하학을 엄청나게 확장한 것이었다. 곡률은 이제 일정할 필요가 없다. 한 점에서 다른 점으로 이동하면서 매끄럽게 변할 수 있었다. 예를 들어 개가 물고 다니는 뼈 같은 모양의 양쪽 끝에서의 곡률은 양의 값이지만 그 사이에서는 곡률이 음의 값이고 곡률의 값은 한 지역에서 다른 지역으로 이동하면서 매끄럽게 변화한다. 곡률은 텐서tensor라고 하는 수학적 장치를 이용하여 정량화된다. 1915년경 알베르트 아인슈타인은 시간과 공간에 관한 자신의 특수 상대성 이론을 중력까지 포함하는 일반 상대성 이론으로 확장시키는 데 필요한 것이 바로 곡률 텐서라는 것을 깨달았다. 일반 상대성 이론에서 중력장은 공간의 곡률로 표현되어 아인슈타인의 장 방정식field equation은 관련된 곡률의 척도인 곡률 텐서가 물질의 분포에 대응하여 어떻게 변화하는지 설명한다. 사실 공간의 곡률은 시간이 지나면서 **흐른다**. 우주, 혹은 그 일부는 자연스럽게 그 모양이 바뀐다.

리만 기하학 전문가인 리처드 해밀턴Richard Hamilton은 같은 요령이 더 일반적으로 적용될지도 모른다는 것, 그리고 그것이 푸앵카레 추측의 증명으로 이어질 수도 있다는 것을 깨달았다. 이탈리아의 기하학자 그레고리오 리치-쿠르바스트로Gregorio Ricci-Curbastro의 이름을 딴 리치 곡률Ricci curvature이라고 하는 가장 간단한 곡률 척도를 가지고 작업을 하자는 게 아이디어였다. 해밀턴은 리치 곡률이 시간에 따라 변화해야 할 방식을 명시한 방정식을 작성했다. 이것이 리치 흐름Ricci flow이다. 방정식은 곡률이 가능한 한 매끄러운 방식으로 서서히 재분배되도록 만들어졌다. 4장에 나온 카펫 밑에 있는 고양이와 조금은 비슷하지만 이번 경우에는 고양이가 탈출하지는 못한다 하더라도 퍼져서 평평한 층이 될 수 있다. (여기서는 위상 수학적인 고양이가 필수적이다.)

예를 들어 2차원의 경우에는 그림 41처럼 서양 배 모양의 곡면에서 시작한다. 이 곡면에는 곡률이 큰 양의 값인 한쪽 끝이 있다. 다른 한쪽 끝은 더 통통하고 역시 곡률이 양의 값이지만 그렇게 크지는 않다. 그리고 그 사이에는 곡률이 음의 값인 띠 모양의 영역이 있다. 리치 흐름은 사실상 곡률이 큰 끝(그리고 그보다 정도는 약하지만 다른 쪽 끝)에서 곡률이 음의 값인 띠로 모든 음의 곡률이 눈 깜짝할 사이에 사라질 때까지 곡률을 옮겨간다. 이 단계에서는 양의 곡률이 어디에나 있는 울퉁불퉁한 곡면이 그 결과로 나온다. 리치 흐름은 계속하여 곡률을 재분배해 곡률이 큰 영역에서 곡률이 작은 영역으로 곡률을 옮긴다. 시간이 더욱 커지면 곡면은 곡률이 일정한 양의 값인 모양, 즉 유클리드 구면에 점점 더 가까워진다. 세부적인 모양은 바뀌어도 위상은 그

대로여서 리치 흐름에 따라 서양 배 모양의 원래의 곡면이 구면과 위상 수학적으로 동등하다는 것을 증명할 수 있다.

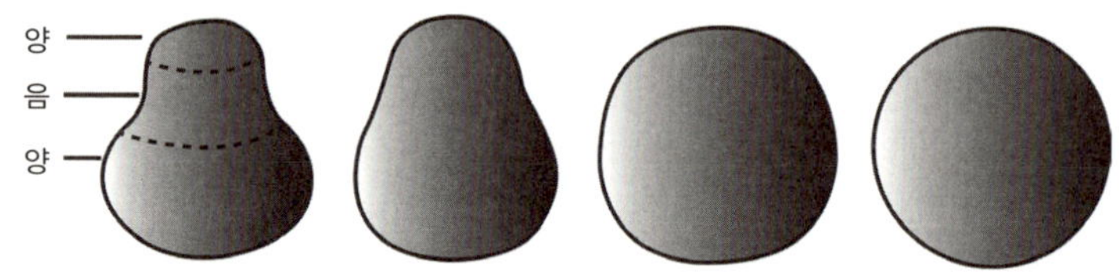

그림 41 리치 흐름이 서양 배를 구면으로 바꾸는 방식.

이 예에서 곡면의 위상 수학적 유형은 애초에는 뻔했지만 똑같은 일반적 전략이 어떤 다양체에든 통한다. 복잡한 모양에서 시작해서 리치 흐름을 따라간다. 시간이 흐르면서 곡률은 더 고르게 재배분되고 모양은 더욱 단순해진다. 궁극적으로는 어떤 것이든 원래의 다양체와 위상이 같은 가장 단순한 모양으로 반드시 끝난다. 1981년 해밀턴은 이러한 전략이 2차원에서 통한다는 것을 증명하여 곡면에 대한 분류 정리의 새로운 증명을 내놓았다.

그는 3차원 다양체에 대한 유사한 전략에서도 상당한 진전을 이뤄 냈지만 여기에는 심각한 장애가 있었다. 2차원에서는 모든 곡면이 리치 흐름을 따라 자동적으로 단순화되었다. 3차원의 경우도 애초의 다양체가 모든 점에서 엄격하게 결코 0이나 음이 아닌 양의 곡률을 가진다면 이렇게 된다. 유감스럽게도 곡률이 0인 점들이 있다면 공간이 흐르면서 스스로 뒤엉킬 수 있는데, 실은 그런 점들이 있는 경우가 많다. 공간이 뒤엉키면 특이점들이 생겨난다. 특이점이란 다양체가 매끄럽지 않은 곳이다. 그런 점에서는 리치 흐름에 대한 방정식이 붕괴하고 곡률의 재분배가 중단되어야 한다. 이러한 장애를 피해 가는 자연스러운 방법은 특이점이 어떤 모양인지 이해하고 다양체를 다시 설계하여 ─대개는 조각들로 잘라내는 방식으로─ 리치 흐름을 재생하는 것이다. 형태가 바뀐 다양체의 위상이 원래 다양체의 위상과 관련되는 방식을 충분히 통제할 수 있다면 이렇게 수정된 전략은 성공을 거둘 수 있다. 유감스럽게도 해밀턴 역시 3차원 공간에 대하여 리치 흐름의 특이점들이 대단히 복잡할 수 있다는 것을 깨달았다. 아무래도 너무 복잡해서 그런 요령을 써먹을 수 없을 것 같았다. 리치 흐름은 곧 기하학에서 표준적인 기법이 되었지만 푸앵카레 추측을 증명하기에는 모자랐다.

2000년까지도 수학자들은 여전히 이 추측을 해결하지 못했고 그 중요성은 7개의 새천년 문제에 속하게 되면서 더욱 널리 알려졌다. 이때에 이르러서는 해밀턴의 아이디어가 어떻게든 충분히 보편적으로 통할 수 있게 되면 푸앵카레 추측만 함축하는 것이 아니라는 것도 명백해졌다. 서스턴의 기하화 추측 역시 증명하게 되는 것이다. 상은 눈부셨지만 여전히 애타게 손에 닿지 않았다.

수학은 다른 분야의 과학과 마찬가지이다. 연구가 올바른 것으로 받아들여지려면 출판이 되어야 하고 출판이 되려면 심사에서 살아남아야 한다. 해당 분야의 전문가들이 논문을 세심하게 읽으며 논리를 점검하고 계산이 옳다는 것을 확인해야 한다는 말이다. 이러한 과정은 복잡하고 중요한 수학 저작의 경우 오래 걸릴 수 있다. 1장에서 말했듯 사전인쇄본이 그 대책이었지만 요사이는 표준적인 웹사이트인 아카이브arXiv가 있어서 잡동사니를 걸러내기 위한 부분적인 심사과정과 승

인절차를 거치면 사전인쇄본을 전자적으로 게시할 수 있다. 오늘날 대부분의 연구자는 아카이브나 저자의 웹사이트에서 새로운 결과를 처음으로 접한다.

2002년 그리고리 페렐만은 리치 흐름에 대한 사전인쇄본을 아카이브에 올렸다. 이 논문은 놀라운 주장을 폈다. 흐름이 비탈과도 같다는 것이다. 그러니까 잘 정의된 '내리막' 방향이 있는데 이는 다양체의 모양과 관련된 단 하나의 수치적 양이고 다양체는 시간이 흐르면서 이 양이 늘 감소한다는 의미에서 내리막으로 흐른다는 것이다. 그것은 지형에서의 고도와 비슷한 것으로 다양체를 '단순화'한다는 것이 의미하는 바에 대한 정량적 기준을 제시한다. 비탈과 같은 흐름은 상당히 제한적이다. 원을 그리며 빙빙 돌 수도 없고 카오스적인 행태를 보일 수도 없다. 리치 흐름이 그처럼 고분고분하리라고는 아무도 생각하지 않았던 것 같다. 그는 푸앵카레 추측을 함축할 뿐만 아니라 훨씬 더 많은 것을 담고 있는 서스턴의 기하화 추측을 증명할 논증의 개요를 제시하는 것으로 논문을 끝맺으면서 자세한 내용은 후에 아카이브에 올리겠다고 약속했다. 그 뒤로 여덟 달 동안 그는 2개의 후속 논문을 올렸는데 여기에는 약속했던 세부사항이 상당 부분 담겨 있었다.

첫 번째 포스팅은 상당한 소동을 불러일으켰다. 페렐만은 리치 흐름을 이용하여 3차원 다양체를 단순화하고 그 결과가 서스턴이 예측했던 것과 정확히 일치한다는 것을 증명하여 해밀턴 프로그램 전체를 수행했다고 주장하고 있었던 것이다. 나머지 2개의 포스팅은 페렐만이 헛소리를 하는 게 아니고 그의 아이디어가 그럴듯하지만 기이한 논리적 결함이나 증명되지 않는 가정이 있는 전략의 개요를 제시하는 것을 훨씬 뛰어넘는 것이라는 느낌에 더욱 무게를 실어주었다. 위대한 문제에 대한 해법을 제시하는 주장에는 보통 회의적인 수학계이지만 이번에는 달랐다. 그가 성공한 것 같다는 게 전반적인 분위기였다.

그러나 악마는 사소한 곳에 숨어있는 법이고, 수학에서는 사소한 것이 참으로 악마 같은 놈이 될 수 있다. 그의 연구는 관련 분야를 이해하고 잠재적인 함정을 알고 있는 사람들이 상세하고 심도 있게 확인해야 했다. 게다가 그렇게 하는 게 쉽지 않았던 것은 페렐만이 수학과 수리 물리학의 아주 상이한 분야들을 적어도 4가지는 결합했는데 그중 한두 가지를 넘게 이해하는 사람도 드물었기 때문이다. 그의 증명이 옳은가를 판단하려면 엄청난 팀워크와 엄청난 노력이 필요할 터였다. 또한 아카이브에 올라온 사전인쇄본에는 출판된 논문의 정상적인 수준에 요구되는 완벽한 세부사항이 포함되어 있지 않았다. 사전인쇄본치고는 상당히 명확하게 작성되기는 했지만 구석구석 빠짐없이 완비되어 있지는 않았다. 그래서 전문가들은 페렐만의 생각을 일정 정도는 재구성해야 했다. 그런데 그는 오랜 세월 자신의 연구에 깊숙이 몰두해왔다.

어느 일에나 시간이 필요했다. 페렐만은 자신의 증명에 대한 강연을 하고 다양한 단계에 의문을 던진 이메일에 답을 했다. 누구라도 결함처럼 보이는 것을 발견해내면 그는 곧바로 응답하여 추가적인 설명으로 그러한 결함을 메웠다. 조짐은 고무적이었다. 그렇지만 페렐만의 증명에 아무런 실수가 없다고 절대적으로 확신하지 않고서는 그 누구도 자신의 명성을 걸고 페렐만이 푸앵카레 추측을 증명해냈다고 공개적으로 주장할 사람은 없었다. 더욱 난해한 기하화 추측에 대해서는 말할 것도 없었다. 그래서 페렐만의 연구에 대한 시선은 일반적으로 우호적이었지만 대중적으로 받아들여지는 길은 애초에 막혀있었다. 불가피하기는 했지만 그럼에도 유감스러운 일이었던 것이, 기다림이 질질 이어져가면서 페렐만이 상황을 관망하는 듯한 태도에 점점 더 짜증을 냈던 것이다. 그는 자신의 증명이 옳다는 것을 **알았다**. 자신의 증명을 속속들이 이해하고 있어서 다른 사람들이 곤란해하는 이유를 알 수가 없었다. 그는 자신의 연구에 대해 더욱 자세히 써서 학술지에 제출하는 것을 거부했다. 그에게만큼은 이미 완성된 일이었고, 아카이브에 올린 사전인쇄본에는 필요한 모든 것이 갖춰져 있었다. 그는 빠진 세부사항이라고들 주장하는 것에 대한 질문에 더는 답하지 않았다. 그가 보기에는 빠진 게 아니었다. 이보시오들, 내가 더 도와주지 않아도 생각해 낼 수 있잖소. 그렇게 어려운 것도 아닌데.

이런 점에서 수학계가 페렐만에 대해 공정하지 않았다는 것을 암시하는 보도들도 있다. 하지만 이는 위대한 문제가 풀렸다고 할 때 수학계가 어떻게 기능하는지 오해한 것이다. 그냥 등을 툭툭 치며 '참 잘했어요!'라고 말하고는 그의 사전인쇄본에서 빠진 단계들을 무시해버렸다면 무책임한 일이 되었을 것이다. 그에게 출판에 걸맞은 더욱 광범위한 논의에 대비하라고 요구하는 것은 전적으로 타당할 뿐만 아니라 실은 피할 수 없는 일이기도 했다. 이렇게 중요한 문제를 서둘러 처리하는 것은 위험하여 받아들일 수 없다. 전문가들은 페렐만의 증명에 많은 시간을 할애하여 비상한 노력을 기울였고 천성적인 회의적 태도는 흔치 않을 정도로 억제했다. 그에 대한 대우는 오히려 평소보다 호의적이었다. 그리고 마침내 이러한 절차가 완료되자 그의 연구는 옳은 것으로 받아들여졌다.

그러나 이때 이미 페렐만은 참을성을 잃어버렸다. 비견할 데가 없을 정도로 중요한 문제를 풀었다는 것도 도움이 되지 않았던 모양이다. 그는 산소 없이 홀로 에베레스트산을 오른 산악인 같았다. 그에 비할 만한 도전은 남은 게 없었다. 언론의 주목에 그는 혐오감을 느꼈다. 동료들이 받아들여 주는 걸 원했을 뿐 텔레비전 프로그램 진행자의 인정을 바란 게 아니었다. 그래서 그의 동료들이 결국 그가 옳았다는 걸 인정하고 필즈메달과 클레이상을 주기로 했을 때 그가 그러거나 말거나 알고 싶지 않아 했던 것도 그리 놀라운 일은 아니었다.

페렐만의 증명은 심오하고 우아하며 위상 수학의 신세계를 열어젖혔다. 특이점의 발생을 회피하는 영리한 길들을 발견해냄으로써 해밀턴의 리치 흐름 프로그램을 실현했다. 그 한 가지는 공간과 시간의 척도를 바꾸어 특이점을 없애는 것이다. 이러한 접근법이 통하지 않으면 특이점이 붕괴했다고 한다. 그런 경우 그는 리치 흐름의 기하를 어느 정도 상세하게 분석하여 붕괴가 일어나는 방식을 분류한다. 사실상 공간은 끝없이 가늘어지는 촉수를, 어쩌면 마치 나뭇가지처럼 수없이 많이 내밀고 있는 것이다. 촉수 하나가 붕괴할 정도가 되면 잘라낼 수 있고, 뾰족하고 급격하게 굽은 끝은 잘라내어 매끄러운 뚜껑을 씌울 수 있다. 이런 촉수 중에 어떤 것의 경우에는 리치 흐름이 서서히 멈춘다. 그렇게 되면 내버려둔다. 그렇지 않으면 리치 흐름이 재개될 수도 있다. 따라서 매끄러운 뚜껑으로 끝나는 촉수가 있는가 하면 일시적으로 중단되기는 하지만 계속 흐르는 촉수도 있다.

잘라내고 붙이는 이러한 뚜껑 씌우기 절차는 서스턴이 그의 8가지 기하 각각에 대해 조각들로 분해한 것과 다를 바 없는 방식으로 공간을 잘게 썰어내는데 이 두 절차는 거의 똑같은 결과를 내놓는 것으로 밝혀진다. 한 가지 전문적인 점이 결정적이다. 마무리 연산은 끝없이 점점 빠르게 축적되지 않아서 유한한 시간 내에 무한한 수가 발생한다. 이것이 증명에서 가장 복잡한 부분의 하나이다.

수학계가 페렐만을 부당하게 대우했다고 비판하는 평자들도 있다. 누구도 비판을 면할 수는 없고 부당하다거나 그 외에도 무분별했다고 분류될 만한 일들이 몇 차례 있기도 했지만 수학계는 페렐만의 연구에 신속하고 긍정적으로 반응했다. 또한 신중하게 반응하기도 했는데 수학과 과학에서는 전적으로 일반적인 일인 데다가 그렇게 하는 이유도 훌륭하다. 100만 달러짜리 상 때문에 세인의 관심이 한껏 높아진 건 불가피했거니와 그 영향은 페렐만을 포함한 누구에게나 미쳤다.

페렐만이 2002년 11월 아카이브에 처음 글을 올린 때로부터 그가 클레이상을 받은 2010년 3월까지 8년이 걸렸다. 참으로 오래 지연된 것 같고 어쩌면 불합리하게 느껴질 수도 있다. 그러나 처음 올린 글은 문제의 일부만을 다뤘을 뿐이다. 나머지 부분은 거의 다 2003년 3월에 올라왔다. 2004년 9월, 그러니까 이 두 번째 글이 올라오고 18개월이 지났을 때는 리치 흐름과 위상 수학을 연구하는 학계가 이미 증명을 철저히 검토했는데 이 절차는 처음 글이 올라오고 겨우 며칠 뒤부터 시작되었고, 주요한 전문가들은 '증명을 이해했다.'고 발표했다. 그들은 실수도 찾아냈고 결함도 찾아냈지만 모두 바로잡힐 수 있으리라 믿었다. 18개월은 사실 그처럼 중요한 문제가 달린 것치고는 놀라울 정도로 짧은 기간이다.

2005년 후반 국제수학연합the International Mathematical Union은 페렐만과 접촉하여 2006년 국제수학자회의에서 수여되는 수학계 최고의 영예 필즈메달을 주겠다고 했다. 세계수학자대회는 4년마다 열리므로 그의 연구를 이런 식으로 인정할 수 있는 최초의 기회였다. 푸앵카레 추측의 증명에는 아직 잘못이 드러나고 있어서 완전한 증명이라는 점에 대해서는 몇 가지 의문이 남아 있기 때문에 공식적으로는 필즈메달은 이제 오류가 없는 것으로 인식되는 페렐만의 사전인쇄본의 일부인, 리치 흐름에 대한 이해를 증진한 공로에 수여되는 것이었다.

시상 조건은 클레이연구소 웹사이트에 올라와 있다. 특히 제안된 해법은 심사를 거치는 학술지에 발표되고 그 2년 뒤에도 수학계에서 받아들여져야 한다. 그다음으로는 특별자문위원회가 이를 조사하여 수상 여부를 권고한다. 페렐만은 첫 번째 조건에 따르지 않았고 앞으로도 그럴 의사가 없는 것 같다. 그가 보기에는 아카이브 사전인쇄본이면 충분하다. 그래도 클레이연구소는 이러한 요건을 적용하지 않고 어떤 실수나 그 외의 문제들이 나타나는지 보기 위한 규정상의 2년간의 대기기간을 개시했다. 이 기간은 2008년에 끝났고 그 뒤로는 조급하게 상을 수여하지 않도록 세심하게 만들어진 연구소의 절차가 뒤따라야 했다.

증명이 옳다는 생각을 더디게 표현한 전문가들이 있었던 건 사실이다. 그 이유는 간단하다. 정말로 확신하지 못했던 것이다. 페렐만의 증명을 재빨리 이해할 수 있는 사람은 또 한 명의 페렐만이라고 해도 지나친 과장이 아니다. 수학 증명을 음악가가 악보를 읽어내듯 읽을 수는 없는 노릇이다. 모두 이치에 들어맞는다는 걸 확인해야 한다. 논증이 아주 복잡해지면 언제나 실수가 있을 가능성이 아주 크다는 것은 알

것이다. 아이디어가 너무 단순해도 마찬가지이다. 유망한 증명이 너무도 분명해서 증명이 필요 없을 것 같은 주장 때문에 문제를 일으키는 경우는 많다. 증명이 기본적으로 옳다고 진정으로 확신할 때까지—이 시점에서 페렐만은 결함과 실수가 남아 있었음에도 전적인 인정을 받았다.—판단을 유보하는 게 합리적이다. 상온 핵융합에 대한 연구가 마침내 신빙성을 잃을 때까지 벌어졌던 그 모든 야단법석을 생각해보자. 신중함은 올바른 직업적 반응이고, 이런 점에서 다음과 같은 상투적인 말이 들어맞는다. 놀라운 주장에는 놀라운 근거가 필요하다는.

페렐만이 필즈메달과 클레이상을 거절한 이유는 무엇일까? 그 이유야 그만이 알지만, 그는 그런 인정에 관심이 없었고 또 그 점을 여러 차례 밝혔다. 그는 이미 그보다 격이 낮은 상들을 거절한 바 있었다. 애초부터 섣부른 명성은 원치 않는다는 점을 분명히 했다. 역설적으로 전문가들이 지나치게 빨리 단안을 내리는 것을 꺼렸던 이유도 역시 마찬가지여서 이해할 만하다. 현실적으로 말하자면 언론에서 그의 연구를 눈여겨보지 **않을** 가능성은 조금도 없었다. 오랜 세월 수학계는 신문, 라디오, 텔레비전의 관심을 수학으로 끌기 위해 커다란 노력을 기울여왔다. 이런 노력이 성공을 거두었다고 불평을 하거나 언론이 페르마의 마지막 정리 이후로 가장 화끈한 수학 관련 소식을 무시할 거라고 기대하는 건 그다지 말이 되지 않는다. 그러나 페렐만의 생각은 달라서 그는 은둔해버렸다. 그가 동의한다면 상금을 교육 등의 목적에 쓰자는 제안이 제기된 상태이다. 지금까지 그는 응답하지 않고 있다.

11

그렇게 쉬울 리가 없어

P/NP 문제

오늘날 수학자들은 일상적으로 컴퓨터를 사용해 문제를 푼다. 심지어 위대한 문제까지도. 컴퓨터는 산술에 뛰어나지만 수학은 단순한 '계산'을 훨씬 넘어서는 것이기 때문에 컴퓨터에 문제를 넣는 일은 간단한 경우가 드물다. 문제를 컴퓨터 계산으로 해결할 수 있는 것으로 바꿔내는 것이 가장 어려운 부분인 일이 잦지만, 그렇게 해놓아도 컴퓨터가 버둥거릴 수 있다. 최근에 해결된 위대한 문제의 상당수는 컴퓨터 작업과 관련이 거의, 혹은 아예 없다. 페르마의 마지막 정리와 푸앵카레 추측이 그 예다.

4색 정리나 케플러 추측처럼 컴퓨터로 위대한 문제를 푸는 경우 컴퓨터는 사실상 하인 역할을 한다. 그러나 역할이 뒤바뀌어 수학자가 컴퓨터 과학의 하인 역할을 하는 일도 있다. 컴퓨터 설계에 대한 초기 연구의 대부분은 수학적 통찰을 유효적절하게 사용했는데, 논리의 대수적 정식화인 불 대수Boolean algebra와 정보 이론의 창시자인 공학자 클로

드 섀넌Claude Shannon이 개발한 스위칭 회로 사이의 관계가 그 예이다. 오늘날 컴퓨터의 실천적 측면과 이론적 측면은 모두 수많은 다양한 분야의 수학에 대한 광범위한 이용에 기대고 있다.

클레이 새천년 문제 중 하나는 수학과 컴퓨터 과학 사이에 자리 잡고 있다. 컴퓨터 과학이 수학의 하인 역할을 한다고도, 수학이 컴퓨터 과학의 하인 역할을 한다고도 볼 수 있다. 이 문제에 필요하고 또 이 문제 덕에 이루어지기도 하는 것은 그보다 균형 잡힌 것, 즉 협력이다. 이 문제는 컴퓨터 프로그램을 만드는 재료가 되는 수학적 골격인 컴퓨터 알고리즘에 관한 것이다. 여기서 결정적인 개념은 그 알고리즘이 얼마나 효율적인가 하는 것이다. 즉 주어진 양의 입력 데이터에 대해서 답을 얻기 위해 컴퓨터 계산을 몇 단계 거쳐야 하느냐는 문제이다. 실용적인 측면에서 이는 컴퓨터가 주어진 크기의 문제를 푸는 데 얼마나 오래 걸리는지 알려준다.

알고리즘이라는 말의 기원은 무함마드 이븐 무사 알-콰리즈미 Muhammad ibn Mūsä al-Khwärizmï가 대수에 대한 것으로는 가장 오래된 축에 속하는 책을 쓴 중세로 거슬러 올라간다. 그전에 디오판토스는 우리가 대수와 연관짓는 한 가지 요소, 즉 기호를 도입한 바 있다. 그러나 그는 기호를 생략의 도구로 사용했고 방정식을 푸는 그의 방법은 전형적이기는 하지만 구체적인 예를 통해 제시되었다. 지금이라면 '$x+a=y$이므로 $x=y-a$이다.'라고 쓸 것을 디오판토스는 '$x+3=10$이라고 하면 $x=10-3=7$이다.'라고 쓰면서 3과 10을 임의의 다른 수로 바꿔도 같은 아이디어가 통할 거라는 점을 독자들이 이해하기를 기대했다. 그는 기호를 사용하여 실례를 설명하곤 했지만 그런 기호를 조작하지는 않았다. 알-콰리즈미는 일반적인 비결을 명시적으로 밝혔다. 기호가 아닌 단어를 사용하기는 했지만 기본적인 아이디어는 갖추고 있었기에 대수의 아버지로 여겨진다. 사실 대수algebra라는 이름은 《al-Kitāb al-Mukhtasar fi Hisāb al-Jabr wa'l-Muqābala('복원과 대비에 의한 계산에 관한 개론서')》라는 그의 책 제목에서 나온 것이다. al-Jabr가 algebra가 되었다. '알고리즘'이라는 단어는 중세에 그를 지칭한 이름인 알고리스무스Algorismus에서 유래한 것으로, 이제는 충분히 기다리면 해법을 찾아내는 게 보장된, 문제를 해결하는 구체적인 수학적 과정을 지칭하는 말로 사용된다.

전통적으로 수학자들은 원론적으로 어떤 문제에 대한 답으로 이어지는 알고리즘을 작성할 수 있으면 그 문제는 해결되는 것으로 보았다. 수학자들이 이 단어를 쓰는 일은 드물었고, 이를테면 해법을 구하는 공식을 제시하는 편을 선호했는데, 공식이라는 건 기호언어로 된 특정한 종류의 알고리즘이다. 공식을 실제로 적용하는 게 가능한가 하는 것은 그다지 중요하지 않았다. 공식 자체가 해법이었다. 하지만 컴퓨터를 사용하면서 이러한 입장은 바뀌었는데, 손으로 계산하기에는 너무 복잡했던 공식이 컴퓨터의 도움으로 실용적이 될 수도 있었기 때문이다. 그렇지만 가끔 그렇듯 공식이 그래도 너무 복잡한 것으로 드러나면 조금은 실망스러웠다. 컴퓨터는 그 알고리즘을 따라갈 수는 있었지만 답에 도달하기에는 너무 느렸다. 그래서 효율적인 알고리즘을 찾는 쪽으로 관심이 옮겨갔다. 수학자들이나 컴퓨터 과학자들이나 적당한 시간 안에 실제로 답을 내놓는 알고리즘을 개발하는 일에 흥미를 보였다.

알고리즘이 주어지면 일정한 크기의 입력을 동반하는 문제를 해결하는 데 걸리는 시간(필요한 계산 단계의 수로 평가된다)을 추측하는 건 상대적으로 간단하다. 일정 정도의 기법들이 필요할 수는 있지만 어떤 과정이 포함되는지, 그게 어떤 역할을 하는지는 자세히 알려졌다. 애초에 쓰던 알고리즘이 비효율적인 것으로 드러날 때 그보다 효율적인 알고리즘을 고안해내는 일이 훨씬 더 어렵다. 일정한 문제에 대한 가장 효율적인 알고리즘이 얼마나 훌륭하거나 형편없을 수 있는지 판단하는 일은 더더욱 어려운데, 여기에는 가능한 모든 알고리즘을 고려하는 일이 포함되지만 그런 알고리즘이 어떤 것인지 알지 못하기 때문이다.

이러한 의문들에 대한 초기 연구는 단순하고 조잡하지만 유용하다는 의미에서 효율적인 알고리즘과 그렇지 않은 알고리즘을 나누는, 세련되지는 않아도 편리한 이분법으로 이어졌다. 계산 시간이 입력 크기가 증가하는 것보다 상대적으로 느리게 늘어난다면 이 알고리즘은 효율적이고 문제는 쉬운 것이다. 입력 크기가 늘어나면서 계산 시간이 훨씬 더 빠르게 증가한다면 이 알고리즘은 비효율적이고 문제는 어려운 것이다. 경험에 따르면 이런 의미에서 쉬운 문제들도 있지만 대부분은 어려운 것 같다. 하긴 모든 수학 문제가 쉽다면 수학자들은 실직자가 될 터였다. 새천년상이 걸린 이 문제는 어려운 문제가 적어도 하나는 있거나 경험과는 반대로 모든 문제가 쉽다는 것에 대한 엄격한 증명을 요구하는 것이다. P/NP 문제로 알려진 이 문제를 해결할 단서는 누구도 알지 못하고 있다.

효율성을 판단하는 조잡하지만 유용한 척도는 2장에서 이미 만나보았다. 알고리즘은 다항 작동시간*polynomial running time*을 지니면 P 클래스이다. 달리 말하자면 답을 얻기 위한 단계의 수가 입력 데이터 크기의 제곱이나 세제곱처럼 일정한 거듭제곱에 비례하면 P 클래스라는 것이다. 아주 대략 말하자면 그런 알고리즘은 효율적이다. 입력된 데이터가 수라면 데이터의 크기는 수 그 자체가 아닌 수의 자릿수의 크기이다. 그 이유는 수를 명시하는데 필요한 정보의 양은 그 수가 컴퓨터의 메모리에서 차지하는 공간이고 이는 자릿수이기(자릿수에 비례하기) 때문이다. 어떤 문제는 이를 해결하는 P 클래스의 알고리즘이 존재하면 P 클래스이다.

그 외의 모든 알고리즘이나 문제들은 not-P 클래스에 속하며, 그 대부분은 비효율적이다. 그중에는 작동시간이 입력 데이터에 대해 지수함수적인 것들. 즉 어느 일정한 수를 입력크기만큼 거듭제곱한 것과 대략 같은 것들도 있다. 이는 E 클래스로, 절대적으로 비효율적이다.

다항 시간보다 훨씬 더 빨리 실행될 정도로 효율적인 알고리즘도 있다. 예를 들어 어떤 수가 짝수인지 홀수인지 판단하려면 마지막 자리를 보면 된다. 마지막 자리가 (10진수 표기법으로) 0, 2, 4, 6 또는 8이면 이 수는 짝수이다. 그렇지 않으면 홀수이다. 이 알고리즘에는 기껏해야 여섯 단계가 있다.

□ 마지막 자리가 0인가? 그렇다면 중단. 이 수는 짝수이다.

□ 마지막 자리가 2인가? 그렇다면 중단. 이 수는 짝수이다.

□ 마지막 자리가 4인가? 그렇다면 중단. 이 수는 짝수이다.

□ 마지막 자리가 6인가? 그렇다면 중단. 이 수는 짝수이다.

□ 마지막 자리가 8인가? 그렇다면 중단. 이 수는 짝수이다.

□ 중단. 이 수는 홀수이다.

따라서 작동 시간은 입력크기와 무관하게 기껏해야 6이다. 이 문제
는 '상수 시간constant time' 클래스에 속한다.

단어들을 알파벳순으로 정렬하는 것은 P 클래스 문제이다. 이 일을
수행하는 간단한 방법은 버블 정렬bubble sort인데 이런 이름이 붙은 까
닭은 단어들이 목록에서 알파벳순으로 자기보다 밑에 있어야 할 단어
보다 한참 밑에 있을 때 탄산음료가 든 유리잔의 거품bubble처럼 결국
목록 위로 올라오기 때문이다. 이 알고리즘은 반복적으로 목록을 훑으
면서 인접한 단어들을 비교하여 순서가 잘못된 경우 이 둘을 뒤바꿔놓
는다. 예를 들어 목록의 앞부분이 다음과 같다고 하자.

PIG DOG CAT APE

첫 번째 검색에서 이 목록은 다음과 같이 바뀐다.

DOG PIG CAT APE

DOG **CAT PIG** APE

DOG CAT **APE PIG**

여기서 굵은 글씨로 된 단어들은 방금 비교된 것들이다. 두 번째 검색
에서 이 목록은 이렇게 바뀐다.

CAT DOG APE PIG

CAT **APE DOG** PIG

CAT APE **DOG PIG**

세 번째 검색은 이렇게 된다.

APE CAT DOG PIG

APE **CAT DOG** PIG

APE CAT **DOG PIG**

네 번째 검색에서는 자리가 바뀌는 것이 없으므로 일이 끝났다는 것을 알게 된다. APE가 단계적으로 맨 위(즉 맨 앞)로 떠오르는 것을 눈여겨 보자.

단어가 4개라서 알고리즘은 각 국면에서 세 차례의 비교를 거치고, 국면은 4개가 있다. 단어가 n개면 국면당 $n-1$차례의 비교가 있어서 다 합치면 $n(n-1)$ 단계가 된다. 이 수는 n^2보다 조금 작아서 작동시간은 다항적, 실은 2차이다. 이 알고리즘은 더 일찍 종료될 수도 있지만 단어가 정확히 반대순으로 되어 있는 최악의 경우에는 $n(n-1)$단계가 필요하다. 버블 정렬은 뻔한 것으로 P 클래스이지만, 가장 효율적인 정렬 알고리즘과는 거리가 멀어도 아주 멀다. 더 교묘한 방식으로 만들어진 가장 빠른 비교 정렬은 $n\log n$ 단계 내에 작동된다.

작동시간이 지수 함수적인 E 클래스 알고리즘으로 간단한 것은 'n 자릿수를 가진 모든 2진수의 목록을 인쇄'하는 것이다. 목록에는 2^n개의 수가 있고 각각의 수를 인쇄하는(그리고 계산하는) 데는 대략 n 단계가 필요하므로 작동시간은 대략 $2^n n$인데 이는 2^n보다는 크지만 n이 충분히 크다면 3^n보다는 작다. 그렇지만 이 예가 조금은 어리석은 까닭은 이 알고리즘의 속도가 그토록 느린 것은 계산의 복잡성 때문이 아니라 출력 크기 때문이라는 것이다, 이러한 관찰 결과는 나중에 중요한 것으로 밝혀지게 된다.

좀 더 전형적인 E 클래스 알고리즘은 여행하는 외판원 문제를 해결하는 것이다. 어떤 외판원이 수많은 도시를 방문해야 한다. 순서는 상관이 없다. 어떤 경로로 이 도시들을 모두 방문해야 거리의 총합이 가장 짧을까? 이를 해결하는 소박한 방법은 가능한 모든 경로를 나열하고 각각의 경로의 거리의 총합을 계산하여 가장 짧은 것을 찾아내는 것이다. 도시가 n개일 때 경로는

$$n! = n \times (n-1) \times (n-2) \times \cdots \times 3 \times 2 \times 1$$

개다. ($n!$는 'n팩토리얼'이라고 읽는다.)[74] 동적 프로그래밍dynamic programming 이라는 더욱 효율적인 방법은 여행하는 외판원 문제를 지수 함수적인 시간 내에 해결한다. 이러한 방법으로는 최초인 헬드-카프Held-Karp 알고리즘은 가장 짧은 여정을 $2^n n^2$ 내에 찾아내는데 이것도 n이 충분히 클 때 2^n과 3^n 사이가 된다.

이러한 알고리즘들은 '비효율적'이기는 해도 도시의 수가 인간적인 기준으로 클 때는 특별한 요령을 사용해 계산을 단축할 수 있으나 수가 너무 커지면 요령도 효율적이지 않게 된다. 2006년 애플게이트D. L. Applegate, 빅스비R. M. Bixby, 흐바탈V. Chvátal, 쿡W. J. Cook은 85,900개의

도시에 대한 여행하는 외판원 문제를 해결했고 2012년 중반 현재 이 기록은 여전히 유효하다.[75]

　예로 든 알고리즘들은 효율성이라는 개념을 예시해주는 데 그치지 않는다. 개선된 알고리즘을 찾아내는 것이 힘들다는 것, 가능한 효율적인 알고리즘을 찾아내는 것은 더더욱 힘들다는 내 생각을 납득하게 해준다. 여행하는 외판원 문제에 대한 알려진 모든 알고리즘은 E 클래스로, 지수 함수적인 시간이 걸린다. 하지만 그렇다고 효율적인 알고리즘이 없다는 의미는 아니다. 아직 효율적인 알고리즘을 찾지 못했다는 것을 보여줄 뿐이다. 2가지 가능성이 있다. 우리가 충분히 영리하지 못해서 더 나은 알고리즘을 찾지 못했거나, 더 나은 알고리즘이 존재하지 않기 때문에 찾지 못했거나.

　2장이 적절한 사례이다. 아그라왈의 팀이 소수성 시험에 대한 P 클래스 알고리즘을 찾을 때까지 알려진 최고의 알고리즘은 not-P였다. 그래도 상당히 훌륭해서 작동시간은 n자리 수에 대하여 $n \log n$으로, 사실 자릿수가 10^{1000}개인 수에 도달할 때까지는 아그라왈-카얄-삭세나 알고리즘보다 낫다. 그들의 알고리즘이 발견되기 전에는 소수성 시험의 상황에 대한 견해가 갈렸다. 이 문제가 P 클래스로, 적당한 알고리즘이 발견될 거라고 생각하는 전문가가 있는가 하면 그렇지 않다고 생각하는 전문가들도 있었다. 새로운 알고리즘은 누군가 시도해봤을 수도 있는 수천 가지 아이디어 중 하나로 갑자기 등장했다. 그런데 우연히도 통했던 것이다. 이러한 전례는 정신이 번쩍 나게 한다. 우리는 알지도 못하고 말할 수도 없으며 전문가들이 최선을 다한 추측이 좋은 것일 수도, 그렇지 않을 수도 있다는 것이다.

여기서 우리가 관심을 가지는 위대한 문제는 더욱 근본적인 의문에 대한 답을 구한다. 어려운 문제라는 것이 존재하는가? 우리가 충분히 영리하다면 모든 문제가 쉬울 수도 있지 않겠는가? 실제 명제는 이보다 미묘한데, 이는 우리가 이미 의심할 여지없이 어려운 문제의 일례를 보았기 때문이다. 자릿수가 n인 모든 2진수의 목록을 인쇄해내라는 것이다. 앞서 이야기했듯 이건 조금 어리석다. 난점은 계산에 있는 것이 아니라 아주 긴 답을 출력해내는 고된 일에 있기 때문이다. 답이 **당연히** 그만큼 길기 때문에 지름길이 없다는 건 알고 있는 사실이다. 그렇게 길지 않다면 답이 아닐 터이다.

합리적인 의문을 제기하려면 이처럼 자명한 예는 제외해야 한다. 그렇게 하는 방법은 또 하나의 알고리즘 클래스, 즉 NP 클래스를 도입하는 것이다. 이건 not-P 클래스가 아니다. 비결정적인 다항 시간에 작동되는 알고리즘의 클래스이다. 이 전문용어는 알고리즘이 답을 얻는데 아무리 오래 걸리더라도 **그 답이 옳다는 것을** 다항 시간 내에 **확인할** 수 있다는 것을 의미한다. 답을 얻는 것은 어려울지 몰라도 그 타당성을 판단하는 쉬운 시험 방법이 존재한다는 것이다.

'비결정적'이라는 말을 사용한 것은 직관적인 짐작으로 NP 문제를 해결하는 것이 가능하기 때문이다. 그렇게 하고 나면 그게 정말로 옳다는 것(혹은 그르다는 것)을 확인할 수 있다. 예를 들어 문제가 수 11,111,111,111을 인수분해하는 것이라면, 소수 21,649가 인수라는 것을 짐작해낼 수도 있다. 그 자체로는 어림짐작에 지나지 않는다. 그러나 확인하는 건 쉽다. 그냥 그 수로 나눠서 뭐가 나오는지 보면 된다. 결과는 정확히 513,239로, 나머지는 없다. 따라서 이 추측은 옳았다. 그 대신에 역시 소수인 21,647이라고 짐작하여 나누기를 하면 513,286이라는 결과가 나오지만 거기에 9,069가 나머지로 남는다. 따라서 그렇게 짐작했다면 틀렸을 것이다.

올바른 짐작을 해내는 것은 기본적으로 기적이 아니라면 비결이 있는 것이다.(나는 '짐작'하기 전에 11,111,111,111의 인수들을 계산해보았다.) 그렇지만 바로 그게 우리가 원하는 것이다. 기적이 아니라면 옳은 것을 찾을 때까지 수없이 많은 짐작을 계속함으로써 NP 클래스의 알고리즘을 P 클래스 알고리즘으로 바꿀 수도 있다. 앞의 예는 이게 통하지 않는 이유를 암시해준다. 필요한 추측이 너무 많은 것이다. 사실 여기서 우리가 하는 것이라고는 맞아떨어지는 걸 찾을 때까지 가능한 모든 소수로 '시험 나눗셈'을 하는 것뿐이다. 인수를 찾는 방법으로는 형편없다는 것은 2장을 통해 알았다.

NP 클래스는 앞서 들었던 아주 긴 목록과 같은 어리석은 예를 배제한다. 누군가 길이가 n인 모든 2진수의 목록을 추측한다면 그 목록을 출력하는데 지수 함수적인 시간만 걸리는 것이 아니다. 읽는 데도 지수함수적인 시간이 걸리므로 결과가 옳은지 확인하는 데는 훨씬 더 오랜 시간이 걸린다. 참으로 끔찍한 교정업무인 것이다. P 클래스는 분명히 NP 클래스에 포함되어 있다. 다항 시간 내에 답을 찾을 수 있는데 옳다는 것이 보장되어 있다면 그 답은 이미 확인한 것이다. 따라서 확인에는 자동적으로 다항 시간보다 좋지 않은 건 불필요하다. 누군가 소위 답이라는 것을 내놓으면 그냥 알고리즘 전체를 다시 돌려보면 된다. 그게 곧 확인이다.

이제 새천년 문제를 서술할 수 있게 되었다. NP는 P보다 큰가, 아니면 둘은 같은가? 더 간단히 말하자면, P는 NP와 같은가?

그 답이 ‘그렇다.’라면 항공편 일정을 잡고 공장 생산량을 최적화하는 등 수없이 많은 중요한 실용적 임무를 수행하는 빠르고 효율적인 알고리즘을 찾는 게 가능하다는 것이다. 답이 ‘아니다.’라면 어려워 보이는 문제는 정말로 어려운 것이라는 게 확실히 보장되는 것이어서 그에 대한 빠른 알고리즘을 찾느라 시간을 낭비하지 않아도 된다. 어느 쪽이든 우리에겐 이익이다. 골치 아픈 것은 어느 쪽인지 알지 못한다는 것이다.

답이 ‘그렇다.’라면 수학자로서는 사는 게 훨씬 더 단순해지겠지만 누구에게나 있는 비관적인 생각은 곧바로 삶이 그렇게 단순할 리가 없다고 의심하므로 그럴듯한 대답은 ‘아니다.’라는 것이다. 답이 ‘그렇다’라면 공짜 점심을 먹게 되는 건데 수학자들은 그럴 자격도 없거니와 그런 걸 얻어먹어 본 적도 없다. 사실 수학자들은 대개 그 답이 ‘아니다.’인 쪽을 선호하는 게 아닐까 싶은데 그래야 문명이 종말을 맞을 때까지 직업을 유지할 수 있기 때문이다. 수학자들은 어려운 문제를 해결함으로써 자신의 역량을 입증한다. 어떤 이유에서건, 대부분의 수학자와 컴퓨터 과학자들은 ‘P가 NP와 같은가?’라는 질문에 대한 답이 ‘아니다.’이기를 기대한다. 그 답이 ‘그렇다.’이기를 기대하는 사람은 거의 없다시피 하다.

그 외에도 2가지 가능성이 더 있다. 구체적인 NP 문제에 대한 다항시간 알고리즘을 실제로 찾아내지 않고도 P가 NP와 같다고 증명하는 게 가능할 수도 있다. 수학에는 건설적이지 않은 존재증명을 제시하는 관습이 있다. 그런 증명은 무엇인가가 존재한다는 걸 보이기는 하지만 그게 어떤 것인지는 알려주지 않는다. 이러한 예로는 구체적인 인수를 제시하지 않으면서 어떤 수가 소수가 아니라는 것을 기분 좋게 알려주는 소수성 시험이라든지 구체적인 한계를 제시하지 않으면서 어떤 디오판토스 방정식의 해가 유계bounded, 즉 어떤 한계보다 작다는 것을 주장하는 정수론 정리들이 있다. 다항 시간 알고리즘이 워낙 복잡해서 적는 것이 불가능할 수도 있다. 그렇다면 답은 긍정적인 것으로 밝혀져도 공짜 점심에 대한 비관론은 합리화된다.

더욱 과감하게, 이 의문이 수학에 대한 현재의 형식적인 논리적 틀 안에서는 증명이 불가능할 수도 있다고 추측하는 연구자들도 있다. 만약 그렇다면 '그렇다.'도 '아니다.'도 증명할 수 없다. 우리가 어리석어서 증명을 찾을 수 없기 때문은 아니다. 그런 증명이 없기 때문이다. 이러한 가능성은 1931년 쿠르트 괴델이 산술의 어떤 명제들은 결정이 불가능하다는 것을 증명함으로써 수학의 기초에 우글거리는 철학적 비둘기들 틈에 결정불가능성이라는 고양이를 풀어놓으면서 분명해졌다. 1936년 앨런 튜링은 결정이 불가능한 더욱 간단한 문제를 찾아냈는데, 튜링 기계의 정지문제가 그것이다. 알고리즘이 주어졌을 때, 그 알고리즘이 정지할 것이라는 증명, 혹은 영원히 계속될 것이 분명하다는 증명이 반드시 존재하는가? 튜링이 내놓은 놀라운 답은 '아니다.'라는 것이었다. 어느 쪽의 증명도 존재하지 않는 알고리즘이 있다는 것이다. P/NP 문제는 어쩌면 이런 것일 수도 있었다. 그렇다면 누구도 그걸 증명하지도, 반증하지도 못할 이유가 해명된다. 그러나 P/NP 문제가 결정불가능하다는 것을 증명하거나 반증할 수 있는 사람도 없다. 어쩌면 결정불가능성은 결정 불가능한 것일 수도……

P/NP 문제에 가장 직접적으로 다가가는 길은 NP 클래스인 것으로 알려진 어떤 의문을 택하고 이를 해결할 다항 시간 알고리즘이 존재한다고 가정하여 어떻게든 여기서 모순을 도출해내는 것이 될 것이다. 한동안은 사람들이 다양한 문제에 이러한 기법을 시도하여 보았지만 1971년 스티븐 쿡Stephen Cook은 문제를 어떻게 선택하든 차이가 없는 경우가 많다는 것을 깨달았다. 어떤 의미에서 그런 문제들은 세부적인 차이는 있을지 모르지만 모두 운명을 함께한다. 쿡은 NP-완비 문제NP-complete problem라는 개념을 도입했다. 이것은 특정한 NP 문제로, 이를 해결하는 P 클래스 알고리즘이 존재한다면 **어떤** NP 문제도 P 클래스 알고리즘을 이용해서 해결할 수 있게 된다는 특성이 있다.

쿡은 몇 개의 NP-완비 문제를 찾아냈는데, 여기에는 SAT, 즉 불 충족 가능성 문제Boolean satisfiability problem도 있다. 이 문제는 적절한 방식으로 변수들의 참 또는 거짓을 선택하여 주어진 논리식을 참으로 만들 수 있는가 하는 것을 묻는다. 그는 더욱 심오한 결과도 얻어냈다. 그보다 제한된 문제인 3-SAT도 NP-완비라는 것이다. 여기서 논리식은 'A 또는 B 또는 C 또는… 또는 Z'이라는 형태로 쓸 수 있으며 A, B, C, …, Z는 각각 변수가 3개뿐인 논리식이다. 매번 3개의 변수가 같은 것이어야 할 필요는 없다는 점을 서둘러 덧붙인다. 주어진 문제가 NP-완비라는 증명의 대부분은 3-SAT에 대한 쿡의 정리에서 유래한 것이다.

쿡의 정의는 NP-완비 문제들은 모두 같은 입장이라는 것을 의미한다. 그중 하나가 P 클래스라는 것을 증명하면 모두가 P 클래스라는 것이 증명된다. 이러한 결과는 전술적인 가능성을 열어둔다. 다른 것들보다 다루기 쉬운 NP-완비 문제가 있을 수 있다는 것이다. 하지만 전략적으로는 특정한 NP-완비 문제를 골라서 그걸 연구해도 괜찮다는 것을 암시한다. NP-완비 문제는 어떤 임의의 NP 문제도 시뮬레이션할 수 있기 때문에 모든 NP-완비 문제는 운명을 같이 한다. 임의의 NP 문제는 다항 시간 내에 시행할 수 있는 코드를 이용해서 '부호화'함으로써 특별한 경우의 NP-완비 문제로 바꿀 수 있다.

이러한 절차가 어떤 건지 대략 맛을 보기 위해 전형적인 NP-완비 문제를 살펴보자. 네트워크에서 해밀턴 순환_{Hamiltonian cycle}을 찾아보는 것이다. 즉 네트워크의 변들을 따라가되 각 꼭짓점(점)을 딱 한 번씩 지나가는 닫힌 경로_{closed path}를 명시하라는 것이다. '닫힌_{closed}'이라고 하는 것은 이 경로가 시작점으로 돌아간다는 것을 말한다. 여기서 입력 데이터의 크기는 변의 수인데, 각 변은 두 점을 연결하므로 이는 점의 수의 제곱보다 작거나 같다. (주어진 한 쌍의 점을 이어주는 변은 많아야 하나라고 가정한다.) 이 문제를 해결하는 P 클래스의 알고리즘은 알려진 것이 없지만 그런 알고리즘이 하나 있다고 가정해보자. 이제 다른 어떤 문제를 택해서 그걸 문제 X라고 부른다. 문제 X를 문제 X와 관련된 어떤 네트워크에서 그런 경로를 찾는 것으로 고쳐 쓸 수 있다고 해보자. 문제 X의 데이터를 네트워크에 대한 데이터로 바꾸는 방법, 또 그 반대로 바꾸는 방법이 다항 시간 내에 수행될 수 있다면 자동적으로 문제 X를 위한 P 클래스 알고리즘을 얻게 되는데, 그건 다음과 같다.

1. 문제 X를 관련된 네트워크에서 해밀턴 순환을 찾는 것으로 바꾸는데, 이것은 다항 시간 내에 수행될 수 있다.

2. 네트워크 문제를 위한 가상의 알고리즘을 이용하여 다항 시간 내에

그런 순환을 찾는다.

3. 그 결과 나온 해밀턴 순환을 문제 X의 해로 다시 바꾸는데, 이것도 역
시 다항 시간 내에 수행될 수 있다.

세 개의 다항 시간 단계를 합친 것은 다항 시간 내에 수행되므로, 이 알고리즘은 P 클래스이다.

이게 어떻게 되는 건지 보이기 위해 덜 거창한 형태의 해밀턴 순환 문제를 살펴보기로 한다. 여기서 경로는 닫혀있을 필요가 없다. 이를 해밀턴 경로 문제라고 한다. 어떤 네트워크는 순환을 갖지 않고도 해밀턴 경로를 가질 수 있다. 그림 42(왼쪽)가 그 예이다. 따라서 해밀턴 순환 문제의 해법이 해밀턴 경로 문제를 해결하지 않을 수도 있다. 그러나 해밀턴 경로 문제를 관련은 있지만 다른 네트워크상의 해밀턴 순환 문제로 바꿀 수 있다. 이것은 그림 42(왼쪽)에서처럼 원래의 네트워크에 있는 모든 점과 연결되는 점을 하나 추가해 얻을 수 있다. 새로운 네트워크에서의 임의의 해밀턴 주기는 원래의 네트워크에서의 해밀턴 경로로 바꿀 수 있다. 새로운 꼭짓점, 그리고 이 꼭짓점과 만나는 순환의 두 변을 제외하기만 하면 된다. 거꾸로 원래의 네트워크에서의 임의의 해밀

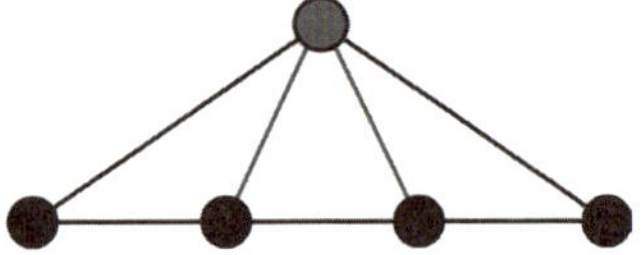

그림 42 왼쪽: 해밀턴 경로(짙은 선)는 있지만 해밀턴 순환은 없는 네트워크. 오른쪽: 1개의 점(회색)과 4개의 선을 더하여 해밀턴 경로를 해밀턴 순환(짙은 선)으로 바꾼다. 2개의 회색 변은 순환에는 없지만 더 큰 네트워크를 만드는 데 필요하다.

턴 경로는 새로운 네트워크에서의 해밀턴 순환을 낳는다. 해밀턴 경로의 양쪽 끝을 새로운 점과 연결해주기만 하면 된다. 경로 문제를 순환 문제로 이렇게 '부호화'하면 1개의 새로운 점과 원래의 네트워크에 있던 점마다 1개씩의 새로운 변만 도입하게 된다. 따라서 이러한 절차, 그리고 그 반대의 절차는 다항 시간 내에 이뤄진다.

물론 여기서 내가 한 일은 하나의 특정한 문제를 해밀턴 순환 문제로 부호화한 것뿐이다. 해밀턴 순환 문제가 NP-완비라는 것을 증명하려면 임의의 NP 문제에 대해서도 같은 일을 해야 한다. 가능한 일이다. 최초의 증명은 1972년 리처드 카프Richard Karp가 발견했는데 이 유명한 논문에서 그는 21개의 서로 다른 문제들이 NP-완비라는 것을 증명했다.[76]

여행하는 외판원 문제는 '거의' NP-완비이지만 기술적인 문제가 있다. NP라는 것이 알려지지 않은 것이다. 300여 개의 구체적인 NP-완비 문제가 알려졌는데 논리, 네트워크, 조합론, 최적화 등의 수학 분야에 속한 것이다. 그중 어느 하나라도 다항 시간 내에 해결될 수 있거나 없다고 증명하면 나머지 문제들도 모두 그와 같은 것으로 증명된다. 고를 수 있는 건 참으로 많은데도 P/NP 문제는 여전히 전혀 해결되지 않았다. 지금으로부터 100년 뒤에도 마찬가지라 하더라도 놀랄 일은 아니다.

12

OBSERVATIO DOMINI PETRI DE FERMAT.

Cubum autem in duos cubos, aut quadratoquadratum in duos quadratoquadratos & generaliter nullam in infinitum ultra quadratum potestatem in duos eiusdem nominis fas est dividere cuius rei demonstrationem mirabilem sane detexi. Hanc marginis exiguitas non caperet.

유동적 사고

나비에-스토크스 방정식

지금까지 논의한 3개를 포함한 5개의 새천년 문제는 순수 수학에서 나온 것이다. 물론 P/NP 문제는 컴퓨터 과학에도 핵심적인 것이기는 하다. 나머지 2개는 고전적인 응용 수학과 현대 수리 물리학에서 나온 것이다. 응용 수학 문제는 유체의 흐름에 대한 표준적인 방정식인 나비에-스토크스 방정식에서 발생한 것인데 이것은 프랑스의 공학자이자 물리학자인 클로드-루이 나비에와 아일랜드의 수학자이자 물리학자인 조지 스토크스의 이름을 딴 것이다. 그들이 내놓은 방정식은 편미분 방정식인데 이는 시간과 공간 모두에서의 흐름의 패턴의 변화율과 관련이 있다는 의미이다. 고전적인 응용 수학과 물리학에 속하는 위대한 방정식들도 대개 편미분 방정식으로, 이는 시간에 대한 변화율과만 관계가 있는 일반적인 미분 방정식이 아니다.

8장에서 우리는 태양계의 운동이 뉴턴의 중력과 운동 법칙에 의해 결정되는 방식을 보았다. 이 법칙들은 태양과 달, 행성의 가속도를 작용하는 중력과 연관시킨다. 가속도는 시간에 대한 속도의 변화율이고, 속도는 시간에 대한 위치의 변화율이다. 따라서 이것은 일반적인 미분 방정식이다. 앞서 보았듯 그런 방정식을 푸는 것은 상당히 어려울 수 있다. 편미분 방정식을 푸는 일은 보통 그보다 훨씬 더 어렵다.

실용적인 목적으로 태양계에 대한 방정식들은 컴퓨터를 사용하여 수치적으로 풀 수 있다. 그것도 어려운 일이기는 하지만 지금은 좋은 방법들이 있다. 나비에-스토크스 방정식의 실용적 응용도 마찬가지이다. 사용되는 기법들은 전산 유체 역학이라는 이름으로 알려졌고 이 기법들에는 광범위하고 중요한 응용분야가 있다. 항공기 설계, 자동차 공기 역학, 심지어는 인체에서의 혈액의 흐름과 같은 의학적인 문제들까지.

새천년상의 대상이 되는 문제는 수학자들에게 나비에-스토크스 방정식의 명시적인 해를 찾을 것을 요구하지는 않는다. 본질적으로 불가능한 일이기 때문이다. 중요한 일이기는 하지만 수치적으로 방정식을 푸는 방법에 관한 것도 아니다. 그 대신 기본적인 이론적 성질, 즉 해의 **존재**를 증명할 것을 요구한다. 어떤 순간의 유체의 상태, 즉 유체가 움직이는 패턴이 주어졌을 때 해당하는 상태로부터 모든 미래에 유효한 나비에-스토크스 방정식의 해가 존재하는가? 물리학적인 직관으로는 그 대답이 분명 '그렇다.'여야 할 것 같은데 그 이유는 이 방정식이 실제 유체에 대한 물리학에서 대단히 정확한 모형이기 때문이다. 그러나 수학적으로 존재 문제는 그처럼 명쾌한 것이 아니어서 이 방정식의 이러한 기본적인 성질은 증명된 적이 없다. 아예 참이 아닐 수도 있다.

나비에-스토크스 방정식은 주어진 상황에서 유체 속도의 패턴이 시간에 따라 변하는 방식을 묘사한다. 방정식은 나비에-스토크스 방정식들이라고 복수로 지칭되는 경우가 많지만 어떻게 표현하든 상관없다. 복수를 쓰는 것은 고전적인 관점을 반영한 것이다. 3차원 공간에서 속도에는 3개의 성분이 있으며 고전적으로 3가지 성분은 각각 하나의 방정식을 낳아서 다 합치면 3개의 방정식이 나오는 것이다. 현대적인 관점에서는 속도 **벡터**(크기와 방향이 있는 양)에 대한 하나의 방정식이 있지만 이 방정식은 속도의 세 성분에 각각 적용될 수 있다. 클레이연구소 웹사이트에서는 고전적인 용어를 사용하지만 여기서는 현대적인 관행을 따르기로 한다. 혼동이 있을 수도 있어서 이를 피하려고 언급해둔다.

이 방정식은 나비에가 점성액, 즉 끈끈한 유체에 대한 편미분 방정식을 작성한 1822년까지 거슬러 올라간다. 스토크스는 1842년과 1843년에 이에 공헌했다. 오일러는 1757년에 점성이 0인, 그러니까 전혀 끈끈하지 않은 유체에 대한 편미분 방정식을 작성했다. 이 방정식은 여전히 유용하지만 물과 공기를 포함한 현실의 유체는 거의 다 점성이 있어서 나비에와 스토크스는 점성을 고려하여 오일러의 방정식을 수정했다. 두 과학자가 본질적으로 같은 방정식을 독립적으로 도출한 것이라 두 사람의 이름을 모두 따왔다. 나비에는 몇 가지 수학적인 오류를 저지르기는 했지만 결국 옳은 답을 얻어냈다. 스토크스는 수학을 제대로 이해해서 그 덕에 나비에가 실수를 저지르기는 했지만 그의 답은 옳다는 것을 우리가 알게 되었다. 가장 일반적인 형태의 방정식은 공기처럼 압축할 수 있는 유체에 적용된다. 그러나 유체를 압축할 수 없는 것으로 보는 중요하고도 특별한 경우가 있다. 그러한 모형은 엄청난 힘을 가하면 압축이 되기는 하지만 그 정도가 아주 적은 물과 같은 유체에 적용된다.

유체 흐름에 대한 수학적 표현을 마련하는 데는 2가지 길이 있다. 시간이 흐름에 따라 유체의 각 입자가 취하는 경로를 묘사할 수도 있고, 공간의 각 점과 시간의 각 순간에서의 흐름의 속도를 묘사할 수도 있다. 두 표현은 서로 연관되어 있다. 하나가 주어지면 힘은 들지만 다른 하나를 추론해내는 것이 가능하다. 오일러, 나비에, 스토크스는 모두 두 번째 관점을 취했는데, 그러한 관점이 수학적으로 훨씬 더 다루기 쉬운 방정식으로 이어지기 때문이다. 따라서 그들이 내놓은 방정식은 유체의 속도장velocity field과 관련이 있다. 각각의 일정한 순간에 속도장은 유체의 모든 입자의 속력과 방향을 명시한다. 시간이 달라지면 이러한 묘사도 달라질 수 있다. 방정식에 공간에서의 변화율과 시간에서의 변화율이 모두 나타나는 이유가 바로 그것이다.

나비에-스토크스 방정식에는 물리학적으로 훌륭한 내력이 있다. 유체의 작디작은 각각의 입자(작은 영역)에 적용되는 뉴턴의 운동 법칙에 근거하여 운동량보존 법칙을 표현한다. 각 입자는 힘이 작용하기 때문에 움직이고 뉴턴의 운동 법칙은 입자의 가속도가 힘에 비례함을 나타낸다. 주요한 힘은 점성으로 인한 마찰과 압력이다. 입자의 가속도 때문에 발생하는 힘들도 있다. 방정식은 고전적인 관행에 따라 유체를 무한히 나눌 수 있는 연속체continuum로 다룬다. 특히 매우 작은 규모에서의 유체의 불연속적인 원자 구조를 무시한다.

방정식은 그 자체로는 거의 무가치하다. 방정식을 풀 수 있어야 하는 것이다. 나비에-스토크스 방정식을 두고 보았을 때 이는 속도장, 즉 공간의 각 점과 시간의 각 순간에서의 유체의 속력과 방향을 계산하는 것을 말한다. 방정식은 이러한 양에 대한 제한을 제시하지만 직접적으로 이를 규정하지는 않는다. 그 대신 우리는 방정식을 적용하여 현재의 속도를 미래의 속도와 연관지어야 한다. 나비에-스토크스 방정식과 같은 편미분 방정식에는 수많은 서로 다른 해가 있다. 실은 해가 무한히 많다. 놀랄 일은 아니다. 유체는 수없이 다양한 방식으로 흐를 수 있기 때문이다. 자동차 표면에서의 흐름은 항공기 날개에서의 흐름과 다르다. 이렇게 수많은 가능성 중에서 특정한 흐름을 선택하는 데는 2가지 주요한 방법이 있다. 초기조건과 경계조건이다.

초기조건은 특정한 기준시간에서의 속도장을 명시하는데 이 기준시간을 보통 영점시간time zero으로 잡는다. 물리학적 아이디어는 일단 이 순간에서의 속도장을 알면 나비에-스토크스 방정식이 그로부터 아주 짧은 시간이 지난 후의 속도장을 일의적으로 결정한다는 것이다. 일단 유체를 한 번 밀면 유체는 물리 법칙에 따르며 계속 움직인다. 대부분의 응용에서 더욱 유용한 것은 경계조건인데 그 까닭은 실제 유체는 초기조건을 설정하기가 어렵고 어떤 경우든 초기조건은 자동차 설계와 같은 응용분야에 전적으로 적절하지는 않기 때문이다. 여기서 문제는 자동차의 모양이다. 점성 유체는 표면에 달라붙는다. 수학적으로 이러한 특징은 표면에서의 속도를 명시함으로써 모형화되고 표면은 유체가 차지하는 영역의 경계를 형성하며 이 영역에서 방정식은 유효하다. 예를 들어 경계에서의 속도가 0이어야 한다거나 하는 식으로 현실을 가장 잘 모형화하는 조건이라면 어떤 것이든 요구할 수 있다.

초기조건이나 경계조건이 지정된다 하더라도 속도장에 대한 명시적인 공식을 작성할 수 있는 경우는 매우 드문데, 그 이유는 나비에-스토크스 방정식이 비선형적이기 때문이다. 보통 두 해의 합은 해가 아니다. 8장의 3체 문제가 그토록 어려운 이유 중 하나가 이것이다. 그렇다고 이것이 유일한 이유는 아닌 것이 2체 문제도 비선형적이지만 명시적인 해가 있기 때문이다.

실용적인 목적에서 속도장을 수의 목록으로 표현하여 컴퓨터로 나비에-스토크스 방정식을 풀 수 있다. 이 목록은 우아한 도표로 바꿔낼 수 있고 항공기 날개에 작용하는 응력stress과 같이 공학자에게 흥미로운 양들을 계산하는데 사용된다. 컴퓨터는 수로 이루어진 무한한 목록을 다룰 수 없고 수를 무한히 정확하게 다룰 수도 없기 때문에 실제의 흐름을 불연속적인 근삿값, 즉 유한한 수의 위치와 시간에서의 흐름을 표본으로 하는 수의 목록으로 대체해야 한다. 중요한 문제는 이 근삿값를 충분히 훌륭하게 만들어야 한다는 것이다.

일반적인 접근방식은 공간을 많은 수의 영역으로 나누어 계산 그리드computational grid를 형성하는 것이다. 속도는 그리드의 구석에 있는 점에 대해서만 계산한다. 그리드는 그저 체스판과 같이 배열된 정사각형(혹은 3차원에서의 정육면체)일 수도 있지만 자동차나 항공기의 경우에는 흐름의 더욱 상세한 세부사항을 포착하기 위하여 더더욱 복잡하고 경계 부근의 영역들이 더 작아야 한다. 그리드는 역동적이어서 시간이 흐르면 모양이 변하는 것일 수도 있다. 시간은 보통 단계적으로 지나가는 것으로 가정하는데 각 단계는 크기가 모두 같을 수도 있고 계산의 지배적인 상태에 따라 그 크기가 변할 수도 있다.

대부분의 수치적 방법의 근거는 '변화율'이 미적분학에서 정의되는 방식이다. 어떤 사물이 아주 짧은 시간에 한 장소에서 다른 장소로 이동한다고 가정하자. 그러면 위치의 변화율, 즉 속도는 위치의 변화를 그에 걸린 시간으로 나눈 것으로 여기에는 작은 오차가 있지만 기간이 작아지면서 이러한 오차는 사라진다. 따라서 변화율의 근삿값를 구할 수 있고, 이 근삿값는 시간적 변화에 대한 공간적 변화의 비율로 나비에-스토크스 방정식에 대입할 수 있다. 사실 이 방정식은 이제 알려진 초기 상태, 즉 명시된 속도의 목록을 미래로 한 단계 밀어내는 법을 알려준다. 그런 다음 미래로 더 나아가면 어떤 일이 벌어질지 알기 위해서 이러한 계산을 여러 차례 반복해야 한다. 우리가 원하는 것이 경계 조건으로 결정되는 경우에는 해의 근삿값를 구하기 위한 비슷한 방법이 있다. 같은 결과를 더욱 정확하게 얻기 위한 정교한 방법들도 많이 있다.

계산 그리드를 더욱 정밀하게 나눌수록 시간 간격은 점점 더 짧아지고 근삿값는 더욱 정확해진다. 그러나 계산도 더 오래 걸린다. 따라서 정확성과 속도를 절충하게 된다. 대체로 말하자면 컴퓨터로 얻는 근사적인 답은 흐름에 그리드 크기보다 작은 중요한 특징이 없다면 받아들일 만한 것일 가능성이 크다. 유체 흐름에는 2가지 중요한 유형이 있는데 그것은 층류laminar flow와 난류turbulent flow이다. 층류는 운동의 패턴이 매끄럽고 유체의 층들이 깔끔하게 서로 미끄러져 지나간다. 여기에는 충분히 작은 그리드가 적절할 것이다. 난류는 더욱 격렬하고 분별이 없어서 유체는 극도로 복잡하게 뒤섞인다. 그러한 상황에서 불연속적인 그리드는 아무리 세밀하다 하더라도 문제를 일으키기가 쉽다.

난류의 특징 중 하나는 소용돌이가 발생한다는 것으로, 이러한 소용돌이는 매우 작을 수 있다. 난류에 대한 표준적인 이미지는 점점 더 작아지는 소용돌이들의 폭포로 이루어져 있다. 대개의 미세한 세부는 실현 가능한 어떤 그리드보다도 작다. 이러한 어려움을 해결하려고 공학자들은 난류에 대한 문제에서 통계적인 모형에 의지하는 경우가 많다. 연속체에 대한 물리학적 모형이 난류에는 적절하지 않을 수도 있다는 것도 걱정인데, 그 이유는 소용돌이들이 원자 크기로 줄어들 수도 있기 때문이다. 그러나 수치적 계산과 실험을 비교해보면 나비에-스토크스 방정식은 매우 현실적이고 정확한 모형이라는 것이 드러난다. 수많은 공학적 응용이 비용이 많이 드는 풍동wind tunnel에서의 축소 모형 실험을 수행하는 대신 비용이 덜 드는 계산적 유체 역학에만 의존할 만큼 훌륭한 방정식인 것이다. 그러나 예를 들어 항공기를 설계할 때처럼 인명의 안전이 중요한 경우에는 여전히 실험으로 확인한다.

사실 나비에-스토크스 방정식은 워낙 정확해서 들어맞지 않을 가능성이 상당하다고 물리학이 암시하는 난류의 경우에도 적용될 수 있을 것 같다. 적어도 충분히 정확하게 풀 수 있다면 이는 사실이다. 주요한 문제는 실용적인 것이다. 방정식을 해결하는 수치적인 방법은 흐름이 난류가 되면 컴퓨터 시간을 엄청나게 잡아먹는다. 게다가 어떤 소규모 구조를 늘 놓친다.

수학자들은 어떤 문제에 대해 알고 있는 중요한 정보가 일종의 근삿값에 근거하고 있다는 것을 늘 불편해한다. 나비에-스토크스 방정식에 걸린 새천년상은 핵심적인 이론적 문제 중 하나를 다룬다. 이를 해결하면 수치적 방법이 늘 매우 훌륭하게 작동한다는 직감을 강화시켜

줄 것이다. 방정식에 약간의 변화를 주는 컴퓨터를 이용한 근삿값과, 해에 대한 약간의 변화와 관련된 답의 정확성 사이에는 미묘한 구분이 있다. 근사적인 의문에 대한 정확한 답과 정확한 의문에 대한 근사적인 답은 같은 것일까? 그에 대한 답이 '아니다.'일 때가 있다. 예를 들어 점성이 아주 작은 유체의 정확한 흐름은 점성이 0인 유체의 근사적인 흐름과 다른 경우가 많다.

이러한 문제들을 이해하는 일보 전진은 워낙 단순해서 간과하기 쉽다. 정확한 해가 존재한다는 것을 증명하는 것이다. 컴퓨터 계산이 근삿값의 대상으로 삼을 어떤 것이 있어야 한다는 말이다. 이러한 견해가 나비에-스토크스 방정식에 대해 새천년상을 수여하는 것의 이유가 된다. 클레이연구소 웹사이트에 올라온 공식적인 설명은 4가지 문제로 이루어져 있다. 그중 어느 하나만 풀어도 상을 받기에 충분하다. 네 문제 모두에서 유체는 압축할 수 없는 것으로 가정한다. 이 네 문제는 다음과 같다.

(1) **3차원 해의 존재와 매끄러움.** 여기서 유체는 무한한 공간 전체를 채우는 것으로 가정한다. 임의의 매끄러운 초기 속도장이 주어졌을 때 모든 양의 시간에 대하여 방정식의 매끄러운 해가 존재하고 명시된 초기 장에 들어맞는다는 것을 증명하라.

(2) **3차원 평원환면에서의 해의 존재와 매끄러움.** 같은 의문이지만 이번에는 공간이 평원환면, 즉 마주 보는 면을 동일시한 직육면체라고 가정한다. 이 형태는 첫 번째 형태에서 가정한 무한한 영역으로 인한 잠재적인 문제들을 회피하는데, 이러한 영역은 현실과도 맞지 않고

우스꽝스러운 이유로 부적절한 행태를 유발할 수 있다.

(3) **3차원에서의 해의 붕괴.** (1)이 틀렸다는 것을 증명하라. 즉 모든 양의 시간에 대하여 매끄러운 해가 존재하지 않는 초기 장을 찾아내고 이 명제를 증명하라.

(4) **3차원 평원환면에서의 해의 붕괴.** (2)가 틀렸다는 것을 증명하라.

나비에-스토크스 방정식과 같지만 점도가 없다고 가정하는 오일러 방정식에 대해서도 같은 문제들이 미해결 상태지만 오일러 방정식에 대해서는 상을 주지 않는다.

여기서 큰 난점은 고려의 대상인 흐름이 3차원적이라는 것이다. 평면에서 흐르는 유체에 대한 유사한 방정식이 있다. 물리학적으로, 이 방정식은 마찰을 일으키지 않는 것으로 가정되는 2개의 평평한 판 사이의 얇은 유체막, 혹은 유체가 평행한 평면들의 계와 정확히 같은 방식으로 움직이는 3차원에서의 흐름의 패턴을 표현한다. 1969년 러시아의 수학자 올가 알렉산드로브나 라디젠스카야Olga Alexandrovna Ladyzhenskaya는 2차원 나비에-스토크스 방정식과 2차원 오일러 방정식에 대해 (1)과 (2)는 참인 반면 (3)과 (4)는 거짓이라는 것을 증명했다.

아마도 놀랍겠지만, 오일러 방정식이 점성과 관련된 항들이 빠져 있어서 나비에-스토크스 방정식보다 간단한데도 풀기는 더 어렵다. 그 이유는 교훈을 준다. 점성은 해가 모든 시간에 대해 존재하는 것을 가로막는 일종의 특이점으로 이어질 가능성이 있는, 해에서의 좋지 않은 행태를 가라앉힌다. 점성과 관련된 항이 빠지면 그런 완화가 이뤄지지 않아서 존재 증명에서 수학적인 문젯거리로 등장한다.

라디젠스카야는 해가 존재한다는 것뿐만 아니라 어떤 계산적 유체역학 체계는 해들을 원하는 만큼 정확하게 근삿값으로 계산해낸다는 것을 증명하여 나비에-스토크스 방정식에 대한 우리의 이해에 결정적인 기여를 했다.

새천년상 문제들이 압축할 수 없는 유체와 관련되어 있는 까닭은 압축할 수 있는 유체가 좋지 않은 행태를 보이는 것으로 잘 알려졌기 때문이다. 예를 들어 항공기를 위한 방정식들은 항공기가 소리보다 빨리 나는 경우 온갖 문제를 겪는다. 이게 그 유명한 '음속 장벽'으로 초음속 제트전투기를 설계하려는 공학자들의 골치를 아프게 하는데 이 문제는 공기의 압축성과 관련이 있다. 어떤 물체가 압축할 수 없는 유체를 뚫고 움직이면 볼베어링으로 가득한 상자에 굴을 파듯 유체 입자들을 밀어낸다. 입자들이 쌓이면 물체의 속도를 늦춘다. 하지만 압축할 수 있는 유체에서는 파동이 이동할 수 있는 속력, 즉 음속에 제한이 있어서 이런 일이 일어나지 않는다. 초음속에서는 공기가 밀려나는 대신 항공기 앞에 쌓이고 그 밀도는 한없이 늘어난다. 그 결과가 충격파이다. 수학적으로 충격파는 기압의 불연속점인데, 기압은 충격파를 가로지르며 한 값에서 다른 값으로 급격히 변한다. 그 물리적인 결과는 음속 폭음이다. 이를 이해하고 고려하지 않으면 충격파가 항공기를 손상할 수 있으므로 공학자들이 걱정하는 것도 당연하다. 그러나 음속은 사실 장벽은 아니고 장애일 뿐이다. 충격파가 존재한다는 것은 압축 가능한 나비에-스토크스 방정식이 어느 시점에나 매끄러운 해를 가질 필요는 없다는 것을 의미한다. 심지어는 2차원에서도 말이다. 따라서 이 경우에는 답이 이미 알려졌으며, 이 답은 부정적인 것이다.

해가 이렇게 붕괴하기는 하지만 충격파의 수학은 편미분 방정식 내에서는 중요한 영역이다. 나비에-스토크스 방정식 그 자체는 압축 가능한 유체에 대한 훌륭한 물리학적 모형이 아니지만 방정식에 추가적인 조건을 더하여 수학적 모형을 수정할 수 있고, 이는 충격파의 불연속점들을 고려에 넣는다. 그러나 압축할 수 없는 유체의 흐름에서는 충격파가 일어나지 않으므로 이러한 맥락에서는 초기의 흐름이 아무리 복잡하다 할지라도 매끄럽기만 하다면 어느 시점에나 해가 존재하는 게 틀림없다고 생각해볼 수는 있다.

3차원 나비에-스토크스 방정식에 대해서도 몇 가지 긍정적인 결과가 알려져 있다. 초기 흐름 패턴이 충분히 작은 속도를 수반하여 흐름이 매우 느리다면 (1)과 (2)는 모두 참이다. 속도가 크다 할지라도 (1)과 (2)는 어떤 0이 아닌 시간 간격에 대해 참이다. 미래의 모든 시점에 대하여 유효한 해는 존재하지 않을 수도 있지만 해가 존재하는 분명한 기간이 있다. 이러한 과정을 반복하여 해를 시간상으로 조금씩 앞으로 밀어낸 다음 마지막에 나온 결과를 새로운 초기 조건으로 사용할 수 있을 것처럼 보일 수도 있겠다. 이러한 추론방향의 문제는 시간 간격이 급속하게 줄어들어서 그러한 무수한 단계를 거치는 데 유한한 시간이 걸릴 수도 있다는 것이다. 예를 들어 어떤 단계에 걸리는 시간보다 그 뒤의 단계에 걸리는 시간이 절반이고 첫 번째 단계에 걸리는 시간이 이를테면 1분이라면 전체 과정에 걸리는 시간은 $1 + \frac{1}{2} + \frac{1}{4} + \frac{1}{8} + \cdots$ 인데 이는 2와 같다. 해가 없어지면—현재로서는 순전히 가설적인 추정이지만 그래도 생각해볼 수는 있다.—해당하는 해가 **폭발했다** blow up

라고 한다. 이러한 일이 벌어지는 데 걸리는 시간은 폭발 시간blowup time
이다.

그러니까 앞에 말한 4개의 의문은 해가 실제로 폭발할 수 있는가를 묻는 것이다. 폭발할 수 없다면 (1)과 (2)가 참이다. 폭발할 수 있다면 (3)과 (4)가 참이다. 어쩌면 해들은 무한한 영역에서는 폭발할 수 있고 유한한 영역에서는 폭발할 수 없을 수는 건지도 모른다. 어쨌건 (1)에 대한 답이 '그렇다.'라면 (2)에 대한 답도 마찬가지인데 그 이유는 평원환면에서의 임의의 흐름 패턴을 무한공간 전체에서의 공간적으로 주기적인 흐름 패턴으로 해석할 수 있기 때문이다. 아이디어는 공간을 관련된 직육면체의 복제들로 채우고 각각에 같은 흐름 패턴을 복제한다는 것이다. 원환면의 붙임 규칙으로 인해 흐름은 이러한 평평한 경계면과 만나면 반드시 평평해진다. 이와 비슷하게 (4)에 대한 답이 '그렇다.'라면 같은 이유로 (3)에 대한 답도 마찬가지이다. 초기 상태를 공간적으로 주기적이게 해주기만 하면 된다. 그러나 현재 우리가 아는 게 별로 없기는 하지만 (2)에 대한 대답은 '그렇다.'일 수도 있는 반면 (1)에 대한 대답이 '아니다.'일 수도 있다.

폭발에 대해서 한 가지 충격적인 사실만큼은 알고 있다. 유한한 폭발 시간을 지닌 해가 있다면 유체의 최고 속도는 공간의 모든 점에서 임의적으로 커야 한다. 예를 들어 유체의 분출이 형성되고 분출의 속력이 워낙 급속도로 커져서 유한한 시간이 흐른 뒤에 무한으로 발산하면 이런 일이 일어날 수 있다.

이러한 반론은 순전히 가설적인 것은 아니다. 고전적인 수리 물리학의 다른 방정식들에는 이러한 종류의 특이한 행태의 전례가 있다. 눈에 띄는 예는 천체 역학에서 발생한다. 1988년 샤지홍夏志宏은 3차원 공간에서 5개의 점 질량들이 뉴턴의 중력 법칙을 따르는데 4개의 입자는 유한한 시간이 흐른 뒤 무한으로 사라지고—폭발의 형태— 5번째 입자는 훨씬 더 과격한 진동을 겪게 되는 초기 배치가 존재한다는 것을 증명했다. 그보다 이전에 조지프 거버Joseph Gerber는 평면상의 5개의 물체가 유한한 시간 내에 모두 무한으로 사라질 수도 있다는 점을 암시했지만 자신이 상상하는 시나리오에 대한 증명을 완성하지는 못했다. 1989년 그는 물체의 수가 충분히 많다면 평면상에서 이러한 종류의 탈출이 분명히 일어날 수 있다는 것을 증명했다.

그러한 체계가 에너지 보존 법칙을 따른다는 것을 고려할 때 이런 행태가 가능하다는 점은 놀랍다. 모든 물체가 임의적으로 빠르게 움직인다면 전체 운동에너지는 분명히 늘어나야 하지 않을까? 답은 위치에너지가 감소하기도 하며, 점 입자point particle에 있어 중력 위치에너지의 총합은 무한하다는 것이다. 물체들은 또한 각운동량을 보존해야 하지만 그중 몇 개가 계속 줄어드는 원을 그리며 점점 더 빨리 움직인다면 그렇게 할 수 있다.

이와 관련된 물리학적 의미는 유명한 새총효과slingshot effect인데, 태양계에서 멀리 떨어진 세계로 탐사용 로켓을 보낼 때 통상적으로 사용된다. 그 좋은 예가 미국항공우주국NASA의 갈릴레오 무인우주탐사선인데, 이 탐사선의 임무는 목성으로 날아가서 이 거대한 행성과 수많은 위성을 탐사하는 것이었다. 1989년 발사된 탐사선은 1995년 목성에 도착했다. 그렇게 오래 걸린 이유 중 하나는 그 경로가 명백하게 우회하는 것이었다는 것이다. 목성의 궤도는 지구 바깥쪽에 있지만 갈릴레오는 금성을 향해 안쪽으로 출발했다. 금성 근처를 지나 지구로 다시 날아왔다가 951번 소행성 가스프라를 향해 우주로 날아갔다. 그랬다가 지구로 돌아와 다시 한 번 우리가 사는 행성을 돌고 최종적으로 목성을 향해 날아갔다. 가는 길에 또 다른 소행성인 아이다에 접근하여 여기에도 나름의 작은 위성이 존재한다는 것을 발견했는데 이 새로운 소행성에는 닥틸이라는 이름이 붙었다.

왜 이렇게 빙빙 도는 궤도를 택했을까? 갈릴레오는 천체에 근접할 때마다 에너지를, 따라서 속력을 얻었다. 다가오는 행성과 충돌할 경로는 아니지만 표면에 상당히 가깝게 접근하던 우주탐사로켓이 행성 뒤를 돌아 공간으로 내던져지는 것을 상상해보자. 탐사선이 행성 뒤를 지나갈 때 탐사선과 행성은 서로 끌어당긴다. 사실 늘 서로 끌어당기고 있었지만 이 단계에서 인력이 가장 크고 따라서 효과도 가장 크다. 행성의 중력은 탐사선의 속도를 높여준다. 에너지는 보존되어야 하므로 그 대신 탐사선은 태양 주위의 궤도를 도는 행성의 속도를 아주 살짝 늦추게 된다. 탐사선의 질량은 매우 작고 행성의 질량은 매우 크므로 행성에 대한 영향은 무시해도 될 정도이다. 탐사선에 대한 효과는 그렇지 않다. 극적으로 속도가 높아질 수 있다.

갈릴레오는 금성 표면에서 16,000킬로미터 이내까지 접근하며 초속 2.23킬로미터의 속력을 얻었다. 그리고 지구를 960킬로미터 이내, 그리고 다시 300킬로미터 이내의 거리로 지나치며 초속 3.7킬로미터를 더 얻었다. 이러한 비행은 탐사선이 목성에 도달하기 위해 필수적이었는데, 그 이유는 로켓이 탐사선을 직접 목성까지 날려보낼 만큼 강력하지 않았기 때문이다. 센토-G 액체수소연료 추진로켓을 이용하여 그렇게 하는 것이 원래의 계획이었다. 그러나 우주왕복선 챌린저호가 발사 직후에 폭발하는 참사로 그러한 계획은 포기되었다. 센토-G가 금지되었던 것이다. 그래서 갈릴레오에는 그보다 약한 고체연료 추진로켓을 써야 했다. 임무는 커다란 성공을 거두었고 과학적 성과로는 탐사선이 아직 목성으로 가는 도중이던 1994년 슈메이커-레비 9호 혜성과 목성이 충돌하는 것을 관찰한 것도 포함된다.

샤지홍의 시나리오도 새총 효과를 이용한다. 질량이 같은 4개의 행성은 2개의 근접한 쌍을 이루어 평행한 2개의 평면에 있는 공통질량 중심 주위를 돈다.[77] 이러한 2체two-body 라켓들이 제5의 보다 가벼운 물체로 천상의 테니스를 하면서 이 제5의 물체는 앞의 두 평면에 직각으로 두 라켓 사이를 오간다. 이러한 계는 이 '테니스공'이 한 쌍의 행성을 지나쳐 갈 때마다 새총효과로 공의 속력이 빨라지고 한 쌍의 행성이 두 쌍을 이어주는 선을 따라 바깥으로 밀려 나가 테니스장은 더 길어지고 선수들은 더 멀리 떨어지게 만들어진다. 에너지와 운동량은 계속 균형을 이루는데 그 이유는 해당하는 2개의 행성이 조금씩 서로 가까워지고 질량중심 주위를 계속 더 빨리 돌기 때문이다. 초기 설정이 제대로 되면 쌍을 이룬 행성들은 점점 더 멀어져가고 그 속력은 순식간에 빨라져서 유한한 시간이 지난 뒤에는 무한에 이른다. 그 와중에 그 사이에서 테니스공은 점점 더 빨리 진동한다. 거버의 탈출 시나리오도 새총 효과를 이용한다.

이렇게 사라지는 행위가 실제 천체들과 관련이 있을까? 말 그대로 받아들인다면 관련이 없다. 물체들이 점 질량이어야 하기 때문이다. 천체 역학의 많은 문제에서는 점 질량으로 간주하는 것이 합리적인 근삿값이지만 물체들이 임의적으로 서로 가까이 다가갈 때는 그렇지 않다. 유한한 크기의 물체들이 서로 접근하면 결국에는 충돌하게 된다. 상대성 효과가 물체들이 빛보다 빨리 움직이는 것을 막고 중력 법칙을 바꾸게 된다. 어쨌거나, 초기 조건, 그리고 어떤 질량들이 동일하다는 가정은 실제로 일어나기에는 너무도 드문 경우다. 그러나 이렇게 특이한 예들은 천체 역학의 방정식들이 대부분의 상황에서 현실을 매우 훌륭하게 모형화한다고 해도 모든 시간에 대해 해가 존재하는 것을 가로막는 복잡한 특이점들을 가질 수 있다는 것을 보여준다. 또한 최근에는 별 3개가 복잡한 경로로 서로의 주위를 궤도를 그리며 도는 계에서 새총 효과로 별 중 하나를 높은 속도로 방출될 수 있다는 것을 깨닫게 되었다. 그러니 자신이 속했던 계에서 형제들에게 쫓겨난 수없는 별들이 무정하게, 외로이, 반겨지지 못한 채, 눈에 띄지도 않게 은하계를, 어쩌면 은하간 공간까지 배회하고 있을지도 모른다.

　미분 방정식이 유한한 시간이 지난 후 그 해가 이치에 맞지 않게 될 정도로 기이한 행태를 보이면 특이점이 있다고 한다. 다체 문제에 대한 앞의 연구는 실은 다양한 유형의 특이점에 대한 것이다. 나비에-스토크스 방정식에 대한 새천년상 문제는 공간 전체나 평원환면을 차지하고 있는 유체에 대하여 초깃값 문제에서 특이점이 발생할 수 있는가를 묻는다. 유한한 시간 내에 특이점이 형성될 수 있으면 폭발할 가능성이 크다. 특이점이 그 뒤에 어떻게든 풀린다면 이야기는 다르지만, 그럴 가능성은 별로 없는 것 같다.

이러한 의문에 접근하는 방법에는 크게 2가지가 있다. 특이점이 절대 발생하지 않는다는 걸 증명해볼 수도 있고 적당한 초기조건을 선택하여 특이점을 찾아내 볼 수도 있다. 어느 쪽이든 수치적 해법이 도움이 될 수 있다. 흐름의 유용하고도 일반적인 특징을 넌지시 비춰줄 수도 있고, 잠재적인 특이점들의 가능한 본질에 대한 강력한 암시를 제공하기도 한다. 그러나 수치적인 해법에는 정확성이 부족할 가능성이 있기 때문에 그런 암시는 모두 조심스럽게 다뤄야 하고 더욱 철저하게 해명되어야 한다.

정칙성regularity, 즉 특이점이 없다는 것을 증명하려는 시도들은 흐름에 대한 통제력을 얻기 위해 다양한 방법을 이용한다. 여기에는 어떤 핵심적인 변수들이 얼마나 크거나 작을 수 있는지 추정하는 복잡한 방법들도 있고 더욱 추상적인 기법들도 있다. 인기 있는 접근법은 소위 약한 해법에 의한 것인데 엄밀히 말해 결코 흐름은 아니고 흐름의 성질 중 일부를 갖추고 있는 보다 일반적인 수학적 구조이다. 예를 들어 3차원 나비에-스노크스 방정식의 약한 해법의 특이점 집합은 구체적이고 전문적인 의미에서 반드시 작다고 알려졌다.

특이점으로 이어질 수 있는 수많은 다양한 시나리오들이 연구됐다. 점점 더 작아지는 소용돌이들의 폭포라는 난류에 대한 표준적인 모형은 1941년 안드레이 콜모고로프Andrei Kolmogorov까지 거슬러 올라가는데 그는 아주 작은 규모에서는 모든 형태의 난류가 아주 비슷해 보인다는 점을 암시했다. 예를 들어 주어진 크기의 소용돌이의 비율은 보편적인 법칙을 따른다. 이제는 소용돌이가 작아질수록 모양이 바뀌어 더 길어지고 가늘어지면서 필라멘트를 형성한다는 것이 알려졌다. 각

운동량 보존 법칙은 소용돌이가 얼마나 회전하는가를 가리키는 소용
돌이도 vorticity가 증가해야 한다는 것을 의미한다. 이를 와류 이완vortex-
stretching이라 하는데, 예를 들어 아주 작은 소용돌이들이 유한한 시간
내에 무한히 길어질 수 있고 소용돌이도가 어떤 지점에서 무한해질 수
있다면 특이점의 원인이 될 수도 있는 종류의 행태이다.

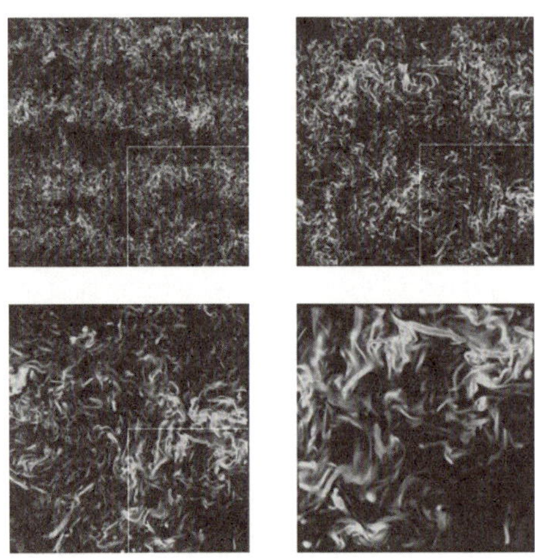

그림 43 VAPOR 컴퓨터 시스템으로 시뮬레이션한 난류 확대도.

그림 43은 파블로 미니니Pablo Mininni와 그 동료들이 VAPOR, 즉 대
양, 대기, 태양 연구를 위한 시각화 및 분석 플랫폼Visualzation and Analysis
Platform for Ocean, Atmosphere, and Solar Research을 이용해 작은 규모의 난류
를 시뮬레이션한 것을 확대한 것이다. 이 그림들은 소용돌이도의 강도
를 보여준다. 그림 속의 길고 가는 구조인 필라멘트의 형성을 설명하고
필라멘트가 무리를 이루어 보다 큰 규모의 패턴을 형성할 수 있음을 보

여준다. 미니니 등이 사용한 장치는 30억이 넘는 격자점이 있는 입방 격자에서 시뮬레이션을 수행할 수 있다.

이 문제에 관하여 클레이연구소 웹사이트에 올린 글에서 찰스 페퍼 먼Charles Fefferman은 다음과 같이 말했다.[78]

오일러와 나비에-스토크스 방정식의 해가 보이는 행태에 대한 대단히 흥미로운 문제들과 추측들이 많다.…… 이런 해가 존재하는지조차 알지 못하기 때문에 우리의 이해는 매우 초기적인 수준이다. (편미분 방정식)에 서 끌어온 표준적인 방법들은 이 문제를 해결하는 데 부적절해 보인다. 그 대신 무언가 심오하고 새로운 아이디어가 필요한 것이 분명하다.

그림 43과 같은 모습에 보이는 흐름의 복잡성을 보면 이러한 아이 디어를 찾는 과정에서 우리가 마주칠 가능성이 큰 어려움을 확실히 이 해하게 해준다. 수학자들은 의연하고 꾸준하게 이처럼 외견상 복잡한 가운데서 단순한 원리를 찾고 있다.

13

OBSERVATIO DOMINI PETRI DE FERMAT.

Cubum autem in duos cubos, aut quadratoquadratum in duos quadratoquadratos & generaliter nullam in infinitum ultra quadratum potestatem in duos eiusdem nominis fas est dividere cuius rei demonstrationem mirabilem sane detexi. Hanc marginis exiguitas non caperet.

양자 수수께끼

질량 간극 가설

제네바에서 북쪽으로 몇 킬로미터 떨어진, 스위스와 프랑스 국경에는 급격하게 뒤틀린 곳이 있다. 지면에서 보이는 것이라고는 지선도로와 작은 마을들뿐이다. 그러나 지하 50미터에서 175미터 사이에는 지구에서 가장 큰 과학기기가 있다. 거대한 원형 터널로, 그 지름은 8킬로미터가 넘고, 크기가 그 4분의 1쯤 되는 또 하나의 원형 터널과 연결되어 있다. 그 대부분은 프랑스 밑에 있지만 2개의 부분은 스위스에 있다. 터널들 안에는 여러 쌍의 파이프가 이어져 있는데, 이들은 4개의 지점에서 만난다.

이것은 대형 강입자 충돌기Large Hardon Collider, LHC로, 비용은 75억 유로(약 90억 달러)가 들었고, 입자 물리학의 첨단을 연구하고 있다. 여기에 협력한 100여 개국 출신의 10,000명의 과학자들이 지닌 핵심적인 목표는 힉스 보손Higgs boson을 찾는 것, 혹은 연속체가 무너진 방식에 따라서는 찾지 않는 것이다. 그들은 입자 물리학의 표준모형

Standard Model을 완성하고자 힉스 보손을 찾는 것이었다. 표준모형에서 우주의 모든 것은 17개의 서로 다른 기본입자로 만들어진다. 이론에 따르면 힉스 보손은 모든 입자에 질량을 부여하는 존재이다.

2011년 대형 강입자 충돌기의 두 실험 부서인 ATLAS와 CMS는 각자 독자적으로 질량이 약 125기가전자볼트(GeV, 입자 물리학에서 질량과 에너지에 자유롭게 바꿔가며 사용하는 단위인데, 이렇게 사용할 수 있는 까닭은 둘이 동등하기 때문이다.)인 힉스 보손이 있다는 잠정적인 증거를 발견했다. 2012년 7월 4일 대형 강입자 충돌기를 운영하는 유럽입자 물리학연구소CERN은 꽉 들어찬 과학자들과 과학 전문 언론인들에게 힉스에 유리한 쪽으로 연속체가 무너졌다고 발표했다. 두 연구 집단 모두 상당량의 추가적인 데이터를 수집해놓았고 그러한 데이터가 보여주는 것이 힉스와 같은 성질을 지닌 새로운 입자가 아니라 무작위적인 변동이었을 확률은 200만분의 1 미만으로 떨어졌다. 이 정도면 전통적으로 입자 물리학에서 샴페인을 터뜨리는 데 필요한 정도의 신뢰도이다.

새로운 입자가 이론상의 힉스 보손이 갖춰야 할 특징을 모두 가지고 있다고 확인하려면 실험이 더 필요할 것이다. 예를 들어 이론적으로 힉스 보손은 스핀이 0이어야 한다고 예측된다. 발표 당시 관찰 결과는 스핀이 0이나 2임을 보여주었다. 단일한 것이라는 힉스 보손이 더 작은 다른 입자들로 이루어진 것으로 밝혀질 가능성도, 힉스와 비슷한 입자들로 이루어진 새로운 족속 중에서 처음으로 발견된 것에 지나지 않을 가능성도 있다. 그러니까 입자에 대한 현재의 모형이 확고하게 자리를 잡게 될 수도, 결국은 더 나은 이론으로 이어질 새로운 정보를 얻게 될 수도 있다.

　7개의 새천년상 문제의 마지막은 표준모형, 그리고 힉스 보손과 긴밀한 관계가 있다. 이는 입자 물리학 연구의 수학적 틀인 양자장 이론의 중심적인 의문의 하나이다. 질량 간극 가설이라고 하는 이 의문은 기본입자의 가능한 질량의 구체적인 하한을 확인하는 것이다. 이 의문은 심오하고도 아주 새로운 수리 물리학 분야인 양자장 이론에 존재하는 일련의 중요한 미해결 의문 중에서 고른 대표적인 문제이다. 그 관련성의 범위는 순수 수학의 첨단 분야로부터 오랫동안 이루려고 애써온, 일반 상대성 이론과 양자장 이론이라는 2개의 주요한 물리학 이론의 통일에 이른다.

　고전적인 뉴턴 역학에서 기본적인 물리적 양은 공간, 시간, 질량이다. 공간은 3차원 유클리드 공간으로 가정되고, 시간은 공간과 별개인 1차원 양이고, 질량은 물질의 존재를 보여준다. 질량은 힘의 영향을 받으면 공간에서 위치가 변하고 위치가 변하는 정도는 시간에 대하여 측정된다. 뉴턴의 운동 법칙은 물체의 가속도(위치의 변화율인 속도의 변화율)가 물체의 질량, 그리고 가해진 힘과 관련되는 방식을 기술한다.

　공간, 시간, 물질에 대한 고전적인 이론들은 제임스 클러크 맥스웰 James Clerk Maxwell의 전자기 방정식에서 그 절정을 이루었다.[79] 이 우아한 방정식 체계는 예전에는 서로 별개의 것으로 여겨졌던 2개의 자연력을 통합했다. 전기와 자기가 차지하던 자리를 단일한 전자기장이 차지하게 되었다. 장은 우주가 어떤 종류의 보이지 않는 유체로 채워지기라도 한 것처럼 공간 전체를 구석구석 채운다. 공간의 각 지점에서는 그 유체가 수학적인 패턴으로 흐르기라도 하는 것처럼 장의 강도와 방향을 측정할 수 있다. 목적에 따라서는 전자기장을 전기장과 자기장이라는 2개의 요소로 나눌 수 있다. 그러나 움직이는 자기장은 전기장을 만들어내고 그 역도 성립하므로 역학에 관한 한 두 장은 더욱 복잡한 하나의 장으로 결합하여야 한다.

기본적인 과학개념들이 우리의 감각이 지각하는 사물들과 아주 흡사한, 물리적 세계에 대한 이 편안한 상은 20세기 초에 극적으로 바뀌었다. 이 시점에서 물리학자들은 당시 사용할 수 있었던 어떤 현미경으로도 관찰하기에는 턱도 없을 정도로 작은 규모에서는 물질이 모두가 상상하던 것과는 판이하게 다르다는 것을 깨달았다. 물리학자들과 화학자들은 고대 그리스의 데모크리토스Democritus와 인도의 다른 학자들의 철학적 사색까지 2,000년 이상을 거슬러 올라가는 상당히 엉뚱한 이론을 진지하게 받아들이기 시작했다. 세상이 수없이 다양한 물질로 만들어진 것 같지만 모든 물질은 작디작은 입자인 원자로 만들어졌다는 생각이었다. 원자atom라는 단어는 '나눌 수 없다.'라는 뜻의 그리스어에서 나온 것이다.

19세기 화학자들은 원자가 있다는 간접적인 증거를 발견해냈다. 원소들이 결합하여 더욱 복잡한 분자를 형성하면서 매우 명확한 비율로 결합하고, 그 비율이 범자연수에 가까운 경우도 많다는 것이다. 존 돌턴John Dalton은 이러한 관찰 결과를 배수비례 법칙으로 정식화하고 원자를 그 이유로 제시했다. 각각의 화합물이 일정한 수의 다양한 종류의 원자들로 이루어졌다면, 자동적으로 이러한 비율이 나타나게 된다. 예를 들어 이제 우리는 이산화탄소의 각각의 분자가 2개의 산소 원자와 하나의 탄소 원자로 이루어져서 원자의 수는 2대 1의 비율이 된다는 것을 안다. 그러나 문제가 있다. 서로 다른 원자는 질량도 다른데 많은 원소는 몇 개의 원자로 이루어진 분자로 나타난다. 예를 들어 산소 분자는 2개의 산소 원자로 구성된다. 그런데 상황을 깨닫지 못하면 산소 원자가 실제보다 2배 더 무거운 것으로 생각할 것이다. 그리고 겉보기에는 원소로 보이는 것이 실은 서로 다른 원자 구조인 '동위 원소'의 혼합물인 경우도 있다. 예를 들어 염소는 자연상태에서 2가지 안정적인 형태의 혼합물로 나타나는데 이 두 형태는 오늘날 염소 35와 염소 37로 부르고, 그 비율은 대략 76퍼센트와 24퍼센트이다. 따라서 관찰된 '원자량'은 35.45로 원자론의 초기 단계에는 이를 '염소 원자는 35.5개의 수소 원자들로 이루어져 있다.'라고 해석했다. 그렇다면 원자가 나눌 수 없는 것이 아니라는 말이 된다. 20세기가 시작되면서 대부분의 과학자는 여전히 원자론으로의 도약이 지나친 것이라고 여겼고 그걸 받아들이는 것을 합리화하기에는 수치적인 증거가 너무 약했다.

몇몇 과학자, 특히 맥스웰과 루트비히 볼츠만Ludwig Boltzmann은 시대를 앞서서 기체는 희박하게 분포된 분자들의 모임이고 분자는 원자가 조립되어 만들어진 것이라고 생각했다. 그들의 동료 대부분을 설득시킨 것은 현미경으로 관찰할 수 있는, 유체에 떠있는 작디작은 입자들의 불규칙한 움직임인 브라운 운동Brownian motion에 대한 알베르트 아인슈타인의 설명이었던 것 같다. 아인슈타인은 이러한 움직임이 무작위적으로 움직이는 유체 분자와 충돌해서 벌어지는 것이라고 판단했고, 자신의 견해를 뒷받침하기 위해 정량적인 계산을 했다. 장 페렝Jean Perrin은 1908년 이러한 예측을 실험으로 확인했다. 나눌 수 없다고 하는 물질의 입자들의 효과를 보고 정량적인 예측을 할 수 있게 되었다는 것은 철학적인 사색이나 기이한 수비학numerology보다 설득력이 있었다. 1911년 아메테오 아보가드로Amedeo Avogadro는 동위원소로 이러한 문제를 해결했고 원자의 존재는 과학계의 일치된 의견이 되었다.

이러한 가운데 몇몇 과학자들은 원자가 나눌 수 없는 게 아니라는 점을 깨닫기 시작했다. 원자에는 어떤 종류의 구조가 있고 거기서 작은 조각들을 떼어내는 것도 가능하다. 1897년 조지프 존 톰슨Joseph John Thomson은 소위 음극선이라는 것을 가지고 실험하다가 원자가 훨씬 더 작은 입자인 전자를 방출하게 할 수 있다는 것을 발견했다. 그뿐이 아니었다. 서로 다른 원소의 원자들이 같은 입자를 방출했다. 톰슨은 자기장을 가하여 전자가 음전하를 띠고 있음을 보였다. 원자는 전기적으로 중성이므로 원자에는 양전하를 띠는 부분도 있어야 하기 때문에 톰슨은 건포도 푸딩 모형plum pudding model('plum'은 자두이지만 빅토리아 시대 이전에는 건포도를 plum이라고 불렀다고 한다.—옮긴이)을 제안하게 된다. 원자는 양전하를 띤 푸딩에 음전하를 띤 건포도가 여기저기 박힌 것과 같다는 것이다. 그러나 1909년 톰슨의 제자였던 어니스트 러더퍼드Ernest Rutherford가 원자의 질량 대부분은 중심 부근에 집중된 것을 보여주는 실험을 수행했다. 푸딩은 그렇지 않다.

어떻게 그토록 작은 영역의 공간을 실험으로 조사할 수 있을까? 작은 땅을 상상해보자. 건물과 같은 구조물이 있어도 되고 없어도 상관없다. 그 지역에 들어가는 것은 허락되지 않고 칠흑같이 어두워서 거기 뭐가 있는지 보이지도 않는다. 그러나 소총 한 자루와 여러 상자의 탄약이 있다. 땅뙈기에 무작위로 총을 쏴서 총알이 빠져나가는 방향을 관찰할 수 있다. 땅뙈기가 건포도 푸딩과 같다면 대부분의 총알은 곧바로 통과할 것이다. 가끔 총알이 곧바로 되튀어 오는 바람에 고개를 숙여야 한다면 어딘가 상당히 단단한 어떤 것이 있다는 뜻이다. 총알이 특정한 각도로 빠져나가는 빈도를 관찰하면 단단한 물체의 크기를 짐작할 수 있다.

러더퍼드의 총알은 헬륨 원자의 핵인 알파입자였고, 그의 땅뙈기는 얇은 금박이었다. 톰슨의 연구는 전자 건포도의 질량이 매우 작아서 원자의 질량은 거의 다 푸딩에 존재해야 한다는 것을 보여주었다. 푸딩에 덩어리가 들지 않았다면 알파입자는 거의 다 직진하여 통과하고 빗겨나가는 일은 드물 뿐만 아니라 그 정도도 크지 않아야 한다. 그러나 작지만 유의미한 비율이 크게 빗겨 나갔다. 그러므로 건포도 푸딩이라는 상은 들어맞지 않았다. 러더퍼드는 다른 비유를 제안했는데, 오늘날에는 그보다 현대적인 상이 그 자리를 대신하고 있기는 하지만 그래도 비공식적으로 그의 비유를 쓰고 있다. 러더퍼드의 비유는 행성계 모형이었다. 원자는 태양계와 같다는 것이다. 원자 한가운데에는 거대한 핵이 태양처럼 자리하고 있고 전자들이 행성처럼 그 주위를 돌고 있다. 따라서 태양계처럼 원자의 내부는 거의 빈 공간이다.

러더퍼드는 더 나아가 원자핵이 2가지의 구분되는 입자로 이루어져 있다는 증거를 찾았다. 양전하를 띈 양성자와 전하를 띄지 않은 중성자가 그것이다. 이 둘의 질량은 매우 비슷해서 전자보다 1,800배 정도 무겁다. 원자는 나눌 수 없기는커녕 훨씬 더 작은 아원자 입자들로 이루어져 있는 것이다. 이러한 이론은 화학원소들의 정수적 수비론을 해명해준다. 여기서 헤아려지는 것은 양성자와 중성자들의 수인 것이다. 이것으로 동위원소도 설명된다. 몇 개의 중성자를 더하거나 빼면 질량은 바뀌지만 전하는 여전히 0이고 양성자의 수와 같은 전자의 수도 바뀌지 않는다. 원자의 화학적 성질은 주로 전자에 좌우된다. 예를 들어 염소 35에는 17개의 양성자와 17개의 전자, 18개의 중성자가 있는 반면 염소 37에는 17개의 양성자와 17개의 전자, 20개의 중성자가 있다. 35.45라는 수가 나온 것은 자연 상태의 염소가 이 두 동위원소의 혼합물이기 때문이다.

20세기 초에는 이미 아원자 입자 규모에서 물질에 적용되는 새로운 이론이 등장했다. 양자 역학이 그것으로, 일단 이것을 이용할 수 있게 되면서 물리학은 완전히 달라졌다. 양자 역학은 수많은 새로운 현상들을 예측했고 그중 많은 것들이 금세 실험실에서 관찰되었다. 기이하고 예전에는 도저히 이해할 수 없었던 수많은 관찰 결과를 해명해냈다. 새로운 기본입자들의 존재를 예측했다. 그리고 우리가 사는 우주에 대한 고전적인 상이 예전에는 관찰 결과와 훌륭하게 맞아떨어졌지만 그래도 잘못된 것임을 알려주었다. 우리의 인간적 척도에 따른 지각은 가장 기본적인 수준에서는 현실에 대한 모형으로서 형편없다.

고전 물리학에서 물질은 입자들로 만들어지고 빛은 파동이다. 양자 역학에서는 빛은 입자, 즉 광자이기도 하다. 역으로 물질, 예를 들어 전자는 때로는 파동처럼 행동할 수도 있다. 과거에 파동과 입자를 뚜렷하게 나눴던 경계선은 흐려졌다기보다는 아예 사라져버리고 파동/입자이중성이 그 자리를 차지했다. 원자의 행성계 모형은 말 그대로 받아들이면 아주 잘 들어맞지는 않기 때문에 새로운 상이 등장했다. 행성처럼 핵 주위를 도는 대신 전자들은 핵을 중심으로 어렴풋한 구름을

형성하는데 이 구름은 물질의 구름이 아니라 확률의 구름이다. 구름의
밀도는 그 위치에서 전자를 발견할 가능성에 상응한다.

　양성자, 중성자, 전자와 더불어 물리학자들은 또 하나의 아원자 입
자인 광자도 알았다. 다른 것들도 등장했다. 에너지 보존 법칙이 붕괴
한 것처럼 보이는 현상 때문에 볼프강 파울리Wolfgang Pauli는 보이지도
않고 사실상 감지될 수도 없지만 빠진 에너지를 제공해주는 새로운 입
자인 중성미자neutrino의 존재를 상정하여 이를 수습하자고 제안하기에
이른다. 그 존재는 1956년에야 겨우 확인할 수 있었다. 그리고 그로써
봇물이 터졌다. 곧 파이온pion, 뮤온muon, 케이온kaon이 등장했는데 케
이온은 우주선cosmic ray을 관찰하여 발견한 것이다. 이렇게 태어난 입자
물리학은 계속 러더퍼드의 방법을 이용하여 믿을 수 없을 정도로 작디
작은 공간적 규모를 조사했다. 어떤 것 안에 뭐가 들어있는지 알아내려
면 수많은 것을 거기에 던져서 뭐가 튀어나오는지 관찰한다. 점점 더 커
다란 입자 가속기—사실상 총알을 쏘는 총—가 만들어지고 운영되었
다. 스탠퍼드 선형가속기는 길이가 3킬로미터였다. 길이가 대륙 전체에
걸치는 가속기를 건설해야 하는 상황을 피하려다 보니 입자들이 엄청
난 속력으로 수없이 돌고 또 돌 수 있도록 가속기는 굽어져 원이 되었
다. 원을 그리며 움직이는 입자들은 에너지를 방출하기 때문에 기술적
으로 복잡해졌지만 해결책이 있었다.

　이러한 노력으로 거둔 첫 번째 수확은 끊임없이 늘어나는 소위 기
본입자들의 목록이었다. 엔리코 페르미Enrico Fermi는 좌절감을 표했다.
'이 모든 입자의 이름을 기억할 수 있다면 식물학자가 되었을 것이다.'
그래도 가끔 양자론에서 나온 새로운 아이디어들로 이러한 목록은 다

시 무너졌는데, 새로운 종류의 더욱 작은 입자들이 이미 관찰된 구조들을 통합한다고 제시되었기 때문이었다.

초기 양자 역학은 파동과도 같은, 혹은 입자와도 같은 개별적인 사물에 적용되었다. 그러나 처음에는 양자 역학에서 장에 해당하는 것을 설명할 수 있는 사람이 아무도 없었다. (양자 역학으로 설명할 수 있는) 입자들은 (양자 역학으로 설명할 수 없는) 장과 상호작용을 할 수 있고 또 실제로 상호작용을 하기 때문에 이러한 공백은 무시할 수 없었다. 태양계의 행성들이 어떻게 움직이는지 알아내고자 하지만 뉴턴의 운동 법칙(힘이 가해졌을 때 질량이 움직이는 방식)은 알면서 그의 중력 법칙(그 힘이 무엇인가 하는 것)은 모르는 거나 마찬가지였다.

입자만이 아니라 장을 모형화하고자 하는 데는 또 다른 이유가 있었다. 파동/입자 이중성 덕분에 이 둘은 긴밀하게 연관되어 있다. 입자는 본질적으로 장을 모아놓은 덩어리이다. 장은 입자가 빽빽하게 들어찬 바다이다. 이 두 가지 개념은 떼어놓을 수 없다. 유감스럽게도 당시까지 개발된 방법들은 입자가 작디작은 점과 같다는 것에 의존하는 것으로 어떤 합리적인 방식으로도 장으로 확장되지 않았다. 수많은 입자를 그냥 한데 붙여놓고 그 결과를 장이라고 부를 수는 없다. 입자들은 **상호 작용**하기 때문이다.

한 떼의 사람들이 벌판에 있는 것을 상상해보자. 록 콘서트에 와 있는 거라 치자. 지나가는 헬리콥터에서 보면 군중은 벌판을 철벅거리며 돌아다니는 흐름을 닮았다. 예를 들어 진흙탕이 되는 것으로 유명한 글래스톤베리 축제Glastonbury Festival와 같이 말 그대로 그런 경우도 종종 있다. 땅에 내려앉아서 보면 유체가 실은 소용돌이치는 개별 입자들, 즉 사람들의 덩어리라는 게 분명해진다. 혹은 사람들이 빽빽한 무리를 여러 개 지은 것이라고 할 수도 있겠다. 몇몇 친구가 다붓하게 걸으며 나눌 수 없는 단위를 이루거나 낯선 이들이 이를테면 술집에 간다거나 하는 공통된 목적으로 무리를 지어 함께 가거나 하는 경우처럼 말이다. 그러나 사람들이 혼자라면 했을 일들을 합쳐놓는 것으로 군중을 정확하게 모형화할 수는 없다. 술집으로 향하는 한 무리는 다른 무리의 길을 가로막는다. 두 무리는 맞부딪혀 서로 떠민다. 효과적인 양자장 이론을 마련하는 것은 사람들이 국지적인 양자 파동 함수들일 때 이렇게 하는 것과 마찬가지이다.

1920년대 말에는 이러한 추론에 따라 물리학자들은 아무리 어려운 임무라 하더라도 양자 역학을 입자뿐만 아니라 장에도 대처할 수 있도록 확장해야 한다고 생각하게 되었다. 자연스러운 출발점은 전자기장이었다. 어떻게든 이 장의 전기적 요소와 자기적 요소를 양자화, 즉 양자 역학의 형식론에 따라 고쳐 써야 했다. 수학적으로 이러한 형식론은 낯설고 딱히 물리학적이지도 않다. 관측 가능 대상, 즉 측정할 수 있는 사물이 더는 편하고 익숙한 수로 표현되지 않았다. 그 대신 힐베르트 공간의 연산자들에 대응했다. 이는 파동을 조작하는 수학적 규칙들이다. 이러한 연산자들은 고전적인 수학의 통상적인 가정들을 위배했다. 두 수를 곱할 때 어느 수가 앞에 오든 그 결과는 같다. 예를 들어 2×3와 3×2는 같다. 교환 법칙이라고 하는 이러한 성질은, 양말을 신고 나서 신발을 신은 결과가 신발을 신고 나서 양말을 신은 결과와 같지 않듯, 쌍을 이룬 연산자들에는 통하지 않는 경우가 많다. 수가 수동적인 놈이라면 연산자는 능동적인 놈이다. 어떤 행동을 먼저 취하느냐 하는 것으로 나머지에 대한 상황이 정해진다.

교환 법칙은 대단히 기분 좋은 수학적 성질이다. 그게 없으면 꽤 불편해지는데 장을 양자화하는 것이 까다로운 것으로 드러나는 이유는 그뿐만이 아니다. 그래도 양자화할 수 있는 이유 중 하나다. 전자기장은 일련의 단계를 거쳐서 양자화되었는데 그 시작은 1928년에 나온 전자에 대한 디랙Dirac의 이론이었고 1940년대 말부터 1950년대 걸쳐 걸친 토모나가 신이치로朝永振一郎, 줄리언 슈윙거Julian Schwinger, 리처드 파인먼Richard Feynman, 프리먼 다이슨Freeman Dyson이 완성했다. 그 결과 나온 이론은 양자 전기 역학으로 알려졌다.

여기서 사용된 관점은 더욱 일반적으로 통할지도 모를 방법을 암시했다. 근본적인 아이디어는 뉴턴까지 거슬러 올라간다. 수학자들은 뉴턴의 법칙이 제공한 방정식들을 풀려고 하면서 몇 가지 유용한 일반적 요령을 발견해냈는데 이는 보존 법칙이라는 것이다. 질량들의 계가 움직이면 어떤 양들은 변하지 않고 유지된다. 제일 친숙한 것이 에너지인데 여기에는 운동에너지와 위치에너지가 있다. 운동에너지는 물체가 얼마나 빨리 움직이느냐와 관련이 있고 위치에너지는 힘이 한 일이다. 바위가 절벽 가장자리로 밀려 떨어지면 중력으로 인해 위치에너지를 운동에너지와 맞바꾼다. 일상언어로 말하자면 떨어지면서 속력이 빨라진다는 것이다. 보존량으로는 질량에 속도를 곱한 운동량과 물체의 회전속도와 관련이 있는 각운동량도 있다. 보존되는 이러한 양들은 계를 설명하는데 사용되는 다양한 변수들을 연관시켜 그 수를 줄인다. 8장에서 2체 문제를 가지고 보았듯이 이는 방정식을 푸는 데 도움이 된다.

1900년대에는 이미 이러한 보존 법칙들의 원천들이 이해되었다. 에미 뇌터Emmy Noether는 보존되는 양에는 모두 방정식들의 대칭의 연속군이 각각 하나씩 대응한다는 것을 증명했다. 대칭이란 방정식을 그대로 두는 수학적 변환으로, 모든 대칭은 군을 형성하고 이 군의 연산은 '하나의 변환을 한 다음 나머지 변환을 하는' 것이다. 연속군이란 단 1개의 실수로 정의되는 대칭들의 군이다. 예를 들어 주어진 축에 대한 회전은 대칭이고, 회전각은 임의의 실수가 될 수 있으므로 주어진 축에 대한—임의의 각도만큼의—회전은 연속적인 족continuous family을 이룬다. 이와 관련된 보존량이 각운동량이다. 이와 비슷하게 운동량은 주어진 방향으로의 평행이동의 족과 관련이 있다. 에너지는 어떨까? 에너지는 시간 대칭에 대응하는 보존량이다. 모든 순간에 대하여 방정식이 같다.

물리학자들은 자연계의 기본적인 힘들을 통합하려 하면서 대칭이 핵심이라고 생각하게 되었다. 통합을 처음으로 한 것은 맥스웰인데, 그는 전기와 자기를 하나의 전자기장으로 묶었다. 맥스웰은 대칭은 고려하지 않고 이러한 통합을 이뤄냈지만 그의 방정식에는 이전에는 주목되지 않았던 놀라운 종류의 대칭, 즉 게이지 대칭gauge symmetry이 있다는 것이 곧 명확해졌다. 그리고 이것은 더욱 일반적인 양자장 이론들을 가능하게 하는 전략적 지렛대처럼 보였다.

회전과 평행이동은 전역 대칭global symmetry이다. 공간과 시간 전체에 균일하게 적용된다. 어떤 축에 대한 회전은 공간의 모든 점을 같은 각도만큼 회전시킨다. 게이지 대칭은 다르다. 국소 대칭local symmetry이라서 공간의 점마다 각각 다를 수 있다. 전자기장의 경우 이러한 국소 대칭은 위상의 변화이다. 전자기장의 국소적 진동에는 진폭(얼마나 큰가)과 위상(정점에 도달하는 시점)이 있다. 맥스웰 장방정식의 해를 하나 취하여 각 점에서 위상을 바꾸면 국소적인 전자기적 부하를 포함하는 장에 대한 설명에 보정하는 변화를 주는 것을 조건으로 하여 다른 해가 나온다.

게이지 대칭은 헤르만 바일Hermann Weyl이 더 나아가 전자기학과 일반 상대성 이론, 즉 전자기력과 중력을 통합하려는 가운데 도입한 것인데, 그의 시도는 실패로 끝났다. 이 이름은 오해로 말미암은 것이다. 그는 올바른 국소 대칭은 공간적 규모, 즉 '측정기준gauge'이 변하는 것이어야 한다고 생각했던 것이다. 그런 아이디어는 잘 풀리지 않았지만, 양자 역학의 형식론으로 인하여 블라디미르 포크Vladimir Fock와 프리츠 런던Fritz London이 다른 유형의 국소 대칭을 도입하게 되었다. 양자 역학은 실수만이 아닌 복소수를 이용하여 정식화되고 모든 양자 파동 함수에는 복소 위상이 있다. 적절한 국소 대칭은 복소 평면에서 위상을 임의의 각도로 회전시킨다. 추상적으로 이러한 대칭군은 모든 회전으로 이루어져 있지만 복소 좌표에서 이들은 하나의 복소 차원(1)을 가진 공간에서의 '유니터리 변환unitary transformation'(U)이어서 이러한 대칭들로 형성된 군을 U(1)이라고 표시한다. 여기에서의 형식론은 그저 추상적인 수학적 게임인 것은 아니다. 물리학자들이 전자기장에서 움직이는 대전한 양자 입자들에 대한 방정식을 작성하고 또 풀 수 있게 해준다. 토모나가, 슈윙거, 파인만, 다이슨의 손으로 이러한 관점은 전자기장에 대한 최초의 상대론적 양자장 이론인 양자 전기 역학으로 이어졌다. 게이지군 U(1)에 따르는 대칭이 그들의 연구에 필수적이었다.

다음 단계인 양자 전기 역학과 약한 핵력weak nuclear force의 통합은 1960년대 압두스 살람Abdus Salam, 셸던 글래쇼Sheldon Glashow, 스티븐 와인버그Steven Weinberg 등에 의해 이루어졌다. 전자기장 및 그 U(1) 게이지 대칭과 더불어 그들은 4개의 기본입자, 소위 W^+, W^0, W^-, B^0라는 보손boson과 관련된 장들을 도입했다. 이 장의 게이지 대칭은 사실상 이러한 입자들의 조합을 회전시켜 다른 조합을 만들어내고 SU(2)라는 또 다른 군을 형성하는데 SU(2)라는 2차원 복소 공간(2)에서의 유니터리(U) 변환으로 특수special(S)하기도 하다는 의미로 이는 간단한 기술적 조건이다. 조합된 게이지군은 따라서 U(1)×SU(2)인데 여기서 ×는 두 군이 2개의 장에서 독립적으로 행동한다는 것을 가리킨다. 그 결과는 약전자기 이론electroweak theory로 여기에는 곤란한 수학적 혁신이 필요했다. 양자 전기 역학에 대한 군 U(1)은 가환적commutative이다. 즉 2개의 대칭 변환을 차례로 적용할 때 어느 걸 먼저 적용해도 결과가 같다는 말이다. 이처럼 유쾌한 성질 덕에 수학은 훨씬 더 간단해지지만 SU(2)에는 이 성질이 유효하지 않다. 비가환 게이지 이론을 최초로 응용한 것이었다.

양성자나 중성자 같은 입자의 내부 구조를 고찰할 때 강한 핵력strong nuclear force이 개입한다. 이 분야에서 중요한 돌파구는 강입자라는 특정한 종류의 입자들에서의 별난 수학적 패턴이 원인이 되었다. 이 패턴은 팔중도eightfold way라고 알려졌다. 여기에서 영감을 얻어 양자 색역학quantum chromodynamics이 나왔는데, 이는 쿼크quark라는 숨겨진 입자의 존재를 상정하고 이를 강입자들이 사는 커다란 동물원의 기본적인 구성요소로 이용했다.

표준모형에서 우주의 모든 것들은 16개의 진정한 기본입자들로 이루어져 있는데 이들 기본입자의 존재는 가속기 실험으로 확인되었다. 거기에 덧붙여서 17번째를 지금 대형 강입자 충돌기가 찾고 있다. 러더퍼드가 알고 있던 입자 중에서 지금까지 기본입자로 남아 있는 것은 전자와 광자, 둘 뿐이다. 그와는 대조적으로 양성자와 중성자는 쿼크로 만들어진다. 쿼크라는 이름은 머리 겔-만Murray Gell-Mann이 만들어낸 것인데, 그의 의도는 코르크cork(발음은 '코크'에 가깝다.—옮긴이)와 운을 맞추려는 것이었다. 그는 제임스 조이스James Joyce의 《피네간의 경야 Finnegan's wake》에서 다음과 같은 구절과 마주쳤다.

Three quarks for Muster Mark!

Sure he has not got much of a bark

And sure any he has it's all beside the mark.

(마크 대왕을 위한 3개의 쿼크

확실히 그는 대단한 규성은 갖지 않았나니

그리고 확실히 가진 것이라고는 모두 과녁을 빗나갔나니

《피네간의 경야》(김종건 역, 고려대학교 출판부, 2012년, 345쪽)

이것으로 보면 'mark'와 운이 맞는 발음을 암시하는 것으로 여겨지겠지만 겔-만은 자신의 의도를 합리화할 방법을 찾아냈다.(겔-만은 자신의 책 《The Quark and the Jaguar》에서 'Three quarks for Muster Mark'라는 말이 'Three quarts for Mister Mark', 즉 '마크 씨에게 3쿼트(의 술을)'라는 의미일 수도 있으니 '쿼크'라고 읽는 것도 맞을 거라고 변명했다.—옮긴이) 이제는 두 발음

('쿼크'와 '콰크'—옮긴이)이 모두 흔하게 사용된다.

표준모형은 짝을 지은 6개의 쿼크를 예상한다. 여기에는 기이한 이름들이 붙었다. 위up/아래down, 맵시charmed/기묘strange, 꼭대기top/바닥bottom이라는 이름이다. 6개의 경입자lepton도 있는데, 역시 짝을 이룬다. 전자, 뮤온, 타우온tauon(오늘날은 보통 그냥 타우라고 부른다.)과 그와 관련된 중성미자들이다. 이 12가지의 입자들을 합쳐서 페르미온fernion이라고 하는데 이는 페르미의 이름을 딴 것이다. 입자들은 힘으로 말미암아 한데 묶여 있는데, 이러한 힘에는 중력, 전자기, 강한 핵력, 약한 핵력의 네 종류가 있다. 양자론적인 상과 아직 완전하게 조화되지 않은 중력을 젖혀두면 3가지 힘이 된다. 입자 물리학에서 힘들은 입자들의 교환으로 만들어지는데 이 교환은 힘을 '운반'하거나 '매개'한다. 흔히 사용되는 비유는 두 명의 테니스 선수가 공에 대한 공통의 관심으로 뭉친다는 것이다. 광자는 전자기력을 매개하고 Z 보손과 W 보손은 약한 핵력을 매개하고 글루온gluon은 강한 핵력을 매개한다. 엄밀히 말하자면 색력color force을 매개하는 것이고 강한 핵력은 그 결과로 우리가 관찰하게 되는 것이다. 양성자는 2개의 위 쿼크와 1개의 아래 쿼크로 이루어진다. 중성자는 1개의 위 쿼크와 2개의 아래 쿼크로 이루어진다. 이러한 입자에서 쿼크들은 글루온에 의해 한데 묶인다. 이 4가지 힘 운반자force carrier를 합쳐 '보손'이라고 하며 이는 찬드라 보스Chandra Bose의 이름에서 따왔다. 페르미온과 보손의 구분은 중요하다. 둘은 서로 다른 통계적 성질을 지니고 있다. 그림 44(왼쪽)는 그 결과 기본적인 것으로 추정되는 입자들의 목록을 보여준다. 그림 44(오른쪽)는 쿼크로 양성자와 중성자를 만드는 방법을 보여준다.

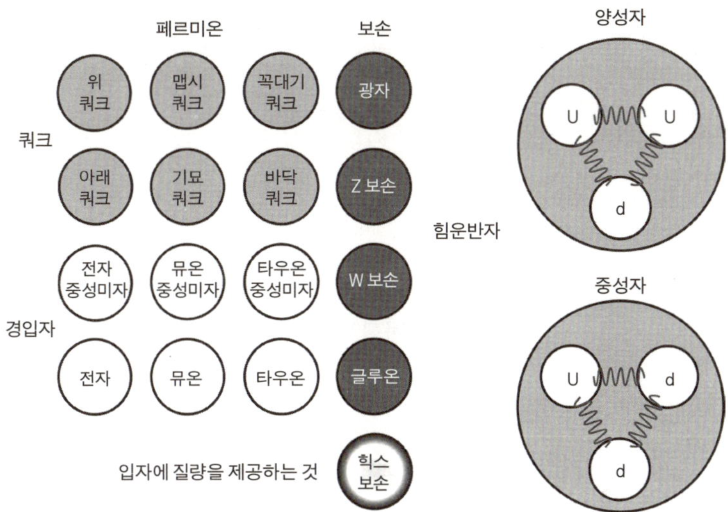

그림 44 왼쪽: 표준모형의 17가지 입자들. 오른쪽: 쿼크로 양성자와 중성자를 만드는 방법. 오른쪽 위: (양성자)＝(2개의 위 쿼크)＋(1개의 아래 쿼크). 오른쪽 아래: (중성자)＝(1개의 위 쿼크)＋(2개의 아래 쿼크).

힉스 보손은 표준모형의 다른 16개 입자가 0이 아닌 질량을 지니는 이유를 설명함으로써 그림을 완성해준다. 이 이름은 이러한 아이디어를 제안한 물리학자 중 한 명인 피터 힉스Peter Higgs의 이름을 딴 것이다. 이러한 물리학자 중에는 필립 앤더슨Philip Anderson, 프랑스와 옹글레어François Englert, 로버트 브로트Robert Brout, 제럴드 거랄닉Gerald Guralnik, 토머스 키블Thomas Kibble이 있다. 힉스 보손은 가설적인 양자장인 힉스장이 입자로 나타난 화신인데, 힉스장에는 드물지만 결정적인 특징이 있다. 이 장은 진공에서 0이 아닌 것이다. 나머지 16가지 입자는 힉스장의 영향을 받아 질량이 있는 것처럼 행동한다.

1993년 데이비드 밀러David Miller는 영국의 과학담당 장관 윌리엄 월드그레이브William Waldegrave의 도전에 응해(월드그레이브는 1993년 이해하는 사람이 거의 없는 힉스 보손의 연구에 엄청난 세금이 투여된다고 여겨 이를 설명하는 일에 상금을 걸었다.—옮긴이) 놀라운 비유를 제시했다. 칵테일파티였다. 사람들이 방 전체에 균일하게 퍼져 있는데 귀빈(전 수상)이 걸어 들어온다. 곧바로 모두가 그녀 주위로 모여든다. 그녀가 방을 가로질러 가는 가운데 다양한 사람들이 무리에 끼어들고 또 벗어나는데 이 움직이는 무리가 그녀에게 질량을 더하여 멈춰 서기가 어려워진다. 이게 힉스 구조이다. 이제 방에 어떤 소문이 돌면서 사람들이 그 소식을 들으려고 몇 사람씩 무리를 짓는 것을 상상해보자. 이 작은 무리가 힉스 보손이다. 밀러는 이렇게 덧붙였다. '힉스 보손이 없이도 힉스 구조와 우리의 우주 전체에 퍼진 힉스장은 있을 수 있다. 차세대 충돌기가 이 문제를 해결할 것이다.' 이제 힉스 보손은 해결된 것 같지만 힉스장에는 아직 추가적인 연구가 필요하다.

양자 색역학은 또 하나의 게이지 이론인데 이 경우의 게이지군은 $SU(3)$이다. 표기가 암시하듯 이제 변환은 3차원 복소 공간에 작용한다. 전자기, 약한 핵력, 강한 핵력의 통합이 그 뒤를 이었다. 각각의 힘에 하나씩 3개의 양자장의 존재를 가정하는데 그 게이지군은 차례로 $U(1)$, $SU(2)$, $SU(3)$이다. 이 셋을 모두 조합하면 표준모형이 나오는데, 그 게이지군은 $U(1) \times SU(2) \times SU(3)$이다. 엄격하게 말하자면 $SU(2)$와 $SU(3)$ 대칭은 근사적인 것이다. 아주 높은 에너지에서는 정확해진다고 믿어진다. 따라서 우리가 사는 세상을 이루는 입자들에 대한 그들의 영향은 '기복이 있는' 대칭들과 대응한다. 이상적이고 완벽한 대칭계가 작은 동요의 영향을 받을 때 남는 구조의 흔적들이다.

세 군 모두 연속적인 대칭족을 포함한다. 하나는 U(1)이고 3개는 SU(2)이며 8개는 SU(3)이다. 다양한 보존량이 이들과 관련이 있다. 뉴턴 역학의 대칭들이 여기서도 에너지, 운동량, 각운동량을 규정한다. U(1)×SU(2)×SU(3) 게이지 대칭에 대하여 보존되는 양은 다양한 '양자수quantum number'로 입자들에 특징을 부여한다. 스핀이나 전하와 같은 양과 비슷하지만 쿼크에 적용된다. 색전하color charge, 아이소스핀isospin, 초전하hypercharge와 같은 이름이 붙어있다. 마지막으로 U(1)에 대하여 보존되는 양이 몇 가지 더 있다. 6개의 경입자에 대한 양자수인데, 전자수electron number, 뮤온수muon number, 타우수tau number와 같은 것이다. 결과는 표준모형의 방정식의 대칭들이 뇌터의 정리들을 통해 기본입자의 가장 중요한 물리학적 변수들을 모두 해명한다는 것이다.

우리의 이야기에 주어지는 중요한 메시지는 전반적인 전략과 성과이다. 물리학 이론들을 통합하려면 그 대칭을 찾아내어 통합하라는 것이다. 그런 다음 그렇게 조합된 대칭군에 적절한 이론을 고안해낸다. 이러한 과정이 간단하다는 것은 아니다. 실은 기술적으로 대단히 복잡하다. 그러나 지금까지 양자장 이론은 이렇게 발전되어왔고, 현재 4개의 자연력 중에서 중력 하나만 그 범위에서 벗어나있다.

뇌터의 정리는 기본입자들과 관련된 주요한 물리학적 변수만 해명하는 것은 아니다. 근본적인 대칭이 몇 개나 발견되었나 하는 것도 포함된다. 물리학자들은 관찰되고 추론된 양자수로부터 거슬러 올라가 모형이 어떤 대칭들을 갖춰야 할 것인지 추정해냈다. 그런 다음 그러한 대칭에 적절한 방정식들을 작성하고 이러한 방정식들이 현실과 매우 잘 맞아떨어짐을 확인했다. 당장은 이러한 최종적인 단계에 19개의 매개 변수의 값을 선택하는 게 필요하다. 이러한 수를 방정식에 끼워 넣어야 양적인 결과가 나오는 것이다. 이 중 9개는 특정한 입자, 즉 6가지의 쿼크 전부와 전자, 뮤온, 타우의 질량이다. 나머지는 더욱 기술적인 것으로 뒤섞인 각들이나 위상결합 같은 것이다. 이러한 매개 변수 중 17개는 실험을 통해 알려졌지만 2개는 그렇지 않다. 이 변수들은 여전히 가설적인 힉스**장**을 표현한다. 그러나 이제는 물리학자들이 어디를 살펴야 하는지 알기 때문에 이들 변수를 측정할 가망이 높다.

이러한 이론들에 이용된 방정식들은 양-밀스_{Yang-Mills} 이론이라는 일반적인 종류의 게이지장 이론에 속한다. 1954년 양전닝_{楊振寧}과 로버트 밀스_{Robert Mills}는 게이지 이론을 발전시켜 강한 핵력, 그리고 그와 관련된 입자들을 해명해보려 했다. 최초의 시도는 장을 양자화하면서 문제에 봉착했는데 그 이유는 입자들의 질량이 0이어야 했기 때문이다. 1960년 제프리 골드스턴_{Jeffrey Goldstone}, 남부 요이치로_{南部陽一郎}, 조반니 조나-라시니오_{Giovanni Jona-Lasinio}는 이러한 문제를 우회하는 길을 찾았다. 질량이 없는 입자들을 예측하는 이론에서 출발하되 대칭의 일부를 깨서 이를 수정하는 것이었다. 즉 비대칭적인 새로운 항들을 도입하여 방정식들을 조금 바꾸는 것이다. 이러한 아이디어를 이용하여 양-밀스 이론을 수정하여 나온 방정식들은 약전자기 이론과 양자 색역학 양쪽에서 모두 매우 훌륭하게 통했다.

양과 밀스는 게이지군이 특수 유니터리군이라고 가정했다. 입자에 응용할 때 이 군은 2 혹은 3복소차원에 대한 특수 유니터리군인 SU(2)나 SU(3)였지만 형식론은 임의의 차원수에 적용되었다. 그들의 이론은 어렵지만 피할 수 없는 수학적 난제에 정면으로 맞섰다. 전자기장은 한 가지 측면에서 오해의 소지가 있을 정도로 간단하다. 그 게이지 대칭이 가환적인 것이다. 대개의 양자 연산자와는 달리 위상을 바꾸는 순서는 방정식에 영향을 미치지 않는다. 물리학자들은 아원자입자에 대한 양자장 이론에 주목했다. 여기서 게이지군은 비가환적이어서 방정식을 양자화하는 게 대단히 어려웠다.

양과 밀스는 리처드 파인만이 도입한 입자들의 상호작용에 대한 도식적인 표현을 이용하여 성공했다. 어떠한 양자 상태도 무수한 입자의 상호작용의 중첩으로 생각할 수 있다. 예를 들어 진공에도 순간적으로 존재했다가 또 순간적으로 다시 사라지는 입자와 반입자 쌍들이 포함된다. 2개의 입자가 단순하게 충돌하면 분할하면서 중간 입자들이 갈피를 잡을 수 없게 춤을 추며 왕복하고 갈라지거나 결합한다. 이러한 곤경에서 벗어나게 해주는 것은 2가지의 조합이다. 장방정식은 각각의 특정한 파인만 도표에 대하여 양자화될 수 있고 이 모든 기여는 합해져서 전체 상호작용의 효과를 표현할 수 있다. 게다가 가장 복잡한 도표는 드물어서 총합에 그다지 기여하지 않는다. 그렇다고는 하지만 심각한 문제가 있다. 이 총합은 직접적으로 해석하면 무한하다. 양과 밀스는 실은 상관이 없는 게 분명한 무한한 수의 항들이 제거되도록 계산을 '재규격화renormalise'하는 방법을 찾아냈다. 남은 것은 유한한 총합이었고, 그 값은 현실과 매우 가깝게 맞아떨어졌다. 이러한 기법은 처음에 창안되었을 때는 전적으로 불가사의한 것이었지만 이제는 이해가 간다.

1970년대에 수학자들이 가담하여 마이클 아티야가 양-밀스 이론을 광범위한 종류의 게이지군으로 일반화했다. 수학과 물리학은 서로 먹여 살리기 시작했고 위상 수학적 양자장 이론에 대한 에드워드 위튼Edward Witten과 네이션 사이버그Nathan Seiberg의 연구는 초대칭supersymmetry 개념으로 이어졌는데 여기서는 알려진 모든 입자에 새로운 '초대칭적' 상대가 있다. 전자와 셀렉트론selectron, 쿼크와 스쿼크squark라는 식이다. 이로써 수학은 단순화되었고 물리학적인 예측들로 이어졌다. 그러나 이 새로운 입자들은 아직 관찰되지 않았고 대형 강입자 충돌기를 이용해 수행된 실험들을 통해 이제는 분명히 모습을 드러냈어야 할 것들도 몇 개 있다. 이러한 아이디어의 수학적 가치는 확립되었지만 물리학과의 직접적인 관련성은 그렇지 않다. 그러나 양-밀스 이론에 유용하고 새로운 정보를 제공해준다.

양자장 이론은 수리 물리학에서 첨단분야가 가장 빨리 이동하는 축에 속해서 클레이연구소는 새천년상의 하나로 이 주제에 관한 걸 넣고 싶어했다. 질량 간극 가설은 이 풍요로운 분야에 딱 맞아떨어지게 속하는 것으로 입자 물리학과 관련된 중요한 수학적 문제를 다룬다. 양-밀스장을 응용하여 강한 핵력으로 기본입자들을 설명하는 것은 질량 간극이라고 알려진 구체적인 양자론적 특징에 의존한다. 상대성이론에서 빛의 속도로 움직이는 입자는 질량이 0이 아니라면 무한한 질량을 얻게 된다. 질량 간극은 양자 입자들이 그와 관련된 고전적인 파동들이 빛의 속도로 이동한다 하더라도 0이 아닌 유한한 질량을 가지는 것을 허용한다. 질량 간극이 존재하는 경우 진공이 아닌 모든 상태에는 진공보다 적어도 일정한 양만큼 에너지가 더 있다. 즉 입자의 질량에는 0이 아닌 하한이 존재한다는 것이다.

질량 간극의 존재는 실험으로 확인되고 방정식에 대한 컴퓨터 시뮬레이션도 질량 간극 가설을 지지한다. 그러나 어떤 모형이 현실과 일치한다고 가정하고는 그러한 모델의 수학적 특징을 검증하는데 현실을 이용할 수는 없다. 순환논리가 되기 때문이다. 따라서 이론적인 이해가 필요하다. 양-밀스 이론의 양자론적 형태가 존재한다는 것을 철저하게 증명하는 것이 중요한 한 단계가 될 것이다. 고전적인(비양자론적) 형태는 오늘날 어지간히 이해되고 있지만 양자론에서 그에 해당하는 것은 재규격화 문제로 곤란을 겪는다. 수학적인 책략으로 마법처럼 없애버려야 할 그 성가신 무한들 말이다.

매력적인 접근법 한 가지는 연속공간을 불연속적인 격자로 바꿔놓고 격자에 해당하는 양-밀스 방정식과 유사한 방정식을 작성하는 것이다. 그렇다면 주요한 문제는 격자가 점점 더 촘촘해져서 연속체에 가까워질 때 이 유사한 방정식이 잘 정의된 수학적 대상으로 수렴하는 것을 보이는 것이다. 이러한 수학에 필수적인 특징 중 일부는 물리학적 직관으로 추론해낼 수 있고 이러한 특징을 철저하게 규명할 수 있다면 적절한 양자 양-밀스 이론이 존재한다는 것을 증명하는 것도 가능할 것이다. 따라서 이론의 존재와 질량 간극 가설은 긴밀하게 얽혀있다.

이 지점에서 모두가 가로막혀있다. 2004년 마이클 더글러스Michael Douglas는 이 문제의 현황에 대한 논문에서 이렇게 말했다. '내가 아는 한, 지난 몇 년 동안 이 문제에 대한 돌파구는 나오지 않았다. 특히 낮은 차원의 장론에는 진척이 있었지만 수학적으로 철저한 양자 양-밀스 이론의 구성을 향한 유의미한 진전은 아는 바 없다.' 이러한 평가는 여전히 옳은 것 같다.

그러나 관련된 몇 가지 문제에는 그보다 주목할 만한 진전이 있었고 이것이 유용한 정보를 제공해줄 수도 있다. 2차원 시그마 모형sigma model이라는 특수한 양자장 이론이 다루기가 더 쉬워서 이런 모형 중 하나에 대해서는 질량 간극 가설이 증명되었다. 보통의 기본입자에 대한 가설적인 초대칭짝superpartner을 수반하는 초대칭 양자장 이론에는 기분 좋은 수학적 특징들이 있어서 사실상 재규격화를 할 필요가 없어진다. 에드워드 위튼 같은 물리학자들은 초대칭적인 경우에서의 관련된 의문들을 해결하는데 진척을 보이고 있다. 이러한 연구에서 등장한 방법 일부가 원래의 문제와 맞붙는 새로운 길을 시사할 수도 있으리라는 게 희망이다. 그러나 물리학적인 의미가 어떤 것이든, 질량 간극 가설이 결국 어떻게 전개되든, 이러한 발전의 상당수는 이미 중요하고 새로운 개념과 도구들로 수학을 풍요롭게 해주고 있다.

14

디오판토스의 꿈
버치-스위너튼-다이어 추측

7장에서 디오판토스의《산학》을 만나보았고, 나는 그 13권 중에서 여섯 권이 그리스어 사본으로 살아남았다고 밝혔다. 기원후 400년경, 고대 그리스 문명이 쇠퇴하면서 아라비아, 중국, 인도가 유럽에서 수학적 혁신의 횃불을 넘겨받았다. 아라비아의 학자들은 많은 고전 그리스 저작을 번역했고, 그러한 저작의 내용에 대하여 우리가 가지고 있는 주요 사료는 아랍어 번역인 경우가 많다. 아랍 세계는《산학》에 대하여 알고 있었고 거기에 기반하여 연구를 했다. 1968년 발견된 4부의 아랍어 필사본은《산학》의 '사라진' 책들을 번역한 것일지도 모른다.

기원후 10세기 말엽에 페르시아의 수학자 알-카라지al-Karaji가 제기한 의문은 아마 틀림없이 디오판토스도 떠올렸을 법한 것이다. 등차수열을 구성하는 3개의 유리 제곱수의 공차로는 어떤 정수들이 존재할 수 있을까? 예를 들어 정수 제곱수 1, 25, 49의 공차는 24이다. 그러니까 $1 + 24 = 25$이고 $25 + 24 = 49$라는 말이다. 알-카라지는 기원후

953년에서 1029년까지 살았으니까 《산학》을 접했을 수도 있지만 998년 아불-와파Abu'l-Wafā의 것이 알려진 가장 이른 번역본이다. 정수론 역사의 개요에 관한 세 권짜리 책을 쓴 레너드 딕슨은 이 문제가 972년 이전에 어느 이름 모를 사람이 쓴 아랍어 수고手稿에 처음 나온 것일 수도 있다고 암시했다.

대수적인 언어로 풀면 문제는 이렇게 된다. $x-d,\ x,\ x+d$가 모두 완전제곱수가 되는 유리수 x가 존재하는 정수 d는 무엇인가? 대번에 알 수는 없지만 이와 동등한 형태로 바꿔 쓸 수도 있다. 변의 길이가 유리수인 직각 삼각형의 면적이 될 수 있는 범자연수는 무엇인가? 즉 a, b, c가 유리수이고 $a^2+b^2=c^2$이라면 $ab/2$의 값이 될 가능성이 있는 양의 정수는 무엇인가? 이러한 동등한 조건들을 만족하는 정수를 합동수congruent number라고 한다. 이 말은 수학에서 달리 사용되는 '합동'이라는 말과는 무관해서 현대의 독자들에게는 약간 혼란스럽다. 그 어원은 나중에 설명한다.

어떤 수는 합동이 아니다. 예를 들어, 1, 2, 3, 4는 합동이 아니라는 것을 증명할 수 있다. 5, 6, 7 같은 수는 합동이다. 사실, 3-4-5 삼각형의 면적은 $(3 \times 4)/2 = 6$으로, 6이 합동수임이 증명된다. $(24/5)^2$, $(35/12)^2$, $(337/60)^2$의 공차가 7인 것을 보면 7이 합동임이 증명된다. 5는 조금 있다가 다루겠다. 이런 식으로 하나하나 계속해나가면 합동수의 기나긴 목록이 나오지만 그 본질에 대해서는 별 정보를 주지 못한다. 하나하나 예를 생각해내는 일을 아무리 계속해도 특정한 범자연수가 합동이 **아니라는 것**은 증명하지 못한다. 수 세기 동안 1이 합동인지 아닌지 아는 사람은 아무도 없었다.

이제 우리는 이 문제를 디오판토스로서는 결코 증명할 수 없었으리라는 것을 안다. 사실 홀딱 속아 넘어가게 간단한 이 의문은 여전히 완전하게 풀리지 않았다. 가장 가까이 다가갔다는 게 1983년 제럴드 터늘 Jerrold Tunnell이 발견한, 합동수에 대한 특성부여다. 터늘의 아이디어는 주어진 정수를 제곱수들의 서로 다른 2개의 조합들로 표현한 것의 수를 세서 그 정수가 발생할 수 있는지 없는지를 판단하는 알고리즘을 제공한다. 약간의 독창성을 동원하면 상당히 큰 정수에도 이러한 계산을 적용할 수 있다. 이러한 특성부여에는 단 한 가지의 심각한 단점이 있다. 옳다고 증명된 적이 없다는 것이다. 그 타당성은 새천년 문제의 하나인 버치―스위너튼-다이어 추측을 해결하는 데 달렸다. 이 추측은 어떤 타원 곡선이 유한한 수의 유리점만을 가지고 있다는 기준을 제공해준다. 모델 추측에 대한 6장과 페르마의 마지막 정리에 대한 7장에서 이러한 디오판토스 방정식들을 만나보았다. 여기서 우리는 그러한 방정식들이 정수론의 첨단분야에서 지니는 두드러지는 역할에 대한 새로운 증거를 보게 된다.

이러한 방정식을 언급한 가장 오래된 유럽 저작은 피사의 레오나르도가 쓴 것이다. 레오나르도는 그가 창안한 것으로 여겨지는 기이한 수열로 가장 잘 알려졌는데 이것은 아주 비현실적인 토끼의 자손에 대한 산술 문제에서 발생한 것이다.(이 토끼들은 다음과 같은 조건을 만족하는 것으로 가정한다. ① 첫 달에는 새로 태어난 토끼 한 쌍만 있다. ② 나이가 2개월이 넘으면 번식할 수 있다. ③ 번식할 수 있는 토끼 한 쌍은 매달 새끼 한 쌍을 낳는다. ④ 토끼는 죽지 않는다. 이 수열은 이렇게 늘어나는 토끼 쌍의 수를 표현한다.―옮긴이) 이것이 피보나치 수Fibonacci number이다.

$$0, 1, 1, 2, 3, 5, 8, 13, 21, 34, 55, 89 \cdots$$

　여기서 맨 앞의 두 수 다음부터 각 수는 그 앞의 두 수의 합이다. 레오나르도의 아버지는 보나치오Bonaccio라는 세관원이었고 이 유명한 별명(피보나치―옮긴이)은 '보나치오의 아들'이라는 뜻이다. 레오나르도 생전에 이러한 별명이 쓰였다는 증거는 없고 19세기 프랑스 수학자 기욤 리브리Guillaume Libri가 만들어낸 것으로 생각된다.[80] 그렇기는 하지만 피보나치 수는 대단히 흥미로운 성질들을 많이 가지고 있고 또 널리 알려졌다. 심지어는 숨겨진 음모를 다룬 댄 브라운Dan Brown의 스릴러《다 빈치 코드The Da Vinci Code》에도 등장한다.

　레오나르도는 1202년에 나온 산술 교과서인《계산판에 관한 책 Liber Abbaci》에서 피보나치 수를 소개했는데 이 책의 주요 목표는 0부터 9까지 10개의 숫자에 근거한 아랍인들의 새로운 산술 표기법에 유럽인들의 관심을 끌고 그 유용성을 증명하는 것이었다. 이러한 개념은 이미 825년에 나온 알 콰리즈미의 원문을 라틴어로 번역한《힌두 계산 기술에 관한 알 콰리즈미Algoritmi de Numero Indorum》로 이미 유럽에도 전해졌지만 레오나르도의 책은 유럽에서 10진법에 대한 이해를 촉진하고자 하는 구체적인 의도를 가지고 쓰인 최초의 책이었다. 책의 상당 부분은 실용적인 산술, 특히 환전에 집중했다. 그러나 레오나르도는 잘 알려지지 않았지만 또 다른 책도 썼는데 여러모로 디오판토스의《산학》을 유럽에서 계승한 책이다.《제곱수에 대한 책Liber Quadratorum》이 그것이다.

디오판토스처럼 그도 특수한 예를 이용해서 일반적인 기법을 표현했다. 그중 하나는 알-카라지의 의문에서 비롯된 것이었다. 1225년 프레데릭 2세 황제가 피사를 방문했다. 그는 레오나르도의 수학적 명성을 알고 있어서 수학시합에서 시험해보는 것도 재미있겠다고 판단했던 모양이다. 당시에는 그러한 공개적 시합이 흔했다. 참가자들은 서로 문제를 냈다. 황제 팀은 팔레르모의 요하네스John of Palermo와 테오도르 명인Master Theodore이었다. 레오나르도 팀은 레오나르도였다. 황제 팀은 레오나르도에게 5를 더하거나 빼도 제곱수인 제곱수를 찾아보라고 요구했다. 늘 그렇듯 이 수들은 유리수여야 한다. 달리 말하자면 $x-5$, x, $x+5$가 제곱수인 특정한 유리수 x를 찾아서 5가 합동수임을 증명하기를 원한 것이다. 이것은 결코 자명한 문제가 아니다. 가장 작은 해는

$$x = \frac{1681}{144} = \left(\frac{41}{12}\right)^2$$

인데 이 경우

$$x-5 = \frac{961}{144} = \left(\frac{31}{12}\right)^2 \quad \text{그리고} \quad x+5 = \frac{2401}{144} = \left(\frac{49}{12}\right)^2$$

이다. 레오나르도는 해를 찾아 이를 《제곱수에 대한 책》에 수록했다. 그는 피타고라스 수Pythagorean triple에 대한 에우클레이데스/디오판토스 공식과 관련된 일반적인 공식을 이용하여 답을 알아냈다. 여기서 그는 공차가 720인 3개의 정수 제곱수를 얻어냈는데 이는 31^2, 41^2, 49^2

이다. 그런 다음 $12^2 = 144$로 나누어 공차가 720/144, 즉 5인 3개의 제곱수를 구했다.[81] 피타고라스 수로 보면 면적이 180이고 변의 길이가 9, 40, 41인 삼각형을 취하여 36으로 나누어서 변의 길이가 20/3, 3/2, 41/6인 삼각형을 얻는 것이다. 그러면 그 면적은 5가 된다.

등차수열을 이루는 3개의 제곱수 묶음에 대해 라틴어 congruum 이라는 단어를 붙인 것을 레오나르도에게서 찾아보게 된다. 나중에 오일러는 congruere라는 단어를 썼는데 이것은 '합치다.'라는 뜻이다. 맨 앞의 10개의 합동수와 그에 대응하는 가장 간단한 피타고라스 수를 표 3에 나열했다. 간단한 패턴은 눈에 띄지 않는다.

이러한 의문에 대한 초기의 진척은 이슬람 수학자들이 이뤄낸 것

d	피타고라스 수
5	3/2, 20/3, 41/6
6	3, 4, 5
7	24/5, 35/12, 337/60
13	780/323, 323/30, 106921/9690
14	8/3, 63/6, 65/6
15	15/2, 4, 17/2
20	3, 40/3, 41/3
21	7/2, 12, 25/2
22	33/35, 140/3, 4901/105
23	80155/20748, 41496/3485, 905141617/72306780

표 3 첫 10개의 합동수와 그에 대응하는 피타고라스 수.

으로, 이들은 5, 6, 14, 15, 21, 30, 34, 65, 70, 110, 154, 190이 18개의 더 큰 수들과 더불어 합동수임을 보였다. 여기에 레오나르도와 안젤로 게노키Angelo Genocchi(1855), 안드레 게라르딘André Gérardin(1915)이 7, 22, 41, 69, 77, 그 외에도 1,000 미만의 43개의 수를 더했다. 레오나르도는 1225년 1은 합동수가 아니라고 했지만 증명은 제시하지 않았다. 1569년 페르마가 증명을 내놓았다. 1915년까지 100 미만의 모든 합동수가 밝혀졌지만 문제에 대한 공략은 느리게 진행되었고 1980년까지 1,000 미만의 많은 수의 신분이 해결되지 않은 채로 남아 있었다. L. 바스티앵Bastien이 101이 합동수임을 발견한 결과를 보면 그 어려움을 판단할 수 있다. 101에 대응하는 직각 삼각형의 변들의 길이는 다음과 같다.

$$\frac{711024064578955010000}{1181714318527794519000}$$

$$\frac{3967272806033495003922}{1181714318527794519000}$$

$$\frac{4030484925899520003922}{1181714318527794519000}$$

그는 1914년 이 수들을 손으로 계산하여 찾아냈다. 그리고 새로 등장한 컴퓨터를 이용하여 1986년까지 G. 크라마르츠G. Kramarz가 2,000 미만의 합동수를 모두 찾아내었다.

어떤 시점에서 다르기는 하지만 관련 있는 방정식

$$y^2 = x^3 - d^2 x$$

는 d가 합동수인 경우에, 그리고 그러한 경우에만 범자연수에서 해 x, y를 가진다는 것이 알려졌다.[82]

이러한 관찰 결과는 한쪽 방향으로는 명백하다. 우변은 x, $x-d$, $x+d$의 곱이고 이들이 모두 제곱수라면 그 곱도 제곱수라는 것이다. 그 역도 상당히 간단하다. 이렇게 바뀌어 표현된 문제는 풍요롭고 융성한 정수론의 한 분야에 잘 들어맞는다. 임의의 주어진 d에 대하여 이 방정식은 y^2을 x의 3차 다항식과 같게 하고 따라서 어떤 타원 곡선을 정의한다. 그러므로 합동수의 문제는 정수론 학자들이 대답하고 싶어 안달할 만한 의문의 특수한 경우이다. 그 의문이란 이런 것이다. 타원 곡선이 적어도 1개의 유리점을 가지는 것은 어떤 경우인가? 이러한 의문은 전혀 간단하지 않고, 그건 방금 말한 특수한 유형의 타원 곡선에 대해서도 마찬가지이다. 예를 들어 157은 합동수이지만, 이러한 면적을 가지는 **가장 간단한** 직각삼각형의 빗변의 길이는

$$\frac{224403517704336969924557513090667486316094847 2041}{8912332268928859588025535178967163570016480830}$$

이다. 더 나아가기 전에 레오나르도가 720에서 5를 구했던 요령을 빌려 이를 완전히 일반적으로 적용하자. 임의의 합동수 d에 정수 n의 제곱수 n^2을 곱하면 역시 합동수가 나온다. 면적이 d인 삼각형에 대응하는 유리수인 피타고라스 수를 취해서 이 수에 n을 곱한다. 삼각형의 면적은 n^2배가 된다. 이 수들을 n으로 나눠도 역시 참이다. 면적은 n^2으로 나눈 것이 된다. 이러한 과정은 면적에 제곱수인 인수가 있는 경우

에만 정수를 내놓는다. 따라서 합동수를 찾을 때는 제곱수인 인수가 없는 수만 다루면 된다. 제곱수인 인수가 없는 수를 앞에서부터 몇 개 나열해보면 다음과 같다.

$$1 \; 2 \; 3 \; 5 \; 6 \; 7 \; 10 \; 11 \; 13 \; 14 \; 15 \; 17 \; 19$$

이제 터늘의 기준을 서술할 수 있게 되었다. 제곱수인 인수가 없는 홀수 d는 방정식

$$2x^2 + y^2 + 8z^2 = d$$

의 (양 혹은 음의) 정수해 x, y, z의 수가 방정식

$$2x^2 + y^2 + 32z^2 = d$$

의 해의 수의 정확히 2배가 되는 경우, 그리고 그러한 경우에만 합동수이다. 제곱수인 인수가 없는 짝수 d는 방정식

$$8x^2 + 2y^2 + 16z^2 = d$$

의 정수해 x, y, z의 수가 방정식

$$8x^2 + 2y^2 + 64z^2 = d$$

의 해의 수의 정확히 2배가 되는 경우에, 그리고 그러한 경우에만 합동수이다. 이러한 결과는 보기보다 유용하다. 계수가 모두 양수이므로 x, y, z의 크기는 d의 제곱근의 일정한 배수를 넘지 못한다. 따라서 해의 수는 유한하고, 이러한 해들은 몇 가지 유용하고도 간단한 방법으로 체계적으로 찾을 수 있다. d가 작은 경우, 다음과 같다.

□ $d=1$이면 첫 번째 방정식의 해는 $x=0$, $y=\pm1$, $z=0$뿐이다. 두 번째 방정식도 마찬가지이다. 따라서 두 방정식은 모두 2개의 해를 가져서 기준에 맞지 않는다.

□ $d=2$이면 첫 번째 방정식의 해는 $x=\pm1$, $y=0$, $z=0$뿐이다. 두 번째 방정식도 마찬가지이다. 따라서 두 방정식은 모두 2개의 해를 가져서 기준에 맞지 않는다.

□ $d=3$이면 첫 번째 방정식의 해는 $x=\pm1$, $y=\pm1$, $z=0$뿐이다. 두 번째 방정식도 마찬가지이다. 따라서 두 방정식은 모두 4개의 해를 가져서 기준에 맞지 않는다.

□ $d=5$ 혹은 7이면 첫 번째 방정식에는 해가 없다. 두 번째 방정식도 마찬가지이다. 0의 2배는 0이므로 기준을 만족한다.

□ $d=6$이면 짝수에 대한 기준을 써야 한다. 역시 두 방정식 모두 해가 없으므로 기준을 만족한다.

이러한 간단한 계산은 1, 2, 3, $4(=2^2\times1)$는 합동수가 아니지만 5, 6, 7은 합동수라는 것을 보여준다. 이러한 분석은 쉽게 확장될 수 있는 것이라 2009년 일단의 수학자들이 터늘의 시험 방법을 1조까지의 수에 적용하여 정확히 3,148,379,694개의 합동수를 찾아냈다. 연구자들은 별개의 두 집단이 작성한 서로 다른 알고리즘을 사용하는 서로 다른 컴퓨터로 두 차례 계산하여 이러한 결과를 확인했다. 빌 하트Bill Hart와 곤살로 토르나리아Gonzalo Tornaria는 워릭대학교의 셸머 컴퓨터를, 마크 왓킨스Mark Watkins, 데이비드 하비David Harvey, 로버트 브래드쇼Robert Bradshow는 워싱턴대학교의 세이지 컴퓨터를 썼다.

그러나 이러한 모든 계산에는 결함이 있다. 터늘은 수 d가 합동수라면 자신의 기준을 만족해야 한다는 것을 증명했다. 따라서 기준에 맞지 않으면 그 수는 합동수가 아니다. 그러니까 예를 들어 1, 2, 3, 4는 합동수가 아니라는 뜻이다. 그러나 그는 그 역, 즉 어떤 수가 그의 기준을 만족한다면 분명히 합동수라는 것은 증명하지 못했다. 5, 6, 7이 합동수라고 결론 내리려면 이러한 증명이 필요하다. 이렇게 특정한 경우에는 적당한 피타고라스 수를 찾을 수 있지만 일반적인 경우에는 도움이 되지 않는다. 터늘은 이러한 역명제가 버치—스위너튼-다이어 추측의 논리적 결과라는 것은 증명했다. 그런데 이 추측은 아직 해결되지 않았다.

몇몇 새천년 문제가 그렇듯 버치—스위너튼-다이어 추측은 명확히 제시하기조차 어렵다. (쉬운 일을 해서 100만 달러를 받을 수 있을 거라고 생각하는가? 순진하기도 하셔라.) 그러나 인내는 보상을 받으리니, 그 와중에 정수론의 심오함과 기나긴 역사적 전통을 제대로 인식하기 시작하게 되기 때문이다. 추론의 이름을 꼼꼼히 보면 붙임표 하나가 다른 하나보다 길다. 버치, 스위너튼, 다이어라는 수학자들이 추측한 것이 아니

라 브라이언 버치Brian Birch와 피터 스위너튼-다이어Peter Swinnerton-Dyer
가 추측한 것이다. 이 추측을 완전하게 서술해놓으면 전문적인 것이 되
겠지만, 디오판토스 방정식의 기본적인 문제에 관한 것이다. 디오판토
스 방정식이란 정수나 유리수로 된 해를 구하는 대수 방정식이다. 의문
은 간단하다. 이러한 방정식들은 언제 해를 가지는가?

모델의 추측을 다룬 6장과 페르마의 마지막 정리에 관한 7장에서
수학 전체에서 가장 훌륭한 도구에 속하는 타원 곡선 몇 개를 만나본
적이 있다. 모델은 당시로서는 사실 어림짐작으로 2변수 대수 방정식의
유리해의 수는 관련된 복소곡선의 위상에 달렸다고 추측했다. 종수가
0이라면 곡선은 위상 수학적으로 구면인데, 그렇다면 해는 공식에 의
해 주어진다. 종수가 1이라면 곡선은 위상 수학적으로 원환면으로, 이
는 타원 곡선인 것과 동등한데 그렇다면 모든 유리해는 자연스러운 군
의 구조를 적용하여 적절하고 유한한 목록에서 구성해낼 수 있다. 종수
가 2 이상이면 곡선은 위상 수학적으로 $g \geq 2$일 때의 구멍이 g개인 원
환면으로 해의 수는 유한하다. 앞서 보았듯 팔팅스가 1983년에 이 놀
라운 정리를 증명해냈다.

타원 곡선 방정식의 유리해의 가장 놀라운 특징은 이 해들이 6장
그림 28의 기하학 작도 덕으로 군을 형성한다는 것이다. 그 결과 나온
구조를 곡선의 모델-베유 군이라고 하고 정수론 학자라면 이를 몹시도
계산해내고 싶어 할 것이다. 여기에는 생성계system of generators를 찾는
일이 필요하다. 생성소generator란 군의 연산을 반복적으로 사용하여 나
머지 모든 해를 추론해낼 수 있는 유리해를 말한다. 생성계를 찾을 수
없다면 적어도 크기와 같은, 군의 기본적인 특징들 일부를 알아낼 수

있기를 바란다. 여기서 상세한 것은 상당 부분 여전히 이해되지 않고 있다. 어떨 때는 군이 무한해서 무한히 많은 유리해로 이어지기도 하고 군이 무한하지 않아서 유리해의 수가 유한하기도 하다. 어떤 게 어떤 건지 구분할 수 있다면 유용할 것이다. 사실 우리가 진정으로 알고자 하는 것은 군의 추상적 구조이다.

유한한 목록이 모든 해를 생성해낸다는 모델의 증명은 이 군이 유한군과 격자군에서 만들어지는 게 틀림없다는 것을 알려준다. 격자군은 정수로 이루어진, 유한한 일정 길이의 모든 목록으로 구성된다. 이 길이가 예를 들어 3이라면 군은 정수로 이루어진 모든 목록 (m_1, m_2, m_3)으로 구성되고 이 목록들을 더하는 방식은 뻔하다.

$$(m_1, m_2, m_3) + (n_1, n_2, n_3) = (m_1 + n_1, m_2 + n_2, m_3 + n_3)$$

목록의 길이는 군의 계수rank라고 한다(그리고 기하학적으로는 격자의 차원이다). 계수가 0이면 군은 유한하다. 계수가 0이 아니면 군은 무한하다. 따라서 해가 몇 개나 있는지 판단하기 위해 군의 전체 구조가 필요하지는 않다. 필요한 것은 계수뿐이다. 버치—스위너튼-다이어 추측은 이에 관한 것이다.

컴퓨터가 막 생겨나던 1960년대, 케임브리지대학교에는 EDSAC이라는 초기 컴퓨터가 있었다. '전자지연저장자동계산기'Electronic Delay Storage Automatic Calculator의 약자로, 발명가들이 그 메모리 시스템을 얼마나 자랑스러워했는지 보여준다. 이 메모리 시스템은 수은관들을 따라 음파를 보내고 나서 다시 처음으로 돌려보냈다. 커다란 트럭만한 크기였는데, 1963년에 구경했던 기억이 생생하다. 회로는 수천 개의 밸브, 즉 진공관에 기초했다. 벽을 둘러 물건들이 든 거대한 선반들이 있었는데, 기계의 관이 터졌을 때 넣을 대체부품이었다. 그런 일이 상당히 잦았다.

피터 스위너튼-다이어는 타원 곡선의 디오판토스적인 측면에 관심을 가졌고 특히 곡선을 원소의 수가 소수 p인 유한한 장의 유사한 대상으로 대체했을 때 해의 수가 얼마나 될지를 알고 싶어했다. 즉 '법 p'를 다루는 가우스의 요령을 연구하고 싶어 했던 것이다. 그는 컴퓨터를 이용하여 수많은 소수에 대하여 이러한 수를 계산하면서 흥미로운 패턴을 찾았다.

그 시점에서 그는 낌새를 채기 시작했다. 그의 지도교수 존 윌리엄 스콧 ('이언') 캐슬스 John William Scott 'Ian' Cassles 는 처음에는 대단히 회의적이었지만 데이터가 점점 더 많이 들어오면서 이 아이디어에 무엇인가가 있을지도 모른다고 믿기 시작했다. 스위너튼-다이어의 컴퓨터 실험으로 암시된 것은 다음과 같다. 정수론 학자들은 일반적인 정수로 이루어진 모든 방정식을 어떤 법에 대한 정수로 재해석하는 것을 표준적인 방법으로 사용한다. 2장에 나온 법 12에 대한 '시계산'을 떠올려보자. 대수 규칙들은 이러한 형태의 산술에도 적용되기 때문에 원래의 방정식의 임의의 해는 그 법에 대해 '환산된' 방정식의 해가 된다. 관련된 수들이 유한한 목록을 이루므로—예를 들어 시계산의 경우에는 수가 12개뿐이다.—시행착오를 통해 모든 해를 찾아낼 수 있다. 특히 주어진 임의의 법에 대하여 해가 몇 개인지 헤아릴 수 있다. 임의의 법에 대한 해들은 원래의 정수해들에 조건을 부여하고 때로는 그러한 해가 존재한다는 것을 증명할 수도 있다. 따라서 정수론 학자들이 다양한 법을 이용하여 방정식들을 변형하는 것은 반사적인 반응이며 법으로는 소수를 선택하는 것이 특히 유용하다.

　따라서 타원 곡선에 대해서 무엇인가 알아내려면 어떤 명확한 한계까지의 모든 소수를 고찰해볼 수 있다. 각각의 소수에 대해서 그 소수를 법으로 하여 곡선상에 몇 개의 점이 있는지 알아낼 수 있다. 버치는 스위너튼-다이어의 컴퓨터 실험이 흥미로운 패턴을 내놓는다는 것을 눈여겨보았다. 그러한 점의 수를 해당 소수로 나누고 주어진 소수 이하의 모든 소수에 대하여 나온 그러한 분수들을 한데 곱하여 그 결과를 연속되는 소수들을 따라 로그 모눈종이에 찍으면 이러한 데이터들은 모두 어떤 직선에 가깝게 놓여 있는 것으로 보이며 이 직선의 기울기는 타원 곡선의 계수이다. 이는 임의의 소수 법과 관련된 해의 수에 대한 공식의 추측으로 이어진다.[83] 그러나 이러한 공식은 정수론에서 나오지 않는다. 1800년대의 총아였던 복소 해석학을 필요로 했는데, 어쩐 일인지 복소 해석학은 구식의 실해석학보다 훨씬 더 우아하다. 리만 가설을 다룬 9장에서 해석학이 사방으로 촉수를 뻗은 것, 특히 정수론과 놀랍고도 강력한 관련이 있다는 것을 보았다. 스위너튼-다이어의 공식은 9장에서 언급했던, 디리클레 L-함수라는 복소 함수의 한 유형에 대한 더욱 상세한 추측으로 이어졌다. 이 함수는 타원 곡선에서 리만의 악명높은 제타 함수에 해당하는 것이다. 두 수학자가 샴페인을 일찍 터뜨린 것은 분명하다. 당시에는 모든 타원 곡선에 디리클레 L-함수가 **있다**는 것이 알려지지 않았기 때문이다. 빈약하기 짝이 없는 증거로 뒷받침되는 어림짐작이었다. 그러나 이 분야에 대한 지식이 늘어나면서 점점 더 탁월한 추측으로 여겨지게 되었다. 알지 못하는 영역으로 아무렇게나 비약한 것이 아니었다. 놀라울 정도로 정확하고 선견지명이 있는 세련된 수학적 직관이었다. 앞선 거인들의 어깨를 딛고 올라서는 대신 버치와 스위너튼-다이어는 자신들의 어깨를 딛고 섰다. 그들은 공중을 떠다닐 수 있는 거인들이었던 것이다.

복소 해석학의 기본적인 도구 중 하나는 다항식과 비슷하지만 무한히 많은 항을 포함하는 멱급수로 함수를 표현하는 것인데, 이는 변수의 점점 더 큰 거듭제곱을 이용하고, 여기서 변수는 전통적으로 s라고 한다. 함수가 어떤 특정한 점, 이를테면 1 부근에서 어떤 행태를 보이는가를 알아내려면 $(s-1)$의 거듭제곱을 이용한다. 버치—스위너튼-다이어 추측은 디리클레 L-함수의 1 부근에서의 멱급수 전개식이 c가 0이 아닌 상수일 때

$$L(C, s) = c(s-1)^r + \text{고차항들}$$

와 같은 모양을 띠면 곡선의 계수는 r이고 그 역도 성립한다고 주장한다. 복소 해석학 방식으로 표현하자면 이 명제는 '$L(C, s)$는 $s = 1$에서 차수 r인 영점을 가진다.'는 형태를 띤다.

여기서 결정적인 점은 필요한 정확한 수식이 아니다. 임의의 타원곡선이 주어지면 관련 복소 함수를 이용한 해석학적 계산이 존재하며, 이는 모든 독립적인 유리해를 명시하려면 정확히 몇 개의 유리해를 찾아내야 하는지 알려준다는 점이 중요하다.

어쩌면 버치—스위너튼-다이어 추측에 참된 내용이 있음을 보이는 가장 간단한 방법은 알려진 가장 높은 계수가 28이라고 말하는 것인지도 모른다. 즉 28개의 유리해로 이루어진 집합을 가진 타원 곡선이 있어서 이 유리해에서 모든 유리해를 추론해낼 수 있다는 것이다. 게다가 유리해로 이루어지되 이보다 작은 집합 중에는 이런 것이 없다. 이런 계수의 곡선들이 존재한다는 것은 알려졌지만 명시적인 예는 발견되지 않았다. 명시적인 예에 대하여 알려진 가장 큰 계수는 18이다. 2006년 놈 엘키스Noam Elkies가 발견한 곡선은 다음과 같다.

$$y^2 + xy = x^3 - 26175960092705884096311701787701203903556438969515x + 5106938147613148648974217710037377208977910325389056784 8326$$

이대로는 표준적인 '$y^2 = x$의 3차식' 형태가 아니지만 수들을 훨씬 더 크게 만드는 것을 감수하면 그와 같은 형태로 바꿀 수 있다. 계수는 임의적인 크기일 수 있을 거라고 생각되지만 이는 증명되지 않았다. 우리가 아는 바로는 계수는 어떤 일정한 크기를 절대 넘지 못한다.

우리가 증명할 수 있는 대부분의 것은 계수가 0이나 1인 곡선과 관련된 것이다. 계수가 1일 때는 유한한 수의 유리해가 있다. 계수가 0일 때에는 하나의 특정한 해가 거의 모든 나머지 해들로 이어지는데 어쩌면 유한한 수의 예외가 있을 수 있다. 이러한 2가지 경우는 p가 $8k{+}5$의 형태인 소수(13, 29, 37 등)일 때 $y^2 = x^3 + px$의 형태인 모든 타원 곡선을 포함한다. 이러한 경우들에서 계수는 반드시 1이라고 추측되는

데 이는 무한히 많은 해가 존재한다는 것을 의미한다. 앤드루 브렘너 Andrew Bremner와 캐슬스는 1,000까지의 그런 형태의 모든 소수에 대하여 이것이 참임을 증명했다. 계수가 알려지고 또 작은 경우에도 다른 거의 모든 해들로 이어지는 해를 찾아내는 것은 까다로울 수 있다. 그들은 $p = 877$일 때 이런 종류의 **가장 간단한** 해가 유리수

$$\frac{3754945281271621931055040699420927923 46201}{6215987776871505425463220780697238044100}$$

라는 것을 발견했다.

　버치―스위너튼-다이어 추측과 관련하여 수많은 정리가 증명되었지만 해법을 향한 진전은 상대적으로 보잘것없다. 1976년 코츠와 와일스는 이 추측이 참일 수도 있다는 기미를 처음으로 발견해냈다. 그들은 특별한 종류의 타원 곡선은 디리클레 L-함수가 1에서 사라지지 않는 경우 그 계수가 0이라는 것을 증명했다. 그러한 타원 곡선에 대하여 디오판토스 방정식에 대한 유리해의 수는 유한해서 아마도 0일 것이며 이는 대응하는 L-함수에서 추론해낼 수 있다. 그 뒤로 수많은 기술적인 진전이 이루어졌지만 여전히 거의 다 계수가 0이거나 1인 경우에 한한다. 1990년 빅토르 콜리바긴Vitor Kolyvagin은 버치―스위너튼-다이어 추측이 계수 0과 1에 대하여 참이라는 것을 증명했다.

　컴퓨터의 도움을 상당히 받은 더욱 상세한 추측들은 버치―스위너튼-다이어 추측에 나오는 상수 c를 다양한 정수론 개념과 연관시킨다. 대수적 수체에는 마찬가지로 수수께끼 같은 유사한 대상이 존재한다. 엄밀한 의미에서 대부분의 타원 곡선의 계수가 0이나 1이라는 것도 알

려졌다. 2010년 만줄 바르가바Manjul Bhargava와 아룰 샹카Arul Shankar는 타원 곡선의 평균 계수는 기껏해야 7/6이라는 것을 증명했다고 발표했다. 이를 포함하여 최근에 발표된 몇 개의 정리가 정밀한 조사를 버텨낸다면 버치—스위너튼-다이어 추측은 모든 타원 곡선의 0이 아닌 비율에 대하여 참이 된다. 그러나 이는 가장 단순한 것들로 더욱 풍부한 구조를 갖춘 계수 2 이상의 곡선들을 대표하지는 않는다. 이들은 거의 완벽한 수수께끼이다.

15

복잡한 사이클

호지 추측

수학의 어떤 분야는 일상적인 사건, 관심사와 상당히 직접적으로 연관될 수 있다. 부엌에서 나비에-스토크스 방정식과 맞닥뜨리지는 않지만 유체가 어떤 것인지는 모두 다 이해하고 또 그게 어떻게 흐르는지 감은 잡고 있다. 어떤 영역은 첨단과학의 난해한 방정식과 관련될 수 있다. 양자장 이론을 이해하기 위해서는 수리 물리학 박사학위가 필요할 수도 있지만 전기나 자기로 하는 비유, 혹은 '확률 파동probability wave'처럼 의미가 애매한 이미지는 상당한 도움이 된다. 그림을 이용해서 설명할 수 있는 것들도 있다. 푸앵카레 추측이 좋은 예이다. 그러나 어렵고 추상적인 개념을 이해하기 쉽게 해주는 이 모든 방법이 통하지 않는 것도 있다.

1950년 스코틀랜드의 기하학자 윌리엄 호지William Hodge가 제시한 호지 추측이 여기에 속한다. 문제를 일으키는 것은 증명이 아니다. 증명은 없기 때문이다. 문제는 명제 그 자체이다. 클레이연구소 웹사이트에 실린 내용을 조금 편집된 형태로 소개하자면 다음과 같다.

임의의 정칙 사영 복소 대수 다양체non-sigular projective complex algebraic variety에서 임의의 호지류Hodge class는 대수 사이클류algebraic cycle class의 유리 선형 결합rational linear combination이다.

무엇을 알 수 있는가? 곧바로 이해할 수 있는 말이라고는 '임의의, 에서, 는, 의, 이다' 같은 것뿐이다. '다양체variety, 류class, 유리rational, 사이클cycle'처럼 익숙한 단어들도 없지는 않다. 그러나 이러한 단어들로 연상되는 이미지들—슈퍼마켓에서 고를 수 있는 것, 교실에 있는 학생, 냉정한 사고, 2개의 바퀴와 핸들이 달린 도구(일상적인 의미에서 variety는 다양한 것들, class는 학급, rational은 이성적인, cycle은 자전거를 뜻한다.—옮긴이)—이 클레이연구소가 염두에 둔 의미가 아닌 건 분명하다. 나머지 표현들이 전문용어라는 건 더더욱 분명하다. 하지만 잘난 체 하려고 간단한 사물에 복잡한 이름을 붙인 것은 아니다. 복잡한 사물에 간단한 이름을 붙인 것이다. 일상언어에는 그와 같은 개념들에 곧바로 붙일 이름이 없어서 빌려오기도 하고 만들어내기도 한다.

긍정적인 측면으로 보자면 여기에는 진정한 기회가 있다. 호지 추측은 20세기와 21세기에 수학자들이 행한 진짜 수학을 이 책에 있는 다른 어떤 주제보다도 잘 대표하고 있다고 봐도 틀림없다. 올바른 방향으로 접근하면 첨단 수학의 개념이 실제로 얼마나 발전했는가에 대한 소중한 통찰을 얻게 된다. 학교에서 배우는 수학과 비교하면 두더지가 쌓아놓은 흙구덩이 곁에 솟은 에베레스트산이나 마찬가지이다.

그렇다면 그저 상아탑에서 하는 비현실적이고 겉치레뿐인 헛소리라는 것일까? 평범한 사람 누구라도 뭐에 관한 건지 이해할 수 없다면, 그런 일에 대해 생각할 사람을 고용하라고 세금을 듬뿍 내야 할 이유가 뭐란 말인가? 그럼 이렇게 생각해보자. 평범한 사람이라면 누구나 수학자가 생각하는 모든 걸 **이해할 수 있다고** 치자. 그러면 세금을 주는 게 즐거울까? 수학자들은 전문지식 때문에 돈을 받는 것 아니던가? 모든 게 참으로 쉽고 이해할 수 있는 것이어서 길거리에서 아무나 붙잡고 물어봐도 곧바로 무슨 이야기인지 알아들을 수 있다면 수학자를 둘 이유가 무엇이겠는가? 중앙난방장치에서 물을 빼고 연결부위를 용접하는 법을 누구나 안다면 배관공을 둘 이유가 무엇이겠는가?

호지 추측에 기댄 인기 애플리케이션을 보여줄 수는 없다. 그러나 수학 내에서 그게 중요하다는 것은 설명할 수 있다. 현대 수학은 통합체라서 어떤 핵심적 분야에서든 중요한 진보가 이루어지면 결국 금전적인 가치가 증명된다. 오늘의 부엌에서야 그걸 찾지 못할 수도 있지만 내일이라면 또 누가 알겠는가? 긴밀하게 연관된 수학개념들은 이미 양자 물리학과 끈 이론에서 로봇에 이르기까지 몇몇 과학 분야에서 그 가치를 보여주고 있다.

새로운 수학의 실용성이 거의 곧바로 드러나는 경우도 있다. 몇 세기가 걸리는 경우도 있다. 그렇게 오래 걸리는 경우라면 그와 같은 결과가 필요해질 때까지 기다렸다가 속성 프로그램으로 개발하는 편이 비용효율이 높아 보일 수도 있다. 즉각적이고 명백한 용도가 없는 수학 문제들은 모두 용도가 생길 때까지 뒤로 제쳐놓아야 한다는 것이다. 그러나 그렇게 하면 늘 뒤처지게 된다. 수학은 수백 년을 들여가며 응용과학의 요구를 따라잡아 왔기 때문이다. 게다가 어떤 아이디어가 필요해질지 전혀 불분명할 수도 있다. 건축업자를 고용해서 집을 짓기 시작할 때까지 벽돌을 어떻게 만드는지 생각조차 해본 사람이 아무도 없다면 좋겠는가? 수학개념은 독창적일수록 속성 프로그램에서 모습을 드러낼 가능성이 작다.

수학의 일부는 즉각적인 보답을 기대하지 말고 나름대로 발전하게 놔두는 편이 더 나은 전략이다. 선별하려 하지 말자. 수학체계가 조직적으로 자라게 놔두자. 수학자들은 비용이 적게 든다. 입자 물리학자들처럼 값비싼 장비를 필요로 하지 않는 것이다.(대형 강입자 충돌기는 75억 유로가 들었고 그 비용은 계속 증가하고 있다.) 학생들을 가르쳐서 비용을 자체 해결한다. 수학자 몇 명이 호지 추측에 마음을 사로잡혔다면 파트타임으로 그 연구를 하게 한다고 해서 불합리하다고는 할 수 없다.

호지 추측의 명제를 한마디 한마디 풀어서 설명하지는 않겠다. 가장 쉬운 개념은 '대수 다양체'이다. 이는 3장에 나온 것처럼 데카르트가 좌표를 이용하여 기하학을 대수와 연결한 자연스러운 결과이다. 그 도움으로 에우클레이데스와 그 후계자들이 도입한, 선, 원, 타원, 포물선, 쌍곡선 등으로 이루어진 곡선의 작디작은 도구상자는 바닥이 드러나지 않는 보물 상자가 되었다. 유클리드 기하학의 기초인 직선은 예를 들어 $y = 3x + 1$ 같은 적절한 방정식을 만족하는 점들의 집합이다. 3과 1을 다른 수로 바꾸면 다른 선들이 나온다. 원에는 2차 방정식이 필요하고 이것은 타원, 포물선, 쌍곡선도 마찬가지이다. 이론상 기하학적으로 서술할 수 있는 것은 무엇이든 대수학적으로 재해석할 수 있고, 그 역도 마찬가지이다. 그렇다면 좌표로 인해 기하학은 쓸모가 없어진 것일까? 대수학이 쓸모가 없어진 것일까? 각각이 다른 것과 똑같은 일을 하는데 왜 두 개의 도구를 사용해야 하는 걸까?

차고에 있는 내 도구상자에는 망치도 있고 커다란 펜치도 있다. 망치가 하는 일은 못을 나무에 박는 것이고, 펜치가 하는 일은 그 못을 다시 뽑는 것이다. 그러나 이론상 펜치로 못을 두드려 박을 수도 있고 망치에는 분명히 못을 뽑으라고 달린 못뽑이가 있다. 그런데 왜 둘 다 필요할까? 망치가 더 잘하는 일이 있고, 펜치가 더 잘하는 일이 있기 때문이다. 기하학과 대수학도 마찬가지이다. 어떤 사고방식에는 기하학을 사용하는 것이 더 자연스럽고 어떤 사고방식에는 대수학을 쓰는 것이 더 자연스럽다. 중요한 것은 이 둘 사이의 연관이다. 기하학적인 생각이 막히면 대수학으로 옮겨간다. 대수학적인 생각이 막히면 기하학으로 옮겨간다.

좌표 기하학 덕에 곡선들을 만들어낼 새로운 자유가 생겨난다. 방정식을 작성하고 그 해를 살펴보면 그만이다. $x=x$ 같은 유치한 방정식을 고르지 않는 한, 반드시 곡선을 얻게 된다. (방정식 $x=x$의 해는 평면 전체이다.) 예를 들어 $x^3+y^3=3xy$라는 방정식을 적으면 그 해는 그림 45에 그린 대로이다. 이 곡선은 '데카르트의 엽선'으로, 에우클레이데스에게서는 찾아볼 수 없다. 누구나 창안해낼 수 있는 새로운 곡선의 범위는 말 그대로 무한하다.

수학자들은 무의식적이고 반사적으로 일반화한다. 누군가 흥미로운 아이디어를 찾아내면 더욱 일반적인 맥락에서 비슷한 일이 벌어지는지 물을 수 있다. 데카르트의 아이디어에는 적어도 3가지의 중요한 일반화 혹은 수정이 있는데 호지 추측을 이해하는 데에는 이 모두가 필요하다.

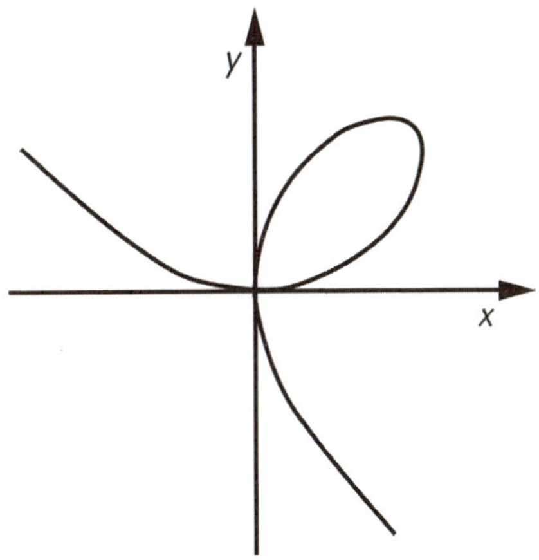

그림 45 데카르트의 엽선.

첫째, 평면이 아닌 공간을 다루면 어떻게 될까? 3차원 유클리드 공간에는 2개가 아닌 3개의 좌표 (x, y, z)가 있다. 공간에서는 하나의 방정식이 보통 하나의 곡면을 정의한다. 2개의 방정식은 곡선을 정의하는데 이는 해당 곡면들이 만나는 곳이다. 3개의 방정식은 보통 하나의 점을 결정한다. ('보통'이라는 말은 가끔 예외가 있을 수도 있다는 의미이지만 이런 일은 매우 드물고 특수한 조건을 만족한다. 평면에서 유치한 방정식 $x=x$를 통해 비슷한 상황을 보았다.)

여기서도 새로운 방정식을 작성하여 에우클레이데스에게서는 찾아볼 수 없는 새로운 곡면이나 곡선을 정의할 수 있다. 19세기에는 이렇게 하는 것이 유행이었다. 진정으로 흥미로운 이야기를 끌어낸다면 새로운 곡면을 발표할 수도 있었다. 전형적인 예가 1864년 쿠머가 소개한 곡면인데, 그 방정식은 다음과 같다.

$$x^4 + y^4 + z^4 - y^2 z^2 - z^2 x^2 - x^2 y^2 - x^2 - y^2 - z^2 + 1 = 0$$

그림 46이 그 그림이다. 가장 흥미로운 특징은 16개의 '이중 점 double point'으로, 이 부분의 형태는 2개의 원뿔이 서로 끝을 맞대고 만난 것 같다. 4차 곡면에서는 이것이 가능한 최대의 수이고, 그 방정식의 차수는 4인데 이것이 발표를 할 만큼 흥미로운 점이었다.

그림 46 16개의 이중 점이 있는 쿠머의 4차 곡면.

19세기에 이르면 수학자들은 이미 고차원 공간의 짜릿한 기쁨을 경험해본 상황이었다. 3개의 좌표에서 멈춰야 할 필요는 없었다. 4, 5,

6, …, 100만 개의 좌표라고 시도해보지 않을 까닭이 어디 있겠는가? 하릴없는 공리공론은 아니다. 이는 수많은 변수가 있는 수많은 방정식의 대수로, 수학적 지형 곳곳에서 모습을 드러낸다. 5장의 케플러 추측과 8장의 천체 역학이 그 예이다. 하릴없는 일반화도 아니었다. 기하학적으로, 또한 대수학적으로 그런 것들을 생각할 수 있다는 것은 그림을 그리고 모형을 만들 수 있다는 이유만으로 2차원이나 3차원에 제한해서는 안 될 강력한 도구이다.

'차원'이라는 말은 인상적이고 신비롭게 들릴 수도 있겠지만 이러한 맥락에서는 그 의미가 간단하다. 몇 개의 좌표가 필요한가 하는 말이다. 예를 들어 4차원 공간에는 4개의 좌표 (x, y, z, w)가 있고, 수학에 관한 한 그걸로 정의가 된다. 4차원에서는 하나의 방정식이 일반적으로 3차원 '초곡면hypersurface'을 정의하고 2개의 방정식이 곡면(2차원)을 정의하며 3개의 방정식은 곡선(1차원)을 정의하고 4개의 방정식은 점(0차원)을 정의한다. 새로운 방정식이 하나씩 더해질 때마다 하나의 차원, 즉 하나의 변수가 제거된다. 따라서 17차원 공간에서는 방정식 일부가 불필요한 드문(그리고 찾아낼 수 있는) 경우를 예외로 하면 11개의 방정식이 6차원 대상을 정의한다.

이런 식으로 정의된 대상을 대수 다양체라고 한다. '다양체variety'라는 말은 프랑스어나 스페인어 같은 언어에서 나온 것으로, 영어의 '다양체manifold('variety'와 'manifold'는 한국어로는 모두 '다양체'로 옮겨짐. 앞으로 필요에 따라 원어를 병기함―옮긴이)'와 의미가 비슷하다. 기본적으로 '많은many'이라는 뜻이다. 역사의 안갯속으로 사라져버린 이유들로 '다양체manifold'는 위상기하학, 그리고 미분기하학-미적분학과 결합된 위상기하학-과 결부되었고 '다양체$_{variaty}$'는 대수 기하학과 결부되었다.[84] 혼동을 피하기 위해 두 용어 모두 남았다. 대수 다양체는 '대수 방정식 계로 정의되는 다차원 공간'이라고 부를 수도 있었지만 그렇게 부르는 사람이 없었던 까닭은 이해할 수 있을 것이다.

좌표 기하학의 개념들을 일반화하는 매력적인 두 번째 방법은 좌표가 복소수가 되는 것을 허용하는 것이다. 복소수계에는 제곱하면 -1이 되는 새로운 종류의 수 i가 포함된다는 것을 떠올리자. 이런 식으로 모든 것을 복잡하게 만드는 이유는 뭘까? 대수 방정식은 복소수에서 훨씬 순하기 때문이다. 실수에서는 2차 방정식이 2개의 해를 가질 수도 있고 해가 없을 수도 있다.(해가 하나만 있을 수도 있지만 같은 해가 두 번 나타난 것으로 보아도 뜻이 통한다.) 복소수에서 2차 방정식은 **반드시** 2개의 해를 가진다.(마찬가지로 중복된 것을 올바로 헤아린다면) 어떤 목적에서는 이 편이 훨씬 더 기분 좋은 성질이다. '일곱 번째 변수에 대하여 방정식을 푼다.'고 하면서 그런 해가 실제로 존재한다고 확신해도 좋은 것이다.

이러한 점에서는 기분 좋을지 몰라도 복소대수 기하학에는 익숙해지는데 시간이 좀 걸리는 특징들이 있다. 실변수의 경우에는 선이 원과 교차할 수도 있고 접할 수도 있으며 아예 만나지 않을 수도 있다. 복소변수라면 세 번째 경우는 없어진다. 그러나 이러한 변화에 익숙해지고 나면 복소 대수 다양체가 실 대수 다양체보다 훨씬 순하다. 실변수가 필수적인 경우도 있지만 대개의 목적에는 복소수 환경이 나은 선택이다. 좌우지간 이제 복소 대수 다양체가 무엇인지는 알았다.

'사영$_{project}$'이라는 말은 어떨까? 세 번째 일반화인데, 여기에는 조금 다른 공간 개념이 필요하다. 사영기하학은 원근법에 대한 르네상스 시대 화가들의 관심에서 비롯되어 평행선들의 예외적인 행태를 일소했다. 유클리드 기하학에서 두 직선은 서로 만나지 않으면 평행이다. 평행이라는 것은 아무리 멀리 연장되어도 만나지 않는다는 뜻이다. 이제 무한한 평면에 서서 손에는 붓을 쥐고 이젤을 세우고 물감 통을 준비해놓고 무한히 긴 철로처럼 저 멀리 지는 해를 향해 이어진 한 쌍의 평행선을 두고 있다고 상상해보자. 무엇이 보이고, 또 무엇을 그리겠는가? 만나지 않는 두 선은 아니다. 그 대신 한 점으로 모이다가 지평선에서 만나는 선들이 보일 것이다.

평면의 어느 부분이 지평선에 해당할까? 평행선이 만나는 부분이다. 그러나 그런 것은 없다. 지평선은 그림에서 평면의 이미지의 경계이다. 세상에 별일이 없다면 확실히 평면의 경계를 나타내는 이미지임이 분명하다. 그러나 평면에는 경계가 없다. 끝없이 펼쳐진다. 온통 조금은 이해가 가지 않는다. 유클리드 평면의 일부가 빠진 것 같다. 평면(철로가 깔린 곳)을 다른 평면(이젤에 놓인 캔버스)으로 '사영'하면 이미지에서 선을 하나 얻게 되고 이것이 지평선인데 이는 평면상의 어떤 선의 사영도 아니다.

이렇게 이해할 수 없는 불합리를 없애는 방법이 있다. 유클리드 평면에 지평선에 해당하는 소위 무한원직선line at infinity를 더하는 것이다. 이제 모든 것이 훨씬 더 단순해진다. 두 선은 반드시 한 점에서 만난다. 평행선이라는 낡은 개념은 두 선이 무한에서 만나는 경우에 해당한다. 이러한 아이디어는 적절하게 해석하면 완벽하게 합리적인 수학으로 바꿔놓을 수 있다. 그 결과를 사영기하학이라고 한다. 사영기하학은 아주 우아한 분야로 18세기와 19세기 수학자들은 이 분야를 아주 좋아했다. 결국에는 할 말이 떨어지고 말았고 20세기 수학자들은 대수 기하학을 다차원 공간으로 일반화하고 복소수를 사용하기로 했다. 이 시점에서 유클리드공간에서의 실해가 아니라 아예 사영공간에서의 대수 방정식계의 복소해를 연구하는 편이 낫다는 것이 분명해졌다.

요약해보자. 사영 복소 대수 다양체는 대수 방정식으로 정의되는 곡선과 같은 것이지만

□ 방정식과 변수의 수는 원하는 만큼 될 수 있다.(대수 다양체)

□ 변수들은 실수가 아닌 복소수가 될 수 있다.(복소)

□ 변수들은 합리적인 방식으로 무한한 값을 취할 수 있다.(사영)

이러는 가운데 쉽게 처리할 수 있는 또 하나의 용어가 있다. 정칙 non-singular라는 것이다. 이것은 다양체가 뾰족한 산마루도 없고 매끄러운 공간의 한 조각을 넘어설 정도로 모양이 복잡한 곳도 없이 매끄럽다는 것을 의미한다. 쿠머의 곡면은 16개의 이중 점에서 특이singular하다. 물론 변수들이 복소수이고 어떤 것은 무한할 수도 있는 경우에 '매끄럽다.'는 것이 어떤 의미인지 설명해야 하지만, 그건 평범한 기법이다.

호지 추측의 명제를 따라 절반쯤 왔다. 무슨 이야기를 하고 있는지는 알게 되었지만 호지가 이것이 어떤 행태를 보여야 한다고 생각했는지는 알지 못한다. 이제 가장 심오하고 또 가장 전문적인 측면들과 씨름을 해야 한다. 대수 사이클, 류, (특히) 호지류라는 것 말이다. 그러나 일반적인 요지는 당장 밝힐 수 있다. 이들은 우리의 일반화된 곡면에

대한 대단히 기본적인 의문에 부분적인 답을 주는 기술적인 도구이다. 그 의문이란 **그게 어떤 모양인가** 하는 것이다. 이제 남은 용어는 '유리 선형 결합rational linear combination'이라는 것인데 이것은 이 의문에 대해 모두의 바람으로는 맞았으면 하는 답을 준다.

멀리까지 왔다. 벌써 호지 추측이 어떤 종류의 명제인지 이해하게 되었다. 호지 추측은 어떤 방정식으로 정의된 임의의 일반화된 곡면이 주어지면 사이클이라는 걸로 대수 연산을 해서 그 모양이 어떤 것인지 알아낼 수 있다고 알려준다. 이 장 첫 쪽에서 이런 말을 해줄 수도 있었 지만 그 단계에서는 그렇게 말해봤자 정식 명제보다 더 이해하기 쉽 지는 않았을 것이다. 이제는 다양체가 무엇인지 아니까 모든 것이 들어맞 기 시작한다.

그리고 위상 수학처럼 들리기 시작하기도 했다. '대수 연산으로 모 양을 찾아내라.'는 것은 위상 공간에 대한 대수 불변에 관한 푸앵카레 의 아이디어를 두드러지게 연상시킨다. 따라서 다음 단계에는 대수적 위상기하학에 대한 논의가 필요하다. 푸앵카레가 발견한 것 중에는 3 개의 개념으로 정의되는 3가지 유형의 중요한 불변들이 있다. 그 개념 은 호모토피homotopy, 호몰로지homology, 코호몰로지cohomology이다. 우 리가 원하는 것은 코호몰로지이다. 그리고 물론, 이미 눈치챘겠지만 이 게 제일 설명하기 어렵다.

일단 무작정 시작해봐야 할 것 같다.

좌표가 실수인 3차원 공간에서 구면과 평면은 (만난다면) 원으로 만 난다. 구면은 다양체이고(앞으로 다양체 이야기를 할 때는 '대수'라는 말을 빼 기로 한다), 원도 다양체이며 원은 구면에 포함된다. 이를 **부분 다양체**

subvariety라고 한다. 더 일반적으로 말하자면 어떤 다양체를 정의하는 방정식(다변수, 복소, 사영)을 취하여 거기에 방정식을 몇 개 더 더하면 해 일부를 잃게 되는 것이 보통이다. 이러한 해들은 새로운 방정식을 만족하지 못하는 것들이다. 방정식이 많아질수록 다양체는 작아진다. 확장된 방정식계는 원래의 다양체 일부를 정의하고 이 부분은 그 자체로 다양체, 즉 부분 다양체이다.

다항 방정식의 해의 수를 헤아릴 때 같은 점을 두 번 이상 헤아리는 것이 편리할 수 있다. 이런 관점에서 해의 집합은 다수의 점으로 이루어져 있고 우리는 각각의 점에 수를 '부여'하는데 이는 그 중복도 multiplicity를 가리킨다. 예를 들어 중복도가 각각 3, 7, 4인 해 0, 1, 2이 있을 수 있다. 이럴 때, 굳이 알고 싶다면 다항식은 $x^3(x-1)^7(x-2)^4$가 된다. 각 점 $x=0, 1, 2$는 복소수의 (상당히 자명한) 부분 다양체이다. 따라서 이 다항식의 해들은 3개의 부분 다양체의 목록이라고 칭할 수 있고, 각 해에는 범자연수가 꼬리표로 붙는다.

대수 사이클도 비슷하다. 하나의 점 대신 부분 다양체로 이루어진 임의의 유한한 목록을 사용한다. 각각에는 수로 된 꼬리표를 부여할 수 있는데 범자연수일 필요는 없다. 음의 정수일 수도 있고 유리수일 수도 있으며 실수, 심지어는 복소수일 수도 있다. 다양한 이유로 호지 추측은 꼬리표로 유리수를 사용한다. '유리 선형 결합'이란 이를 가리키는 것이다. 그러니까 예를 들어 우리가 살피는 원래의 다양체는 11차원 공간의 단위 구면일 수 있고, 이 목록은 다음과 같은 모습일 수 있다.

□ 7차원 초구면hypersphere(이러저러한 방정식들이 딸린)으로 꼬리표는

22/7

□ 원환면(이러저러한 방정식들이 딸린)으로 꼬리표는 − 4/5

□ 곡선(이러저러한 방정식들이 딸린)으로 꼬리표는 413/6

상상하려고는 하지 말고, 굳이 상상을 하려거든 만화가처럼 생각하자. 작은 꼬리표가 붙은 3개의 구불구불한 얼룩이라고. 그런 만화 하나, 목록 하나가 하나의 대수 사이클이 된다.

왜 이리 공연한 소란을 벌이고 그처럼 추상적인 것을 굳이 만들어낼까? 원래의 대수 다양체의 본질적인 측면들을 포착하기 때문이다. 대수 기하학자들은 위상 수학자들에게서 비결을 빌려온다.

푸앵카레 추측을 다룬 10장에서 우리는 사는 우주가 곡면인 개미에 대해 생각해보았다. 개미가 자기가 사는 우주 밖으로 튀어나가서 보지 못한다면 그 우주의 모양을 어떻게 알아낼 수 있을까? 특히, 구면과 원환면을 어떻게 구별할 수 있을까? 거기서 제시된 해법은 닫힌 고리, 즉 위상 수학적인 버스 여행과 관련이 있었다. 개미는 고리들을 이리저리 움직이며 고리들이 끝을 맞대고 이어지면 어떤 일이 벌어지는지 알아내고 공간의 대수 불변을 계산해내는데 이를 공간의 기본군이라고 한다. '불변'이라는 것은 위상 수학적으로 동등한 공간들이 같은 기본군을 가진다는 의미이다. 군이 다르면 공간도 다르다. 푸앵카레가 자신의 추측에 이른 것이 바로 이 불변 덕이다. 그러나 불쌍한 개미가 자기가 사는 우주에서 가능한 모든 고리를 조사하는 것은 쉬운 일이 아니고 이 말은 기본군을 연산하는 것이 수학적으로 미묘하다는 것을 반영한다. 더 실용적인 불변이 존재하고, 푸앵카레는 이것도 조사했다. 고리들을 이리저리 움직이는 것을 호모토피라고 한다. 이와는 다른 방법에도 호몰로지라는 비슷한 이름이 붙어있다.

호몰로지의 가장 간단하면서 가장 구체적인 형태를 보여주겠다. 위상 수학자들은 재빨리 이러한 형태를 넘어서서 간소화하고 일반화하여 호몰로지 대수homological algebra라는 엄청난 수학 기계로 바꿔놓았다. 이 간단한 형태는 이 주제가 어떻게 진행되는지 아주 기본적인 분위기만 보여주지만, 우리에게 그 이상은 필요하지 않다.

개미는 일단 자기가 있는 우주를 측량하여 지도를 만든다. 인간 측량기사처럼 개미도 삼각형들의 네트워크로 우주를 덮는다. 결정적인 조건은 곡면에 있는 구멍을 둘러싸는 삼각형이 없어야 한다는 것이고, 이를 보장하는 방법은 자전거 타이어를 고치는 것처럼 곡면에 고무조각들을 발라서 삼각형들을 만드는 것이다. 그러면 각각의 삼각형은 명확한 내부를 갖게 되고 이 내부는 위상 수학적으로 평면의 일반적인 삼각형과 같다. 위상 수학자들은 이러한 조각들을 위상 수학적 원판topological disc라고 부르는데 그 이유는 이들 또한 원 및 그 내부와 동등하기 때문이다. 그 이유를 알기 위해서는 10장의 그림 36을 보자. 여기서 삼각형은 연속으로 변형되어 원이 된다. 이런 종류의 조각을 구멍을 둘러싼 삼각형에 맞춰 넣는 것은 불가능한데, 그 이유는 구멍이 삼각형의 내부와 외부를 연결하는 굴을 만들기 때문이다. 그러면 조각이 곡면에서 떨어져 나가야 할 터인데 개미에게는 그것이 허용되지 않는다.

개미는 이제 자기가 있는 우주의 **삼각형 분할**triangulation을 만들어냈다. 조각들에 대한 조건은 삼각형들의 목록, 그리고 어떤 삼각형들이 어떤 삼각형들과 인접하는지만 알아도 이 곡면의 위상—위상 수학적 동등성이라는 의미에서의 모양—을 재구성할 수 있도록 보장해준다. 잡화점에 가서 적절하게 꼬리표가 붙은 삼각형들이 든 '개미 우주' 조립 키트를 사서 모서리 A를 모서리 AA와, 모서리 B를 모서리 BB와, 하는 식으로 붙여나가면 곡면을 만들 수 있을 것이다. 개미는 곡면에 갇혀있으므로 모형을 만들 수는 없지만 원칙적으로 자기가 만든 지도에 필요한 정보가 반드시 포함되게 할 수는 있다. 이 정보를 추출하기 위해 개미는 계산을 해야 한다. 계산을 할 때 개미는 이제 더는 가능한 무한한 수의 고리를 모두 고려할 필요는 없지만 그래도 상당히 많은 수의 고리를 고려해야 한다. 개미가 선택한 네트워크의 변을 따라 이어진 닫힌 고리들을 모두 살펴야 하는 것이다.

호모토피에서 우리는 주어진 고리를 연속으로 오그라뜨려 점으로 만들 수 있는지 묻는다. 호몰로지에서는 질문이 다르다. 고리가 위상 수학적 원판의 가장자리를 형성하는가? 즉 하나 이상의 삼각형 조각을 한데 맞춰서 그 결과로 구멍이 전혀 없는 영역을 얻어낼 수 있고 이 영역의 경계가 해당하는 고리인가 하는 것이다.

그림 47(왼쪽)은 구면의 삼각형 분할 일부와 닫힌 고리, 그리고 닫힌 고리를 경계로 하는 위상 수학적 원판을 보여준다. 올바른 기법을 마련하면 구면의 삼각형 분할의 **임의의** 고리가 경계라는 것을 증명할 수 있다. 삼각형 조각, 더 일반적으로 위상 수학적 원판은 구멍을 감지하는 역할을 하는데 직관적으로 구면에는 구멍이 없다. 그러나 원환면에는 구멍이 있으며, 경계가 아닌 고리들이 있다. 그림 47(오른쪽)은 그런 고리를 보여주는데, 가운데 있는 구멍을 통과하며 감긴다. 달리 말하자면

고리들의 목록을 살펴서 어떤 고리가 경계인지 알아내면 개미는 구형의 우주와 원환면 모양의 우주를 구분할 수 있다.

개미가 푸앵카레나 그와 동시대에 속하는 다른 위상 수학자들만큼 영리하다면 이러한 아이디어를 우아한 위상 불변인 그 곡면의 호몰로지군으로 바꿀 수 있다. 기본적인 아이디어는 2개의 고리를 모두 그려 둘을 '합치는' 것이다. 그러나 그건 고리가 아니므로 처음으로 돌아가 다시 시작해야 한다. 실은 그야말로 처음으로 돌아가야 한다. 대수를 처음 알게 되었던 시절로. 나를 가르쳤던 수학 선생님은 사과의 수를 또 다른 사과의 수와 더하면 사과의 총계를 얻을 수 있다는 것을 알려 주는 걸로 수업을 시작했다. 그러나 사과와 오렌지를 더할 수는 없다. 다 합쳐서 과일로 헤아리지 않는다면 말이다.

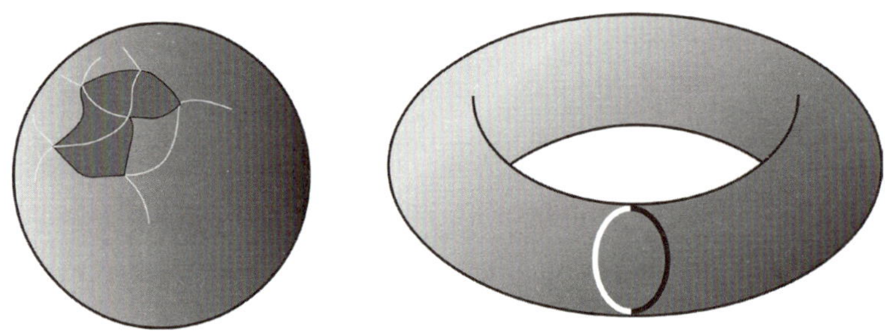

그림 47 왼쪽: 구면의 삼각형 분할 일부, 닫힌 고리(검은 선), 닫힌 고리를 경계로 하는 위상 수학적 원판(짙은 색). 오른쪽: 원판의 경계가 아닌 원환면 상의 닫힌 고리(옅은 부분은 뒤쪽).

산술에서는 같은 사과를 두 번 헤아리지 않게 조심해야 하고, 그것이 참이다. 그러나 대수에서는 참이 아니다. 대수에서는 사과와 오렌지를 구분하면서도 함께 더할 수 있다. 사실 고급 수학에서는 만들어낼 리 없다고 상상할 만한 것들을 한 데 더하는 일이 흔하다. 이러한 일을 할 자유는 놀라울 정도로 유용하고 중요한 것으로 밝혀지고, 그런 일을 한 수학자들은 미친 것과는 거리가 멀다. 적어도 그 점에 있어서만큼은 말이다.

호지 추측이 합친 아이디어의 일부를 이해하기 위해서는 사과와 오렌지를 단순한 과일로 한꺼번에 뭉뚱그리지 않고도 더할 수 있어야 한다. 이들을 더하는 방법은 실은 그다지 어렵지 않다. 이렇게 하는 데 무슨 의미가 조금이라도 있다는 것을 받아들이는 것이 어렵다. 어떤 형태든 이런 개념상의 잠재적인 장애를 만나본 사람은 많다. 나를 가르친 선생님은 글자가 미지수를 의미하는 것이고, 글자가 다르면 미지수도 다른 것이라고 말씀하셨다. a개의 사과를 또 다른 a개의 사과와 더하면 사과의 총계는 $a + a = 2a$개였다. 사과의 수가 몇 개든 이렇게 되었다. $3a$개의 사과가 있는데 $2a$개의 사과를 여기에 더하면 그 결과는 사과의 수가 얼마이든 $5a$개였다. 기호가 무엇이든, 그 기호가 의미하는 게 무엇이든 상관이 없었다. $3b$개의 오렌지가 있고 여기에 $2b$개의 오렌지를 더하면 그 결과는 $5b$개였다.[85] 그러나 $3a$개의 사과와 $2b$개의 오렌지가 있다면 어떻게 되었을까? $3a$에 $2b$를 더하면 무엇이었을까?

$$3a + 2b$$

그게 다였다. 합을 단순화하여 5개의 뭐라고 할 수는 없었다. 적어도 새로운 범주인 과일, 그리고 새로운 방정식들과 관련된 조작을 하지 않고서는 말이다. 그게 할 수 있는 최선이었다. 감수해야 한다. 그러나 일단 그렇게 하고 나면 새로운 개념을 도입하지 않고도 다음과 같은 계산을 할 수 있게 되었다.

$$(3a+2b)+(5a-b)=8a+b$$

주의할 점이 몇 가지 있었다. 하나의 사과에 하나의 사과를 더하면 두 번째 사과가 첫 번째 사과와 다를 경우 2개의 사과를 얻을 뿐이다. 사과와 오렌지로 이루어진 더 복잡한 조합도 마찬가지이다. 대수는 더하기라는 목적에 관한 한 관련된 사과가 모두 다르다고 전제한다. 사실 사과이든 아니든 더하는 두 대상이 실제로는 같은 것일 수 있는 경우라도 이러한 전제를 해두는 것이 합리적인 때가 자주 있다. 1개의 사과에 그와 같은 사과를 더하면 중복도가 2인 사과 1개다.

이러한 개념에 익숙해지면 무엇에든 사용할 수 있다. 돼지 1마리에 같은 돼지를 더하면 중복도가 2인 그 돼지이다. 돼지가 무엇이든, 돼지＋돼지＝2돼지라는 말이다. 돼지 1마리 더하기 소 1마리는 돼지＋소이다. 삼각형 1개 더하기 원 3개는 삼각형＋3원이다. 반짝반짝구면 더하기 초타원준무더기 3개는

$$반짝반짝구면＋3초타원준무더기$$

이다. 이러한 용어들의 의미가 무엇이든 상관없다.(이 경우에는 아무런 의미도 없다.)

심지어는 음수를 허용해 3마리 돼지 빼기 11마리 소에 대해 말할 수도 있다. 3돼지 −11소이다. −11소라는 게 어떤 모습일지 짐작도 가지 않지만 거기에 소를 6마리 더하면 −5소를 얻게 된다는 점은 자신한다.[86] 이건 기호로 하는 형식에 따른 게임이라 현실적인 해석은 이제 필요하지 않고, 유용하지도 않고, 심지어는 아예 불가능한 경우도 많다. 실수를 허용할 수도 있다. 이를테면 π돼지 빼기 $\sqrt{2}$소와 같이. 복소수도 가능하다. 수학자들이 지금까지 만들어낸, 혹은 미래에 만들어낼 어떤 종류의 복잡한 수도 된다. 수를 돼지와 소에 붙는 **꼬리표**로 생각하면 이 개념을 좀 더 볼 만하게 만들 수 있다. 이제 π돼지 빼기 $\sqrt{2}$소는 π라는 꼬리표가 붙은 돼지와 $-\sqrt{2}$라는 꼬리표가 붙은 소를 합쳐놓은 것으로 생각할 수 있다. 산술은 동물들이 아닌 꼬리표에 적용된다.

호지 추측은 이런 종류의 해석과 추가적인 장치를 포함한다. 동물 대신 호지 추측은 곡선, 곡면, 그리고 고차원에서 거기에 해당하는 대상을 이용한다. 이상해 보일 수도 있지만 그 결과는 추상적인 헛소리에 지나지 않는 것이 아니라 위상 수학, 대수, 기하학, 해석학 사이의 심오한 연관이다.

호몰로지를 정식화하려면 고리들을 합쳐야 하지만 기본군에서 했던 방식으로 하는 것은 아니다. 그 대신 우리 선생님께서 알려준 방식으로 한다. 그냥 고리들을 적고 그 사이에 + 기호를 넣는다. 이를 이해하기 위해 단일한 고리들로 작업하는 게 아니라 고리의 유한 집합으로 작업한다. 각각의 고리에는 얼마나 자주 발생하는지를 나타내는 정수를 꼬리표로 붙인다. 그렇게 꼬리표가 붙은 집합을 **사이클**이라고 한다.

이제 개미는 2개의 임의의 사이클을 한데 묶고 그에 해당하는 꼬리표를 더하여 이 2개의 사이클을 더할 수 있고, 그렇게 나오는 결과 역시 사이클이다. 어쩌면 10장에서 개미가 여행하는 모습을 표현할 때 버스가 아니라 자전거bicycle을 썼어야 했을지도 모르겠다.

기본군을 구성하면서 '더하기'로 고리들의 끝과 끝을 이어줄 때 기술적인 문제가 있었다. 자명한 고리를 어떤 고리와 더한다고 모조리 같은 고리가 나오는 것은 아니어서, 0고리가 예상 외의 결과를 낳았다. 고리를 그 반대방향reverse과 더해도 모조리 자명한 고리가 나오는 것은 아니어서 역도 제대로 반응하지 않는다. 여기서 벗어나는 길은 하나의 고리가 다른 고리로 변형될 수 있다면 둘을 같은 것으로 보는 것이었다.

호몰로지의 경우 이것은 문제가 아니다. 0사이클(모든 꼬리표가 0)이 있고, 모든 사이클에는 역(모든 꼬리표를 그 음의 값으로 바꾼 것)이 있으므로 군이 얻어진다. 문제는 이것이 엉뚱한 군이라는 것이다. 이 군은 공간의 위상에 대해 아무것도 알려주지 않는다. 이걸 해결하려면 비슷한 요령을 이용하되 어떤 사이클을 0으로 헤아려야 할 것인가에 대해 보다 완화된 관점을 취한다. 개미는 공간을 삼각형 조각들로 분할하고 각 조각의 경계는 위상 수학적으로 상당히 자명하다. 조각 한 가운데로 한꺼번에 밀어서 하나의 점으로 오그라뜨릴 수 있다. 따라서 이러한 경계 사이클은 0사이클과 동등해야 할 필요가 있다. 12라는 수를 상관없는 것으로 가장하여 0으로 놓아 일반적인 수를 시계산으로 바꿔놓는 것과 조금은 비슷하다. 여기서는 모든 경계 사이클을 상관없는 것으로 가장하여 사이클을 호몰로지로 바꿔놓는다.

이러한 가장의 결과는 극적이다. 이제 사이클의 대수는 공간의 위상의 영향을 받는다. 경계를 법으로 하는 사이클의 군은 유용한 위상 불변인 곡면의 호몰로지군이다. 언뜻 보기에는 개미가 어떤 삼각형 분할을 선택했는가에 의존하는 것 같지만 오일러 표수에 관해서는 같은 곡면에 대한 서로 다른 삼각형 분할들이 같은 호몰로지군을 낳는다. 따라서 개미는 서로 다른 곡면을 구분할 수 있는 대수 불변을 만들어낸 것이다. 조금 성가시기는 하지만 작업을 하는 가운데 어려운 일을 겪지 않고 좋은 불변을 얻을 수는 없는 법이다. 이 불변은 구면과 원환면을 구분할 수 있을 뿐만 아니라 구멍이 2개인 원환면과 구멍이 5개인 원환면을 구분할 수 있고, 이와 비슷하게 구멍의 수가 몇이든 원환면들을 구분해낼 수 있을 만큼 효과적이다.

호몰로지라는 말은 발음하기가 좀 어려운 것 같을지 몰라도 위상 불변의 풍부한 광맥을 열어젖혔고, 고리, 경계, 집합 합치기, 꼬리표로 셈하기와 같은 간단한 기하학적 개념에 근거하고 있다. 불쌍한 개미가 자기가 있는 곡면에 갇혀있다는 것을 고려하면 이 벌레가 삼각형 조각들을 찰싹 붙이고 지도를 만들어 약간의 대수 계산을 한 것만으로 자기가 사는 우주의 모양에 대해 중요한 모든 것을 알아낼 수 있다는 것은 놀라운 일이다.

호몰로지를 고차원으로 확장하는 자연스러운 방법이 있다. 3차원에서 삼각형에 해당하는 것은 사면체이다. 4개의 꼭짓점, 6개의 모서리, 4개의 삼각형 면이 있고 내부에는 하나의 3차원 '면'이 있다. 보다 일반적으로 말하자면 n차원에서 n-단체_{n-simplex}를 정의할 수 있고 여기에는 $n+1$개의 꼭짓점이 있는데 이들은 가능한 모든 모서리로 짝지어져서 결국 삼각형을 형성하고 삼각형은 모여서 사면체를 만들어내고 하는 식이다. 이제 사이클, 경계, 호몰로지를 정의하는 것은 쉬워졌고 마찬가지로 사이클(의 호몰로지류)를 더하여 군을 만들어낼 수 있다. 사실 이제는 일련의 모든 군을 얻게 된다. 0차원 사이클에 대한 것 하나(점), 1차원 사이클에 대한 것 하나(선), 2차원 사이클에 대한 것 하나(삼각형) 하는 식으로 해서 공간 자체의 차원까지 올라간다. 이들은 공간의 0차, 1차, 2차 등의 호몰로지군이다. 대략적으로 말하자면 이들은 공간에서의 다양한 차원의 구멍의 개념을 엄밀하게 한다. 구멍은 존재하는가, 몇 개나 존재하는가, 서로 어떻게 연관을 맺고 있나?

그렇다면 이것은 호몰로지이고, 호지 추측이 **말하는** 바를 이해하는 데 필요한 것에 거의 근접한다. 그러나 실제로 필요한 것은 이와 긴밀하게 관련된 개념인 **코호몰로지**이다. 1893년 푸앵카레는 임의의 다양체 manifold의 호몰로지에서 특이한 우연의 일치를 발견했다. 호몰로지군의 목록이 거꾸로 읽어도 마찬가지라는 것이다. 예를 들어 5차원 다양체에 대한 0차 호몰로지군은 5차 호몰로지군과 같고, 1차 호몰로지군은 4차 호몰로지군과 같고, 2차 호몰로지군은 3차 호몰로지군과 같다. 그는 이게 그저 우연일 수는 없다는 것을 깨닫고 지도와 관련하여 4장에서 보았던 삼각형 분할의 쌍대로 이를 설명했다. 이는 4장의 그림 10에서처럼 각 삼각형은 꼭짓점으로, 두 삼각형 사이의 각 모서리는 해당하는 새로운 꼭짓점을 잇는 모서리로, 각 점은 삼각형으로 대체하는 두 번째 삼각형 분할이다. 차원이 역순으로 나타나는 것에 주목하자. 즉 2차원 삼각형은 0차원 점이 되고, 0차원 점은 2차원 삼각형이 된다. 1차원 모서리는 여전히 1차원인데 그 까닭은 1이 가운데 있기 때문이다.

2개의 목록이 같은 불변을 생성하더라도 이 둘을 구분하는 것은 유용하다는 점이 드러난다. 전체 구조가 일반화되고 추상적인 용어로 정식화되면 삼각형 분할은 사라지고 쌍대 삼각형 분할은 이제 이치에 맞지 않는다. 살아남는 것은 호몰로지군과 코호몰로지군이라는 두 벌의 위상 불변이다. 호몰로지의 모든 개념에는 각각 쌍대가 있는데 보통은 앞에 'co'를 붙여 이름을 짓는다. 따라서 사이클 대신 코사이클 cocycle이 있고, 호몰로그homologous한 2개의 사이클 대신 코호몰로그 cohomologous한 2개의 사이클이 있다. 호지 추측에서 언급된 류들은 코호몰로지류고, 이들은 서로 코호몰로그한 코사이클들의 모임이다.

호몰로지와 코호몰로지는 위상 공간의 모양에 대해 우리가 알고 싶어하는 모든 것을 알려주지는 않는다. 서로 구분되는 공간이 같은 호몰로지와 코호몰로지를 가질 수 있는 것이다. 그러나 유용한 정보와 이를 계산하고 이용할 체계적인 틀을 제공해주는 것은 사실이다.

실이건, 복소이건, 사영이건, 그도 아니건, 대수 다양체는 위상 공간이다. 따라서 모양이 있다. 모양에 대해 유용한 것들을 알아내려면 위상 수학자들처럼 생각하여 호몰로지군과 코호몰로지군을 계산한다. 그러나 대수 기하학의 자연스러운 재료들은 삼각형 분할이나 사이클 같은 기하학적 대상들이 아니다. 대수 방정식으로 가장 쉽게 표현할 수 있는 것들이다. 돌아가서 쿠머 곡면에 대한 방정식을 살펴보자. 이게 어떻게 삼각형 분할과 연관될까? 공식에는 삼각형을 암시하는 어떤 것도 없다.

어쩌면 다시 시작해야 할지도 모르겠다. 삼각형 대신 다양체들에 자연스러운 구성요소를 써야 하는데, 그것은 추가적인 방정식을 도입하여 정의되는 부분 다양체이다. 이제 사이클을 다시 정의해야 한다. 정수 꼬리표가 붙은 삼각형 집합 대신 무엇이든 제일 쓸 만한 꼬리표가 붙은 부분 다양체 집합을 이용한다. 다양한 이유가 있지만 주로 정수 꼬리표를 쓰면 호지 추측이 옳지 않다는 이유로 유리수를 선택하는 것이 합리적이다. 호지의 의문은 다음과 같이 압축된다. 호몰로지와 코호몰로지에 대한 이러한 새로운 정의가 위상 수학적인 정의가 포착하는 모든 것을 포착하는가? 그의 추측이 옳다면 대수 사이클이라는 도구는 위상 수학의 코호몰로지라는 끝에 필적할 만큼 날카롭다. 틀렸다면 대수 사이클은 무딘 도구이다.

다만…… 미안하다. 사족이 지나쳤다. 추측은 특정한 **종류**의 대수 사이클을 사용하는 것으로 충분하다고 하는데, 이것은 호지류에 들어 있다. 이를 설명하려면 이미 풍부한 혼합물에 또 하나의 재료를 더해야 한다. 해석학이다. 해석학에서 가장 중요한 개념 중 하나는 미분 방정식이라는 것으로, 이것은 8장에서 보았듯 변수들이 변하는 속도에 관한 조건이다. 18세기, 19세기, 20세기의 거의 모든 수리 물리학은 미분 방정식으로 자연을 모형화하고, 심지어는 21세기에도 거의 그렇다. 1930년대 이러한 아이디어로 호지가 새로운 것을 발견했는데 오늘날 이것을 호지 이론이라고 한다. 이 이론은 해석학과 위상 수학의 일반적인 분야의 수많은 다른 강력한 방법들과 자연스럽게 결부된다.

호지의 아이디어는 미분 방정식을 이용하여 코호몰로지류들을 뚜렷이 구별되는 유형들로 정리한다는 것이었다. 각 부분에는 추가적인 구조가 있어서 위상 수학적인 문제에서 유리하게 이용될 수 있다.

이 부분은 1700년대 말, 특히 피에르 시몽 드 라플라스Pierre-Simon de Laplace의 저작에서 등장한 미분 방정식을 이용하여 정의한다. 따라서 이 방정식은 라플라스 방정식이라 불린다. 라플라스가 중심적으로 연구했던 분야는 행성, 위성, 혜성, 항성의 운동과 형태에 관한 학문인 천체 역학이었다. 1783년 그는 지구의 상세한 형태에 대해 연구하고 있었다. 그때에는 지구가 구가 아니라 극 부분이 납작해서 누군가 깔고 앉은 비치볼 같은 모양의 편구oblate spheroid라는 것이 알려졌었다. 그러나 이렇게 묘사해도 극히 세부적인 부분 일부는 놓친다. 라플라스는 요구되는 임의의 정확도까지 모양을 계산하는 방법을 발견했는데, 이는 지구의 중력장, 실은 장 그 자체가 아니라 '중력 포텐셜'을 표현하는 물리량에 근거한다. 중력 포텐셜이란 중력에 포함된 에너지의 척도로 공간의 각 점에서 정의되는 수치적인 양이다. 중력의 힘은 어느 쪽이건 포텐셜이 가장 빨리 감소하는 방향으로 작용하는데 힘의 크기는 감소하는 속도이다.

포텐셜은 라플라스의 방정식을 만족한다. 대략 말하자면 이 방정식은 물질이 없을 때, 즉 진공에서 아주 작은 구에 대한 포텐셜의 평균값은 구의 중심에서의 값과 같다고 한다. 일종의 민주주의이다. 나의 값은 이웃들의 값의 평균이라는 이야기이다. 라플라스의 방정식의 임의의 해를 조화 함수harmonic function라고 한다. 호지의 특별한 유형의 코호몰로지류들은 조화 함수와 특정한 관계를 지니는 것들이다. 이러한 유형에 대한 연구인 호지 이론은 심오하고도 멋진 수학의 한 분야를 만들어냈다. 공간의 위상과 이 공간에 대한 특별한 미분 방정식의 관계이다.

이제 이해할 수 있게 되었다. 호지 추측은 현대 수학의 기둥 3개, 즉 대수학, 위상 수학, 해석학 사이의 심오하고도 강력한 연관성을 주장한다. 임의의 다양체를 택하자. 그 모양을 이해하기 위해(위상 수학, 코호몰로지류로 이어진다.) 이들의 특별한 예를 고른다.(해석학, 미분 방정식을 통해 호지류로 이어진다.) 이러한 특별한 유형의 코호몰로지류는 부분 다양체를 이용하여 실현해낼 수 있다.(대수: 몇 개의 추가적인 방정식을 집어넣고 대수 사이클을 살핀다.) 즉 어떤 다양체에 있어 '이게 무슨 모양인가?'라는 위상 수학 문제를 풀려면 문제를 해석학으로 바꾼 다음 대수를 이용하여 해결하는 것이다.

이게 왜 중요할까? 호지 추측은 대수 기하학자의 도구상자에 2개의 새로운 도구를 더하자는 제안이다. 위상 불변과 라플라스 방정식이 그것이다. 이 추측은 사실 수학정리에 대한 추측이 아니다. 새로운 종류의 도구에 대한 추측이다. 추측이 참이라면 이러한 도구는 곧바로 새로운 의의를 얻게 되고, 잠재적으로 끝없이 이어지는 의문에 답을 하는 데 이용될 수 있다. 물론 틀린 것으로 밝혀질 수도 있다. 그러면 실망스럽기야 하겠지만 도구에 계속 엄지손가락을 찧기보다는 그 도구의 한계를 이해하는 편이 낫다.

이제 호지 추측의 본질을 제대로 이해하게 되었으니, 그에 대한 증거를 살펴볼 수 있다. 우리가 알고 있는 건 무엇일까? 거의 없다시피 하다.

호지가 추측을 내놓기 전인 1924년, 솔로몬 레프셰츠Solomon Lefschetz는 임의의 다양체의 차원-2 코호몰로지에 대한 호지 추측으로 압축되는 정리를 증명했다. 틀에 박힌 대수적 위상기하학을 조금 적용하면 이는 1, 2, 3차원의 다양체에 대한 호지 추측을 함축한다. 그보다 고차원의 다양체에 대해서는 몇 가지 특별한 경우의 호지 추측만 알려졌다.

호지는 원래 자신의 추측을 정수 꼬리표로 서술했다. 1961년 마이클 아티야와 프리드리히 히르체브루흐Friedrich Hirzebruch는 보다 고차원에서 이러한 형태의 추측이 거짓임을 증명했다. 따라서 오늘날에는 호지 추측을 유리수를 이용해서 해석한다. 이러한 형태에는 일정정도의 고무적인 증거가 있다. 호지 추측을 지지하는 가장 강력한 증거는 그 결과이자 더욱 심오하고 훨씬 더 기술적인, '호지 궤적의 대수성algebraicity of Hodge loci'라고 알려진 정리가 호지 추측을 전제하지 **않고** 증명되었다는 것이다. 에두아르도 카타니Eduardo Cattani, 피에르 덜리뉴, 아롤도 카플란Aroldo Kaplan이 1995년 이러한 증명을 찾아냈다.

마지막으로, 정수론에는 호지 추측과 유사한 매혹적인 추측이 있다. 존 테이트의 이름을 따서 테이트 추측이라고 하는데 이는 대수 기하학을 5차 다항 방정식을 푸는 대수공식은 존재하지 않는다는 것을 증명한 아이디어 체계인 갈루아 이론과 연결한다. 명확하게 표현하려면 전문적이 되고, 또 다른 형태의 코호몰로지를 필요로 한다. 테이트 추측이 옳았으면 좋겠다고 바랄 만한 별개의 이유들이 있지만, 현재는 미해결 상태이다. 그래도 호지 추측에 뚜렷한 친척이 있다는 이야기이다. 비록 지금은 마찬가지로 다루기 어려운 문제라고 하더라도 말이다.

호지 추측은 유리한 증거도, 불리한 증거도 그다지 광범위하지 않고 딱히 설득력이 있지도 않은, 골치 아픈 수학 문제 중 하나이다. 추측이 틀릴 수도 있다는 위험성이 명백히 존재한다. 어쩌면 호지 추측을 반증하는 100만 차원 다양체가 있고, 그 이유는 구조도 없는 일련의 계산으로 압축되는데 그 계산이 워낙 복잡해서 누구도 해낼 수 없었던 것인지도 모른다. 만약 그렇다면 호지 추측은 그저 어쩌다 보니 참이 아니라는, 본질적으로 유치한 이유 때문에 거짓이지만 사실상 거짓이라고 증명하는 게 불가능할 수도 있다. 바로 그러한 점을 의심하는 대수 기하학자를 몇 명 알고 있다. 만약 그렇다면 내다볼 수 있는 미래에는 100만 달러가 안전하게 남아있을 것이다.

16

이제 어디로 가야 할까?

예측이란 몹시 어려운 것이다. 특히 미래에 대한 예측은 더욱 어렵다고[87] 노벨상을 수상한 물리학자 닐스 보어Niels Bohr와 야구선수이자 야구감독 요기 베라Yogi Berra가 말했다고 한다.[88] 베라는 이런 말도 했다. "내가 말한 것의 대부분은 내가 말한 적이 없습니다." 과학소설이자 영화인 《2001: 스페이스 오디세이2001: A Space Odyssey》와 그 후속편으로 유명한 아서 C. 클라크Arthur C. Clarke는 미래학자이기도 했다. 그는 기술과 사회의 미래를 예측하는 책들을 썼는데, 그가 1962년에 쓴《미래의 윤곽Profiles of the Future》에 나온 수많은 예측 중에는 다음과 같은 것들이 있다.

- □ 1970년까지는 고래와 돌고래의 언어를 이해한다.
- □ 1990년까지는 핵융합
- □ 1990년까지는 중력파 감지
- □ 2000년까지는 행성 식민지 개척

지금까지 일어난 일은 하나도 없다. 한편 그가 성공을 거둔 것도 있다.

- 1980년까지는 행성 착륙(그가 말한 것은 유인 착륙일 수도 있겠지만)
- 1970년까지는 번역 기계(아직 완숙함에는 조금 못 미치지만 현재 구글에 있다.)
- 1990년까지는 개인 무전기(휴대전화가 그와 같은 역할을 한다.)

그는 2000년에는 세계 도서관이 있을 거라는 예측도 했는데, 몇 년 전에 생각하던 것보다는 진실에 가깝다고 할 수 있는 것이 인터넷의 수많은 기능 중 하나가 이것이기 때문이다. 클라우드 컴퓨팅의 출현으로 우리는 모두 결국 하나의 거대한 컴퓨터를 이용하게 될지도 모른다. 그는 몇 가지 중요한 경향을 놓쳤는데, 이를테면 컴퓨터와 유전공학의 융성이 거기에 속한다. 2030년에 이루어질 거라고 예측하기는 했었지만. 클라크의 기복이 심한 전적을 경고로 삼는다면 위대한 수학 문제들의 미래를 조금이라도 자세하게 예측하는 건 무모한 짓이리라. 그러나 대부분은 틀린 것으로 판명될 거라는 걸 알기에 안심하고 근거가 없지 않은 추측을 몇 가지는 내놓을 수 있다.

서문에서 나는 힐베르트가 1900년에 내놓은 23개의 중요한 문제 목록을 언급했다. 이제는 대부분이 해결되어서 "우리는 알아야 합니다. 우리는 알 것입니다."라는 그의 용감한 구호의 정당성이 입증된 것처럼 보일 수도 있다. 그러나 그는 '수학에 ignorabimus(우리는 알지 못할 것이다.)는 없습니다.'라는 말도 했고('ignorabimus'는 과학적 지식의 한계를 주장하는 라틴어 경구 'ignoramus et ignorabimus(우리는 알지 못하고 알지 못할 것이다.)'라는 말의 일부로, 앞의 힐베르트의 구호는 이에 대한 응답 격이었다.—옮긴이) 쿠르트 괴델은 불완전성 정리로 이러한 생각을 단호하게 좌절시켰다. 불완전성 정리는 어떤 수학 문제는 수학의 통상적인 논리적 틀 안에서 해법이 없을 수도 있다는 것이다. 그저 원적 문제처럼 불가능하다는 게 아니라 결정 불가능하다는 것인데, 이는 증명도, 반증도 존재하지 않는다는 의미이다. 어쩌면 현재 해결되지 않은 위대한 문제 중에는 이런 운명인 것도 있을 수 있다. 리만 가설이 그렇다면 나는 놀랄 것이고, 설령 그게 결정 불가능하다 하더라도 누군가 결정 불가능하다는 걸 증명해낼 수 있다면 경악할 것이다. 다른 한편 P/NP 문제는 결정 불가능하다거나 '할 수가 없다.'는 주제의 기술적인 변주에 들어맞는다고 해도 이상할 것이 없다. 이 문제는 그런, 음, **냄새**가 풍긴다.

21세기 말까지 리만 가설, 버치—스위너튼-다이어 추측, 질량 간극 가설의 증명과 호지 추측 및 3차원에서의 나비에-스토크스 방정식의 해의 정칙성에 대한 반증을 얻게 되지 않을까 싶다. P/NP는 2100년에도 여전히 미해결 상태이다가 22세기 어느 때쯤 무릎을 꿇을 거라고 예상한다. 그러니까 누군가가 내일은 리만 가설을 반증하고 다음 주에는 P가 NP와 다르다는 것을 증명할지도 모른다.

내 생각은 일반적인 관찰 결과가 있어서 안전한 편에 속한다. 역사에서 배울 수 있기 때문이다. 따라서 7개의 새천년 문제가 풀릴 때 즈음에는 그중 여러 개가 중요하지 않은 역사적인 호기심거리가 되어 있을 거라고 확신한다. '아, 그게 중요하다고들 생각했었다지?' 힐베르트의 공격대상에 올라 있던 문제 중에도 그렇게 된 것들이 있다. 50년 내에 지금은 존재하지도 않는 몇몇 분야들이 수학에 주요 분야로 등장하

게 될 것이라는 점 역시 확신해도 좋겠다. 그때에는 그런 분야들의 몇
몇 기본적인 예들과 기초적인 정리들은 훨씬 전에 있었지만 누구도 이
런 고립된 토막들이 심오하고 중요한 새로운 분야의 실마리가 될 거라
는 걸 당시에는 깨닫지 못했다. 군론, 행렬 대수, 프랙털, 카오스가 그랬
다. 그런 일이 다시 벌어질 거라는 건 의심하지 않는데, 수학이 발전하
는 표준적인 방식의 하나이기 때문이다.

이러한 새로운 분야들은 2개의 주요한 요소를 통해 발생할 것이다.
수학 자체의 내적 구조에서 나타나거나 외부 세계에 대한 새로운 의문
에 대한 응답으로 나타난다. 두 요소가 동시에 작용하는 경우도 많다.
푸앵카레의 문제 해결 3단계 절차, 즉 준비, 배양, 깨달음처럼 수학과 그
응용 사이의 관계는 과학이 문제를 제기하고 수학이 이를 해결함으로
써 완성되는 단순한 이행이 아니다. 그보다는 의문과 아이디어들의 복
잡한 교환망을 발견하게 된다. 새로운 수학은 더 나아간 관찰이나 실
험, 이론을 유발하고 이들이 다시 새로운 수학의 동기가 되어주는 식이
다. 그리고 이러한 네트워크의 각각의 마디들은 좀 더 자세히 살펴보면
같은 종류의 더 작은 망들로 밝혀진다.

예전보다 외부 세계가 더 커졌다. 최근까지 수학의 주요한 영감의
원천은 물리학이었다. 몇몇 다른 분야들도 나름의 역할을 했다. 생물학
과 사회학은 확률과 통계의 발전에 작용했고 철학은 수리 논리학에 지
대한 영향을 미쳤다. 미래에는 생물학, 의학, 전산학, 재정학, 경제학, 사
회학의 기여가 늘어날 것이고 정치학, 영화산업, 스포츠가 합류할 가능
성도 매우 크다. 최초의 새로운 위대한 문제 중 일부는 생물학에서 발
생하지 않을까 생각하는데, 그 이유는 수학과 생물학의 연관관계가 이

제는 확고하게 자리를 잡았기 때문이다. 생물학과 생화학 정보를 수집하는 우리의 능력이 폭발적으로 늘어나는 경향이 있다. 예를 들어 이제는 극미소공nanopore 기술에 기반하여 메모리 스틱만한 크기의 장치로 소규모 게놈의 배열순서를 밝힐 수 있다. 대규모 게놈도 이러한 기술, 혹은 다른 기술을 이용하여 재빨리 뒤따를 것이고, 이러한 기술의 대부분은 이미 존재하고 있다.

이와 같은 발전은 게임의 규칙을 바꿔낼 가능성이 있지만 그러한 정보의 의미를 이해하기 위해서는 더 나은 방법들이 필요하다. 생물학은 사실 딱히 그런 정보에 관한 학문이 아니다. 생물학은 과정에 관한 학문이다. 진화는 과정이고, 세포의 분열도, 배아의 성장도, 암의 발병도, 군중의 움직임도, 뇌의 작용도, 전 세계 생태계의 역학도 그러하다. 과정의 기본적인 구성요소들을 측정하고 그게 하는 역할을 추론해내는 방법으로 우리가 현재 알고 있는 최선의 것은 수학이다. 따라서 새로운 종류의 위대한 문제들이 생겨날 것이다. 복잡하지만 구체적인 체계화 정보(DNA 배열순서)가 존재할 때 역학은 어떻게 전개되는가. 유전적 변화가 환경과 어떻게 협력하여 진화를 강제하는가. 세포의 성장, 분열, 이동성, 점착성, 사멸의 규칙이 발전하는 유기체에 어떻게 형체를 부여하는가. 신경세포 망 내의 전자와 화학물질의 흐름이 어떻게 신경세포가 무엇을 감지할 수 있고 어떻게 반응하는가를 결정하는가.

전산은 새로운 수학의 또 하나의 원천으로 이미 실적도 있다. 보통은 수학을 하기 위한 도구로 생각되지만 수학도 마찬가지로 전산을 이해하고 구조화하는 도구이다. 쌍방향 교환이 양쪽 분야의 건전성과 발전에서 차지하는 중요성은 점점 더 커지고 있고, 미래의 어느 시점에는 이 둘이 아예 합쳐질지도 모른다. 이 둘이 갈라지도록 방관해서는 안 되었다고 여기는 수학자들도 있다. 여기서 드러나는 수많은 경향 가운데서 아주 커다란 데이터 세트$_{data set}$(컴퓨터상의 데이터 처리에서 1개의 단위로 취급하는 데이터의 집합—옮긴이)에 관한 의문이 다시 떠오른다. 앞서 말했던 DNA 표본과만 관련된 것이 아니라 지진 예측, 진화, 지구기후, 주식시장, 국제금융, 신기술과도 관련된 것이다. 문제는 대량의 데이터로 실제 세계의 수학적 모형을 시험하고 개량해서 이를 이용하여 대단히 복잡한 계를 진정으로 통제할 수 있게 하는 것이다.

내가 가장 자신 있게 여기는 예측들은 어떤 의미에서 부정적이지만, 수학계의 지속적인 창조력을 확인하는 것이기도 하다. 수학자들은 누구나 때로 자신들이 연구하는 학문에 그 나름의 마음이 있다고 여긴다. 문제들은 수학자가 원하는 방식이 아니라 수학이 원하는 방식으로 해결된다.

우리는 어떤 질문을 할 것인가를 선택할 수 있지만 어떤 답을 얻을 것인가는 선택할 수 없다. 이러한 느낌은 수학의 본질에 관한 2가지 주요 학파와 연관되어 있다. 플라톤주의자들은 수학의 '이념적 형상들'에 일종의 독립적인 존재가 있고 이 독립적인 존재는 '저 멀리' 물리적 세계와는 구별되는 어떤 영역에 있다고 생각한다. (좀 더 교묘하게 표현하는 방법들이 있고 그편이 더 합리적으로 들리겠지만 요지는 이렇다.) 그와는 달리 수학은 공유하는 인간의 구성체라고 보는 사람들도 있다. 그러나 그런 면에서 역시 마찬가지인 법률체계, 돈, 윤리, 도덕과는 다르게 수학은 강력한 논리적 골격을 지닌 구성체이다. 다른 모든 사람과 어떤 주장을 공유할 수 있고 어떤 주장은 공유할 수 없다는 것에 대한 엄격한 제한이 있다. 수학에 나름의 계획이 있다는 인상을 주고 수학자들이 수학은 인간의 활동영역 외부에 존재한다는 생각을 하게 하는 게 바로 이러한 제한이다. 내 생각에 플라톤주의는 수학이 어떤 것이라는 것에 대한 설명이 아니다. 수학을 할 때 어떤 느낌이 드는가에 대한 설명이다. 우리가 장미, 피, 신호등을 볼 때 경험하는 '붉은색'이라는 선명한 감각과 같은 것이다. 철학자들은 이러한 감각을 특질이라고 부르고, 자유의지라는 우리의 감각이 실은 뇌가 결정을 내리는 방식의 특질이라고 생각하는 철학자들도 있다. 선택 가능한 몇 가지 중에서 결정을 내릴 때, 우리는 우리에게 진정한 선택의 여지가 있다고 느낀다. 뇌의 역학이 실제로 어떤 의미에서는 결정론적이든 아니든 말이다. 마찬가지로 플라톤주의의 본질적 특징은 논리적 추론이라는 엄격한 틀 내에서 인간이 공유하는 구성체에 참여하는 것이다. 따라서 수학은 집단의 정신 집단이 만들어낸 것이지만 나름의 마음이 있는 것처럼 여겨질 수 있다. 역사는 이러한 의미에서의 수학적 정신이 그 어떤 단일한 인간의 정신도 예측할 수 없을 정도로 혁신적이고 놀랍다는 것을 알려준다. 이 모든 것은 내가 말하고자 하는 요점에 이르는 복잡한 길이다. 수학의 미래에 대해 우리가 안심하고 예측할 수 있는 것 중 하나는 수학이 예측 불가능할 것이라는 점이다. 다음 세기에서 가장 중요한 수학적 의문들은 우리가 현재 수학의 위대한 문제들이라고 믿고 있는 것들에 대한 우리의 이해가 늘어나는 것의 자연스러운, 어쩌면 불가피한 결과로 나타날 것이다. 그러나 지금으로서는 상상조차 할 수 없는 의문들일 것은 거의 확실하다. 이는 옳고 합당할 뿐이어서, 우리는 이를 축하해야 한다.

17

미래를 위한 12가지 문제

이상야릇하고 정말로 어려운 것을 빼고는 수학 문제가 거의 다 해결되었다는 인상을 남기고 싶지는 않다. 수학 연구는 신대륙을 탐험하는 것과 같다. 우리가 아는 영역이 확장되면 미지의 세계와 접하는 경계는 길어진다. 수학을 더 많이 발견할수록 우리가 아는 것이 적어진다는 것은 아니다. 수학을 더 많이 발견할수록 우리가 알지 못한다는 것을 더욱 깨닫게 된다는 것이다. 하지만 시간이 흐르면서 우리가 알지 못하는 것도 바뀌고, 낡은 문제 중에서 사라지는 게 있는 한편으로 새로운 문제들이 더해진다. 그와는 반대로 우리가 아는 것은 다만 점점 더 커질 뿐이다. 가끔 사라지는 기록들을 제외한다면.

이미 논의한 위대한 문제들을 제외하고 우리가 현재 알지 **못하는** 것이 어떤 것인지 아주 가볍게 보여주기 위해서 꽤 오랫동안 전 세계의 수학자들을 좌절시켜온 12개의 미해결 문제를 소개한다. 이것들을 선택한 것은 문제 자체는 이해하기 쉽기 때문이다. 이미 충분히 입증되었듯 여기에는 답을 찾기가 쉬운가 아닌가 하는 의미는 담겨 있지 않다. 어떤 문제는 위대한 것으로 밝혀질 수도 있다. 그것은 주로 그것을 해결하기 위해 창안되는 방법들, 그리고 그 문제들의 귀결에 달린 것이지 그와 같은 답이 어떠한 것인가에 달리지는 않을 것이다.

브로카 문제

임의의 범자연수 n에 대하여 n의 계승 $n!$은 다음과 같은 곱이다.

$$n \times (n-1) \times (n-2) \times \cdots \times 3 \times 2 \times 1$$

이것은 n개의 사물을 순서대로 배열하는 서로 다른 방법의 수이다. 예를 들어 영어의 알파벳은 26자로

$$26! = 403{,}291{,}461{,}126{,}605{,}635{,}584{,}000{,}000$$

가지 다른 순서로 배열될 수 있다. 1876년과 1885년에 쓴 논문에서 앙리 브로카 Henri Brocard 는

$$4! + 1 = 24 + 1 = 25 = 5^2$$
$$5! + 1 = 120 + 1 = 121 = 11^2$$
$$7! + 1 = 5040 + 1 = 5041 = 71^2$$

이 모두 완전제곱수라는 점에 주목했다. 그는 1을 더했을 때 제곱수

가 되는 다른 계승은 찾지 못하고 그런 것이 존재하는지 물었다. 독학한 인도의 천재 스리니바사 라마누잔이 1913년 그와는 별개로 같은 질문을 던졌다. 브루스 번트Bruce Berndt와 윌리엄 골웨이William Galway는 2000년 컴퓨터를 이용하여 10억까지의 수들에 대한 계승에는 더이상의 해가 존재하지 않음을 증명했다.

홀수 완전수

어떤 수는 그 모든 진약수(즉 그 수를 딱 떨어지게 나누는 수들로, 그 수 자체는 뺀 것)의 합과 같으면 완전수이다. 다음과 같은 예들이 있다.

$$6 = 1 + 2 + 3$$
$$28 = 1 + 2 + 4 + 7 + 14$$

에우클레이데스는 $2^n - 1$이 소수이면 $2^{n-1}(2^n - 1)$이 완전수라는 것을 증명했다. 위의 예는 $n = 2, 3$인 경우에 해당한다. 이러한 형태의 소수를 메르센 소수Mersenne prime라고 하는데, 47개가 알려졌고, 현재까지 가장 큰 수는 $2^{43,112,609} - 1$로, 이는 알려진 가장 큰 소수이기도 하다.[89] 오일러는 모든 짝수 완전수는 이러한 형태여야 한다는 것을 증명했지만 누구도 홀수 완전수를 찾아내지 못했고 그런 것이 존재할 수 없다는 것을 증명하지도 못했다. 포머런스는 홀수 완전수가 존재하지 않는다는 것을 보여주는 엄격하지 않은 논거를 고안해냈다. 홀수 완전수라면 몇 가지 엄격한 조건을 만족해야 한다. 10^{300} 이상이어야 하고, 10^8보다 큰 소인수가 있어야 하며, 두 번째로 큰 소인수는 10^4 이상이어야 하고, 소인수가 75개 이상이어야 하며 서로 다른 소인수가 12개 이상이어야 한다.

콜라츠 추측

범자연수 하나를 택한다. 짝수면 2로 나눈다. 홀수면 3을 곱하고 1을 더한다. 이러한 과정을 무한히 반복한다. 어떤 일이 벌어질까?

예를 들어 12로 시작해보자. 이어지는 수들은

$$12 \to 6 \to 3 \to 10 \to 5 \to 16 \to 8 \to 4 \to 2 \to 1$$

이고, 그 뒤로 $4 \to 2 \to 1 \to 4 \to 2 \to 1$이라는 수열이 영원히 반복된다. 콜라츠 추측은 어떤 수로 시작하건 마지막에는 같은 결과가 나타난다는 것이다. 1937년 이러한 생각을 해낸 로타르 콜라츠Lothar Collatz의 이름을 따서 명명했지만, $3n+1$ 추측, 우박 추측, 울람 추측, 카쿠타니 추측, 드웨이츠 추측, 하세 알고리즘, 시러큐스 문제 등 그 외에도 많은 이름이 있다.

이 문제가 어려운 것은 이 수가 폭발적으로 증가하는 경우가 많기 때문이다. 예를 들어 27로 시작했을 때 이 수열은 9,232까지 치솟는다. 그렇기는 하지만 결국 111단계 끝에 1로 내려앉는다. 컴퓨터 시뮬레이션으로 이 추측은 5.764×10^{18}까지의 모든 초기치에 대하여 검증된다. 사이클이 35,400개 미만의 수를 포함하는 경우, $4 \to 2 \to 1$ 이외의 순환은 존재하지 않는다는 것이 증명되었다. 어떤 초기치가 간간이 작은 수들이 끼어들면서 계속 커지는 수들을 포함하는 수열로 이어질 가능성이 배제된 것은 아니다. 일리아 크라시코프Ilia Krasikov와 제프리 라가리아스Jeffery Lagarias는 n까지의 초기치에 대하여 그중 적어도 어떤 상수 곱하기 $n^{0.84}$개는 결국 1에 도달한다는 것을 증명했다. 따라서 예외가 존재한다 해도 드물다.[90]

완전직육면체의 존재

이 문제는 피타고라스 수의 존재와 그에 대한 공식을 출발점으로 삼아 3차원으로 옮겨간다. 오일러 벽돌은 모서리 길이가 정수이고 모든 면의 대각선 길이가 정수인 직육면체이다. 가장 작은 오일러 벽돌은 1719년 파울 할케Paul Halcke가 발견했다. 각 모서리는 240, 117, 4이고 면의 대각선은 267, 244, 125이다. 오일러는 이러한 벽돌에 대한 공식을 찾아냈고 이는 피타고라스 수에 대한 공식과 비슷하지만 모든 해를 내놓는 것은 아니다.

완전직육면체, 즉 벽돌의 내부를 한쪽 꼭짓점에서 마주 보는 꼭짓점으로 가로지르는 주대각선(이러한 대각선은 4개가 있지만 모두 길이가 같다.) 역시 길이가 정수인 오일러 벽돌이 존재하는지는 알려지지 않았다. 오일러의 공식이 그러한 예를 내놓을 수 없다는 것은 알려졌다. 그런 벽돌이 존재한다면 몇 가지 조건을 만족해야 한다. 예를 들어 적어도 한 모서리는 5의 배수여야 하고 한 모서리는 7의 배수여야 하며 한 모서리는 11의 배수이고 한 모서리는 19의 배수여야 한다. 컴퓨터 조사로 모서리 중 하나의 길이가 1조 이상이어야 한다는 것이 증명되었다.

거의 맞아떨어지는 경우는 몇 가지 있다. 모서리의 길이가 672, 153, 104인 벽돌의 주대각선은 정수이고 면들의 대각선 3개 중 2개의 길이 역시 정수이다. 2004년 호르헤 소여Jorge Sawyer와 클리포드 라이터Clifford Reiter는 완전평행육면체가 존재한다는 것을 증명했다.[91] 평행육면체parallelepiped(이 말은 parallel-epi-ped라는 말에서 나온 것이지만 'parallelopiped'라고 오기되는 경우가 많다.)는 직육면체와 같지만 면들이 평행사변형이다. 따라서 기울어져 있다. 모서리들의 길이는 101, 266, 255이다. 주요한 면들의 대각선 길이는 183, 312, 323이다. 그리고 몸체의 대각선의 길이는 374, 300, 278, 272이다.

외로운 경주자 추측

이것은 디오판토스 근사이론Diophantine approximation theory이라는 난해한 분야에서 나온 것으로 1967년 외르크 빌스Jörg Wills가 정식화했다. 이러한 이름은 루이스 고딘Luis Goddyn이 1998년에 붙인 것이다. n명의 경주자가 단위길이의 원형 트랙을 한결같은 속도로 돌되 각 경주자의 속도는 서로 다르다고 가정해보자. 모든 주자가 어떤 시점에는 외로울 것인가? 즉 다른 모든 경주자와 $1/n$ 이상의 거리를 둘 것인가? 물론 서로 다른 주자가 서로 다른 시간에 말이다. 이 추측은 그 답이 늘 '그렇다.'라는 것이고, $n = 4, 5, 6, 7$인 경우에는 증명이 되었다.

콘웨이의 드래클 추측

드래클thrackle이란 그림 48처럼 모든 모서리의 쌍들이 단 한 번 만나게 평면에 그려진 네트워크이다. 공통의 점(교점, 꼭짓점)에서 만나도 되고 내점에서 교차해도 되지만 둘 다는 안 된다. 교차하면 서로 가로질러야 한다. 즉 둘 중 어느 쪽도 상대편의 같은 쪽에 계속 있을 수 없다

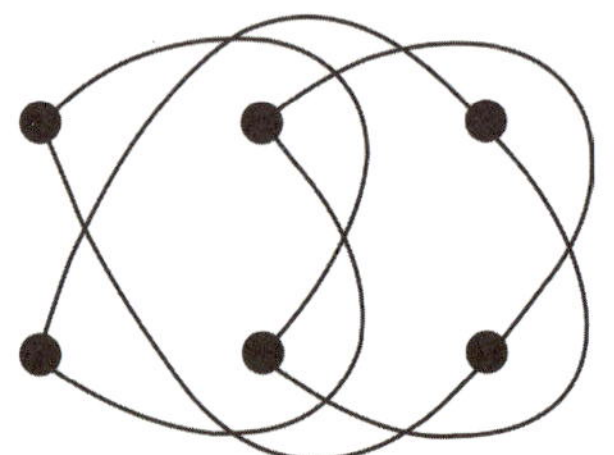

그림 48 드래클의 예.

는 말이다(예를 들어 서로 접할 때는 이렇게 할 수 있다). 미발표 저작에서 존 호턴 콘웨이John Horton Conway는 임의의 드래클에서 선의 수는 점의 수 이하라고 추측했다. 2011년 라도슬라프 풀레크Radoslav Fulek와 야노시 퍼흐János Pach는 모든 드래클은 점이 n개 있을 때 최대 $1.428n$개의 선을 가진다는 것을 증명했다.[92]

오일러 상수의 무리성

조화급수

$$H_n = 1 + \frac{1}{2} + \frac{1}{3} + \frac{1}{4} + \frac{1}{5} + \cdots + \frac{1}{n}$$

의 총계에 대한 '닫힌 형태'의 공식은 알려진 바가 없고 십중팔구 그런 공식은 존재하지 않을 것이다. 그러나 훌륭한 근사값이 있다. n이 증가할수록 H_n은 $\log n + \gamma$에 계속 가까워진다. 여기서 γ는 오일러 상수로, 그 값은 대략 0.5772156649이다. 오일러가 이 공식을 확립한 건 1734년이고, 1790년에는 로렌초 마스케로니Lorenzo Macheroni가 이 상수를 연구했다. 두 사람 모두 γ라는 기호를 사용하지는 않았다.

오일러 상수는 π나 e처럼 곳곳에 등장하지만 저절로 생겨난 듯 어떻게든 더 단순한 수들로 깔끔하게 표현할 수 없는, 수학에 가끔 등장하는 기이한 수에 속한다. 3장에서 π와 e가 모두 초월수라는 것을 보았다. 계수가 정수인 어떠한 대수 방정식의 해도 되지 않는다는 것이다. 특히 이 수들은 무리수이다. 즉 딱 떨어지게 분수로 표현되지 않는다는 것이다. 오일러 상수는 초월수라고 널리 여겨졌지만, 이게 무리수인지조차 확실히 알지 못한다. 어떤 정수 p와 q에 대하여 $\gamma = p/q$라면, q는 최소한 $10^{242,080}$은 되어야 한다.

오일러 상수는 리만 제타 함수로부터 양자장 이론에 이르기까지 수학의 많은 분야에서 중요한 자리를 차지한다. 다양한 맥락에서 등장하고 수많은 공식에 나타난다. 이게 유리수인지 아닌지 판단할 수 없다는 것은 말도 안 되는 이야기이다.

실이차수체

7장에서 일의적인 소인수분해가 있는 대수적 수체가 있는가 하면 그렇지 않은 것도 있다는 것을 보았다. 제일 잘 이해되고 있는 대수적 수체는 이차 수체로, 완전제곱수가 아닌, 좀 더 정확히 말하자면 소수의 제곱인 인수가 하나도 없는 어떤 수 d의 제곱근을 취함으로써 얻어진다. 그렇다면 대응하는 대수적 수의 환은 $a + b\sqrt{d}$의 형태인 모든 수로 이루어지는데, 여기서 d가 $4k + 1$의 형태가 아니라면 a와 b는 정수이고, d가 그러한 형태라면 a와 b는 정수이거나 둘 다 홀의 정수를 2로 나눈 수이다.

d가 음수인 경우 소인수분해는 -1, -2, -3, -7, -11, -19, -43, -67, -163, 이렇게 정확히 9개의 값에서 일의적이라는 것이 알

려졌다. 이러한 경우의 일의성을 증명하는 것은 상대적으로 간단하지만, 또 다른 것이 있는지 알아내는 일은 훨씬 더 어렵다. 1934년 한스 하일브론Hans Heilbronn과 에드워드 린풋Edward Linfoot은 이 목록에 많아야 1개의 음의 정수가 더 추가될 수 있다는 것을 보였다. 1952년 쿠르트 히그너Kurt Heegner는 이 목록이 완전한 것임을 증명했지만 이 증명에는 결함이 있는 것으로 생각되었다. 1967년 해럴드 스타크Harold Stark는 완전한 증명을 내놓으면서 히그너의 증명과 크게 다르지 않다고 말했다. 그러니까 그 결함은 중요한 것이 아니었다는 이야기이다. 거의 같은 때에 앨런 베이커Alan Baker가 다른 증명을 찾아냈다.

d가 양수인 경우는 상당히 다르다. 인수분해가 일의적인 d의 값이 훨씬 더 많다. 50까지 보면 이러한 d의 값은 2, 3, 5, 6, 7, 11, 13, 14, 17, 19, 21, 22, 23, 29, 31, 33, 37, 38, 41, 43, 46, 47이고, 컴퓨터로 계산해보면 훨씬 더 많은 수가 나온다. 어쩌면 대응하는 이차수체가 일의적인 인수분해를 갖는 양의 d 값은 무한히 많을지도 모른다. 코헨과 렌스트라의 발견적 분석heuristic analysis은 모든 양의 d 값 중에서 대략 3/4가 인수분해가 일의적인 수체를 정의하는 게 분명하다는 점을 시사한다. 컴퓨터가 내놓은 결과도 이러한 추산과 일치한다. 문제는 이러한 견해가 옳다는 것을 증명하는 것이다.

랭턴의 개미

21세기가 펼쳐지면서 수학적 모형화의 전통적인 기법 중에는 인류가 직면한 복잡한 문제를 처리해낼 능력이 없는 것들이 있다는 것이 점점 더 분명해졌다. 이러한 문제들로는 국제금융시스템, 생태계 역학, 생물의 성장에서 유전자가 하는 역할과 같은 것들이 있다. 이런 계들의 상당수는 사람, 기업, 생물, 유전자 등 상호작용하는 대단히 많은 수의 동인agent을 수반한다. 이러한 상호작용은 간단한 규칙으로 상당히 정확하게 모형화될 수 있는 경우가 많다. 지난 30년 동안 새로운 종류의 모형이 등장하여 수많은 동인이 있는 계의 행태와 정면으로 씨름하려 하고 있다. 예를 들어 100,000명의 사람이 경기장에서 어떻게 움직일지 이해하려면 그 사람들을 평균하여 일종의 인간 흐름을 만들어내고 그게 어떻게 흐를지 묻지는 않는다. 그 대신 100,000개의 개별적인 동인이 있는 컴퓨터 모형을 구축하여 적당한 규칙을 부여하고 시뮬레이션을 수행하여 이렇게 컴퓨터로 만들어낸 군중이 어떻게 하는지 본다. 이런 모형을 복잡계complex system라고 한다.

수학의 이 매혹적인 새로운 분야를 살짝 맛보이기 위해 가장 간단한 복잡계의 하나를 묘사하고 우리가 이것을 완전히 이해하지 못하는 까닭을 설명하고자 한다. 그 이름은 랭턴의 개미Langton's ant이다. 크리스토퍼 랭턴Christopher Langton은 1984년 과학자 조지 카원George Cowon, 머리 겔-맨Murray Gell-Mann 등이 복잡계에 대한 이론과 그 응용을 촉진하기 위하여 설립한 산타페연구소의 초기 구성원이었다. 랭턴은 1986년 랭턴의 개미를 창안해냈다. 기술적으로 말하자면 이것은 세포 모양의 자동체로 사각 격자를 이룬 세포들의 계인데, 세포들의 상태는 색깔로 나타난다. 각 시간 단계마다 세포의 색은 그 이웃들의 색깔에 따라 변한다.

규칙은 터무니없을 정도로 간단하다. 개미는 세포들로 이루어진 무한한 사각형 세포 격자에 살고 있는데, 처음에 세포는 모두 흰색이다.

개미는 무궁무진한 검은색 속건성 페인트통과 역시 무궁무진한 흰색 속건성 페인트통을 지고 있다. 동서남북 어디든 향하고 있을 수 있다. 대칭에 의해 개미가 처음에는 북쪽을 향하고 있다고 가정해도 된다. 매 순간 개미는 자기가 차지하고 있는 사각형의 색깔을 보고 페인트통을 이용하여 그 색깔을 흰색에서 검은색으로, 혹은 검은색에서 흰색으로 바꾼다. 사각형이 흰색이면 오른쪽으로 90도 돌아서 한 걸음 나아간다. 사각형이 검은색이면 왼쪽으로 90도 돌아서 한 걸음 나아간다. 이제 이러한 행동을 무한히 반복한다.

개미를 시뮬레이션 해보면[93] 처음에는 단순하고 상당히 대칭적인 검은색과 흰색 사각형 도안을 칠해나간다. 가끔 이미 왔던 사각형으로 돌아오지만 그 사각형의 색깔은 변했기 때문에 다시 방문했을 때는 다른 방향으로 돌기에 경로가 다가들어 고리를 이루지는 않는다. 시뮬레이션이 이어지면 개미의 도안은 무질서하고 무작위적이 된다. 식별할 수 있는 패턴이 없다. 기본적으로 뒤죽박죽일 뿐이다. 그 단계에서는 이러한 무질서한 행동이 무한히 이어질 거라고 상상해도 타당하다. 어쨌든 개미는 무질서한 영역에 다시 왔을 때 개미는 무질서하게 방향을 바꾸고 색을 다시 칠하는 일을 이어나갈 것이다. 시뮬레이션을 계속하여 10,000단계쯤 더 나아가보면 이러한 결론이 정당화되는 것 같다. 그러나 계속 진행하면 패턴이 나타난다. 개미는 104단계의 주기를 반복하기 시작하고 이러한 주기의 끝에는 대각선 방향으로 2개의 사각형만큼 움직인 상태가 된다. 그런 다음 검은색과 흰색 세포로 이루어진 넓은 대각선 방향의 띠를 그리는데, 이를 고속도로highway라고 하고, 이 고속도로는 그림 49처럼 영원히 이어진다.

 랭턴의 개미의 고속도로.

　　지금까지 묘사한 것은 개미가 걸은 걸음들을 나열하는 것만으로도 완전히 엄밀하게 증명할 수 있다. 10,000걸음의 목록이니 상당히 긴 증명이 되겠지만 그래도 증명은 증명이다. 그러나 조금은 더 보편적인 질문을 할 때 수학은 더욱 흥미로워진다. 개미가 출발하기 전에 유한한 수의 사각형을 검은색으로 칠해놓았다고 가정하자. 어느 사각형을 칠할 것인가는 무작위적인 점이든, 속을 채운 직사각형이든, 모나리자든 원하는 대로 선택할 수 있다. 무한한 수만 아니라면 100만 개를 칠해도 되고, 10억 개를 칠해도 된다. 어떤 일이 벌어질까?

　　개미가 처음에 취하는 경로는 우리가 새로 칠해놓은 검은 사각형을 만날 때마다 극적으로 변화한다. 구석구석 빈둥거리며 돌아다니면서 복잡한 모양을 그리고 또 고쳐 그릴 수도 있다……. 그러나 지금까지 수행한 모든 시뮬레이션에서 초기 설정을 어떻게 해놓았건 개미는 결국 동일한 104단계의 주기를 이용하여 고속도로를 만드는 일에 안착

한다. 반드시 이렇게 되는 걸까? 고속도로가 개미의 역학에 대한 독특한 '끌개attractor'인가? 누구도 모른다. 이것은 복잡도 이론의 기본적인 미해결 문제에 속한다. 우리가 아는 것이라고는 애초에 검은색 세포를 어떻게 배열해놓았건 개미는 경계가 있는 격자 영역 안에 영원히 남아 있을 수는 없다는 것뿐이다.

아다마르 행렬 추측

아다마르 행렬Hadamard matrix은 자크 아다마르의 이름을 따서 명명한 것으로 0과 1의 사각형 배열로 임의의 서로 다른 2개의 행이나 열이 구성요소 절반은 같고 나머지 절반은 다르게 한 것이다. 검은색과 흰색으로 1과 0을 나타낸 그림 50은 크기가 2, 4, 8, 12, 16, 20, 24, 28인 아다마르 행렬을 보여준다. 이러한 행렬은 수많은 수학 문제에 등장하며, 컴퓨터 과학, 특히 부호 이론coding theory에서도 많이 나타난다. (아다마르가 원래 가졌던 동기도 포함되는 몇몇 응용에서는 흰색 사각형이 0이 아닌 −1에 해당

그림 50 크기가 2, 4, 8, 12, 16, 20, 24, 28인 아다마르 행렬.
http://mathworld.wolfram.com/HadamardMatrix.html

한다.)

아다마르는 그러한 행렬이 $n=2$이거나 n이 4의 배수인 경우에만 존재한다는 것을 증명했다. 1933년 페일리Paley의 정리로 아다마르 행렬은 그 크기가 4의 배수이고 p가 홀수 소수일 때 $2^a(p^b+1)$과 같은 경우에는 반드시 존재한다는 것이 증명되었다. 4의 배수이면서 이 정리에 포함되지 않는 수로는 92, 116, 156, 172, 184, 188, 232, 236, 260, 268 및 이보다 큰 다른 수들이 있다. 이 추측은 크기가 4의 배수라면 언제나 아다마르 행렬이 존재한다고 주장한다. 1985년 사와데 카주에沢出和江는 크기가 268인 아다마르 행렬 하나를 발견했다. 페일리 정리에 포함되지 않는 다른 수들도 이미 처리되었다. 2004년 하디 카라가니Hadi Kharaghani와 베루즈 타이페-레자이Behruz Tayfeh-Rezaie가 크기가 428인 아다마르 행렬을 찾아내어 현재 해답이 알려지지 않은 가장 작은 크기는 668이다.

페르마-카탈란 방정식

이것은 지수 a, b, c가 양의 정수인 디오판토스 방정식 $x^a+y^b=z^c$이다. 이것을 페르마-카탈란 방정식이라고 부르겠는데 그 이유는 이 방정식의 해가 7장에 나온 페르마의 마지막 정리와 6장에 나온 카탈란 추측 양쪽과 관계가 있기 때문이다. a, b, c가 작으면 0이 아닌 정수해가 있어도 유별나게 놀라운 일은 아니다. 예를 들어 지수가 모두 2이면 이 방정식은 피타고라스 방정식인데 여기에 무한히 많은 해가 있다는 것은 에우클레이데스 당시부터 알려졌다. 따라서 주요한 관심사는 지수가 큰 경우들에 있다. '크다.'는 것의 기술적인 정의는 $s=1/a+1/$

$b + 1/c$가 1보다 작다는 것이다. 페르마-카탈란 방정식의 큰 해로 알려진 것은 다음의 10개뿐이다.

$$1 + 2^3 = 3^2 \qquad 17^7 + 76271^3 = 21063928^2$$

$$2^5 + 7^2 = 3^4 \qquad 1414^3 + 2213459^2 = 65^7$$

$$7^3 + 13^2 = 2^9 \qquad 9262^3 + 15312283^2 = 113^7$$

$$2^7 + 17^3 = 71^2 \qquad 43^8 + 9622^3 = 30042907^2$$

$$3^5 + 11^4 = 122^2 \qquad 33^8 + 159034^2 = 15613^3$$

첫 번째 해가 크다고 간주하는 이유는 임의의 a에 대해 $1 = 1^a$이고 $a = 7$이면 정의를 만족하기 때문이다. 페르마-카탈란 추측은 s가 큰 경우 페르마-카탈란 방정식에 대한 공약수가 없는 정수해는 유한개만 있다는 것이다. 이것의 중요한 결과는 1997년 앙리 다몽Henri Damon과 로이크 메럴Loïc Merel이 증명했다. $c = 3$이고 a와 b가 3 이상인 경우에는 해가 없다는 것이다. 그 외에는 알려진 것이 거의 없다. 그 이상의 진척은 매혹적이고 새로운 추측에 의지하는 것 같은데 이 추측은 다음에 나온다.

ABC 추측

1983년 리처드 메이슨Richard Mason은 페르마의 마지막 정리에 해당하는 한 가지 경우가 무시되어왔음을 알아차렸다. 1제곱의 경우이다. 즉 방정식 $a + b = c$를 살펴보자는 것이다.

얼핏 보기에 이런 아이디어는 전혀 무의미하다. 대수를 아주 조금만 이해하고 있어도 셋 중 어느 하나의 변수에 대해서 나머지 2개의 변수로 이 방정식을 풀 수 있다. 예를 들어 $a = c - b$이다. 그러나 맥락이 상황을 완전히 바꿔놓는다. 메이슨은 a, b, c에 대한 올바른 질문을 던진다면 모든 것이 훨씬 더 심오해진다는 것을 깨달았다. 그의 비범한 아이디어의 결과는 정수론의 새로운 추측이었고, 이 추측에는 지대한 영향을 미칠 결과들이 있다. 현재 해결되지 않은 문제들의 상당수를 처리해내고 정수론에서 가장 중요한 정리 몇 가지에 대한 더 우수하고 더 간단한 증명들로 이어질 수 있다. 이것이 ABC 추측으로, 엄청난 양의 수치적 근거로 뒷받침되고 있다. 이 추측은 정수와 다항식 사이의 느슨한 유사성에 기초하고 있다.

에우클레이데스와 디오판토스는 피타고라스 수에 대한 비결을 알고 있었고, 6장에서 보았듯 이제 우리는 그것을 공식으로 쓴다. 이러한 요령을 다른 방정식에도 쓸 수 있을까? 1851년 조제프 리우빌은 세제곱 이상의 페르마 방정식에는 그러한 공식이 존재하지 않는다는 것을 증명했다. 메이슨은 비슷한 추론을 더 간단한, 3개의 다항식에 대한 다음과 같은 방정식에 적용했다.

$$a(x) + b(x) = c(x)$$

이것은 터무니없는 아이디어인데 그 이유는 기초대수를 이용하여 모든 해를 찾아낼 수 있기 때문이다. 그러나 주요한 결과는 우아하지만 뻔한 것과는 거리가 멀다. 각 다항식에 제곱이나 세제곱, 혹은 그보다 높은 거듭제곱인 인수가 있으면, 방정식에는 해가 없다.

다항식에 대한 정리에는 정수와 비슷한 요소들이 있는 경우가 많다. 특히 기약 다항식은 소수에 해당한다. 다항식에 대한 메이슨 정리에서 정수와 유사한 자연스러운 요소는 다음과 같게 된다. a, b, c가 공약수가 없는 정수일 때 $a+b=c$라고 해보자. 그러면 a, b, c 각각의 소인수의 수는 abc의 **서로 다른** 소인수의 수보다 적다. 유감스럽게도 간단한 예를 봐도 이것은 틀렸다. 1985년 데이비드 매서David Masser와 조제프 외스텔레Joseph Oesterlé는 이 명제를 수정하여 알려진 모든 예와 모순이 없는 형태의 추측을 제시했다. 그들이 내놓은 ABC 추측은 아마도 현재 정수론에서 가장 중요한 미해결 문제일 것이다.[94] 누군가 내일 ABC 추측을 증명한다면 지난 수십 년 동안 어마어마한 통찰과 노력으로 증명되었던 심오하고 어려운 수많은 정리에 새롭고 간단한 증명이 생기게 될 것이다. 또 다른 결과는 마셜 홀Marshall Hall의 추측이다. 임의의 완전세제곱수와 임의의 완전제곱수의 차는 상당히 커야 한다는 것이다. ABC 추측을 응용할 수 있을지도 모를 또 한 가지 방면은 이 장의 맨 처음에 나온 브로카 문제이다. 1993년 마리우스 오베르홀트Marius Overholt는 ABC 추측이 옳다면 브로카 방정식의 해는 유한개뿐이라는 것을 증명했다.

ABC 추측의 가장 흥미로운 결과 중 하나는 모델 추측과 관련이 있다. 팔팅스는 정교한 방법을 이용하여 이것을 증명했지만 한 가지 정보가 더 알려져 있다면 그의 결과는 훨씬 더 강력해질 것이다. 그 정보는 해의 크기의 한계이다. 그렇게 되면 해를 모두 찾아내는 알고리즘이 존재할 것이다. 1991년 놈 엘키스는 등장하는 다양한 상수가 유계bounded인 경우인 특정한 형태의 ABC 추측이 팔팅스 정리에 대한 개선을 함축한다는 것을 보였다. 로랑 모레-베이Laurent Moret-Bailly는 그 역은 아주 강력한 방식으로 참이라는 것을 보였다. 단 1개의 디오판토스 방정식 $y^2 = x^5 - x$의 해에 대한 충분히 강력한 한계는 완전한 ABC 추측을 함축한다. 다른 수많은 미해결 추측들만큼 잘 알려지지는 않았지만 ABC 추측은 의심할 여지 없이 위대한 수학 문제에 속한다. 그랜빌과 토머스 터커에 따르면 이 추측을 처리해내는 것은 '정수론에 대한 우리의 이해에 놀라운 영향을 끼칠 것이다. 그걸 증명하건 반증하건 놀라운 일이다.'[95]

각운동량 | 물체가 스핀을 얼마나 가지고 있는가 하는 정도.

거듭제곱 | 명시된 횟수만큼 스스로 곱해진 수. 예를 들어 3의 네제곱은 $3 \times 3 \times 3 \times 3 = 81$이고, 이를 3^4로 표현한다.

게이지 대칭 | 방정식 계의 국소대칭의 군. 공간에서 지점에 따라 다를 수 있는 변수들의 변환으로 방정식들의 임의의 해는 방정식에 합리적인 물리적 해석으로 보정하는 변화가 가해지는 것을 조건으로 여전히 해가 된다는 성질이 있다.

게이지 이론 | 게이지 대칭군을 대상으로 하는 양자장 이론.

격자 | 평면에서: 벽지 무늬처럼 2개의 독립적인 방향을 따라 형태를 반복하는 점들의 집합. 그림 26. 공간에서: 결정에서의 원자처럼 3가지 독립적인 방향을 따라 형태를 반복하는 점들의 집합.

격자패킹 | 중심이 격자를 이루는 합동인 원이나 구면들의 모임.

경계 | 특정한 영역의 가장자리.

계수coefficient | $6x^3 - 5x^2 + 4x - 7$과 같은 다항식에서 계수는 x의 다양한 거듭제곱에 곱해지는 수 6, −5, 4, −7이다.

계수rank | 타원 곡선을 정의하는 방정식의 독립적인 유리해의 가장 많은 수. '독립적'이

라는 것은 2개의 해를 조합하여 또 하나의 해를 내놓는 표준적인 기하학 작도를 이용하여 다른 해들로부터 추론해낼 수 없다는 의미이다. 그림 25.

고리 | 위상 공간에 있는 닫힌 곡선.

고유치 | 연산자와 관련된 한 벌의 특수한 수 중 하나. 연산자가 어떤 벡터에 적용되어 그 벡터의 상수 배를 내놓는다면 해당하는 배수가 고유치이다.

곡률 | 주어진 점 부근에서 공간이 얼마나 휘었는가 하는 정도. 구면의 곡률은 양수이고 평면의 곡률은 0이며 안장 모양 공간의 곡률은 음수이다.

곡면 | 위상 수학적으로 원의 내부와 동등한 영역들을 짜맞춰 얻어지는 공간 속의 형태. 구면과 원환면이 그 예이다.

공 | 속이 꽉 찬 구체. 즉 구와 그 내부.

구면 | 공간에서 어떤 고정된 점인 중심에서 주어진 거리에 있는 모든 점의 집합. 공처럼 둥글지만 ‘구면’이라는 말은 공의 표면에 있는 점들만 가리킬 뿐 내부에 있는 점을 가리키는 것은 아니다.

군 | 추상 대수 구조로 1개의 집합과 이 집합의 임의의 두 원소를 결합하는 규칙으로 구성되어 있으며 결합 법칙, 항등원의 존재, 역원의 존재를 조건으로 한다.

귀납법 | 범자연수에 대한 정리를 증명하는 보편적인 방법. 어떤 성질이 0에 대해 유효하고 임의의 범자연수 n에 대한 그 유효성이 $n+1$에 대한 유효성을 함축한다면 이 성질은 모든 범자연수에 대해 유효하다.

급수 | 수많은 양(무한히 많은 양인 경우가 많다.)을 한데 합치는 수식.

기본군 | 어떤 위상 공간에서 ‘첫 번째 고리를 따라 이동한 다음 두 번째 고리를 따라 이동하는’ 연산 하에서 고리의 호모토피류로 형성되는 군.

기약 다항식 | 차수가 낮은 2개의 다항식을 곱하여 얻을 수 없는 다항식.

not-P 클래스 | P 클래스가 아닌 것.

네트워크 | 선(모서리)로 연결된 점(마디)의 집합.

다각형 | 경계가 유한한 수의 직선으로 이루어진 평평한 모양.

다면체 | 경계가 유한한 수의 다각형으로 이루어진 입체.

다양체manifold | 매끄러운 곡면의 다차원적인 유사체.

다양체variety | 다항 방정식의 계로 정의되는 공간 속의 형태.

다항식 | $6x^3 - 5x^2 + 4x - 7$과 같은 대수식으로 변수 x의 거듭제곱들에 상수를 곱하여 한데 더한 것.

단위의 제곱근 | 거듭제곱 ζ^k가 1인 복소수 ζ. 그림 7과 주 53 참고.

대수 다양체 | 대수 방정식 집합으로 정의되는 다차원 공간.

대수적 수 | 정수 계수나 이와 동등한 유리수 계수를 갖는 다항 방정식을 만족하는 복소수. 그 예로는 $i\sqrt{2}/3$가 있는데, 이 수는 방정식 $x^2 + \frac{2}{9} = 0$, 혹은 이와 동등한 $9x^2 + 2 = 0$을 만족한다.

대수적 수 | 계수가 정수이고 최고차항의 계수가 1인 다항 방정식을 만족하는 복소수. 그 예로는 $i\sqrt{2}$가 있는데, 이 수는 방정식 $x^2 + 2 = 0$을 만족한다.

대칭 | 어떤 대상의 전체적인 형태를 바꾸지 않는 변환. 정사각형을 직각으로 돌리는 것이 그 예이다.

등차수열 | 각각의 뒤이은 수가 앞선 수에 일정량, 즉 공차를 더한 값이 되는 수열. 예를 들어 2, 5, 8, 11, 14, …는 공차가 3인 등차수열이다.

디리클레 L-함수 | 리만 제타 함수의 일반화.

리치 흐름 | 공간의 곡률이 시간에 따라 어떻게 변할지 규정하는 방정식.

디오판토스 방정식 | 해가 유리수여야 하는 방정식.

로그 | x의 (자연)로그는 $\log x$라고 쓰는데 이는 $e(= 2.71828\cdots\cdots)$를 거듭제곱하여 x를 얻을 때 그 지수가 되어야 하는 수이다. 즉 $e^{\log x} = x$이다.

로그 적분 | 함수 $\mathrm{Li}(x) = \int_0^x \frac{dt}{\log t}$

멱급수 | 다항식과 비슷하지만 변수의 무한히 많은 거듭제곱이 나타날 수 있다. 예를 들어 $1 + 2x + 3x^2 + 4x^3 + \cdots$. 적당한 상황에서는 이러한 무한한 합에 명확한 값을 부여할 수 있고, 이러한 급수는 수렴한다고 한다.

면심입방 격자 | 3차원 체스판처럼 정육면체들을 쌓은 다음 정육면체의 모퉁이와 정육면체의 6개의 정사각형 면의 중심을 취하여 얻는, 공간에서 반복되는 한 벌의 점. 그림

17, 19.

모듈산수 | 산술체계로 **법**이라는 어떤 특정한 수의 배수를 모두 0인 것처럼 취급하는 것.

무리수 | 유리수가 아닌 실수. 즉 p와 q가 정수이고 $q \neq 0$일 때 p/q의 형태가 아닌 것. $\sqrt{2}$와 π가 그 예이다.

미분 방정식 | 함수를 그 변화율과 관계짓는 방정식.

반례 | 어떤 명제를 반증하는 예. 예를 들어 9는 '모든 홀수는 소수이다.'라는 명제에 대한 반례이다.

범자연수 | 0, 1, 2, 3,⋯ 과 같은 모든 수.

벡터 | 역학에서 크기와 방향을 모두 갖춘 양. 대수와 해석학에서는 이러한 개념의 일반화.

변환 | '함수'를 뜻하는 또 하나의 단어로 포함된 변수가 어떤 공간의 점일 때 흔히 사용된다. 예를 들어 '중심 주위를 직각으로 회전한다.'는 것은 정사각형의 한 변환이다.

복소 해석학 | 복소 변수가 있는 복소 함수로 수행되는 해석학-논리적으로 철저한 미적분학.

복소수 | i가 -1의 제곱근이고 a, b가 실수일 때 $a + bi$의 형태를 가지는 수.

불가피한 배치 | 네트워크의 목록의 구성원으로 적어도 하나는 평면상의 모든 네트워크에 반드시 나타나는 것.

불안정적 | 어떤 역학계가 대수롭지 않은 방해를 겪었을 때 다시 돌아오지 않을 수도 있는 상태.

비 | 두 수 a와 b의 비는 a/b이다.

비유클리드 기하학 | 유클리드 기하학에 대한 대안으로 주어진 선에 평행하면서 주어진 점을 지나는 유일한 선이 존재한다는 것을 제외한, 점과 선들의 보통 성질들은 모두 여전히 유효하다. 여기에는 타원 기하학과 쌍곡 기하학, 이렇게 두 종류가 있다.

사방12면체 | 경계가 12개의 합동인 마름모로 이루어진 입체. 그림 15.

사영기하학 | 기하학의 한 유형으로 평행선이 존재하지 않는다. 임의의 두 선은 단 한 점에서 만난다. 유클리드 기하학에 새로운 무한원직선을 더하여 얻어졌다.

사이클 | 위상 수학에서: 삼각형 분할에서 수치 꼬리표가 붙은 고리들의 형식적 조합. 대

수 기하학에서: 수치 꼬리표가 붙은 부분 다양체의 형식적 조합.

사인 | 각의 삼각 함수로 그림 51에서 $\sin A = b/c$로 정의된다.

3-구면 | 구면의 3차원 유사체. 4차원 공간에서 어떤 고정된 점인 중심에서 주어진 거리에 있는 모든 점의 집합.

삼각형 분할 | 곡면을 삼각형의 네트워크나 그의 다차원 유사물로 나누는 것.

삼등분 | 3개의 같은 부분으로 나누는 것으로, 특히 각과 관련이 있다.

3차 방정식 | x가 미지수이고 a, b, c, d가 상수일 때 $ax^3 + bx^2 + cx + d = 0$ 형태인 모든 방정식.

상한 | 그 크기를 찾고자 하는 어떤 양보다 큰 것이 보장되는 특정한 수.

세제곱 | 어떤 수에 같은 수를 곱하고 또 그 수를 곱한 것. 예를 들어 7의 세제곱수는 $7 \times 7 \times 7 = 343$이다. 보통 7^3으로 쓴다.

소수 | 1보다 큰 범자연수로 더 작은 2개의 범자연수를 곱하여 얻을 수 없는 것. 앞에서부터 몇 개를 나열하자면 2, 3, 5, 7, 11, 13 등이 있다.

소 아이디얼 | 대수적 수체계에서의 소수의 유사물.

소용돌이 | 빙글빙글 흐르는 유체. 크기는 아주 작은 것을 포함하여 어떤 것이든 될 수 있다.

속도 | 시간에 대해 위치가 변하는 비율. 속도는 크기(속력)와 방향을 모두 가지고 있다.

속도장 | 공간의 각 점에서의 속도를 명시하는 함수. 예를 들어 유체가 흐를 때 그 속도는 각 점에서 명시될 수 있고, 통상적으로 이는 서로 다른 점에서 달라진다.

수열 | 순서대로 배열된 수의 목록. 예를 들어 2의 거듭제곱의 수열인 1, 2, 4, 8, 16, …

실수 | 소수decimal로 나타낼 수 있는 모든 수로, 이러한 소수는 예를 들어 $\pi = 3.1415926535897932385\cdots$처럼 끝없이 이어질 수도 있다.

12면체 | 12개의 정오각형 면을 가진 입체. 그림 38.

쌍대 네트워크 | 주어진 네트워크에서 모든 영역에 점 하나를 연관짓고 해당 영역들이 인접한 경우 점을 모서리들로 연결하여 얻어진 네트워크. 그림 10.

아이디얼(이상수) | 주어진 대수적 수계에 포함되지 않았지만 일의적인 소인수분해라는

성질이 없어질 때 이를 복구하는 방식으로 이 계와 연관되어 있는 수. 현대 대수에서는 아이디얼이 이상수를 대신하는데 아이디얼은 해당하는 계의 특수한 종류의 부분 집합이다.

안정적 | 어떤 역학계가 대수롭지 않은 방해를 겪었을 때 다시 돌아오는 상태.

알고리즘 | 어떤 문제를 푸는 구체적인 절차로 답을 내놓고 정지하는 것이 보장되는 것.

양자장 이론 | 공간에 고루 미치고 서로 다른 위치에서 값이 다를 수 있고 또 일반적으로 다른 양에 대한 양자 역학 이론.

양자 파동 함수 | 양자계의 성질을 결정하는 수학적 함수.

NP-완비 | 특정한 NP 클래스 문제로 이를 해결하는 P 클래스 알고리즘이 존재하면 모든 NP 문제들을 P 클래스 알고리즘으로 풀 수 있다는 성질을 가진 것.

NP 클래스 | 제안된 해를 P 클래스 알고리즘으로 확인할 수 있는 (그러나 반드시 찾아낼 수 있는 것은 아닌) 문제.

역학계 | 명시된 규칙에 따라 시간이 흐르면서 변화하는 모든 계. 태양계에서의 행성들의 움직임이 그 예이다.

연속 변환 | 공간의 변환으로 아주 가까이 있는 점들이 멀리 떨어지게 되지 않는 성질을 가진 것.

(함수의) 영점 | f가 함수라면 x는 $f(x)=0$일 때 f의 영점이다.

오각형 | 변이 5개인 다각형.

오일러 상수 | γ로 표시되고 그 값이 대략 0.57721인 특별한 수. 주 67 참고.

오일러 표수 | F가 어떤 공간의 삼각형 분할에서 면의 수이고 E가 모서리의 수이며 V가 꼭짓점의 수일 때 $F-E+V$. 구멍이 g개인 원환면의 경우 오일러 표수는 삼각형 분할이 어떤 것이든 $2-2g$가 된다.

운동량 | 질량 곱하기 속도.

원분정수/원분수 | 단위의 복소수근의 거듭제곱들에 정수/유리수 계수를 붙인 것들의 합.

원판(위상 수학) | 곡면 내의 영역으로 연속적으로 원과 그 내부로 변형될 수 있는 것.

원환면 | 구멍이 하나 있는 도넛 같은 곡면. 그림 12.

위상phase | 양자 파동 함수에 곱해지는 데 사용되는 단위원 상의 복소수.

위상 공간 | 임의의 연속 변환을 가했을 때 '동일한 것'으로 간주되는 형태.

위상 수학 | 위상 공간에 대한 연구.

유리수 | p와 q가 정수이고 $q \neq 0$일 때 p/q 형태인 실수. 22/7이 한 예이다.

2차 방정식 | x가 미지수이고 a, b, c가 상수일 때 $ax^2 + bx + c = 0$ 형태인 모든 방정식.

E 클래스 | 크기가 n인 입력에 대하여 작동시간이 어떤 상수의 n거듭제곱과 흡사한 알고리즘.

인수분해 | 어떤 수를 그 소인수들로 적는 과정. 예를 들어 60을 소수들로 인수분해하면 $2^2 \times 3 \times 5$이다.

일반 상대성 이론 | 아인슈타인의 중력 이론으로 중력을 시공간의 곡률로 해석한다.

일의적인 소인수분해 | 모든 수를 단 한 가지 방식으로만 소수들의 곱으로 쓸 수 있는 성질. 인수를 쓰는 순서를 바꾸는 것은 제외한다. 이 성질은 정수에는 유효하지만 보다 일반적인 대수계에서는 유효하지 않을 수 있다.

자명한 군 | 항등원을 유일한 원소로 하는 군.

자와 컴퍼스를 이용하는 작도 | 눈금이 없는 자와 컴퍼스를 이용하여 할 수 있는 모든 기하학 작도.

작용소 | 특수한 종류의 함수 A로 벡터 v에 적용하면 또 다른 벡터 Av가 나온다. $A(v+w) = Av + Aw$이고 임의의 상수 a에 대하여 $A(av) = aA(v)$라는 선형성 조건을 만족해야 한다.

적분 | 미적분의 연산으로 사실상 수많은 작은 기여들을 한데 더하는 것이다. 어떤 함수의 적분은 그 함수의 그래프 아래의 면적이다.

전자기장 | 공간의 임의의 지점의 전기장과 자기장의 강도와 방향을 명시하는 함수.

점근 | 하나의 변수로 정의되는 두 양은 변수가 임의적으로 커지면서 그 비가 1에 점점 더 가까워지면 점근한다고 한다.

정다각형 | 변들의 길이가 모두 같고 각이 모두 같은 다각형. 그림 4.

정다면체 | 경계가 모든 모퉁이에서 같은 방식으로 배열되고 합동인 정다각형으로 이루

어진 입체. 에우클레이데스는 정다면체가 정확히 5개 존재한다는 것을 증명했다.

정수 | ⋯, −3, −2, −1, 0, 1, 2, 3, ⋯ 등의 모든 수.

제곱 | 스스로 곱해진 수. 예를 들어 7의 제곱은 $7 \times 7 = 49$이고, 이를 7^2으로 표시한다.

제타 함수 | 리만이 도입한 복소 함수로 소수를 해석학적으로 표현한다. 이 함수는 급수

$$\zeta(s) = \frac{1}{1^s} + \frac{1}{2^s} + \frac{1}{3^s} + \frac{1}{4^s} + \frac{1}{5^s} + \frac{1}{6^s} + \frac{1}{7^s} + \cdots$$

로 정의되는데 이 급수는 s의 실수부가 1보다 클 때 수렴한다. 이러한 정의는 해석 접속이라는 절차에 의해 1을 제외한 모든 복소수 x로 확장될 수 있다.

종수 | 곡면에 있는 구멍의 수.

좌표 | 평면이나 공간에서 한 점의 위치를 결정하는 목록에 있는 한 수.

주기적 | 같은 행태를 무한히 반복하는 모든 것.

지수 | 변수 x의 거듭제곱에서 지수는 해당하는 지수이다. 예를 들어 x^7에서 지수는 7이다.

질점particle | 한 점에 집중된 질량.

집합 | (수학적) 대상의 모임. 예들 들어 모든 범자연수의 집합.

차수 | 다항식에 나타나는 변수의 가장 높은 지수. 예를 들어 $6x^3 - 5x^2 + 4x - 7$의 차수는 3이다.

차원 | 주어진 공간에서 어떤 점의 위치를 명시하는데 필요한 좌표의 개수. 예를 들어 평면은 2차원이고 우리가 사는 (유클리드 기하학으로 모형화된) 공간은 3차원이다.

초월수 | 계수가 유리수인 어떤 대수 방정식도 만족하지 않는 수. π와 e가 그 예이다.

최댓값 | 어떤 것의 가장 큰 값.

최소한의 범인 | 바람직한 어떤 성질을 갖추지 않은 수학적 대상으로 어떤 의미에서 있을 수 있는 가장 작은 그러한 대상. 예를 들어 4색으로 칠할 수 없는데 이러한 일이 일어날 수 있는 가장 작은 수의 영역을 가진 지도. 최소한의 범인은 가상적인 경우가 많고 그 목표는 그런 것이 존재하지 않는다는 것을 증명하는 것이다.

최솟값 | 어떤 것의 가장 작은 값.

최적화 | 어떤 함수의 최댓값과 최솟값을 찾는 것.

카오스 | 결정론적 계에서 외견상 무작위적인 행태.

코사인 | 각의 삼각 함수의 하나로, 그림 51에서 $\cos A = a/c$로 정의된다.

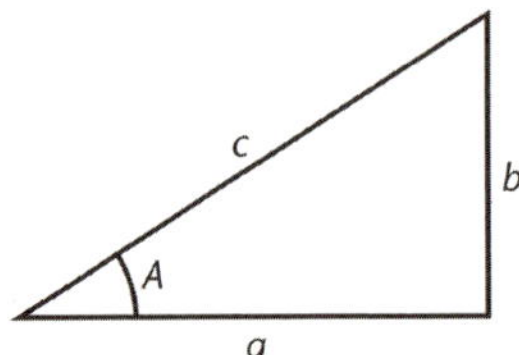

그림 51 각 A의 코사인 (a/c), 사인 (b/c), 탄젠트 (b/a).

코호몰로지군 | 호몰로지군과 유사하지만 '쌍대'인 위상공관과 관련된 추상 대수 구조.

타원 곡선 | 2개의 독립적인 복소수를 변수에 더했을 때 변치 않는 복소 함수. 즉 v가 u의 실수배가 아닐 때 $f(z) = f(z+u) = f(z+v)$이다. 그림 30.

탄젠트 | 각의 삼각 함수로, 그림 51에서 $\tan A = b/a$로 정의된다.

특이점 | 함수가 무한해지거나 어떤 방정식의 해가 존재하지 않게 되는 등 무엇인가 난처한 일이 벌어지는 점.

파동 | 고체, 액체, 기체와 같은 매체를 따라 이동하면서 그 매체에 영구적인 변화를 전혀 일으키지 않는 동요.

패킹 | 공간에서 서로 겹치지 않게 배열된 도형들의 모임.

페르마 수 | k가 범자연수일 때 $2^{2^k} + 1$의 형태인 수. 이 수가 소수이면 **페르마 소수**라고 부른다.

편미분 방정식 | 둘 이상의 서로 다른 변수(공간과 시간인 경우가 많다)와 관련하여 어떤 함수의 변화율을 포함하는 미분 방정식.

평원환면 | 정사각형의 마주 보는 변들을 동일시하여 얻어지는 원환면으로 그 자연 기하의 곡률은 0이다. 그림 12.

평행이동 | 공간의 변환으로 모든 점이 같은 방향으로 같은 거리만큼 미끄러져 가는 것.

폭발시간 | 그 뒤로는 미분 방정식의 해가 존재하지 않는 시간.

표준모형 | 양자 역학 모형으로, 알려진 모든 기본입자를 설명하는 것.

P 클래스 | 작동시간이 입력의 크기의 어떤 일정한 거듭제곱과 흡사한 알고리즘.

피타고라스 수 | $a^2+b^2=c^2$인 3개의 범자연수 a, b, c. 그 예로 $a=3$, $b=4$, $c=5$가 있다. 피타고라스 정리에 의해 이러한 유형의 수는 직각삼각형의 변을 이룬다.

함수 | 어떤 수 x에 적용했을 때 다른 수 $f(x)$를 내놓는 규칙 f. 예를 들어 $f(x)=\log x$이면 f는 로그 함수이다. 변수 x는 실수이거나 복소수일 수 있다.(복소수의 경우 z로 쓰는 경우가 많다.) 일반적으로 x와 $f(x)$는 명시된 집합들, 특히 평면이나 공간의 원소일 수 있다.

합동수 | 3개의 유리수의 제곱으로 이루어진 수열의 공차가 될 수 있는 수.

합성수 | 2개의 보다 작은 범자연수를 곱하여 얻을 수 있는 범자연수.

호모토피(군) | 공간의 위상 불변으로 닫힌 고리들로 정의된다. 그러한 2개의 고리는 각각 연속적으로 다른 하나로 변형할 수 있으면 호모토픽하다.

호몰로지(군) | 공간의 위상 불변으로 닫힌 고리들로 정의된다. 그러한 2개의 고리는 그 차가 위상적 원판인 경우 이 둘은 호몰로그하다.

호지류 | 특별한 해석학적 성질들을 지닌 대수 다양체 상의 사이클의 코호몰로지류.

환원 가능한 배치 | 다음과 같은 성질을 가진 네트워크의 일부. 이를 제거하여 얻어진 네트워크를 4가지 색으로 칠할 수 있다면 원래의 네트워크도 4가지 색으로 칠할 수 있다.

회전 | 평면에서: 모든 점이 일정한 중심 주위를 같은 각도로 움직이는 변환. 공간에서: 모든 점이 일정한 선, 즉 축 주위를 같은 각도로 움직이는 변환.

회전수 | 곡선이 어떤 선택된 점 주위를 반시계방향으로 도는 횟수.

회전축 | 어떤 물체가 그 주위를 회전하는 고정된 선.

힉스 보손 | 기본입자의 하나로 그 존재가 모든 입자에 질량이 있는 이유를 해명한다. 2012년 7월 대형 강입자 충돌기로 발견되었음이 발표되었다.

더 읽을거리

전문적인 자료 앞에는 *를 붙여두었다.

* Colin C. Adams, *The Knot Book*, W.H. Freeman, 1994.

* Felix Browder (ed.), *Mathematical Developments Arising from Hilbert Problems* (2 vols), Proceedings of Symposia in Pure Mathematics 28, American Mathematical Society, 1976.

* Tian Yu Cao, *Conceptual Developments of 20th Century Field Theories*, Cambridge University Press, 1997.

William J. Cook, *In Pursuit of the Travelling Salesman*, Princeton University Press, 2012.

Keith Devlin, *The Millennium Problems*, Granta, 2004.

Florin Diacu and Philip Holmes, *Celestial Encounters*, Princeton University Press, 1999.

Underwood Dudley, *A Budget of Trisections*, Springer, 1987.

Underwood Dudley, *Mathematical Cranks*, Mathematical Association of America, 1992.

Marcus Du Sautoy, *The Music of the Primes*, Harper Perennial, 2004.

Masha Gessen, *Perfect Rigour*, Houghton Mifflin, 2009.

* Jay R. Goldman, *The Queen of Mathematics*, A.K. Peters, 1998.

Jacques Hadamard, *The Psychology of Invention in the Mathematical Field*, Dover, 1954.

* Harris Hancock, *Lectures on the Theory of Elliptic Functions*, Dover, 1958.

Michio Kaku, *Hyperspace*, Oxford University Press, 1994.

* Jeffrey C. Lagarias, *The Ultimate Challenge: The 3x+1 Problem*, American Mathematical
  Society, 2011.

* Charles Livingston, *Knot Theory*, Carus Mathematical Monographs 24, Mathematical
  Association of America, 1993.

Mario Livio, *The Equation That Couldn't Be Solved*, Simon and Schuster, 2005.

* Henry McKean and Victor Moll, *Elliptic Curves*, Cambridge University Press, 1997.

Donal O'Shea, *The Poincaré Conjecture*, Walker, 2007.

Lisa Randall, *Warped Passages*, Allen Lane, 2005.

* Gerhard Ringel, *Map Color Theorem*, Springer, 1974.

* C. Ambrose Rogers, *Packing and Covering*, Cambridge Tracts in Mathematics and
  Mathematical Physics 54, Cambridge University Press, 1964.

Karl Sabbagh, *Dr Riemann's Zeros*, Atlantic Books, 2002.

Ian Sample, *Massive*, Basic Books, 2010.

* René Schoof, *Catalan's Conjecture*, Springer, 2008.

Simon Singh, *Fermat's Last Theorem*, Fourth Estate, 1997.

Ian Stewart, *From Here to Infinity*, Oxford University Press, 1996.

Ian Stewart, *Why Beauty is Truth*, Basic Books, 2007.

Ian Stewart, *Seventeen Equations that Changed the World*, Profile, 2012.

George Szpiro, *Kepler's Conjecture*, Wiley, 2003.

* Jean-Pierre Tignol, *Galois' Theory of Algebraic Equations*, Longman Scientific and

Technical, 1980.

Matthew Watkins, *The Mystery of the Prime Numbers*, Inamorata Press, 2010.

Robin Wilson, *Four Colours Suffice*, Allen Lane, 2002.

Benjamin Yandell, *The Honors Class*, A.K. Peters, 2002.

1 독일어로 된 원래의 말은 다음과 같다. 'Wir müssen sen wissen. Wir werden wissen.' 이 말은 힐베르트가 라디오로 방송하기 위해 녹음한 연설에서 나왔다. Constance Reid, *Hilbert, Springer*, Berlin, 1970, 196쪽 참고.

2 Simon Singh, *Fermat's Last Theorem*, Fourth Estate, 1997.

3 가우스, 하인리히 올베르스에게 보낸 1816년 3월 21일자 편지에서.

4 와일스가 붙인 제목은 '모듈 형식, 타원 곡선, 갈루아 표현Modular Forms, Elliptic Curves, and Galois Representations'이었다.

5 Andrew Wiles, Modular elliptic curves and Fermat's last theorem, *Annals of Mathematics* 141 (1995) 443–551.

6 Ian Stewart, *Seventeen Equations that Changed the World*, Profile 2012, chapter 11.

7 Ian Stewart, *Seventeen Equations that Changed the World*, Profile 2012, chapter 9.

8 힐베르트의 문제들과 그 현황은 *Professor Stewart's Hoard of Mathematical Treasures*, Profile 2009에 수록된 내용을 조금 편집해보면 다음과 같다.

1. **연속체 가설**: 엄밀하게 정수의 농도와 실수의 농도 사이에 존재하는 무한한 기수基數가 존재하는가? 이 문제는 1963년 폴 코헨Paul Cohen이 해결했다. 답은

집합론에서 어떤 공리를 이용하느냐에 달렸다.

2. **산술의 논리적 무모순성**: 산술의 표준공리가 절대 모순으로 이어질 수 없음을 증명하라. 1931년 쿠르트 괴델Kurt Gödel이 해결했다. 집합론의 일반적인 공리로는 불가능하다.

3. **사면체 부피의 동등함**: 2개의 사면체가 같은 부피를 지닐 때, 그 하나를 유한한 수의 다면체 조각으로 잘라 다시 조립하여 다른 하나의 사면체를 만드는 것이 반드시 가능한가? 1901년 맥스 덴Max Dehn이 그렇지 않다고 증명했다.

4. **두 점 사이의 최단거리로서의 직선**: '직선'에 대한 앞의 정의라는 측면에서 기하학의 공리를 만들고 그 의미를 조사하라. 명확한 해법을 얻기에는 지나치게 광범위하지만 상당한 연구가 이루어졌다.

5. **미분가능성을 전제하지 않은 리군Lie group**: 변환군 이론의 전문적인 문제. 이에 대한 한 가지 해석은 1950년대 앤드루 글리슨Andrew Gleason이 해결했다. 또 다른 해석은 야마베 히데히코山辺英彦가 해결했다.

6. **물리학의 공리**: 확률론이나 역학과 같은 물리학의 수학적 영역을 위한 엄격한 공리계를 개발하라. 1933년 안드레이 콜모고로프Andrei Kolmogorov가 확률론을 공리화했다.

7. **무리수와 초월수**: 어떤 수가 무리수이면서 초월수임을 증명하라. 1934년 알렉산드르 겔폰드와 테어도어 슈나이더가 해결했다.

8. **리만 가설Riemann Hypothesis**: 리만의 제타 함수의 자명하지 않은 영점이 모두 임계선에 놓여 있음을 증명하라. 9장 참고.

9. **수체數體의 상호법칙**: 어떤 법modulus에 대한 제곱에 관한 고전적인 2차 상호법칙을 보다 고차의 거듭제곱으로 일반화하라. 부분적으로 해결되었다.

10. **디오판토스 방정식이 해를 갖는 경우를 판단하라.**: 다변수 다항 방정식이 제시되었을 때 범자연수에서 해가 존재하는지 판단하는 알고리즘을 찾아내라. 1970년 유리 마티야세비치가 불가능하다는 걸 증명했다.

11. **대수적 수를 계수로 갖는 2차 형식**: 다변수 디오판토스 방정식의 해법에 대한

전문적인 문제. 부분적으로 해결되었다.

12. **아벨장**Abelin Field에 대한 크로네커 정리: 크로네커 정리를 일반화하는 전문적인 문제.
아직 미해결 상태이다.

13. **특별한 함수를 사용하여 7차 방정식의 해를 구하기**: 변수가 2개인 함수를 이용하여
일반적인 7차 방정식의 해를 구할 수 없다는 것을 증명하라. 한 가지 해석은
안드레이 콜모고로프와 블라디미르 아르놀드Vladimir Arnold가 거짓임을 증명했다.

14. **함수의 완전계의 유한성**: 대수적 불변식에 대한 힐베르트의 정리를 모든 변환군으로
확장하라. 1959년 나가타 마사요시永田雅宜가 거짓임을 증명했다.

15. **슈베르트의 계산적 미적분**: 헤르만 슈베르트Hermann Schubert는 다양한 기하학적
배열을 헤아리는 엄밀하지 않은 방법을 발견했다. 아직 완전한 해법은 찾지 못했다.

16. **곡선과 면의 위상**: 주어진 차수의 대수 곡선에는 몇 개의 연결성분이 있을 수
있는가? 주어진 차수의 대수적 미분 방정식에는 몇 개의 구분되는 주기가 있을 수
있는가? 별로 진척이 없다.

17. **제곱으로 정부호형식 표현하기**: 유리함수가 언제나 음수가 아닌 값을 취할 때,
이는 반드시 제곱의 합인가? 에밀 아르틴Emil Artin, 뒤보아D. W. Dubois, 알브레히트
피스터Albrecht Pfister가 해결했다. 실수에서는 참이지만 다른 수체계에서는 거짓인
경우도 있다.

18. **다면체로 공간에 쪽매붙임하기**: 합동인 다각형으로 공간을 채우는 일반적인 문제.
케플러 추측도 언급하는데 이는 이미 증명되었다. 5장 참고.

19. **변분법의 해의 해석성**: 변분법은 다음과 같은 문제에 답을 준다. '다음과 같은
성질을 가진 최단 곡선을 찾아라.' 그런 문제가 좋은(nice: *Professor Stewart's Hoard
of Mathematical Treasures*에는 '해석적인analytic'이라는 설명이 덧붙어있다.—옮긴이)
함수들로 정의된다면 그 해도 반드시 좋은가? 1957년 엔니오 데 조르지Ennio de
Giorgi가 증명했고, 존 내시John Nash도 증명했다.

20. **경계값 문제**: 공간의 어떤 영역 내에서 그 영역의 경계에서의 해의 성질이 정해져
있을 때 물리적인 미분 방정식의 해들을 추정하라. 수많은 수학자가 본질적으로는

해결했다.

21. 주어진 모노드로미monodromy를 지닌 미분 방정식의 존재: 특별한 유형의 복소미분 방정식은 그 특이점과 모노드로미군을 가지고 이해할 수 있다. 이러한 데이터의 어떠한 조합이라도 발생할 수 있는지 증명하라. 해석에 따라 긍정되기도 하고 부정되기도 한다.

22. **보형함수**automorphic function를 이용한 일의화: 방정식을 단순화하는 전문적인 문제. 1900년 직후 파울 쾨베Paul Koebe가 해결했다.

23. **변분법**calculus of variations의 발전: 힐베르트는 변분법에서의 새로운 아이디어를 호소했다. 많은 연구가 이루어졌다. 해결 여부를 판단하기에는 의문이 너무 모호하다.

9 Jacques Hadamard, *The Psychology of Invention in the Mathematical Field*, Dover, 1954로 중간되었다.

10 아그라왈-카얄-삭세나 알고리즘은 다음과 같다.

입력: 정수 n

1. n이 그보다 작은 어떤 수든 그 거듭제곱과 정확히 일치하면 '합성수'를 출력하고 정지한다.

2. 법 n에 대하여 1과 동등한 가장 작은 r의 거듭제곱이 최소한 $(\log n)^2$인 가장 작은 r를 찾는다.

3. r 이하의 어떤 수든 n과 공통 인수를 가지면 '합성수'를 출력하고 정지한다.

4. n이 r 이하이면 '소수'를 출력하고 정지한다.

5. 1부터 명시된 경계까지의 모든 범자연수 a에 대해서 다항식 $(x+a)^n$이 법 n과 법 x^r-1에 대하여 x^n+a와 동등한지 확인한다. 어떤 경우든 동등하다면 '합성수'를 출력하고 정지한다.

6. '소수'를 출력한다.

11 내가 염두에 두고 있는 것은 $[A^{3^n}]$으로 여기서 괄호는 그 안에 있는 수보다 작거나 같은 가장 큰 정수를 표시하는 것이다. 1947년 W. H. 밀스W. H. Mills는 이 공식이 임의의 n에 대해 소수이게 하는 실상수 A가 존재한다는 것을 증명했다. 리만

가설이 옳다고 가정하면 들어맞는 A의 최솟값은 약 1.306이다. 그러나 이 상수는 적당한 일련의 소수를 이용하여 정의되는 것이라 이 공식은 이러한 일련의 수들을 다시 만들어내는, 기호로 나타낸 방법에 지나지 않는다. 모든 소수를 표현하는 것들을 포함해 이러한 공식에 대해 더 알고 싶다면 http://mathworld.wolfram.com/PrimeFormulas.html http://en.wikipedia.org/wiki/Formula_for_primes를 참고하라.

12 n이 홀수이면 $n-3$은 짝수이고, n이 5보다 크면 $n-3$은 2보다 크다. 첫 번째 추측에 따라 $n-3=p+q$이므로 $n=p+q+3$이다.

13 나는 'arithmetic sequence'라는 용어가, 더 익숙하지만 구식인 용어 'arithmetic progression' 보다 더 마음에 든다. 등차수열과 등비수열을 제외하면 이제는 progression이라는 말을 쓰는 사람이 없다. 변화할 시점이다.

14 http://www.numberworld.org/misc_runs/pi-5t/details.html

15 이러한 맥락에서 내가 특히 싫어하는 것은 '비약quantum leap'이라는 말이다. 구어적인 용법에서 이 말은 유럽인들이 아메리카 대륙을 발견한 것처럼 엄청난 진보나 어마어마한 변화를 가리킨다. 그러나 양자론에서 양자 도약quantum leap은 워낙 작아서 알려진 도구로는 직접 관찰조차 할 수 없다, 이 변화의 크기는 $0.000\cdots01$에 0이 40개 들어가는 정도로 거의 0에 가깝다.

16 원을 유한하게 분할하여 사각형을 만드는 방법을 찾는 것을 타르스키Tarski의 원적 문제라고 한다. 1990년 미클로시 라츠즈코비치Miklós Laczkovich가 풀었다. 그의 방법은 작도적인 것이 아니라 선택 공리를 이용했다. 필요한 수는 어마어마해서 10^{50}쯤 된다.

17 원적 문제와 각의 삼등분 문제에 대한 호사가들의 기이한 주장에 대해서는 Underwood Dudley, A Budget of Trisections, Springer, 1987과 *Mathematical Cranks*, Mathematical Association of America, 1992에서 심층적으로 다루었다. 이러한 현상을 새로운 것이 아니다. 이에 대해서는 Augustus De Morgan, A budget of Paradoxes, Longmans, 1872(1915년 Books For Libraries Press에서 다시 출간했다.)을

참고하라.

18 히피아스Hippias의 원적 곡선은 그림 52에서 보듯 직사각형을 가로질러 끊임없이 움직이는 수직선과 직사각형 밑변의 중점을 중심으로 끊임없이 회전하는 선이 그리는 궤적이다. 이러한 관계는 각의 분할에 대한 모든 문제를 선 분할의 대응하는 문제로 바꿔놓는다. 예를 들어 각을 삼등분하려면 대응하는 선을 삼등분하기만 하면 된다. http://www.geom.uiuc.edu/~huberty/math5337/groupe/quadratrix.html 참고.

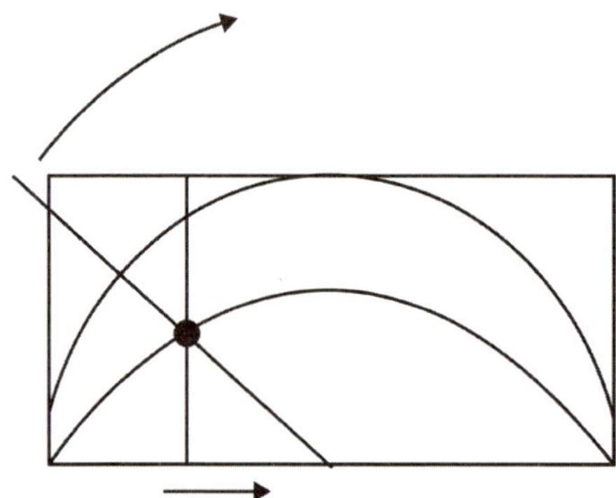

그림 52 히피아스의 원적 곡선(두꺼운 곡선).

19 명확한 예를 하나 제시한다. 기하학적으로 어떤 선이 원과 만나지만 접하지는 않는다면 그 선은 원을 정확히 두 점에서 교차한다. 그림 53에서처럼 수평축과 평행하면서 $\frac{1}{2}$의 거리로 그 위를 지나는 선을 생각해보자. 이 선의 방정식은 매우 간단하다. $y=\frac{1}{2}$ 이다.(x의 값이 얼마이든 y의 값은 늘 같다.) $y=\frac{1}{2}$ 일 때 방정식 $x^2+y^2=1$은 $x^2+\frac{1}{4}=1$이 된다. 따라서 $x^2=\frac{3}{4}$이므로 $x=\frac{\sqrt{3}}{2}$ 또는 $-\frac{\sqrt{3}}{2}$ 이다. 따라서 대수는 단위원은 우리가 선택한 선과 좌표가 $(\frac{\sqrt{3}}{2},\frac{1}{2})$인 점과 $(-\frac{\sqrt{3}}{2},\frac{1}{2})$인 점, 이렇게 정확히 두 점에서 만난다. 이는 순수하게 기하학적으로 추론한 그림 53과 일치한다.

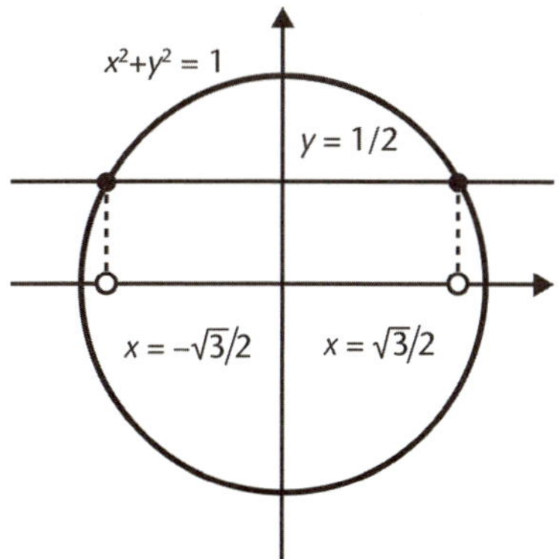

그림 53 원과 두 점에서 교차하는 수평선.

20 엄격하게 말하면 문제의 다항식은 정수 계수를 가져야 하고 기약이어야 한다. 정수 계수를 지닌 2개의 저차 다항식의 곱은 아니다. 2의 거듭제곱인 차수를 가진다는 것은 자와 컴퍼스로 하는 작도법이 존재하는 충분조건은 아니지만 늘 필요조건이다. 차수가 2의 거듭제곱이 아니면 어떠한 작도법도 있을 수 없다. 2의 거듭제곱이라면 작도법이 존재하는지 판단하기 위해 추가적인 분석이 필요하다.

21 그 역도 참이다. 정3각형과 정5각형의 주어진 작도법에서 15각형의 작도법을 도출해낼 수 있다. 기초가 되는 아이디어는 2/5 − 1/3 = 1/15이라는 것이다. 미묘한 사항 하나는 소수의 거듭제곱과 관련이 있다. 이 논증은 예를 들어 9각형의 작도법은 제시하지 않는데, 그 소인수, 즉 3각형에 대한 작도법이 있음에도 그렇다. 가우스는 홀수 소수의 제곱 이상에 대한 작도는 불가능하다는 것을 증명했다.

22 Ian Stewart, *Seventeen Equations that Changed the World*, Profile, 2012 5장 참고.

23 이러한 설명을 이해하기 위해 2차 방정식을 1차 인수들로 분해한다. 그러면 $x^2 - 1 = (x+1)(x-1)$는 어느 인수가 0이 될 때 0이므로 $x = 1$ 혹은 -1이다. $x^2 = xx$에도 같은 추론을 할 수 있다. 첫 번째 인수 $x = 0$이거나 두 번째 인수 $x = 0$이면 0이 된다. 우연히도 이 두 해는 같은 x를 가지지만 2개의 인수 x가

존재하여 인수 x가 하나밖에 없는 $x(x-1)$과 같은 상황과는 구별된다. 대수 방정식에 해가 몇 개인가를 셀 때 이러한 '중복'을 고려하면 보통 답이 훨씬 더 깔끔해진다.

24 $n=9$이면 두 번째 인수는

$$x^8+x^7+x^6+x^5+x^4+x^3+x^2+x+1$$

이다. 그러나 이 인수에도 인수가 있다. 이 인수는 다음과 같다.

$$(x^2+x+1)(x^6+x^3+1)$$

작도 가능한 수에 관해 가우스가 설명한 바에 따르면 각각의 기약인수가 2의 거듭제곱인 차수를 가지고 있어야 한다. 그러나 두 번째 인수는 차수가 6으로 2의 거듭제곱이 아니다.

25 가우스는 길이가 다음과 같은 선을 작도할 수 있다면 17각형도 작도할 수 있다는 것을 증명했다.

$$\frac{1}{16}\left[-1+\sqrt{17}+\sqrt{34-2\sqrt{17}}+2\sqrt{17+3\sqrt{17}-\sqrt{34-2\sqrt{17}}-2\sqrt{34+2\sqrt{17}}}\,\right]$$

제곱근은 언제나 작도할 수 있으므로 사실상 이 문제는 해결된다. 다른 수학자들이 명시적인 작도법을 찾아냈다. 1803년 울리흐 폰 후구에닌Ulrich von Huguenin이 처음으로 작도법을 발표했고 1893년 H. W. 리치먼드H. W. Richmond는 더 간단한 작도법을 찾아냈다. 그림 54에서 수직으로 만나는 원의 두 지름 AOP_0와 BOC를 취한다. $OJ=1/4OB$로 하고 각 $OJE=1/4OJP_0$로 한다. 각 EJF가 45도가 되도록 하는 F를 찾는다. FP_0를 지름으로 하는 원을 그리면 K에서 OB와 만난다. 중심이 E이고 K를 통과하는 원을 그리면 G와 H에서 AP_0와 교차한다. AP_0와 수직으로 HP_3와 GP_3를 그린다. 그러면 P_0, P_3, P_5는 각각 정17각형의 0번째, 3번째, 5번째 꼭짓점이 되고 이제 나머지 꼭짓점들은 쉽게 작도된다.

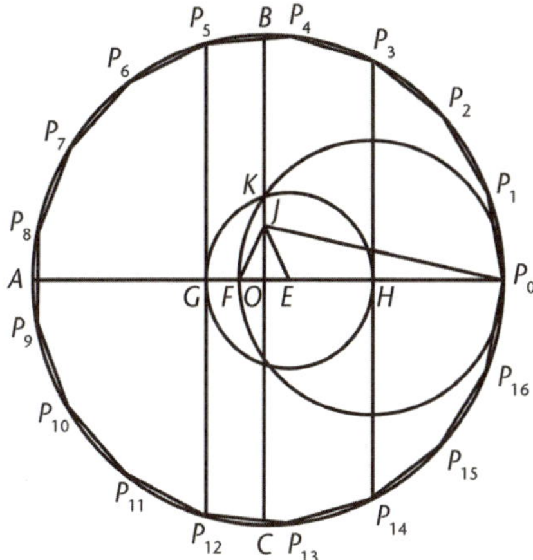

그림 54 정17각형을 작도하는 법.

26 최근의 발견에 대해서는 Wilfrid Keller, Prime factors of Fermat numbers and complete factoring status: http://www.prothsearch.net/fermat.html을 참고하라.

27 F. J. 리헬로트 F. J. Richelot는 1832년 정257각형의 작도법을 발표했다. 링겐대학교의 J. 헤르메스 J. Hermes는 65537각형에 10년을 바쳤다. 발표되지 않은 그의 저작은 괴팅겐대학교에 남아있는데, 오류가 포함된 것으로 생각된다.

28 전형적인 연분수는 다음과 같은 모양이다.

$$3 + \cfrac{1}{7 + \cfrac{1}{15 + \cfrac{1}{1 + \cfrac{1}{292 + \cdots}}}}$$

이 연분수는 π를 표현하는 연분수의 첫 부분이다.

29 http://bellard.org/pi-challenge/announce220997.html

30 Louis H. Kauffman, Map coloring and the vector cross product, *Journal of*

Combinatorial Theory B 48 (1990) 145 –154. Louis H. Kauffman, Reformulating the map color theorem, *Discrete Mathematics* 302 (2005) 145 –172.

31 경계가 지도와는 달리 물결모양처럼 매우 복잡해도 된다면 원하는 수만큼의 국가가 '경계'를 공유할 수 있다. 와다和田의 호수라 불리는 작도법이 이 직관에 어긋나는 결과를 증명한다.

http://en.wikipedia.org/wiki/Lakes_of_Wada를 참고하라.

32 전문용어는 '쌍대 그래프'로 이는 전통적으로 '네트워크' 대신 '그래프'라는 말이 사용되었기 때문이다. 그러나 '네트워크'라는 말이 흔해졌고 연상하기도 더 쉬우며 '그래프'라는 말의 다른 용도와 혼동을 피할 수 있게 해준다.

33 최근까지 〈네이처〉의 글이 거의 1세기 동안 이 문제가 출판물로 언급된 마지막 사례라고 여겨졌지만 수학사가 로빈 윌슨Robin Wilson이 케일리가 그 뒤에 쓴 이 논문을 추적해냈다.

34 쌍대 네트워크에서 F는 면(네트워크 전체를 감싸는 하나의 커다란 면 포함)의 수, E는 모서리의 수, V는 꼭짓점의 수라고 하자. 쌍대 네트워크에 있는 모든 면에 적어도 3개의 모서리가 있다고 가정할 수 있다. 2개의 모서리만 있는 면이 있다면 이는 원래의 네트워크에서 오로지 2개의 모서리와 만나는 '과잉' 꼭짓점에 해당한다. 이러한 꼭짓점을 삭제하고 2개의 모서리를 합쳐도 된다. 각 모서리는 2개의 면과 접하고, 각 면에는 모서리가 최소한 3개 있으니까 $E \geq 3F/2$, 혹은 이와 동등한 표현으로 $2E/3 \geq F$이다. 오일러의 정리 $F + V - E = 2$에 의해 $E \geq 2$인데, 그렇다면 $12 + 2E \leq 6V$라는 이야기가 된다. V_m이 m개의 이웃을 가진 꼭짓점의 수라고 하자. 그렇다면 V_2, V_3, V_4, V_5는 0이다. 따라서 $V = V_6 + V_7 + V_8 + \cdots$ 이다. 각각의 모서리는 모두 2개의 꼭짓점을 연결하므로 $2E = 6V_6 + 7V_7 + 8V_8 + \cdots$ 이다. 이를 부등식에 대신 넣으면 $12 + 6V_6 + 7V_7 + 8V_8 + \cdots \leq 6V_6 + 6V_7 + 6V_8 + \cdots$ 이다. 따라서 $12 + V_7 + 2V_8 + \cdots \leq 0$이며, 이는 불가능하다.

35 '사슬'이라는 말은 선형적인 계열을 연상시키기 때문에 오해의 소지가 있다. 켐프 사슬은 고리를 포함할 수도 있고 가지를 칠 수도 있다.

36 증명 전문은 게르하르트 링겔, Map Color Theorem, Springer, 1974에 수록되어 있다. 이 증명은 종수가 $12k$, $12k+1$, $\cdots$, $12k+11$ 중 어떤 형태의 것인가에 따라 12가지의 경우로 나뉘어있다. 이를 '경우 $0 \sim 11$'이라고 하자. 유한한 수의 예외는 있지만 각 경우들은 다음과 같이 해결되었다.

경우 5: 링겔, 1954.

경우 3, 7, 10: 링겔, 1961.

경우 0, 4: 테리C. M. Terry, 로이드 웰치Lloyd Welch, 영스Youngs, 1963.

경우 1: 거스틴W. Gustin, 영스, 1964.

경우 9: 거스틴, 1965.

경우 6: 영스, 1966

경우 2, 8, 11: 링겔, 영스, 1967.

예외는 종수 18, 20, 23(1967년 이브 메예Yves Meyer가 해결)과 30, 35, 47, 659(1968년 링겔과 영스가 해결)이었다. 그들은 면이 하나인 곡면(뫼비우스 띠와 비슷하지만 변이 없는)에 대한 유사한 문제도 다루었는데 이는 이미 히우드도 다뤘던 것이다.

37 버그가 발견된 놀라운 사연과 발견되었을 때 어떤 일이 벌어졌는지에 대해서는 다음에서 찾아볼 수 있다.

http://en.wikipedia.org/wiki/Pentium_FDIV_bug

38 눈송이의 물리학에 대한 정보를 제공하는 훌륭한 사이트로는 다음과 같은 것이 있다. http://www.its.caltech.edu/~atomic/snowcrystals/

39 C.A. Rogers, The packing of equal spheres, *Proceedings of the London Mathematical Society* 8 (1958) 609–620.

40 공간은 무한하므로 무한히 많은 구가 존재하여 공간과 구는 모두 그 총수가 무한하다. 밀도를 ∞/∞로 정의할 수는 없는 것이, 이러한 수식에는 명확한 수치가 없기 때문이다. 그 대신 점점 더 큰 영역의 공간을 살펴서 구가 채우고 있는 이러한 영역들의 비율의 극한값을 취한다.

41 http://hydra.nat.uni-magdeburg.de/packing/csq/csq49.html

42 C. Song, P. Wang, and H.A. Makse, A phase diagram for jammed matter, Nature 453 (29 May 2008) 629 – 632.

43 Hai-Chau Chang and Lih-Chung Wang, A simple proof of Thue's theorem on circle packing, arXiv:1009.4322v1 (2010).

44 J.H. Lindsey, Sphere packing in $\Re^3$, *Mathematika* 33 (1986) 137 –147.

45 헤일스는 내가 우리라고 부르는 것에 대한 몇 개의 서로 다른 개념을 사용했다. 최종적으로 사용한 것은 분해 성상_{decomposition star}이라는 것이다. 내가 한 설명은 기본적인 아이디어를 이해하기 쉽게 하려고 몇 가지 결정적인 구분을 생략했다.

46 영역이 그림 55처럼 다각형이라고 가정하자. 다각형에 존재하지 않는 임의의 점이 주어졌을 때, 그 점에서 이 다각형을 포함하는 커다란 원 밖으로 나가고 다각형의 어떤 꼭짓점도 지나지 않는 어떤 직선이 존재한다. (꼭짓점은 유한한 수가 있지만 선택할 직선의 수는 무한하다.) 이 선은 다각형과 유한한 횟수만큼 교차하고 이 횟수는 홀수이거나 짝수이다. 내부를 이 수가 홀수인 모든 점으로 이루어진 것으로 정의하고 외부는 이 수가 짝수인 모든 점으로 이루어진 것으로 정의한다. 그렇다면 이들 각 영역이 연결되어 있고 다각형이 이 영역들을 분리한다는 것을 증명하는 것은 간단하다.

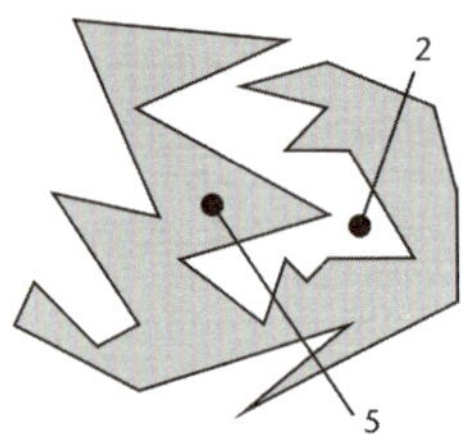

그림 55 다각형에서 조르당 곡선 정리 증명하기. 색칠한 영역(내부)의 점들에는 홀수 번의 교차가 발생하고 흰색 영역(외부)의 점들에는 짝수 번의 교차가 발생한다.

47 http://code.google.com/p/flyspeck/

48 Andrew Granville and Thomas Tucker, It's as easy as *abc, Notices of the American*

Mathematical Society 49 (2002) 1224 −1231.

49 이 수수께끼 같은 말을 부연하자면, 이 공식은

$$\int \frac{\mathrm{d}x}{\sqrt{1-x^2}} = \arcsin x$$

로 여기서 (종종 $\sin^{-1}$ 이라고도 쓴다.)은 사인의 역함수이다.

즉 $y = \sin x$ 이면 $x = \arcsin y$ 이다.

50 예를 들어 k를 임의의 복소수라 했을 때 다음과 같은 적분을 살펴보자.

$$\int \frac{\mathrm{d}x}{\sqrt{(1-x^2)(1-k^2 x^2)}}$$

이것은 타원 함수의 역함수를 sn으로 나타난 것이다. 각각의 k 값에 대하여 그런 함수가 하나 존재한다. 구조는 주 49와 비슷하지만, 보다 정교하다.

51 Ian Stewart, *Seventeen Equations that Changed the World*, Profile, 2012, chapter 8 참고.

52 증명은 다수의 정수론 교과서에서 찾아볼 수 있는데, 그 예로는 Gareth A. Jones and J. Mary Jones, *Elementary Number Theory*, *Springer*, 1998, page 227이 있다. 웹에서는 http://en.wikipedia.org/wiki/infinite_descent#Non-solvability_of_ r2_.2B_s4_.3D_t4를 참고하라.

53 단위의 p 제곱근 하나는 복소수

$\zeta = \cos 2\pi \,/\, p + i \sin 2\pi$

이고 나머지는 그 거듭제곱인 $\zeta^2, \zeta^3, \cdots, \zeta^{p-1}$ 이다. 그 이유를 알기 위해서는 삼각 함수 사인과 코사인이 그림 56(왼쪽)에서처럼 직각삼각형을 이용하여 정의되었다는 것을 떠올려보자. 각 A에 대해 세 변을 전통적인 방식대로 a, b, c 라고 했을 때 A의 사인(sin)과 코사인(cos)을 다음과 같이 정의한다.

$\sin A = a/c \qquad \cos A = b/c$

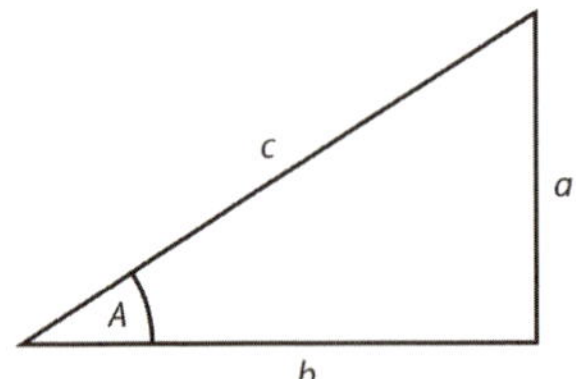 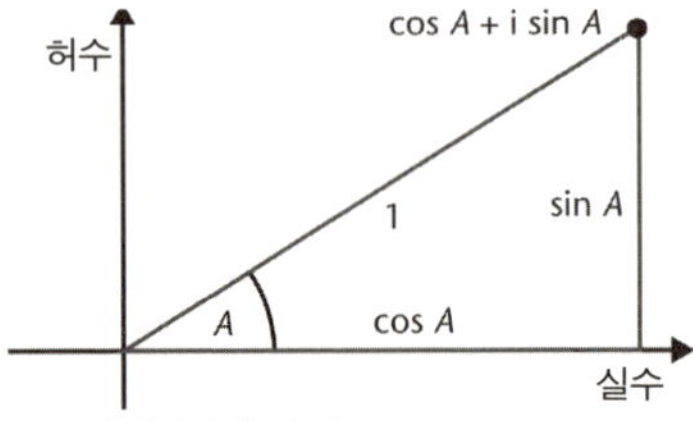

그림 56 왼쪽: 사인과 코사인의 정의. 오른쪽: 복소 평면에서의 해석.

그림 56(오른쪽)에서처럼 $c=1$이라 하고 삼각형을 복소 평면에 놓으면 c와 a가 만나는 꼭짓점은 점 $\cos A + i\sin A$이다. 이제 이를 임의의 각 A와 B에 대해 증명하는 것은 간단하다.

$$(\cos A + i\sin A)(\cos B + i\sin A) = \cos(A+B) + i\sin(A+B)$$

이고 이것은 곧바로 임의의 양의 정수 n에 대한 드 무아브르의 공식

$$(\cos A + i\sin A)^n = (\cos nA + i\sin nA)$$

로 이어진다. 따라서

$$\zeta^p = (\cos 2\pi/p + i\sin 2\pi/p)^p = \cos 2\pi + i\sin 2\pi = 1$$

이므로 각각의 제곱수 $1, \zeta, \zeta^2, \zeta^3, \cdots, \zeta^{p-1}$은 단위의 p제곱근이다. 여기서 멈추는 것은 $\zeta^p = 1$이므로 더 높은 거듭제곱수를 취하더라도 새로운 수가 나오지 않기 때문이다.

54 다음과 같은 크기norm를 도입한다.

$$N(a + b\sqrt{15}) = a^2 - 15b^2$$

여기에는 다음과 같은 매력적인 성질이 있다.

$$N(xy) = N(x)N(y)$$

그렇다면

$$N(2) = 4 \qquad N(5) = 25 \qquad N(5+\sqrt{15}) = 10 \qquad N(5-\sqrt{15}) = 10$$

이다. 이 4개의 수 각각의 임의의 진약수proper divisor의 크기는 2나 5(그 크기의 진약수)이어야 한다. 그러나 방정식 $a^2 - 15b^2 = 2$와 $a^2 - 15b^2 = 5$에는 정수해가 없다.

따라서 진약수는 존재하지 않는다.

55 Simon Singh, *Fermat's Last Theorem*, Fourth Estate, 1997.

56 그렇지 않을 수도 있다. 블라디미르 크립첸코프Vladimir Krivchenkov는 양자 3체 문제에 대한 기저상태와 1차 여기상태의 에너지를 인력으로 계산할 수 있음을 지적한다. 하지만 고전 역학에서 이와 유사한 문제는 카오스 때문에 다루기가 그만큼 쉽지 않다.

57 Arthur Koestler, *The Sleepwalkers*, Penguin Books, 1990, 338쪽에서 인용.

58 동영상과 추가적인 정보는 다음에서 찾아볼 수 있다.

http://www.scholarpedia.org/article/N-body_choreographies

59 1704년 이를 증정받은 오러리 백작Earl of Orrery의 이름을 딴 것이다.

60 좀 더 정식으로는 랴프노프 시간Lyapunov time이라고 한다.

61 $1/\log t$를 0에서 x까지가 아니라 2에서 x까지 적분하는 변형도 있다. 이는 $\log t$가 정의되지 않는 $t=0$인 경우의 기술적 난점을 회피한다. 이러한 변형에 $\mathrm{Li}(x)$라는 표현을 쓰고 본문에 정의된 함수는 $\mathrm{li}(x)$라고 하기도 한다.

62 '파프누티'는 흔치 않은 이름이다. 그래서 필립 데이비스Philip Davis가 유별나지만 흥미로운 책을 쓰게 되었다. *The Thread: a Mathematical Yarn*, Harvester Press, 1983.

63 이는 다음과 같은 리만의 흥미로운 공식의 결과이다.

$$\zeta(1-s)=2^{1-s}\pi^{-s}\sin\left(\frac{\pi(1-s)}{2}\right)\Gamma(s)\zeta(s)$$

여기서 $\Gamma(s)$는 감마 함수라는 고전적인 함수로 모든 복소수 s에 대해서 정의된다. 우변은 s의 실수부가 1보다 클 때 정의된다.

64 Bernhard Riemann, *Über die Anzahl der Primzahlen unter einer gegebenen Grösse*, *Monatsberichte der Königlich Preußischen Akademie der Wissenschaften zu Berlin*, November 1859.

65 리만은 긴밀하게 관련된 다음과 같은 함수를 정의했다.

$$\prod(x) = \pi(x) + \frac{1}{2}\pi(x^{1/2}) + \frac{1}{3}\pi(x^{1/3}) + \frac{1}{4}\pi(x^{1/4}) + \cdots$$

이는 소수가 아니라 소수의 거듭제곱수를 계산한다. 여기서 $\pi(x)$를 찾아낼 수 있다. 다음으로 그는 로그 적분과 관련 적분의 측면에서 이렇게 수정된 함수에 대한 정확한 공식을 증명한다.

$$\prod(x) = \mathrm{Li}(x) - \sum_{\rho} \mathrm{Li}(x^{\rho}) + \int_x^{\infty} \frac{dt}{t(t^2-1)\log t}$$

여기서 Σ 는 짝수인 음의 정수를 제외한 $\zeta(\rho)=0$인 모든 ρ에 대한 합을 의미한다.

66 예를 들어 $x+\sqrt{x}$는 x에 점근한다. 그 비는

$$(x+\sqrt{x})/x = 1 + 1/\sqrt{x}$$

이다. x가 커지면 $\sqrt{x}$도 커지므로 $1/\sqrt{x}$는 0에 가까워지고 비는 1에 가까워진다. 그러나 차는 $\sqrt{x}$ 이고 이는 x가 증가할수록 점점 더 커진다 예를 들어 x가 1조라면 $\sqrt{x}$ 는 100만이다.

67 오일러 상수는 n이 무한으로 향할 때

$$1+\frac{1}{2}+\frac{1}{3}+\cdots+\frac{1}{n}-\log n$$

의 극한이다.

68 Douglas A. Stoll and Patrick Demichel, The impact of $\zeta(s)$ complex zeros on $\pi(x)$ for $x \langle 10^{10^{13}}$, *Mathematics of Computation* 276 (2011) 2381–2394.

69 http://empslocal.ex.ac.uk/people/staff/mrwatkin/zeta/RHproofs.htm

70 J. Brian Conrey and Xian-Jin Li, A note on some positivity conditions related to zeta- and L-functions: http://arxiv.org/abs/math.NT/9812166

71 단위 3-구는 $x^2+y^2+z^2+w^2=1$인 좌표를 (x, y, z, w) 지닌 모든 점으로 이루어진다. 3-구를 보다 직관적으로 표현하는 몇 가지 방법이 있다. 모두 2-구에 유추하여 이해하고 좌표 기하학을 이용하여 확인할 수 있다. 그런 설명 중 하나로 '모든 표면 점을 동일시한 속이 꽉 찬 공'이라고 표현하기도 한다. 그림 57은 또 다른 설명을 보여준다. 유추를 준비하기 위해 2-구를 균분원을 따라 자르면 2개의 반구가 생겨난다는 것을 관찰한다. 각각의 반구를 평평하게 하면 원판이 되는데

이는 연속적인 변형이다. 2-구를 재구성하기 위해서는 이 2개의 원판의 경계상에 있는 대응하는 점들을 동일시하기만 하면 된다. 어떤 의미에서는 지도제작자들이 우리가 사는 둥근 행성의 평평한 투영도를 만드는 것과 마찬가지로 2개의 평평한 원판을 이용하여 2-구의 지도를 만든 셈이다. 유사한 방법으로 3-구를 구성할 수 있다. 2개의 속이 꽉 찬 공을 취하여 표면상의 대응하는 점들을 동일시한다. 이제 둘 다 동일한 표면을 가지고(두 표면을 동일시했으므로) 이는 2-구이다. 이것이 3-구의 '균분원'을 형성한다.

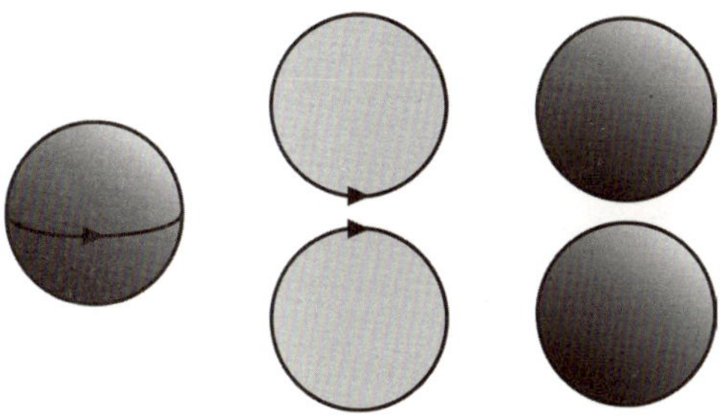

그림 57 3-구 만드는 방법. 왼쪽: 2-구를 반구들로 자른다. 가운데: 가장자리를 붙여 2개의 반구로부터 2-구를 재구성한다. 오른쪽: 유추에 의해 2개의 공의 표면을 개념적으로 붙여 대응하는 점들을 동일한 것으로 간주한다. 이로써 3-구가 나온다.

72 흔히 관례적으로 교환 법칙이 유효할 때는 덧셈이라 하고 $a + b$로 표기하며 유효하지 않을 수도 있을 때는 곱셈이라 하고 ab로 표기한다. 여기서 이러한 관례를 무시한 것은 이 책이 군론 교과서도 아니고 '덧셈'이라고 하는 것이 더 자연스럽게 여겨지기 때문이다.

73 셈은 0부터 시작한다. 반시계방향으로 정류장을 지나칠 때마다 셈은 1씩 증가한다. 반시계방향으로 정류장을 지나칠 때마다 셈은 1씩 감소한다. 여정 끝에서 반시계방향으로 도착했다면 1을 더하고 시계방향으로 도착하면 1을 뺀다. 최종적인 셈은 반시계방향으로 측정한, 원을 돈 총 횟수이다.

74 스털링Stirling의 공식에 따르면 $n!$은 대략 $\sqrt{2\pi n}\,(n/e)^n$이다.

75 William J. Cook, *In Pursuit of the Travelling Salesman*, Princeton University Press, Princeton, 2012. 현재의 정보에 대해서는 http://www.tsp.gatech.edu/index.html 참고.

76 Richard M. Karp, Reducibility among combinatorial problems, R.E. Miller and J.W. Thatcher편, *Complexity of Computer Computations*, Plenum, 1972, 85–103쪽.

77 Z. Xia, The existence of noncollision singularities in Newtonian systems, *Annals of Mathematics* 135 (1992) 411–468.

78 http://www.claymath.org/millennium/Navier-Stokes_Equations/

79 Ian Stewart, *Seventeen Equations that Changed the World*, Profile, 2012, chapter 14 참고.

80 Leonardo Pisano Fibonacci, *The Book of Squares*, L. E. Sigler 번역 및 주해, Academic Press, 1987.

81 레오나르도는 다음과 같은 해들의 족을 찾아냈다.

$$\left(\frac{m^2+n^2}{2}\right)^2 - mn(m^2-n^2) = \left(\frac{m^2-2mn-n^2}{2}\right)^2$$

$$\left(\frac{m^2+n^2}{2}\right)^2 + mn(m^2-n^2) = \left(\frac{m^2+2mn-n^2}{2}\right)^2$$

여기서 m, n은 모두 홀수이다.

82 $x-n$, x, $x+n$이 제곱수라면 그 곱인 x^3-n^2x도 제곱수이다. 따라서 방정식 $y^2=x^3-n^2x$에는 유리해가 있다. 게다가 y는 0이 아니다. 그렇지 않다면 $x=n$이어서 x와 $2x$가 모두 제곱수가 되는데 이는 $\sqrt{2}$가 무리수이기 때문에 불가능하다. 역으로 x와 y가 3차 방정식을 만족하고 y가 0이 아니라면 $a=(x^2-n^2)/y$, $b=2nx/y$, $c=(x^2+n^2)/y$가 방정식 $a^2+b^2=c^2$과 $ab/2=n$을 만족한다.

83 즉

$$\prod_{p \le x} \frac{N_p}{p} \approx C(\log r)^r$$

인데 여기서 r는 계수, C는 상수, $\approx$는 x가 무한으로 향하면서 양변의 비율이 1에 가까워진다는 것을 의미한다.

84 가장 그럴듯한 이유는 양 분야에서 제일 유명한 수학자들이 사용하던 용어이기 때문이다.

85 왜 b개의 바나나라고 하지 않았는지 잘 모르겠다. 어쩌면 전쟁을 치르고 난 영국에서는 바나나가 상점에서 보기 어려운 외국산이어서 그랬던 것인지도 모른다.

86 그래서 다음과 같은 수학자들의 표준적인 농담이 있다. 생물학자, 통계학자, 수학자가 카페 앞에 앉아 지나쳐가는 세상 사람들을 지켜보고 있다. 남자와 여자가 길 건너편 건물로 들어간다. 10분 뒤 그들은 아이를 하나 데리고 나온다. "저 사람들 번식했군." 생물학자가 말한다. "아니야." 통계학자가 말한다. "그건 관측 오차야. 평균 2.5인이 드나든 거지." "아니, 아니, 아니야." 수학자가 말한다. "아주 명백해. 이제 누가 들어가면 저 건물은 텅 비게 되는 거야."

87 보어의 말이 일리 있었을 수 있다. 과학 이론들은 예측으로 시험되지만 미래를 예언할 수 있는 건 거의 없다. 대개는 '만약~그렇다면'이라는 형태의 명제이다. 만약 빛을 프리즘에 통과시킨다면 여러 색깔로 분해될 것이라는 식이다. '예측'은 이런 일이 언제 벌어질지에 대해서는 말하지 않는다. 따라서 역설적으로 날씨를 예측하지 않고도 날씨에 대한 예측을 할 수 있다. '만약 사이클론에서 나온 따뜻한 공기가 차가운 공기를 만난다면 눈이 내릴 것이다.'는 과학적인 예측이지만 예보는 아니다.

88 이러한 인용구, 혹은 가까운 변형은 대략 30여 명의 사람이 말했다. 여기에는 샘 골드윈Sam Goldwyn, 우디 앨런Woody Allen, 윈스턴 처칠Winston Churchill, 공자가 포함된다.

http://www.larry.denenberg.com/predictions.html 참고.

89 최신 정보는 Prime Pages: http://primes.utm.edu 참고.

90 Ilia Krasikov and Jeffrey C. Lagarias, Bounds for the $3x + 1$ problem using difference inequalities, *Acta Arithmetica* 109 (2003) 237−258.

91 Jorge F. Sawyer and Clifford A. Reiter, Perfect parallelepipeds exist. arXiv:0907.0220(2009).

92 R. Fulek and J. Pach, A computational approach to Conway's thrackle conjecture, *Computational Geometry* 44 (2011) 345−355.

93 http://en.wikipedia.org/wiki/Langton%27s_ant

94 ABC 추측은 다음과 같다. 임의의 $\varepsilon>0$에 대하여 a, b, c가 1보다 큰 공약수가 없는 양의 정수들이고 $a+b=c$이면 P가 abc를 나누고 서로 구별되는 모든 소수의 곱일 때 $c \leq k_\varepsilon P^{1+\varepsilon}$인 상수 $k_\varepsilon>0$이 있다.

95 Andrew Granville and Thomas J. Tucker. It's as easy as *abc, Notices of the American Mathematical Society* 49 (2002) 1224−1231.

2012년 모치즈키 시니치望月新一는 대수 기하학의 기초에 대한 급진적인 접근법을 이용해서 ABC 추측을 증명했다고 발표했다. 전문가들의 그의 500쪽짜리 증명을 점검하고 있지만 오랜 시간이 걸릴 수도 있다.

가

바

타

파

그림 31 http://random.mostlymaths.net.

그림 33 Carles Simó. From: *European Congress of Mathematics, Budapest 1996*, Progress in Mathematics 168, Birkhäuser, Basel.

그림 43 Pablo Mininni.

그림 46 University College, Cork, Ireland.

그림 50 Wolfram MathWorld.

위대한 수학문제들

1판 1쇄 인쇄 2026년 2월 5일
1판 1쇄 발행 2026년 2월 25일

—

지은이 이언 스튜어트
옮긴이 안재권

—

펴낸이 백성빈
펴낸곳 반니출판
주소 서울 서초구 서초중앙로 69 806호
전화 02-6204-0491
전자우편 banni@banni.co.kr
출판등록 2025년 10월 13일 (제2025-000266호)

—

ISBN 979-11-24280-29-4 03400

—